生活禁忌3000例
随查随用

孙志慧 编著

秉承以人为本的原则，涵盖生活的方方面面，
帮助人们系统了解各种日常生活禁忌，
让我们的生活更健康、更轻松。

天津出版传媒集团

天津科学技术出版社

图书在版编目（CIP）数据

生活禁忌 3000 例随查随用 / 孙志慧编著 . –– 天津：
天津科学技术出版社，2013.9（2020.10 重印）

ISBN 978–7–5308–8108–8

Ⅰ . ①生… Ⅱ . ①孙… Ⅲ . ①生活 – 禁忌 – 基本知识
Ⅳ . ① TS976.3

中国版本图书馆 CIP 数据核字（2013）第 164993 号

生活禁忌 3000 例随查随用

SHENGHUO JINJI 3000 LI SUICHA SUIYONG

| 策 划 人：杨 謖 |
| 责任编辑：袁向远 |
| 责任印制：兰　毅 |

出　　　版：	天津出版传媒集团
	天津科学技术出版社
地　　　址：	天津市西康路 35 号
邮　　　编：	300051
电　　　话：	（022）23332490
网　　　址：	www.tjkjcbs.com.cn
发　　　行：	新华书店经销
印　　　刷：	三河市吉祥印务有限公司

开本 720×1020　1/16　印张 19　字数 420 000
2020 年 10 月第 1 版第 2 次印刷
定价：55.00 元

了解禁忌，让我们的生活更轻松

在忙碌的生活道路上，到处都有红绿灯。正是这些"红灯""绿灯"，时时提醒着人们哪些事可以做，哪些事不能做。尤其是后者，对人们的生活质量有着重要影响。为帮助人们系统了解现代生活中经常遇到的种种禁忌，有效避免各种不恰当的生活方式，我们编写了这部《生活禁忌3000例随查随用》。

本书从日常生活出发，体现"以人为本"的原则，内容围绕居家生活、婴幼儿生活、少年儿童生活、青壮年生活、老年生活和孕产妇生活等各个方面展开，介绍了生活中大家须注意的3000多项禁忌，涵盖了生活的方方面面。文字通俗易懂、内容科学实用，帮助读者更加科学健康、精致合理地生活。

"第一篇 居家生活"：主要介绍了生活中常见的禁忌事宜，分为衣物服饰、饮食健康、生活起居、养生保健等四项内容。通过对衣食住行等各种生活禁忌与难题的提出和解答，给读者一个较全面的生活指导。

"第二篇 婴幼儿生活"：主要介绍育儿常识，科学的育儿方法，保障人口质量。

"第三篇 少年儿童生活"：主要关注少年儿童的成长发育，介绍了儿童期和青春期两大时期的生活禁忌。

"第四篇 青壮年生活"：主要关注年轻人和中年人的生活以及夫妻保健的内容，为家庭和社会的中坚分子提供一份生活指导。其中，孕产妇生活禁忌，重点从优生优育的角度，提醒孕产妇们应该注意的生活细节。

"第五篇　老年生活"：对老年人生活提供全方位指导，为我国进入老年化社会给出合理建议。

编写过程中，本书严格遵循以下三大原则：

一、内容丰富、翔实：全书涉及人们日常生活的方方面面，上至为人处事、谋业求职、婚姻大事、生儿育女，下至柴、米、油、盐，凡是日常生活中所能遇到的各类禁忌，总计3000多项，都能从本书中找到。

二、实用性极强：在讲述禁忌时，编者一方面选择并未被大家熟知而又必须注意的地方，另一方面注意所选内容与时代的相关性，着重选取人们当前生活中遇到的问题，指导大家巧妙地去应对。

三、科学性强：在生活中应知其然，还应该知其所以然。因此在讲述禁忌时，对为什么可以这样做、为什么不能那样做都给出详细的解释，让读者在选择正确做法时也明白其中蕴含的科学道理。

总之，全书内容翔实，文字通俗易懂，融科学性、知识性、实用性于一体，并配以活泼有趣的插图，让读者在吸纳生活知识的同时，也获得一份愉快的心情。编者忝为引者，期望能给读者的生活带来些许益处，揭开美好生活新篇章。

因编著时间仓促，书中内容很难尽善尽美，希望读者能提出宝贵意见。

目 录

第一篇　居家生活

衣物服饰禁忌
——穿好戴好，美好形象不打折

厨房里的禁忌
——管好"菜篮子"，从开始就要正确

饮食营养禁忌
—— "民以食为天",头等大事忽视不得

家居生活禁忌
——关注我的家，让它的感觉更温馨

出行社交禁忌
——"内外兼修"，生活加倍精彩

养生保健禁忌
——从点滴做起，健康之福享不尽

治 病用药禁忌
——理智对待，健康之门终会敞开

第二篇 婴幼儿生活

日常抚育禁忌
——细心呵护，培育健康小宝贝

习性培养禁忌
——0岁行动，让孩子获益一生

第三篇　少年儿童生活

日常生活禁忌
——更多关爱，让小苗苗茁壮成长

教育培养禁忌
——教育赶早，不要让孩子输在起跑线上

第四篇　青壮年生活

日常生活禁忌
——忙碌不盲目，挥洒魅力现在时

恋爱婚姻禁忌
—— 两情相悦，爱情玫瑰永不凋

孕期生活禁忌
—— 准妈咪，该给幸福上份保险

产后生活禁忌

——快乐妈咪，对自己更要珍惜

第五篇 老年生活

饮食起居禁忌

——人到老年，正是夕阳最美时

老年人保健禁忌
—— 养生有道，健康长寿并不难

第一篇
居家生活

衣物服饰禁忌

——穿好戴好，美好形象不打折

★001. 不宜在灯光下挑选衣服

在光中含有橙、红、黄、青、绿、紫、蓝七种色光。在自然光下，红色的衣服，只能把红和接近红色的光反射出来，而吸收其他颜色的光线；蓝色的衣服，只能反射出蓝色光和部分紫、绿色光；黑色衣服几乎吸收所有颜色的光。一般电灯光，只含有红色光和较多的黄色光，红黄两色比较鲜明，而绿蓝等色显得暗淡。因此，在灯光下挑选衣服，颜色很容易产生偏差。所以，最好在自然光线下挑选衣服。

★002. 新内衣不宜立买立穿

有的人将买回的新内衣，直接就穿在身上，这样做是不对的。

服装厂在加工内衣过程中，常用甲醛树脂、荧光增白剂、离子树脂等多种化学添加剂进行处理，以达到防缩、增白、平滑、挺括、美观的目的。如不清洗就穿在身上，残留在衣服上的化学添加剂与人体皮肤接触后，就会使皮肤发痒、发红或引起皮疹等过敏反应。因此，新内衣一定要先洗涤后再穿。

★003. 冬天不宜穿化纤内衣

人的皮肤冬天处于收敛状态，大部分血液集中到皮肤深层和肌肉组织，汗腺分泌相对减少，皮肤干燥。身穿化纤内衣活动，会与干燥的皮肤及毛衣等衣物摩擦而产生大量静电荷，而静电又极易引起人的不适感，使人产生烦躁不安和失眠症状。尤其对精神分裂症和重度神经衰弱者更是一种潜在的威胁。

004. 严冬穿衣不宜过多

严冬时节人体调节体温的能力有一定限度，所以必须借助人工措施来适应外界环境的温度变化。穿衣服就是适应外界环境温度的简便方法。但如果穿衣过多过厚，则由于热量大，会使皮肤血管扩张，流向皮肤的血液增多，从而增加了散热作用。这样，反而降低了机体对外界温度变化的适应能力。因此，严冬穿衣忌过多。

005. 冬天不宜用围巾捂嘴御寒

围巾一般是以羊毛、化纤品为原料制成的。如果用它来捂嘴，那么围巾中脱落的纤维毛绒和躲在纤维空隙里的尘埃、病菌很容易被吸入上呼吸道，危害健康，尤其对于老年人，更容易诱发哮喘和上呼吸道疾患。长久习惯于将围巾当口罩捂嘴御寒，还会降低对空气流的适应性，缺乏对伤风感冒和支气管疾病的抵抗力。

006. 冬天不宜戴口罩

冬天气温低，有人习惯于戴口罩防寒，其实这是不科学的。因为人的鼻黏膜里有许多海绵状血管网，血液循环十分旺盛，就如同装在屋子里的暖气一样，对吸进的冷空气起到加温作用。再加上鼻腔是一个弯弯曲曲的管道，使鼻黏膜面积增大了许多，更增强了加温作用。同时，整个呼吸道还包括气管、咽喉、支气管。这些器官的表面也都覆盖着一层黏膜，黏膜下同样分布着丰富的微血管。因此，当冷空气经鼻腔吸入肺部时，一般已接近体温了。人体的这种生理功能，可以通过耐寒锻炼不断增强。如果冬天经常戴口罩，反而会使鼻黏膜变得越来越"娇气"，因此更容易得感冒。所以冬天不宜戴口罩。

007. 冬天忌不戴帽子

在数九隆冬的季节，人们往往身上穿得十分厚实但却忽视了头部的防寒，许多人甚至把帽子视为无足轻重的东西。其实这是很不科学的。因为人的头部和整个身体的热平衡有着密切的关系。在寒冷的条件下，一个人如果只是穿得很暖，而不戴帽子，身体的热量就会迅速地从头部散去，这种热散失所占的比例是相当大的。因此，冬天在室外，戴一顶帽子，即使是一顶非常薄的帽子，其防寒效果也是明显的。

008. 有些人不宜穿羽绒服

羽绒服以它保暖性好，轻便、美观、结实的特点，赢得了广大群众的喜爱。但是患有过敏性鼻炎、喘息性支气管炎、过敏性哮喘病以及过敏体质的人穿羽绒服却会影响健康，引发甚至加重原有的疾病。

因为羽绒服是由家禽的羽毛加工而成。对于有些过敏性体质的人，这些羽毛的细小纤维和人体皮肤接触或吸入人的呼吸道后，可作为一种过敏性抗原，使人体细胞产生抗原反应，使毛细血管扩张，管壁渗透性增加，血清蛋白与水分渗出或大量进入皮内组织，这时身体便出现皮疹、瘙痒等症状，这些物质还能使支气管平滑肌痉挛、黏膜充血水肿、腺体分泌增加、支气管管腔狭窄，使人出现鼻咽痒、眼痒、流鼻涕、咳嗽胸闷、气喘等症状。所以，羽绒服不是人人都宜穿，有些人应忍痛割爱。

009. 衣服领子过高非常有害

人体颈部两侧有颈动脉通过，其分叉处有一个小小的球状体，称为颈动脉窦，与心血管系统有着密切的联系。当它受到压迫时，可反射性地引起心跳变慢，血压下降和周围血管扩张等病症，表现为突然四肢无力、头晕目眩、眼前发黑、耳鸣、胸闷等症状，严重者可晕倒，面色苍白，神志不清。衣领过高可以直接压迫颈动脉，引起以上症状。因此衣领忌过高。

010. 皮鞋不宜过瘦

目前有些青年人，非常喜欢穿过瘦或"火箭"式皮鞋，这和古代女子裹足有些大同小异。裹足和穿瘦小的鞋子都会使足部受到挤压，血液循环受阻，不仅疼痛难

忍，同时也易造成趾、足背部缺血坏死。尖头皮鞋还会引起足大拇指外翻、趾关节突起、鸡眼甚至是足趾变形等脚病，严重危害身体健康。扁平足患者更忌穿。尤其是冬天，如果穿鞋过紧，足汗不易散失，再加上足部皮肤受压迫、血液循环不畅，局部的抗寒能力下降，很容易发生冻伤。在夏秋季节，因气温高，过多的足汗留在鞋里，会出现脚臭，以致发生或加重脚癣。因此穿皮鞋忌过瘦过小。

011. 牛仔裤不宜久穿

牛仔裤已经成为现在人们的主要服装之一，其样式新颖、款式众多、耐脏耐磨，博得广大群众的欢迎。但是牛仔裤的特点是一紧二厚，不论男女老少，都不宜久穿，尤其是那种过紧过小的牛仔裤。

女性外生殖器的特点是，皮肤娇嫩，黏膜丰富，有不少褶皱，还经常受到大小便、白带、月经的刺激与污染。加上由阴道分泌的酸性分泌物，在过紧过厚的牛仔裤包围下，透气性差，不利于湿气的蒸发，妨碍排汗降温，给细菌带来良好的繁殖条件，从而引起外阴瘙痒、外阴静脉曲张、湿疹、皮炎、腹股沟癣等疾病。

牛仔裤对男性也同样不利。男性的睾丸是产生精子的场所，平时温度较低。如果牛仔裤长时间紧包会阴部，使局部温度升高，将会影响睾丸的正常生理功能，甚至造成不育。

012. 穿丝袜必须注意的三个问题

穿丝袜在现代女性中非常普遍，尤其是在较为正式的场合，穿丝袜更是女性必

不可少的装扮。但穿丝袜也有许多讲究，尤其要注意以下三个问题：

1. 在购买丝袜时，一定要注意与脚码大体相符。过大了袜子容易滑移，过小了袜子绷紧脚趾甲，容易刺破丝线。

2. 要保持鞋子内层的平整，对落入鞋内的石粒要及时清除。手脚指甲过长过尖和脚掌皮肤粗糙，也是造成袜子抽丝的常见原因，因此应经常对其修剪。穿袜子时的正确方法是：先将袜口翻卷到袜跟部位，再套到脚尖上，慢慢向上边套边放，这样可防止钩破袜丝。

3. 在洗涤丝袜时，不能用力搓揉，以防止袜丝滑出或断丝。另外不宜用高于50℃的热水洗涤，否则袜子在受热后会发生收缩。平时，对袜子正反面露出的丝头，切忌随便拉扯，已拉出的丝头，要及时拨好修复。

013. 穿运动鞋时间不宜太久

　　运动鞋和旅行鞋都是专门用于旅行和运动的鞋，穿着应有时间性。这主要因为，穿这种鞋时间过长，脚部容易多汗。鞋内汗水和湿热刺激脚掌的皮肤，使脚发红或脱皮等。由于鞋内湿度和温度提高使脚底韧带变松拉长，使脚变宽，久而久之发展下去脚易变为平足。

014. 靴子不宜过紧

　　靴腰过紧易得"皮靴病"。由于皮靴偏小穿着不适、靴腰过紧、靴跟过高等原因，会使足背和踝关节处的血管、神经受到长时间的挤压，造成足部、踝部和小腿处的部分组织血液循环不良。同时，由于高筒皮靴透气性差，行走后足部分泌的汗水无法及时挥发，会给厌氧菌、真菌造成良好的生长和繁殖环境，易患足癣、甲癣。所以，穿着高筒皮靴的靴腰不宜过紧，要适时地脱掉皮靴或用热水洗脚，以改善足部的血液循环，消除足部疲劳。

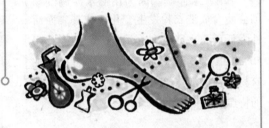

015. 胖人穿衣五忌

　　忌面料太厚或是太薄：太厚有扩张感，显得人更胖；太薄又易显露出肥胖体型。最好选柔软而挺括的面料。

1. 忌色彩黯淡无光，而穿深色有收缩感，显得人瘦削。

2. 忌大花纹、横条纹、大方格子衣料，以避免体型横宽的视错觉。

3. 忌款式花色繁多、条纹重叠，应简洁、朴实。

4. 忌关门领式或窄小的领口和领型，以免脸形显得更大。最好用宽而敞的开门式领型，但是也忌太宽，否则会衬得胸部过宽。

016. 洗衣粉用量太大会降低去污效果

洗衣粉水浓度在0.2%~0.5%时,表面活性最大,去污效果最好。洗衣粉水过浓,去污能力反而减弱。此外,用洗衣粉洗衣服还须注意以下几点:

❶ 忌洗贴身穿的内衣,以防止引起皮肤过敏。

❷ 忌洗有过敏史人的服装或婴儿的服装。

❸ 忌用普通洗衣粉洗含有蚕丝、羊毛、兔毛等蛋白纤维的衣服,以免缩短衣服的寿命。

❹ 忌用开水冲调。因为用沸水冲调洗涤剂会使合成洗衣粉发生变化,使其表面活性降低而失去或减弱去污能力。一般宜用50~60℃温水冲调为宜。这样才可保持洗衣粉丰富的泡沫,表面活性大及去污力强的特点。

017. 衣服不可久泡

洗衣服先用水泡,有利于去污和清洗,但如果用水浸泡时间过长,会适得其反。这是因为衣服纤维中的污秽在15分钟内便会渗透到水中。如果时间过长,水中的污秽又会被纤维吸收,反而洗不干净了。因此,洗衣服忌久泡,一般以不超过15分钟为准。

018. 内、外衣不可一起洗

许多人洗衣服时不分内衣、外衣。往往"一锅烩",这样做很不卫生。

我们生活的环境里充满了大量灰尘,有生产性灰尘,如纺织厂的纤维绒毛、化工厂的原料微粒,等等。这些灰尘粘在皮肤上容易发生过敏性反应,导致各种皮

疹;还有一些生活性灰尘,如马路尘土、烟囱黑烟、汽车废气,这些尘埃附着有很多致病微生物,包括癣、疥等皮肤病的菌丝孢子、疥虫等。洗衣服时内外衣混在一起,会导致这些微生物粘在内衣上,一旦漂洗不净,很容易使人患各种皮肤病。因此,洗衣服一定要"内外有别"。

019 羽绒衣洗涤不当会缩短其使用寿命

在冬季,羽绒衣已成为人们必不可少的御寒衣物。但因其大而厚,洗涤起来会比较麻烦,稍有不当,便会缩短其使用寿命。因此,在洗涤时应注意以下几个问题:

❶ 洗涤羽绒衣时,为防止堆拢,忌用力揉搓。

❷ 水温不宜过高,以30℃为宜。

❸ 为防止面料失去光泽,忌用碱性洗涤剂。

❹ 为防止面料起皱、裂缝,忌使用洗衣机。

❺ 洗涤后不可手提、绞拧。应折叠放在平板上,轻轻压出积水。

❻ 忌放在烈日下曝晒或烘烤,应在通风阴凉处晾干。干后轻轻拍打衣服,即可恢复原状。

020. 领带忌用水洗

任何质料的领带都不能水洗，只能干洗。否则，领带就会失去原有的光泽和平挺。这是因为领带的面、里料品质不一样，下水后会因缩水程度不同而皱缩，还可能因褪色发生互染。所以，应该用干洗剂洗净。

021. 汗衣用热水洗会变色发黄

人们在劳动、运动或天气炎热时，非常容易出汗。浸了汗液的衣服，如果用热水或开水泡洗，不仅会使衣服变色发黄，而且污垢难以清除。

这是因为汗液中除含有水和盐分之外，还含有蛋白质等有机物质。蛋白质遇热就会固结在衣服上，晒太阳或被空气中的氧气氧化，就会变成黄色的污垢而难以清洗。因此，汗衣忌用热水洗涤，而冷水却能使汗衣上的蛋白质溶化，有利于去污。

022. 不能在废灯管上晾晒衣服

有些家庭用坏了的日光灯管晾晒衣物，这是不符合卫生科学的。

日光灯管中充填有汞、荧光粉等对人体有害的物质。一根完整的日光灯管，处在潮湿的情况下，玻璃管表面呈碱性，碱性物质染到毛巾、手帕上，对人的眼睛有害；日光灯管有破损，汞和荧光粉的发散，也会有害健康。

023. 内衣裤不能翻过来晒

在大自然中，有许多对人体有害的物质，如烟气、粉尘、硫化物、微生物、致病菌等。它们是随着空气流动而四处飘浮的。当翻晒内衣、内裤时，这些有害物质便会黏附在内衣贴身的一面，穿到身上后，容易引起过敏发痒，甚至诱发各种皮肤炎症，对于女性还可引起妇科疾病。因此，贴身穿的衣裤忌翻晒，而且在收衣服时还应抖一抖上面的灰尘和飞虫。

024. 各种衣物的存储禁忌

❶ 棉织品：棉织品的吸湿性强、怕酸不怕碱。收藏之前一定要洗净晒干，并放些樟脑丸，以防霉变、虫蛀而损坏衣服。

❷ 丝织品：丝绸服装比较"娇气"，不宜长期挂放，因自重的关系会越拉越长，使服装变形。存放时应衬上布，放在箱柜上层，以免压皱。另外柞丝绸衣服也不可与真丝衣服存放在一起，因柞丝绸用硫黄蒸过，放在一起会使真丝绸变色。存放白色丝绸的箱柜也不宜使用樟脑丸，否则会使服装变黄。

❸ 毛织品：此类衣服抵抗霉变能力较好，

但容易虫蛀。收藏前，要将衣服上的灰尘掸掉，再把衣服洗净晾干后，用罩布遮起来。并在箱柜内放少许樟脑丸。

❹ 化纤织品：此类衣服收藏前，一般只能用洗衣粉洗，而不能用肥皂洗，因为肥皂中的不溶性皂垢会污染化纤布。另外，不可放卫生球，因为卫生球的主要成分萘和化纤品会发生化学反应，从而降低纤维品质。

❺ 粘胶织品：深浅不同的粘胶织品服装要分开存放，以免使浅色服装受染。此类衣服在洗净、晾干后，可放些樟脑丸。

025. 皮夹克保养不当会变质

对于皮夹克的收藏，有些人由于不懂得保养知识，致使皮夹克皮革变性。其实，皮夹克的保养只要掌握以下5点就可以了：

穿着时不要接触油污及酸碱性物质，有了油污，可用软布蘸点汽油或是四氯化碳在油污处轻轻反复涂擦，直到洁净。在涂擦前，可先在皮夹克的次要部位进行一下试验，尤其是彩色皮更要注意，看看皮革是否褪色或是变性，千万不能大意。

皮夹克每隔两三年上光一次即可。上光时，只要用软布蘸上上光剂在皮面上轻涂1~2遍即可，切勿用皮鞋油进行揩擦。

皮夹克受潮或是发霉，切忌烘烤曝晒，放在阴凉处晾晒即可。收藏时，要检查一下有无霉变。如有霉点，要及时揩霉，并放在早晨八九点钟的阳光下晒上个把小时，方可收藏。

皮面起皱可用电熨斗熨烫，但是温度不能超过65℃，熨烫时需用薄棉布衬垫，并不停顿地进行往返移动。

收藏时最好用衣架挂起来，平放也可以，但要放在其他衣物的上面，以免起皱，影响美观。

026. 不要给新皮鞋钉后掌

在新买的高跟皮鞋上钉后掌，会使鞋的寿命大大缩短。因为鞋跟的高度与鞋前部的翘度都有一定的比例。如果在新鞋跟上再钉一个掌，这样就破坏了比例，致使鞋只有前部着地，于是加速了后跟的磨损。另外，新皮鞋后跟的加高，也会使脚前掌的支撑点向前移，重量几乎全部压在前掌上，改变了身体的重心，皮鞋帮面与脚面的接触部位易撕裂，整个帮面也会变形。

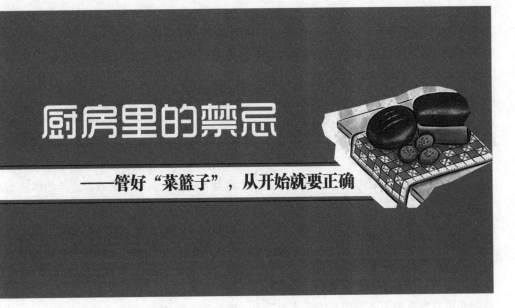

厨房里的禁忌

——管好"菜篮子"，从开始就要正确

027. 吃茄子不要去皮

有些人用茄子烹调菜肴时，把茄子的皮层削去，这种吃法不科学。因为这样做丧失了茄子的宝贵营养物质——维生素P。

维生素P的主要成分是黄酮、芸香素、橙皮素。它可以降低人体毛细血管的脆性和通透性，增加毛细血管壁细胞的黏合、修补能力，使其保持正常的弹性，提高微细血管对疾病的抵抗力，并能降低血中所含的胆固醇等。

在各种茄子中，以紫色茄子含的维生素P最多，茄子最宝贵的部位，也即维生素P最集中的地方，即在紫色表皮的肉质处，因此食用茄子应该连皮吃。

028. 莴苣不要用刀切

莴苣最好不要用菜刀切，用手撕比较好吃。因为用菜刀切会分断细胞膜，咬起来口感就没那么好。而用手撕就不会破坏细胞膜。再者，细胞中所含的各种维生素，可能会从菜刀切断的地方失掉。而且，切口处容易变成褐色。总之，鲜艳的翠绿色也是莴苣引人产生食欲的关键。无论是莴苣或生菜用手撕的味道都会格外鲜美。

029. 芋头、山药和魔芋不要直接剥洗

芋头、山药和魔芋的黏液中含有一种复杂的化合物，遇热能被分解。这种物

质对机体有治疗作用，但对皮肤有较强的刺激作用，所以剥洗芋头、山药和魔芋时最好戴上手套。如果皮肤沾上黏液就会发痒，在火上烤一烤就可以缓解。

030. 海带长时间浸泡会大量损失营养

从商店买回的干海带，人们在食用前都要浸泡清洗。但如果用水浸泡时间过长，或过分地敲打、抖动，会使海带失去应有的营养价值。

因为海带是含碘量较高的食品，另外还含有贵重的营养品——甘露醇。碘和甘露醇都附在海带的表面，极易溶于水而造成损失。因此，海带忌长时间浸泡。海带泡发后即可切丝炒菜或烧汤。

031. 热水发木耳出量少

一般家庭大多是用热水泡发木耳，觉得发得快，便于急等使用，但是这种方法并不好。因为木耳是一种菌类植物，生长时含有大量的水分，干燥后变成革质。在泡发时，用凉水浸泡，是一种渐渐的浸透作用，可使木耳恢复到生长期的半透明状。所以凉水发木耳，每500克可出3.5～4.5千克，吃起来脆嫩爽口，也便于存放，热水发木耳，每500克只能出2.5～3.5千克，口感绵软发黏，且不易保存。

032. 发绿豆芽不要超过6厘米长

绿豆芽不仅保持绿豆原有的营养成分，而且甘平无毒，可解酒毒、热毒。但绿豆芽不应发得太长，否则绿豆中所含的蛋白质、淀粉及脂类物质就会消耗太多。

当绿豆芽超过10～15厘米长时，绿豆中的营养物质将损失20%。所以说绿豆芽以粗壮为宜、一般不应超过6厘米。

033. 吃带鱼不能乱刮鳞

吃刮去鳞的带鱼是不科学的。因为带鱼鳞中不仅含有丰富的蛋白质、铁、碘等营养素，还含有许多的磷脂。这些磷脂被人体利用后，能够改善神经系统的功能，增强记忆力。另外，带鱼鳞中的多种不饱和脂肪酸，对人体具有防止动脉硬化的功效，从而起到预防高血压、心脏病的作用。带鱼鳞还能增强皮肤表皮细胞活力，因此是不可多得的食用美容佳品。

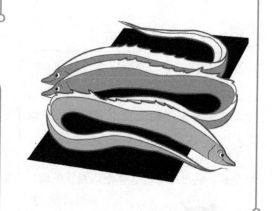

034. 肉不可用水浸泡

很多人喜欢把刚买的新鲜肉用水浸泡来清洗，或者把冻肉用水浸泡来解冻，这样做是不对的。用水泡肉，不管是新鲜肉还是冻肉，都会使肉中的营养物质溶解到水里，从而降低了肉的营养价值，影响了鲜味。所以，肉可以用冷水快速冲洗干净，但不可久泡。冻肉则放在15～20℃的地方，使其自然解冻。

035. 切肉不要用一种刀法

有人做饭切肉，不管是什么肉，拿来就切，这样是不对的，切肉要讲究刀法，像牛羊肉，若是竖切，炒不烂、嚼不烂，入锅后会抽成一团；要是横切，即能切薄又能炒烂，香嫩适口。涮羊肉片都是横切的，若竖切，入锅后就会缩成一团。

切生猪肉则不能横切，要竖切，炖、炒、烧、熘等各种做法，都要竖切。

总之一句话，"横切牛羊竖切猪"。

036. 饺子馅不能放生油

豆油在加工中残留极少量的苯和多环芳烃等有害物质。一些家庭包饺子习惯用生豆油和馅，人吃后对神经和造血系统有害，会出现头痛、眩晕、眼球震颤、睡眠不安、食欲不振及贫血等慢性中毒症状。因此，调馅时，一定要把豆油烧开，使其所含的有害物质自然挥发掉，然后再拌入馅中。

037. 淘米次数不能太多

米面中的水溶性维生素和无机盐等营养素在烹调加工中易遭受损失。通常一般家庭淘米要2~3遍，甚至更多，经测定，这样维生素B_1会损失29%~60%，维生素B_2和尼克酸可损失24%左右，无机盐约损失70%，蛋白质损失16%，若反复搓洗则情况更为严重。所以淘米次数不宜过多。

038. 炒鸡蛋不能放味精

不是所有菜放味精都好，炒蛋就不宜放味精。如果在炒蛋时加味精，不但不能增加鲜味，还会破坏鸡蛋的营养成分。

鸡蛋含有大量谷氨酸及一定的氯化钠，这两种成分加热后会合成一种新物质——谷氨酸钠。这种物质有纯正的鲜味和营养价值，味精的主要成分就是谷氨酸钠。如果炒鸡蛋再放入味精，不仅不会增加鲜味，还会破坏鸡蛋的自然鲜味，同时也会使鸡蛋本身的谷氨酸钠被排斥，导致营养成分的流失。

039. 发面切勿用面肥

大多数北方人都喜欢吃蒸制的面食品，如馒头、花卷、豆包等。这些面食品都需要事先发面，许多家庭习惯于用面肥作为引子，这有三个缺点：一是发酵时间过长，特别是天气冷时要花上一两天的时间还不一定能发好；二是这种面肥因为长时间放置，里边带有许多不利于人体健康的杂菌；三是为了中和酸需要一些碱，这就又破坏了面粉中的某些营养，对肠胃也不好。使用鲜酵母或干酵母发面，不仅松软可口，而且酵母本身含有的多种营养成分又可使馒头的营养价值锦上添花。用酵母粉发面简便易行，揉和后，搁置几小时就可以蒸制出美味的大馒头了。

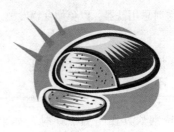

040. 铁锅不能煮的食物

❶ 山楂、海棠、绿豆等食物：山楂和海棠里含有一种果酸，果酸遇铁会起化学变化，产生一种低铁化合物，人吃了以后会引起中毒；绿豆中含有单宁，在高温条件下遇铁会成黑色的单宁铁，而使绿豆汤汁变黑，产生特殊气味，不但影响味道，而且对人体有害。

❷ 富含鞣质的食物：比如茶、咖啡、红糖、可可、果汁等。食物中的鞣质会和铁元素化合为不溶解的物质，胃肠难以消化，如果摄入过多对人体有害。

❸ 酸性物质：铁在酸性环境中加热易生成亚铁盐类，有的亚铁盐具有一定毒性，有的会使蛋白质迅速凝固，影响人体对食物的消化吸收，进而降低食物的营养价值。所以，用铁锅炒菜加醋时，醋量不宜过多，烹炒时间也不宜过长。

❹ 莲藕、荷叶、莼菜等：煮藕羹、荷叶粥和炒莼菜时忌用铁器，以免使食物发黑。

使用不锈钢炊具烹饪
041. 不能加料酒

不锈钢炊具在高温烹炒时，如果加入酒类调料，酒中的乙醇可使不锈钢中的铬、镍游离溶解。铬与糖代谢、脂肪代谢密切相关，在胰岛素存在的条件下会使更多的葡萄糖转变为脂肪，造成机体代谢紊乱。大量的铬盐还会对肝肾功能造成损害，夺取血液中的氧气，导致组织缺氧，造成血管、神经系统的损害。镍盐对神经系统先兴奋后抑制麻痹，镍过量有致癌作用，长期积累容易导致肺癌。

042. 铝锅使用禁忌

❶ 新铝锅应先煮米或肉类食物，忌先煮水，以免锅内变黑。

❷ 铝炊食具分为熟铝、生铝和合金铝3类。目前炒菜普遍使用的生铝铲属硬性磨损炊具，它会将铝屑过多地通过食物带入人体，造成严重的危害。所以，应避免使用生铝炊具。

❸ 忌将饭菜放在铝锅、铝饭盒内过夜。铝的抗腐蚀性较差，碱、酸、盐都能与铝起化学反应，人吃了以后会对身体有害。

❹ 铝炊具表面污垢可用洗涤剂擦干净，忌用刀刮或用炉灰、沙子硬擦。因为铝在空气中极容易被氧化而生成氧化铝，它附着在铝的表面，保护铝不致继续被氧化。如果被硬刮掉、擦掉，表面的氧化铝就继续被氧化，反复如此，就会影响铝锅的使用寿命。

❺ 铝器不宜与酸性食物接触：用铝器加热或存储酸性食物和饮料，或者用铝锅炒菜时加醋都会释出更多的铝离子。食用铝过量，会干扰磷的代谢，阻止磷的吸收，进而产生脱钙、骨骼软化等骨骼病变，对中枢神经系统也有毒害作用，会引起记忆力衰退、老年性痴呆等症。

❻ 铝器不宜与碱性食物接触：铝在碱性

溶液中反应生成铝酸盐，铝酸盐溶解后释放出铝离子，随食物进入人体，会造成危害。

⑦ 铝器不宜用来打鸡蛋：烹调鸡蛋如在铝制品内搅打，会使蛋白变灰色，蛋黄变绿色。所以，搅拌鸡蛋，应用陶瓷或搪瓷器皿为宜。

043. 不能用不粘锅做肉类食物

不粘锅的出现给我们的日常生活带来了许多方便，但不粘锅却不能用来烹饪肉类食物。这是因为，不粘锅涂层的主要成分是聚四氟乙烯，它有一个先天缺陷，就是结合强度不高，不能完全覆盖在不粘锅表面，致使部分金属层裸露在外。而肉类等酸性物质会腐蚀金属，裸露部分一旦被腐蚀就会膨胀，从而导致涂层脱落，被人误食会危害健康。

同时，它也不能制作蛋类、白糖、大米等酸性食物。像西红柿、柠檬、草莓、山楂、菠萝等酸味食物，也不宜使用不粘锅。

此外，使用不粘锅时温度不宜过高，尤其忌干烧，否则涂层会释放出有害物质；最好使用竹木制锅铲进行翻炒，不要用铁铲，以免刮伤锅体，破坏涂层。

044. 高压锅使用禁忌

① 忌过满，锅内至少要留1/5的空间。

② 忌马虎，必须要认真检查排气孔是否畅通，安全塞座下孔洞是否被残留的饭粒或食物碎渣堵塞，以及两只手柄是否完全重合。否则，会使锅内食物喷出来伤人。

③ 忌在限压阀上放压东西，因为这会阻塞锅内气体的正常放出，导致爆炸事故。

④ 忌在离开炉火后马上取下限压阀，开盖应在自然冷却后再开盖，或用冷水直接淋在锅盖上，待锅内气

压降低时，将限压阀取下，放尽气后再开盖，否则，锅内气体会喷伤人。

⑤ 忌用其他不同的熔点金属代替安全阀熔片。

⑥ 不要随便扩大阀座导气孔的直径，因限压阀是压力锅防爆的关键元件，压力锅的压力是由限压阀限制在安全值之内的。

045. 炒菜锅忌不洗而连续使用

在日常生活中，人们为了图省事，对炒菜锅通常会不洗而连续使用，其实这样做是很不恰当的。一道菜炒完不洗锅，又接着炒另一道菜，对人体健康是十分有害的。因为炒菜时产生的焦黑色锅垢中有少量的苯并芘物质，特别是烧蛋白质和脂肪

菜时，锅垢中的苯并芘检出率更高。苯并芘是当今国际上公认的强致癌物。因此，炒菜锅忌不清洗连续使用。此外，使用炒菜锅还应注意以下两个问题：

❶ 锅具使用完后立即清洗正反面，而且一定要烘干。但大多数人只洗表面不洗底层的习惯是非常错误的。因为锅子的底层，常沾满倒菜时不慎回流的汤汁，若不清洗干净则会一直残留在底层，久而久之锅底的厚度就渐渐增厚，影响炒锅的热传导，所以一定要正反面一起洗净，再放置炉上用火烘干，以彻底去除水汽。

❷ 炒菜时忌用过热油锅，否则容易产生一种硬脂化合物，人若常吃过热油锅炒出的菜，易患低酸性胃炎和胃溃疡。

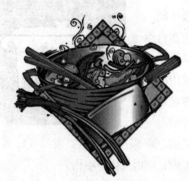

⭐ 046. 烹饪时间不可过长的食物

❶ 西红柿：烹调西红柿时不要久煮。烧煮时稍加些醋，则能破坏其中的有害物质番茄碱。

❷ 青蒜和蒜薹：不宜烹制得过熟过烂，以免辣素被破坏，杀菌作用降低。

❸ 洋葱：烹炒洋葱宜旺火快速翻炒，不宜加热过久，以有些微辣味为佳，这样可以最大限度地保存其中的营养成分。

❹ 茼蒿：茼蒿中含有特殊香味的挥发油，有宽中理气，消食开胃，增加食欲的功效，但遇热易挥发，所以烹调时应注意旺

火快炒。做汤或凉拌对胃肠功能不好的人有利。

❺ 石花菜：石花菜食用前可在开水中焯过，但不可久煮，否则石花菜会溶化掉。

❻ 豆瓣菜：豆瓣菜十分鲜嫩，不宜烹得过熟过烂。否则，既影响口感，又造成营养损失。

❼ 木耳：烹调时要用旺火快炒，炒的时间长了易出黏液。

❽ 鲑鱼：切勿把鲑鱼烧得过烂，只需把鱼做八成熟，这样既可保存鲑鱼的鲜嫩，也可以去除人们不喜欢的鱼腥味。

❾ 薄荷煎汤：若以薄荷煎汤代茶饮用，忌久煮。薄荷含挥发油，若煮得太久会降低药效。

⭐ 047. 烹饪时间不可过短的食物

❶ 绿豆：未煮烂的绿豆腥味强烈，食后易恶心、呕吐。

❷ 黄豆：黄豆含有一种抗胰蛋白酶的物质，人吃了以后，会直接妨碍人体中胰蛋白酶的活动，使黄豆蛋白质不易被人体消化吸收，甚至会发生泻肚。要想解决这个问题，食用黄豆时必须用微火多煮一会儿，这样，怕高温的抗胰蛋白酶就会被破坏。

❸ 豆角：特别是经过霜打的鲜豆角，含有大量的皂甙和血球凝集素。食用时若没有

熟透，则会发生中毒。所以，豆角食前应加处理，可用沸水焯透或热油煸，直至变色熟透方可食用。

❹四季豆：四季豆（菜豆）中含有胰蛋白酶抑制剂、血球凝集素和皂素等成分，若食用未加工熟的菜豆会引起恶心、呕吐、腹痛、头晕等中毒反应。

❺螃蟹：醉蟹或腌蟹等未熟透的蟹不宜食用，应蒸熟煮透后再吃。

❻螺肉：为防止病菌和寄生虫感染，在食用螺类时一定要煮透，一般煮10分钟以上再食用为佳。死螺不能吃。

❼鱿鱼：鱿鱼应煮熟透后再食，因鲜鱿鱼中有一种多肽成分，若未煮透就食用，会导致肠运动失调。

048. 不可立即烹饪的食物

刚宰杀的禽肉：刚宰杀的畜禽肉由于淀粉酶的作用，会使动物淀粉和葡萄糖变为乳酸，之后又因肉中三磷酸腺苷的迅速分解而形成磷酸，使肉质较僵硬，不易煮烂，影响人体对营养素的吸收。鸡、鸭、鹅宰杀6小时后，烹调味道最美。

049. "活鱼活吃"并不好

刚死的鱼：人们通常认为"活鱼活吃"营养价值高，其实，这是一种误解。刚死的

鱼，肌肉组织中的蛋白质没有分解产生氨基酸（氨基酸是鲜味中的主要成分），吃起来不仅感到肉质发硬，也不利于人体消化吸收。可以先把鱼冷冻一段时间，使鱼处在高度僵硬状态，鱼中丰富的蛋白质在蛋白酶的作用下，才会逐渐分解成人体容易吸收的各种氨基酸。这时，不管用什么方法烹饪，味道都会非常鲜美。

050. 豆腐不可单独烹制

豆腐虽含有丰富的蛋白质，但却缺少一种人体必需的氨基酸——蛋氨酸。如果单独烧菜，则蛋白质利用率很低，如果把它和其他的肉类、蛋类食物搭配一起合用成菜，就可大大提高豆腐中蛋白质营养的利用率。

051. 炖肉七忌

❶忌中途添加冷水：因为正加热的肉类遇冷收缩，蛋白质不易溶解，汤便失去了原有的鲜香味。

❷忌撇去浮油：汤面上的浮油可减少水汽的蒸发，保持水温，减少香味散发。同时油本身也可以使汤汁味鲜香浓，增加营养。如果想去除油腻，可在原料成熟前将浮油撇去为宜。

❸忌早放盐：因为早放盐能使肉中的蛋白质凝固，不易溶解，从而使汤色发暗，浓度不够，外观不美。

❹忌过多地放入葱、姜、料酒等调料，以免影响汤汁的原汁原味。

❺忌过早过多地放入酱油，以免汤味变酸，颜色变暗发黑。

❻忌让汤汁大滚大沸，以免肉中的蛋白质分子运动激烈使汤浑浊。

❼忌时间过长：汤里的主要成分是蛋白

质，如果炖的时间过长，加热温度过高，蛋白质会发生热解变性，分解成其他成分，有些成分可能再发生一系列变化，生成对人体有害物质甚至是致癌物质。

052. 鱼肉不要用油炸

烹调方法与DHA的吸收有关系。很多鱼类无论煎、煮、烤、干制或生吃，鱼肉中的DHA含量都不会发生变化，都可以被人体吸收，只是油炸的鱼肉DHA的比例会降低。因此，为了更有效地利用鱼肉中的DHA，烹调时应尽量少用油炸。

053. 炸过食物的余油忌多次使用

炸过食物的余油，反复使用或掺些新鲜食油再炸其他食物，这种油经过多次高温加热和与空气中的氧气接触，容易分解变质，从而产生甘油酯二聚物等有毒的非挥发性物质。这些有毒物质都能使人体消化道发炎、肝肿大、腹泻，使人体中毒，并能诱发癌症。因此，炸食物的余油忌多次食用。

食油变质的特征是：有哈喇味，色泽加深，加热起泡，冷却后黏稠度加大等。

054. 食物烤制不当会损害健康

许多人喜欢吃烤制的食物，但食物烤制不当反而会损害人体健康。因此，在烤制食物时应注意以下两个问题：

1. 忌在煤火上直接烤食物：煤炉燃烧时，会产生大量的有害气体。煤中含有焦油与多种酚类化合物，其中苯并芘对人体是十分有害的致癌物。如果是富有脂肪的食物，更忌用煤火直接烘烤。

2. 忌在液化气灶火上烤食品：液化石油气是由丙烷等碳氢化合物组成的，并混有一定的杂质。燃烧时，由于氧气不足，燃烧不完全时就会产生一氧化碳和烟尘。这些有害物质会直接污染食品，损害人体健康。因此，液化气灶上忌烤食品。

055. 吃油的禁忌

1. 植物油不要过量：植物油是不饱和脂肪，如果吃得过多，容易在人体内形成过氧化脂。这种物质积存在体内，能引起脑血栓和心肌梗死等疾病，甚至可能诱发癌症。每人每天食用8克植物油就够了。

2. 橄榄油不宜过量：橄榄油一加热就会膨胀，所以烹制同一个菜，需要的量就比其他的油少。

3. 蚝油不宜加热过度：蚝油不宜加热过度，否则易造成鲜味降低，营养成分散失。

4. 动物油脂不宜凉拌、煎炸：动物油脂不宜用于凉拌和炸食，也不宜用大火煎熬后食用，更不宜食用反复煎炸食物的油脂。

用动物油脂调味的食物要趁热食用，放凉后会有一种油腥气，影响人的食欲。

★ 056. 盐的使用禁忌

❶ 盐投放时间不宜一成不变。用豆油、菜籽油做菜，为减少蔬菜中维生素的损失，一般应炒过菜后放盐；用花生油做菜，应先放盐炸锅，这样可以大大减少黄曲霉菌毒素；用猪油做菜，可先放一半盐，以去除荤油中有机氯的残留量，做菜中间再加入另一半盐，以尽量减少盐对营养素的破坏。

❷ 鸡鱼菜肴不宜多加盐。制作鸡、鱼一类的菜肴应少加盐，因为它们富含具有鲜味的谷氨酸钠，本身就会有些咸味。

❸ 做肉不宜过早放盐。盐的主要成分是氯化钠，而氯化钠容易使肉中的蛋白质发生凝固，使肉块缩小，肉质变硬，不易烧烂。

★ 057. 酱油不能放太早

酱油中含有多种氨基酸和糖分，若在锅内久煮，其中的氨基酸成分很快就会遭到破坏，不但会失去原有的鲜美味道，还会使酱油内的糖分因高温焦化变酸。所以，在菜将要出锅之前倒入酱油，才能使酱油的营养价值得以充分利用。此外，在使用酱油时还应注意下列问题：

❶ 烹饪酱油不宜佐餐：酱油在生产、加工、运输、存放的过程中可能会产生肠道传染病致病菌——嗜盐菌。如果把烹饪酱油用来佐餐，人食用后会出现恶心、呕吐、腹痛、腹泻等症状，严重者还会脱水、休克，甚至危及生命。所以，如果想做凉拌菜，最好选择佐餐酱油。这种酱油微生物指标比烹调酱油要求严格，即使生吃，也不会危害健康。

❷ 绿色蔬菜不宜放酱油：在烹饪绿色蔬菜时不必放酱油，因为酱油会使这些蔬菜的色泽变得黑褐暗淡，并失去蔬菜原有的清香。

★ 058. 做菜时调料不要乱放

葱、姜、蒜、椒，人称调味的"四君子"，它们不仅能够调味，而且能杀菌去寒，对人体健康大有裨益。但在烹调中如何投放才能更提味、更有效，却是一门高深的学问。

❶ 肉食重点多放椒：烧肉时宜多放一些花椒，牛肉、羊肉、狗肉更应多放。花椒有助暖作用，还能够去毒。

❷ 鱼类重点多放姜：鱼腥味大，性寒，食之不当会产生呕吐症状。生姜既可缓和鱼的寒性，又可解腥味。做鱼时多放姜，可以帮助消化。

❸ 贝类重点多放葱：大葱不仅仅能够缓解

贝类（如螺、蚌、蟹等）的寒性，而且还能够抵抗过敏。不少人食用贝类后会产生过敏性咳嗽、腹痛等症，烹调时就应多放一些大葱，避免过敏反应。

4. 禽肉重点多放蒜：蒜能够提味，烹调鸡、鸭、鹅肉的时候宜多放蒜，这样使肉更香更好吃，也不会因为消化不良而泻肚子。

⭐059. 不能放醋的饮食

1. 炒胡萝卜不宜放醋：胡萝卜含有大量胡萝卜素，摄入人体消化器官后，就可以变成维生素A。但是用醋来炒胡萝卜，就会使胡萝卜素被破坏。

2. 炖羊肉不宜放醋：醋性酸温，有消肿活血、杀菌等作用，与寒性食物配合较好，而与羊肉这类温热食物相配则不宜。二者搭配会削弱食疗作用。

3. 做海参不宜放醋：放醋后口感、味道均较差。

4. 做糖醋类菜肴不宜早放醋：最好在即将起锅时再放醋，这样能充分保持醋味；若放得过早，醋就会在烹调过程

中蒸发掉而使醋味大减。

⭐060. 不能加碱的食物

1. 煮米粥不宜加碱：有些人在熬粥时喜欢加碱，其实这种做法适合熬玉米面粥，它能使玉米中的尼克酸从结合型中游离出来，有利于机体吸收。但熬大米粥和小米粥时不宜加碱，因为这会造成大米、小米中的维生素B1大量损失。

2. 炒牛肉不宜加碱：有的人在炒牛肉时，为了使牛肉熟得快而加一些碱，这种吃法是极不科学的。牛肉富含蛋白质，蛋白质是由氨基酸组成的高分子化合物，会与碱发生反应，使蛋白质因沉淀而变性，牛肉的营养价值也遭受很大的破坏。

3. 炒青菜不宜加碱：有人烹调绿色蔬菜时喜欢放点碱，这样炒出来的蔬菜颜色鲜艳。这种做法同样是不可取的。蔬菜特别是绿色蔬菜中含有丰富的维生素C，维生素C在碱性溶液中易氧化失效。大火快炒比加醋或碱更能保存绿色蔬菜中的营养成分和菜品的颜色。

⭐061. 煮鸡蛋的禁忌

1. 鸡蛋不宜用茶叶煮：不知从何时起，"茶叶蛋"开始风靡大街小巷，然而大家可能还不知道，鸡蛋并不宜用茶叶煮。因为茶叶中除含有生物碱外，还有多种酸化物质，这些化合物与鸡蛋中的铁元素结合，对胃有刺激作用，不利于消化吸收。

2. 鸡蛋不宜与糖同煮：因为这样会因高温作用生成一种叫糖基赖氨酸的物质，破坏了鸡蛋中对人体有益的氨基酸成分，而且这种物质有凝血作用，进入人体后会造成危害。如需在煮鸡蛋中加糖，应该等鸡蛋

煮熟稍凉后再加，不仅不会破坏口味，更有利于健康。

❸ 煮鸡蛋不宜用急火： 因为蛋黄凝固的温度比蛋清高。急火煮蛋，会使蛋清先凝固并且变硬，影响蛋黄凝固，使煮出来的鸡蛋清熟黄不熟。

❹ 煮鸡蛋时间不宜过长： 鸡蛋煮的时间过长，蛋黄表面就会变成灰绿色。这是因为蛋黄中的亚铁离子与蛋白中的硫离子化合为难溶的硫化亚铁所造成的。这种硫化亚铁不容易被人体吸收利用，因而降低了鸡蛋的营养价值。而且鸡蛋久煮会使蛋白质老化，变硬变韧，不易吸收，也影响食欲和口感。因此，煮鸡蛋的时间忌过长，一般以8～10分钟为宜。

❺ 鸡蛋煮熟后不宜用冷水浸泡来剥壳： 鸡蛋煮熟后壳上原本由角粉质、蛋壳、蛋膜等组成的保护膜被破坏，熟蛋中的溶菌酶不活跃，而蛋壳气孔在加热时扩大，当烫手的热蛋投入冷水后，蛋在冷缩过程中会产生气潭，真空的气潭势必将含菌的冷水吸入，细菌作怪，熟蛋容易变质。因此，熟蛋忌用冷水冷却，冷却后更忌保存。

062. 胡椒使用禁忌

❶ 胡椒不宜多吃： 胡椒性热，古人认为过食会损肺、发疮、齿痛、目昏、破血、堕胎等，因此不应过量。

❷ 与肉食同煮的时间不宜太长： 因胡椒含胡椒辣碱、胡椒脂碱、挥发油和脂肪油，烹饪太久会使辣味和香味挥发掉。另外要掌握调味浓度，保持热度，可使香辣味更加浓郁。

063. 蒸鸡蛋羹禁忌

❶ 忌加生水： 因自来水中有空气，水被烧沸后，空气排出，蛋羹会出现小蜂窝，影响质量，缺乏嫩感，营养成分也会受损。

❷ 忌加热开水： 开水先将蛋液烫热，再去蒸，营养受损，甚至蒸不出蛋羹。最好是用凉开水蒸鸡蛋羹，不仅使营养免遭损失，还会使蛋羹软嫩，表面光滑，口感鲜美。

❸ 忌猛搅蛋液： 在蒸制前猛搅或长时间搅动蛋液会使蛋液起泡，蒸时蛋液不会融为一体。最好是打好蛋液，加入凉开水后再轻微打散搅和即可。搅拌时，应使空气均匀混入。

❹ 忌蒸前加入调料： 否则会使蛋白质变

性，营养受损，蒸出的蛋羹也不鲜嫩。调味的方法应是：蒸熟后用刀将蛋羹划几刀，再按照个人口味加入少许熟酱油、醋或盐水以及葱花、香油等。这样蛋羹味美、质嫩、营养不受损。

⑤ 忌蒸制时间过长，蒸气忌太大：由于蛋液含蛋白质丰富，加热到85℃左右，就会逐渐凝固成块。蒸制时间过长，会使蛋羹变硬，蛋白质受损；蒸气太大会使蛋羹出现蜂窝，鲜味降低。

⑥ 忌盖严实：蒸鸡蛋羹最好用放气法，即锅盖不要盖严，留一点空隙，边蒸边跑气。蒸蛋时间以熟而嫩时出锅为宜。

064. 蒸馒头不可用开水

家庭蒸馒头一般都用开水蒸，其实这样并不好，因为生馒头突然放入开水的蒸笼里，急剧受热，馒头里外受热不匀，容易夹生，蒸的时间也就不得不延长。如果锅里放入凉水就上笼，温度上升缓慢，馒头受热均匀，即使馒头发酵差点，也能在温度上升缓慢中弥补不足，蒸出来的馒头又大又甜，还比较省火。

065. 煮米饭忌用冷水

许多人习惯用生冷的自来水煮饭，其实这是非常不科学的。因为生冷的自来水中含有一定数量的氯气，在烧饭过程中，它会破坏粮食中所含的人体不可缺少的维生素B_1。

据测定，用生冷自来水烧饭，维生素B_1的损失程度与烧饭时间、烧饭温度成正

比，一般情况下，可损失40%。如果用凉开水烧饭，维生素B_1就可以免受损失，因为凉开水中氯气已经随水汽蒸发掉了。

066. 煮牛奶的禁忌

① 煮牛奶的时间不可太长：人们通常会把牛奶加热后再食用，认为这样既美味又健康。其实，牛奶可煮，但时间不可太长。这是因为牛奶富含蛋白质，蛋白质在加热情况下发生较大变化。在60℃时蛋白质微粒由溶液变为凝胶状；达到100℃时乳糖开始分解成乳酸，使牛奶变酸，营养价值下降。

② 不宜扔掉奶皮：煮牛奶时常见表面上产生一层奶油皮，不少人将这层皮丢掉了，这是非常可惜的，实际上这层奶皮的营养价值更高。例如其维生素A含量十分丰富，对眼睛发育和抵抗致病菌很有益处。

③ 不宜边煮边加糖，应加热后再加糖：牛奶含赖氨酸物质，它易与糖在高温下产生果糖基赖氨酸，对人体健康有害。

067. 豆浆不能反复煮

有些人为了保险起见，将豆浆反复煮好几遍，这样虽然去除了豆浆中的有害物质，同时也造成了营养物质流失，因此，煮豆浆要恰到好处，控制好加热时间，千万不能反复煮。此外，煮豆浆时还应注意下列问题：

❶ 要一次性煮透：饮未煮熟的豆浆会发生恶心、呕吐等中毒症状。豆浆煮沸后要再煮几分钟，当豆浆加热到80℃左右时皂毒素受热膨胀，会形成假沸产生泡沫上浮，只有加热到90℃以上才能破坏皂毒素。

❷ 不宜加红糖：红糖含有多种有机酸，能与豆浆中的蛋白酶结合，使蛋白酶质变性沉淀，不易吸收。白糖则无此现象。但是白糖须在豆浆煮熟离火后再加。

068. 蜂蜜等饮品不要用沸水冲

❶ 在冲饮品时，人们经常会使用沸水，认为沸水既健康又容易使饮品充分溶解。然而，蜂蜜等饮品根本不宜用沸水冲。这是因为蜂蜜含75%左右的葡萄糖和果糖、20%左右的水分，以及少量的蛋白质、矿物质、芳香物质和维生素等，用热水冲服会破坏蜂蜜中的酶和营养成分。另外，热水会改变蜂蜜香甜的味道，使其产生酸味。

❷ 奶粉：有些人喜欢用滚沸的开水冲调奶粉，认为这样奶粉溶化得快而充分，其实这是不对的。因为过高的水温会使奶粉中的大量蛋白质变性，另外一些热敏性维生素也会遭到很大程度的破坏，降低其营养

价值，而且长期摄入变性蛋白质还会引发多种疾病，影响身体健康。

❸ 人参蜜、麦乳精、乳晶、多维葡萄糖等饮料：这些一般都是选用蜂蜜优质原料精制而成的，营养十分丰富。饮用这类营养补品时，不要用滚开的水冲调，更不要放在锅里煮沸，营养饮料中有不少营养素会在高温条件下分解变质，有些营养成分在60~80℃时就会变质。使用变质的饮料很难获取全面的营养。冲调饮料最好是用40~50℃的温开水。

069. 刚出炉的面包不要吃

刚出炉的面包含有许多二氧化碳，这是在发酵与烘焙过程中产生的，如果立即食用，可能会吃进太多二氧化碳，不仅容易胀气，再者胃的消化功能较差的人食用后也容易产生胃酸。

面包刚出炉时，因为仍在高温状态，面包的酵素作用持续进行着，约15分钟后，当面包的中心温度降至40℃左右，酵素作用才停止，此时面包中的二氧化碳已充分排出，即可以安心食用。

070. 不能使用的餐具

❶ 忌用乌桕木或有异味的木料做菜板：乌桕木含有异味和有毒物质，用它做菜板不

但污染菜肴，而且极易引起呕吐、头昏、腹痛。因此，民间制作菜板的首选木料是白果木、皂角木、桦木和柳木等。

❷忌用油漆或雕刻镂镂的竹筷：涂在筷子上的油漆含铅、苯等化学物质，对健康有害；雕刻的竹筷看似漂亮，但易藏污纳垢，滋生细菌，不易清洁。

❸忌用各类花色瓷器盛作料：最好以玻璃器皿盛装作料。花色瓷器含铅、苯等物质，会黏附在长期存放的作料上，易致病、致癌。另外随着花色瓷器的老化和衰变，图案颜料内的氡也会对食品产生污染，对人体有害。

⭐ 071. 饭盒里忌放匙和筷子

目前，许多人上班带着饭菜，而且习惯于把羹匙或筷子也放在饭盒里，这样虽然方便一些，但却忽视了卫生问题。因为匙把儿或筷子手握的部位带有大量的细菌，在清洗餐具时并没有将细菌完全清除或杀灭。如果将匙子、筷子放在饭盒里，便会直接与饭菜接触，不可避免地饭菜将被细菌污染，食用时直接进入人体，造成危害。因此，应将羹

匙或筷子另用干净的纸包起来，以防病从口入。

⭐ 072. 餐桌不要铺塑料桌布

日常生活中，许多家庭、饭店、食堂的餐桌上，都铺有一张彩色或白色的塑料布，看起来既美观又大方，而实际上是很不卫生的。

大家知道，塑料是聚氯乙烯制品，聚氯乙烯树脂本身没有毒，但它含有游离单体的氯乙烯是有毒物质。餐具接触塑料布，这种有毒物质就能通过餐具进入人体，使人慢性中毒。这种塑料布和包食物的塑料不一样，包食物的塑料是经过处理的，无毒的。所以，餐桌上最好不要铺塑料布。

⭐ 073. 不要用化纤布做厨房抹布

化纤布上黏附许多细小的化学纤维，用它当抹布洗餐具，会使这些纤毛黏在餐具表面，然后随食物进入人体，滞留在胃肠，容易诱发胃肠疾患。所以，厨房抹布宜选用纱布或本色毛巾制作，并经常消毒灭菌，以保证对人体无害。

⭐ 074. 不要用厨房抹布擦拭餐具

有一些人用抹布洗碗、擦桌、擦菜板。甚至把菜刀、菜板、碗筷用开水烫洗后，再用抹布揩干水渍，认为这样一来就干净了。但却不知道，这样做不但不卫生，而且还将清洁的餐具污染了。有时，一块普通的厨用抹布上竟有葡萄球菌500万个，大肠杆菌约200万个。因此，厨房抹布的卫生切勿忽视!

075. 蔬菜洗后存放会造成营养成分流失

有的人存放青菜前先用水洗一洗，认为一是干净，二是让菜吸收水分保持鲜嫩。这是不对的，这样不利于保护青菜的营养成分。其实青菜吸收水分靠根部而不在茎叶，青菜水洗之后，茎叶细胞外的渗透压和细胞呼吸均发生改变，造成茎叶细胞死亡溃烂，大量营养成分丧失。此外，蔬菜存放时还应注意下列问题：

❶忌马上放入冰箱：刚买的水果和非叶类蔬菜，不宜立即放入冰箱冷藏，因为低温会抑制果菜酵素活动，无法分解残毒，应先放一两天，使残毒有时间被分解掉。

❷忌久存不吃：有的人习惯一次买很多的菜，放起来吃几天。这是省事之举，但对蔬菜营养的保护非常不利。蔬菜存放时间过久，会干枯腐烂或变质，对菜的营养成分损害很大，甚至产生毒素损害人体健康。

076. 红薯存放禁忌

❶忌潮湿：许多人喜欢吃红薯，但红薯受潮之后，可千万别吃。因为潮湿会使红薯表皮呈现褐色或黑色斑点，同时薯心变硬发苦，最终导致腐烂。受到黑斑侵蚀的红薯，不但营养成分损失殆尽，而且食后易出现胃部不适、恶心呕吐、腹痛腹泻等症状，严重时还会引发高热、头痛、气喘、呕血、神志不清、抽搐昏迷，甚至死亡。因此，红薯一定要保存在通风好，比较干燥的地方，切勿使之受潮。

❷忌与土豆一起存放：土豆和红薯不能存放在一起，否则不是红薯僵心，就是土豆发芽不能食用，这主要是由于两者的最佳存储温度差异造成的。

❸忌久存：贮藏时间过长的红薯，稍有不当就会变质，造成营养成分的损失。

❹忌光照：红薯放置在阳光下，会流失大量的营养素，同时会因晒干、风干而变得难以食用。

077. 蔬菜保存禁忌

下面让我们一起来了解一下一些蔬菜的存放禁忌：

❶白萝卜、胡萝卜不宜完整保存：白萝卜、胡萝卜一定得切头去尾。切头不让萝卜发芽，免得吸取白萝卜、胡萝卜内部的水分；去根免得白萝卜、胡萝卜长须根，这同样会耗费白萝卜、胡萝卜的养分。

❷茄子忌洗：茄子表面有一层蜡质，保护细嫩致密的肉质，茄子经水洗后表皮受损，蜡质被破坏，不利于保护茄肉，也会使微生物侵入茄子内部，引起茄子腐烂变

质，使茄子的营养价值受损。如果洗后存放时间稍长，茄子就不能吃了。

③冬瓜忌碰掉白霜： 冬瓜的外皮有一层白霜，它不但能防止外界微生物的侵害，而且能减少瓜肉内水分的蒸发。所以在存放冬瓜时，应把它放在阴凉、干燥的地方，不要碰掉冬瓜皮上的白霜。另外，着地的一面最好垫干草或木板。

④竹笋忌去壳： 去掉外壳再保存，容易使竹笋流失营养和水分。

078. 储存鸡蛋不能洗

有些人在储存鸡蛋之前，习惯把鸡蛋冲洗一下，使之看上去更干净些，但这种做法极不科学。鸡蛋壳外面有一层"白霜"，起到封闭蛋壳上气孔的作用，既能防止细菌进入鸡蛋内，又能防止蛋内水分蒸发，保持蛋液的鲜嫩。用水将鸡蛋冲洗后，"白霜"就会脱落，细菌侵入，水分蒸发，使鸡蛋变质。因此，鸡蛋在存放之前，切勿冲洗。此外，鸡蛋的存放还须注意以下几点：

①忌直接放入冰箱： 这样做很不卫生，因为，鸡蛋壳上有枯草杆菌、假芽孢菌、大肠杆菌等细菌，这些细菌在低温下可生长繁殖，而冰箱贮藏室温度常为4℃左右，不能抑制微生物的生长繁殖，这不仅不利于鸡蛋的贮存，也会对冰箱中的其他食物造成污染。正确的方法是把鲜鸡蛋装入干燥洁净的食物袋内，然后放入冰箱蛋架上存放。

②忌横放： 刚生下来的鸡蛋，蛋白很浓稠，能够有效地固定蛋黄的位置。但随着存放时间的推延，尤其是外界温度比较高的时候，在蛋白酶的作用下，蛋白中的黏液素就会脱水，慢慢变稀，失去固定蛋黄的作用。这时，如果把鲜蛋横放，蛋黄就会上浮，靠近蛋壳，变成贴壳蛋。如果把蛋的大头向上，即使蛋黄上浮，也不会贴近蛋壳。所以，鸡蛋应竖放为宜。

③忌周围有强烈气味（如葱、姜、蒜等）。 蛋类都具有多孔状的蛋壳，而且蛋中有一种能吸收异味能力的胶体状的化学成分，所以如果把新鲜的蛋类放置于有强烈异味或不卫生的环境中，或者与有强烈异味的原料混放，鸡蛋会变味或串味，影响固有滋味。

④忌堆放： 在没有条件冷藏鸡蛋的时候，要尽量用干净的纸或布做成鸡蛋形状的空穴，使每个鸡蛋有独立的存放空间，并且避免直接暴露在空气里。这样可以减少细菌和微生物侵入的机会，能够延长鸡蛋的保存时间。

079. 大米生虫不要晒

日常生活中，人们发现大米生虫了，通常会把它拿到太阳底下晾晒，其实这样做是极为不妥的。这样不仅不能减少虫子的数量，而且大米也容易因水分丧失而变糙、易碎，煮起饭来无味。正确的方法是将生虫的大米放在阴凉、通风的地方让虫自己慢慢爬出来。或用筛子把所有的米筛一遍，把米虫筛掉。此外，在存放大米时还须注意以下几点：

1. 大米不宜存放在厨房内：因厨房温度高、湿度大，对大米的质量影响极大。

2. 大米不宜与鱼、肉、蔬菜、水果等水分高的食物同时贮存：否则大米吸水，导致霉变。

3. 大米不宜靠墙着地：大米通常要放在垫板上，这样做的目的同样是为了防止大米受潮、霉变或生虫。

4. 大米不宜用卤缸或卤坛子存放：用卤缸或卤坛子盛米，很容易吸收这些容器上残留的腌肉、腌蛋的异味。用这样的米做出的米饭既不好吃，营养也受到一定的破坏。

080. 牛奶切勿冰冻

牛奶的冰点低于水，平均为零下0.55℃。牛奶结冰后，牛奶中的脂肪、蛋白质分离，干酪素呈微粒状态分散于牛奶中。解冻后，蛋白质易沉淀、凝固而变质。因此，在存放牛奶时只可保鲜，不可冰冻。此外，存放牛奶还要注意以下3个问题：

1. 忌光照：不要让牛奶曝晒阳光或照射灯光，日光、灯光均会破坏牛奶中的多种维生素，同时也会使其丧失芳香。

2. 忌放入暖瓶：保温瓶中的温度，适宜细菌繁殖。细菌在牛奶中约20分钟繁殖1次，隔3～4小时，保温瓶中的牛奶就会变质。

3. 忌用塑料容器存放：这样不仅会破坏牛奶的营养成分，降低牛奶的营养价值，还会产生一定的异味。

081. 饮用久存啤酒易引起腹泻

一般市售的啤酒保存期为2个月，优质的可保存4个月，散装的为3天左右。久贮的啤酒中多酸性物质，极易与蛋白质化合或氧化聚合而使酒液浑浊，饮后极易引起腹泻、中毒。因此，啤酒不宜久存。除此之外，啤酒在存放时还要注意以下问题：

1. 忌光照：鲜啤酒中存有活的酵母菌，在气温较高的情况下，极易酸败变质，所以，啤酒切忌放在阳光直射或温度较高的地方。宜存放在15℃以下（最佳温度为0℃左右）的通风、遮光处。

2. 忌用暖水瓶存放：盛开水的瓶胆里往往结着一层灰黄色的水垢，它易被啤酒所溶解，饮后危害健康。

3. 切忌啤酒时冷时热：一会儿放在冰箱里，一会儿又拿出来，这样反复会引起蛋白质呈雾状沉淀。

④ 忌震荡：震荡后，会降低二氧化碳在啤酒中的溶解度。所以，不要来回倾倒。

082. 面包放入冰箱变质更快

　　面包变陈的速度跟存放的温度有关，温度越低，变陈得越快。因此，面包放在冰箱里比放在室温中变陈得更快。同时，面包也不可与饼干一起存放。面包含水分较多，饼干则一般干而脆。两者如果存放在一起，面包很快会变硬，饼干也会因受潮而失去酥脆感。

083. 茶叶受潮后晾晒易走味

　　夏季茶叶容易受潮，若把受潮的茶叶放到太阳下晒就会走味。可用铁锅慢火炒至水汽消失，晾干后密封保存，可保持其原味。此外，茶叶的存放还应注意以下两点：

❶ 忌与食糖、糖果一起存放：茶叶易吸潮，而食糖、糖果恰恰富含水分。这两类物品存放在一起，会使茶叶因受潮而发霉或变味。

❷ 忌与香烟等有特殊气味的食物一起存放：茶叶对气味的吸附作用特别强，如与香烟混放在一起，会把香烟的辛辣味吸收，使沏出的茶味道不正。

084. 不宜混放的食物

❶ 生、熟食物：生鱼、生肉或蔬菜上，往往粘有病菌、寄生虫卵和其他肉眼看不见的脏东西。所以不要让熟食物接触到生食物，要注意防止污染，预防疾病。只做到生熟食物分开还不行，还要把盛放生、熟食物的器具分开。切食物的刀和板也要生熟分开，各备一套。如果只有一套器具，也要生熟有别，可以把盛过或切过生食物的器具，及时用开水浇烫或用热碱水刷洗干净，然后再用来盛装熟食物，就可以达到生、熟食物分开的目的了。

❷ 黄瓜与番茄：将黄瓜与番茄一起存放，黄瓜很快就会生斑变质，这是因为西红柿在存放过程中会释放出无色、无味的气体乙烯，加速黄瓜的成熟过程。

❸ 生菜与水果：生菜对水果散发出的乙烯极为敏感，储藏时应远离苹果、梨和香蕉，以免诱发赤褐斑点。

❹ 香蕉与梨：将香蕉与梨存放在一起，第二天香蕉就会变软，并出现腐烂的斑点。原因是梨在存放过程中会释放出香蕉极其敏感的气体乙烯，无色、无味的乙烯会加速香蕉的成熟过程，使其快速变质。

❺ 热带水果与温带水果：存放水果时应对热带水果和温带水果加以区别。温带水果如苹果、梨等可放在冰箱中保存，荔枝、芒果等热带水果由于容易发生冻伤，不宜放入冰箱，最好是放在稍低于水果生长温度的阴凉处储存。

❻ 粮食与水果：水果受热后变得干瘪，而粮食因吸收水分也易霉变。

085. 食物存放有禁忌

❶ 不要用旧报纸包装食物：旧报纸上的油墨字含有多氯联苯，是一种毒性很大的物质，不能被水解，也不能被氧化，一旦进入人体，极易被脂肪、脑、肝吸收并贮存起来，很难排出体外。如果人体内贮存的多氯联苯达到0.5～2克，就会引起中毒，轻者眼皮发肿、手掌出汗，重者恶心呕吐、肝功能异常，甚至死亡。因此，千万别用废旧报纸包装食物。

❷ 忌用编织带做成的器具存放食物：这类器具的编织带是用对人体有害的聚乙烯树脂等化学原料合成的。人们如长期进食用这种材料做的篮子、"手提包"存（盛）放过的食物，往往会影响健康。

❸ 忌用透明玻璃瓶存放食用油：由于光线透过透明玻璃瓶易使油脂氧化，因此贮存在透明玻璃瓶里的食用油容易变质。因此，宜用有色玻璃瓶贮存食用油。

086. 饭菜在铝锅中不能放太久

铝在人体内积累过多，会引起动脉硬化、骨质疏松、痴呆等病症。因此，应注意不要用饭铲刮铝锅，同时不宜用铝锅久存饭菜和长期盛放含盐食物。同时，也不要把面粉存放于铝制品中。铝制品内存放

面粉时间一长，表面层就会产生白色的斑点。斑点脱落后会形成麻坑，严重的还会穿孔。因为面粉的主要成分是淀粉和蛋白质。淀粉是碳水化合物，发酵后会产生有机酸，面粉吸收空气中的水分又会产生碳酸气。铝制品在有机酸、水、碳酸气的侵蚀下，使铝表层的保护膜——氧化铝被破坏掉而使铝生锈腐蚀。

087. 酸性食物不要存放在瓷器中

陶瓷器皿的彩釉大多是以铅化物作为原料，如果酸性食物长时间与彩釉器皿接触，可溶解释放出其中的铅，污染食物。长期食用这样的食物会引起慢性铅中毒。儿童对铅特别敏感，要特别留心。同时，酸性食物对搪瓷容器也有腐蚀作用，所以酸性食物在搪瓷容器内也不宜存放过久。此外，我们也不要用搪瓷、白釉器皿存放碱性溶液：搪瓷、白釉器皿的主要制作原料是二氧化锡，二氧化锡的耐酸性强，但易溶于碱性溶液，生成锡酸盐。锡酸盐水解易释放出锡离子，容易被人体吸收。锡能蓄积于人体中，过量会导致人体慢性中毒。

088. 醋不要存放在铁制容器中

醋是酸性物质，铁与醋结合会发生化学反应，生成有害物质，破坏食醋的营养成分。人体摄入了这种变质的醋，会引起恶心呕吐、腹痛腹泻。因此，贮存食醋最好选用玻璃器皿。此外，在使用金属容器存放食物时，还应注意以下几点：

❶ 忌用锡壶装酒：锡壶是由铅锡合金制成的，如果经常用锡壶盛酒饮酌，就容易发生铅中毒（如恶心、呕吐、头晕、腹痛、

腹泻等）。因此，盛酒不要用锡壶，而应该用玻璃瓶或瓷壶。

②忌用白铁桶存放酸性食物： 白铁桶就是镀锌的铁皮桶。锌是一种白色柔软而有光泽的金属，它易溶于酸性溶液。如在白铁桶或其他镀锌器皿内配制或贮存酸性食物、饮料，锌即以有毒的有机酸盐的形式溶入食物中，人食后有中毒的危险。

③忌用金属容器存放食盐： 盐的化学成分为氯化钠，若选用铁、铜等金属容器存放，易发生化学反应，使金属容器被腐蚀，盐分质量受影响。

④忌用金属容器存放蜂蜜： 蜂蜜有酸性，会和金属发生化学反应而使金属析出，与蜂蜜结合成异物，破坏蜂蜜的营养价值。人吃了这种蜂蜜还会发生轻微中毒。因此，贮存蜂蜜最好是用玻璃和陶瓷容器，并密封冷藏。瓶装蜂蜜的保质期一般为2年左右。蜂乳应在冰箱中冷冻保存。

★089. 松花蛋不要用冰箱保存

松花蛋是由碱性物质浸泡使蛋体凝固成胶体状而制成，其含水量约为70%。松花蛋若经冷冻，水分会逐渐结冰。待拿出来吃时，冰逐渐融化，其胶体状会变成蜂窝状，不但改变了松花蛋原有的风味，也降低了食用价值。低温还会影响松花蛋的色泽，容易使松花蛋变成黄色。如果家中有吃不完的松花蛋，可放在塑料袋内密封保存，一般可保存3个月左右而风味不变。

除了松花蛋之外，下列食品也最好不要放入冰箱保存：

①绿叶菜： 因为绿叶菜中含有较多的硝酸盐，虽然硝酸盐本身没有毒，但储藏一段时间后，由于酶和细菌的作用，硝酸盐会还原成亚硝酸盐。亚硝酸盐是一种有毒的物质，是导致胃癌的重要因素之一。所以绿叶菜最好不要在冰箱久存。

②西红柿、黄瓜： 将西红柿、黄瓜放入冰箱存放，其表皮会呈现水浸状态，从而失去它们特有的风味，乃至变质腐败，不能食用。

③发好的银耳： 发好的银耳一次未用完，忌放在冰箱中冷冻。否则，解冻时易使银耳碎不成形，并造成营养成分大量流失。可用冷水泡上放在冷藏室冷藏或放在凉爽的地方，注意常换水。也可滤去水分，使之风干再存放。

④香蕉： 香蕉不宜放在冰箱内存放，通常在12~13℃即能保鲜，温度太低，反而会使它"感冒"。

⑤鲜荔枝： 将鲜荔枝在0℃的环境中放置一天，即会使表皮变黑、果肉变味。

⑥火龙果： 火龙果一类的热带水果，适宜现买现吃。如需保存，应当存于阴凉通风处，而不要放在冰箱中，以免冻伤变质。

⑦巧克力： 巧克力在冰箱中冷存后，一旦取出，在室温条件下其表面会结出一层白霜，且极易发霉变质，失去原味。

⑧火腿： 如将火腿放入冰箱低温贮存，其中的水分就会结冰，同时脂肪析出，腿肉结块或松散，最后导致肉质变味。

⑨牛奶： 受冻后其脂肪成分会与水发

生分离，解冻后蛋白质易沉淀、凝固而变质。

⑩ 药材：药材放进冰箱内时间一长，就容易受潮，甚至破坏了药材的药性。可把药材放进一只密封度好的玻璃瓶里，再用炒米把药材封好，将瓶盖旋紧，然后把它放置在阴凉通风的位置上，就可以延长药材的贮藏时间了。

⑪ 剩米饭：剩米饭放入冰箱，会发生淀粉"老化""回生"现象，不容易再煮软食用。

⑫ 土豆、红薯、酒、酱油、豆腐等也忌冷冻。

⭐ 090. 不要用塑料制品存放牛奶

牛奶是颇受大众欢迎的一种营养品，但牛奶的存放一定要小心，千万不要把它存放在塑料制品中，那样会破坏牛奶的营养成分，降低营养价值，产生一定的异味。除了牛奶之外，下列食物也不要用塑料制品存放：

❶ 酒：聚氯乙烯中的氯乙烯单体能够溶入食物中，如果用聚氯乙烯制品盛放酒，酒中的氯乙烯单体含量可达10～20毫克/千克。氯乙烯有致癌作用，可引起肝脏血管肉瘤。

❷ 酸性溶液：酚醛塑料在制造过程中如果化学反应不完全，会有大量的游离甲醛存在。此种酚醛塑料遇到酸性溶液（比如醋）就可能分解释放出甲醛和酚。甲醛会导致肝脏出现灶性肝细胞坏死和淋巴细胞浸润。

❸ 油脂：生活中常用的塑料有聚乙烯、聚丙烯、聚苯乙烯、聚氯乙烯、尿醛和酚醛塑料等，有的毒性较低，有的本身无毒，有的在包装盛放食物时有一定的禁忌。聚乙烯塑料本身毒性低，加之化学稳定性高，在食物卫生学上属于最安全的塑料。但聚乙烯塑料中的聚乙烯单体易溶于油脂，用低密度聚乙烯制成的容器盛放油脂，会使油脂有蜡味。

⭐ 091. 哪些食品应避光、避热保存

❶ 食用油忌放灶台：食用油在阳光、氧气、水分等的作用下会分解成甘油二酯、甘油一酯及相关的脂肪酸，这个过程被称为"油脂的酸败"。譬如，长期把油瓶放在灶台旁，烟熏火燎的高温环境会加速食用油的酸败进程，使油脂的品质下降。故应把油瓶放在避光、避热的条件下保存。

❷ 芦笋：芦笋应低温避光保存，且不宜存放1周以上。

❸ 香椿：香椿应防水、忌晒，置阴凉通风处，可短贮1~2天。

❹ 韭菜：韭菜易腐烂，不耐贮存，忌风吹、日晒、雨淋，可摊开放置于阴凉湿润处，或在3~4℃的低温下贮储。

❺ 香菇：光线中的红外线会使香菇升温，紫外线则会引发光化作用，从而加速香菇变质。因此，必须避免在强光下贮存香菇，同时也要避免用透光材料包装。

❻ 奶油：奶油属于乳脂肪的加工制品，其中所含的乳脂肪高达80%，其余多为糖分。脂肪受到光线照射很容易发生酸败，而与空气相接触则易被氧化而变质。因此，奶油存放既忌光照，又忌与空气接触。

❼ 橄榄油：橄榄油保存时忌与空气接触，忌高温和光照，且不宜久存。橄榄油最好装入密封玻璃瓶中，置于阴凉干燥处保存，可保存6个月左右。

❽ 腌腊制品：这是因为日光中的红外线会使腌制食物（如火腿、香肠、腊肉）脱水、干燥、质地变硬。同时，还会引起变色、变味、降低食物的营养价值。此外，日光中的紫外线也会使腌腊制品氧化酸败，产生异味。因此，腌腊制品应保存在阴凉干燥的地方。

❾ 葡萄酒：葡萄酒保存的最佳温度是13℃，湿度在60%~70%之间最合适。应注意避光、防止震动，更不要经常搬动。酒瓶摆放时要横放，或者瓶口向上倾斜15°，不宜倒置。

⭐092.蒜苗受潮易腐烂

蒜苗受潮易腐烂，因此，在存放蒜苗时可用鲜大白菜叶子将其包住捆好，放到阴凉处，能保鲜四五天。但注意不要着水。除蒜苗外，下列食物也不宜受潮：

❶ 豆蔻：豆蔻宜散装或密封袋装，注意防潮。由于是气味强烈的辛香料，保存时应避免与其他香料混放，以免损及风味。

❷ 食盐：食盐最好放置在有盖的容器内。食盐忌潮湿，又忌过分干燥。如暴露在潮湿空气中，食盐容易潮解并溶化；在过于干燥的空气中则会因内部水分的蒸发而干缩、结块。此外，由于食用碘盐所含的碘酸钾易于分解，敞口放置会加速碘的分离流失。

❸ 黑胡椒：黑胡椒一般是将果穗直接晒干或烘干制成的，在贮存过程中要求充分干燥，以防止表面发霉，影响质量。一般黑胡椒的水分含量不宜超过12%。

饮食营养禁忌

——"民以食为天"，头等大事忽视不得

093. 进食方法的禁忌

❶ 忌空腹时间太久：因为人在空腹时胆汁分泌减少，胆汁中的胆酸含量也相对减少，而胆固醇含量不变。如时间过久，胆固醇将会出现饱和状态，并在胆囊中沉积，从而导致胆固醇结石形成。

❷ 忌吃得太快：进食速度过快，食物未得到充分咀嚼，不利于口中食物和唾液淀粉酶的初步消化，加重肠胃负担；咀嚼时间

过短，迷走神经仍在过度兴奋之中，长此以往，容易因食欲亢进而肥胖。

❸ 忌吃得过饱：吃得太饱，会增加肠胃负担，引起消化系统障碍，导致肠胃疾病。每餐以八分饱为好。

❹ 忌烫食：烫的食物能使口腔黏膜充血，损伤黏膜造成溃疡，直接破坏了黏膜保护口腔的功能，易造成牙龈溃烂和过敏性牙病。

❺ 忌偏食：人对营养的需要是多方面的，长期食用品种单一的食品，会造成不同程度的营养缺乏症。

❻ 忌分神：吃饭时不要看报、看书、看电视或是高声谈笑。否则，消化器官获得的血液会相对减少，从而影响食物的消化和营养的吸收。

❼ 忌蹲着吃饭：蹲着吃饭，胃肠便会严重受到挤压，影响消化，同时腹部动脉受压时，胃部毛细管便得不到足够新鲜血液的补充，因而会导致消化功能的减退。

⑧ 忌饭前大量喝水或边吃饭边喝水：这会增加胃的负担，冲淡胃液，影响消化。

⑨ 忌情绪不良时吃饭：人在生气、发火时，会反射性地抑制唾液、胃液等消化腺的分泌，食欲会大大降低，并为胃肠道和其他器官患病制造了条件。

⑩ 忌睡前进食：睡前如果进食，食物便会停滞在胃中，促使大脑的兴奋性提高，入睡困难。即便是入睡了，还会产生磨牙、梦语、遗尿和噩梦等现象。

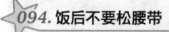 094. 饭后不要松腰带

饭后将腰带放松，会使餐后的腹腔内压下降，消化器官的活动度的韧带的负荷量就要增加，此时容易发生肠扭转，引起肠梗阻，还容易引起胃下垂，出现上腹不适等消化系统疾病。此外，饭后还应注意下列几个问题：

❶ 忌饭后吸烟：因为饭后人体功能代谢旺盛，许多脏器处于吸收物质的最佳状态，易吸收更多的毒性物质。饭后吸1支烟，比平时吸10支烟所吸入的毒物还多。

❷ 忌饭后马上吃水果：水果中含有大量的单糖类物质，很容易被小肠所吸收，但若被饭菜堵在胃中，就会因腐败而造成胀气，使胃部不适，所以，吃水果应在饭前1小时或饭后2小时为宜。

❸ 忌饭后立即吃甜食：在进食1小时后，食物由人体分泌的淀粉酶等酶类水解成单糖吸收进血液供机体利用，此时血液中葡萄糖值达到最高值。吃饱饭后再吃甜食，会使本来就较高的血糖浓度不断增加，最终会超过机体调节能力极限，从而导致尿糖。久而久之，会引起高血糖症和激素调节紊乱。

❹ 忌饭后立即喝茶：因为茶叶中含有大量的单宁酸，这种物质进入胃肠道后，能使食物中的蛋白质变成阻碍消化的凝固物质。

❺ 忌饭后剔牙：人们习惯于饭后剔牙，这种做法容易剔伤牙床，从而引起牙龈出血、肿胀、疼痛等炎症反应，久而久之，可使牙缝增大，牙龈萎缩、牙根裸露和牙齿过早脱落。

❻ 忌饭后即看电视：饭后长时间地坐在沙发上看电视，对于身体健康十分有害。应进行一下简单的活动，这样既有助于消化，也可以防止身体发胖。

❼ 忌饭后马上洗澡：饭后洗澡，四肢体表的血流量会增加，胃肠道的血流量相应减少，从而使胃肠的消化功能减弱。

❽ 忌饭后"百步走"：人们常说：饭后百步走，活到九十九。其实这种说法并不科学。人饱餐后，为了保证食物的消化吸收，腹部血管扩张充血。"百步走"会因运动量增加，而影响消化道对营养物质的吸收。所以，饭后不宜运动、干活，应隔1个小时为好。

❾ 忌饭后立即睡觉：饱饭后立即上床睡觉，就会使刚刚进入腹内的饭菜滞留在肠胃中，不能很好地消化，久而久之会诱发胃病、肠炎等疾病。

⭐095. 晚餐的禁忌

❶. 晚餐忌吃糖分较高的食品：这是因为晚餐前或睡觉前吃含糖分比较多的食物，在不活动的情况下，会使血液中的中性脂肪浓度增加。糖是合成脂肪的原料，同时还刺激胰岛分泌胰岛素，胰岛素分泌的增多，更加促进了脂肪的合成，结果导致动脉硬化，从而出现高血压和心脑血管等疾病。

❷. 忌暴饮暴食：晚餐如果吃得过饱，躺卧睡眠时，充盈的胃和十二指肠就会压迫胆道口，使胰液、胆汁排出受阻，胰液倒流，胰酶原进入间质被组织液激活，结果产生自身消化，出现出血性坏死型胰腺炎和严重休克而危及生命。因此，晚餐忌暴饮暴食。

❸. 忌吃荤：晚餐吃过多的油和肉会增加胃肠的负担，使血流量增多，加之人在睡觉时血液速度减慢，血脂就会沉积在血管壁上，而促进动脉粥状硬化。患有高血压、心脑血管疾病和肥胖症的人晚餐时更要注意，应以清素食物为主。

⭐096. 长期以大米、白面为主食不利健康

人们的主食大米和白面，虽然能给身体提供主要的营养和热能，但是比较单调，人的生命活动中还需要脂肪、蛋白质、维生素和多种微量元素等。精米、白面中的大部分维生素、无机盐与微量元素等都已大量损失，长期以此为主食，很容易导致营养不良，甚至患因维生素B$_1$缺乏引起的脚气病、多发性神经炎、全身浮肿等。因此，不论大人还是小孩，都必须多吃杂粮、蔬菜、水果、肉、蛋等。总之是主食越杂越好，食谱越广越好。

⭐097. 空腹开车易出事故

最近，国外专家对交通事故肇事驾驶员身体状况进行的检查研究表明：这些人普遍血糖偏低。而血糖偏低则会造成人的反应迟钝和注意力不集中。也就是说，大多数交通事故与血糖偏低直接相关，而血糖偏低又与进食淀粉食物不足和饥饿有关。

因此，驾驶员应该适当地多吃些糖或含糖量高的食物，尤其是工作前一定要吃饱，忌空腹驾驶。

⭐098. 常吃精食易发胖

有些人不吃糙米粗粮，只吃精米白面，殊不知在稻麦的麸皮里，含有多种人体需要的微量元素及植物纤维素，例如铬、锰在全谷类、豆类、坚果类中含量最高。若经过加工精制以后，这两种元素就大大降低。如果用缺乏这两种元素的饲料去喂养大鼠及家兔，动物就容易发生动脉硬化。植物纤维素能增加胆固醇的排泄，使胆固醇含量降低。食物太精细，纤维素太少，不容易产生饱腹感，往往造成过量进食而发生肥胖。因此，长期进食低纤维素饮食的人，血管硬化、高血压的发病率则增高。

★099. 多吃少餐易患心血管疾病

有人调查了1400位60~64岁的老人，发现每日吃两顿饭者有1/3患心脑血管疾病，每日吃5顿饭者（总热量相等）只有1/5患病。另有一份报告指出，每日就餐次数在3次或3次以下的人群，肥胖患者占57.2%，胆固醇增高者占51.2%，而每日就餐次数在5次或5次以上的人群中，肥胖病患者仅占28.8%，胆固醇偏高者占17.9%。专家们分析认为，空腹时间较长，造成体内脂肪积聚的可能性就增大。

★100. 常吃素食使人健忘

美国哥伦比亚大学教授约翰·林登鲍姆发表的研究结果表明：在323名维生素B_{12}缺乏症的患者中，有141人患有明显的神经系统的病症，这与他们长期吃素有密切的关系。

维生素B_{12}是一种能够促进细胞发育的物质。人体所需要的维生素B_{12}主要来源于肉类食品，而植物中几乎没有维生素B_{12}。肉类、鸡蛋、牛奶和其他奶制品是人体所需维生素B_{12}的天然来源。医生建议，维生素B_{12}日摄入量常人为3微克，孕妇为4微克，婴幼儿为0.3微克。维生素B_{12}缺乏会引起精神恍惚、健忘、反应迟钝、暴躁和虚弱，严重时会诱发神经障碍、脑腺、脾及肾上腺萎缩，特别是做过胃切除手术的人更易引发维生素B_{12}缺乏症。所以切勿长期吃素。

★101. 乘飞机前别吃太多

乘飞机前别吃太多，因为进食大量食物不容易消化，一方面加重心脏和血液循环的负担，另一方面会导致腹胀、腹泻，胃中不适等病症，甚至更容易发生晕机呕吐。此外，在乘飞机之前的饮食还须注意以下3点：

❶ 忌空着肚子上飞机：有的人害怕坐飞机时发生晕机呕吐的问题，干脆不吃不喝，饿着肚子。其实这是不对的。这主要由于高空气温、气压的改变，飞行时人体需要消耗较多的热量，所以必须要吃含热量高的食品。另外，胃中空虚更容易导致恶心。所以，上飞机之前应吃一些易于消化、营养丰富的食品。

❷ 忌食含纤维素较多和易产生气体的食物：人在高空，由于气压下降，体内的气体就会膨胀。如果上机前进食了含纤维素多和易产生气体的食物，就会加重胸闷、腹胀的感觉。所以，在上飞机之前，不要吃过多的饮料、薯类、黑面包、豆类及其制品、粗纤维蔬菜（如生菜、黄瓜、胡萝卜）等。

❸ 忌食高脂肪、高蛋白食物：如果在上机前1.5~2小时内进食了油腻的高脂肪和高蛋白质食物，即使进食量不多，也会因其在胃内难以排空而使胃肠膨胀。另外，人在空中，胃液分泌减少，胃肠蠕动减弱，这

些高脂肪、高蛋白食物就更难消化，不仅使人在飞行时腹胀难受，而且在下机后亦可能出现消化不良的种种反应，如腹胀、腹痛、打饱嗝等。

一般说，在上飞机之前1~1.5小时，可以根据各人的喜好，选吃些点心、面包、酸牛奶、面条、蔬菜、动物肝脏、瘦肉、水果糖、蜜饯、巧克力、水果、蜂蜜等。至于辣椒、腊肉、酒类、香肠、火腿、咸鱼等，上飞机以前忌吃。

102. 无病进补会伤身

无病进补，既增加开支，又会伤害身体，如服用鱼肝油过量可引起中毒，长期服用葡萄糖会引起发胖。此外，进补还须注意下列两个问题：

❶ 忌慕名进补：认为价格越高的药物越能补益身体。人参大补，是补药中的圣药。其实滥用人参会导致过度兴奋、烦躁激动、血压升高及鼻孔流血等疾患，不是人人都适宜的，应在医生指导下服用。

❷ 忌虚实不分：中医的治疗原则是"虚者补之"。虚则补，不虚则正常饮食就可以了，同时应当分清补品的性能和适用范围，是否适合自己。

103. 早晨空腹喝牛奶会犯困

早晨空腹喝牛奶容易使人发困，这是因为牛奶中含有一种能使人体产生疲乏感觉的色氨酸物质，具有镇静作用，早晨空腹喝牛奶势必使人精神不振，睡意绵绵，影响上午的工作。另外，早上空腹喝牛奶，胃蠕动排气较快，牛奶还未得到充分消化，就被送进了肠子。如果能将牛奶改在晚上，或者是喝牛奶前吃些面包等食品，营养的吸收就充分得多。除此之外，喝牛奶时还要注意以下几点：

❶ 忌用开水冲牛奶，不要用100℃的开水冲牛奶，更不要放在电热杯中煮，温度控制在40~50℃为宜。牛奶中的蛋白质受到高温作用，会由溶胶状态变成凝胶状态，导致沉积物出现，影响乳品的质量。

❷ 忌吃冰冻牛奶：炎热的夏季，人们喜欢吃冷冻食物，有的人还喜欢吃自己加工的冷冻奶制食物。其实，牛奶冰冻吃是不科学的。因为牛奶冷冻后，牛奶中的脂肪、蛋白质分离，味道明显变淡，营养成分也不易被吸收。

❸ 牛奶里不宜冲红糖：红糖中的非糖物质及有机酸（如草酸、苹果酸）较多，牛奶中的蛋白质遇酸易发生凝聚或沉淀，使营养价值大大降低。

❹ 喝牛奶后忌马上又饮果汁露，橘子汁等酸性食物：因为牛奶中的某些蛋白质，遇到这些弱酸性食物会形成凝块，不利于消化吸收。

❺ 喝牛奶时不能吃巧克力：牛奶含有丰富蛋白质和钙，而巧克力含有草酸，两者同食会结合成不溶性草酸钙，极大影响钙的吸收，甚至会出现头发干枯和腹泻、生长缓慢等现象。

❻ 喝牛奶时不要喝酒：牛奶味甘微寒，能补虚润肠，清热解毒；白酒甘辛大热，能散冷气，通血脉，除风下气。二者性味功能皆相反，故不能同食。

❼ 忌用牛奶服药：牛奶中的钙、磷、铁容易和药品中的有机物质发生化学反应，生成难溶而稳定的物质，使牛奶和药中的有效成分遭到破坏，从而降低药效。

❽ 铅作业者忌喝牛奶：因为牛奶中的钙可以促使铅在机体内吸收及积蓄，从而引起人的铅中毒现象。

❾ 服用补血药后，暂时不要喝牛奶：牛奶中含钙、磷酸盐，可与补血药中的铁元素发生反应，使铁发生沉淀，影响补血药的效用。

⭐104. 喝水的禁忌

❶ 忌大汗时饮用冷水：因为人在出汗时，毛孔开放，这有利于体温散发，如果骤然饮用大量冷水，会引起出汗中止，妨碍体温散发，容易引起感冒或其他疾病。出汗过多时，饮水中可适当加些盐，以维持肌体电解质的平衡。

❷ 忌到口渴时再喝水：口渴说明体内水分已经失衡，脑细胞脱水已经到了一定的程度。体内水分减少，血液黏稠度增大，容易导致血栓形成，诱发脑血管及心血管疾病，还会影响肾脏代谢的功能。所以，饮水同吃饭一样，应该每日喝3~4次，每日8杯左右。最好定时定量，不要不渴时不喝，渴急了猛饮一通。

❸ 忌喝野外生水：特别是农村、野外的天然水源，如江、湖、河、泉、井的水，因为多方面的污染，如粪尿、鸟兽排泄物、工业废水、生活废水、雨水冲刷、尘土等，含有大量的致病微生物、大肠杆菌

等，饮用后威胁人体健康。

❹ 忌喝自来水：自来水中的"杀菌剂"——氯气会放出活性氯，它与水中的污染物发生化学作用生成一种氯化物，这种氯化物可诱发膀胱癌和直肠癌。所以，粗劣处理的或氯气味大的自来水忌饮用。

❺ 忌反复煮沸：因为水反复煮开后，其中的亚硝酸盐含量很高，这是一种致癌物质。

❻ 忌过量饮水：劳动或剧烈运动之后，可适量补充水分，但是不宜暴饮，以防血容量骤增，加重心脏负担。胃内如果饮用的水量过多，重量过大，还容易得胃下垂。心脏病患者暴饮，会因心脏负担过重而诱发心衰。

❼ 忌饭前大量饮水：否则，会冲淡胃液，影响对食物的消化吸收。此外，胃酸本身有杀菌作用，饭前饮水过多，还会破坏胃酸的杀菌能力。

⭐105. 豆浆一次喝得过多易引起腹泻

豆浆，是我国人民的传统食物，具有较丰富的营养，对人体有补益。但是喝豆浆应讲究科学，否则对人体健康很不利。豆浆一次喝得过多，容易造成过食性蛋白质消化不良，出现腹胀、腹泻等症状。一

般成人喝豆浆一次不宜超过500克，小儿酌减。此外，在喝豆浆时还应注意下列几个问题：

❶ 忌喝生豆浆：豆浆里含有皂素、胰蛋白酶抑制物，如煮得不透，人喝了会发生恶心、呕吐、腹泻等症状。应该待沸后再用小火加热3~5分钟。

❷ 忌空腹饮：空腹饮豆浆时，豆浆里的蛋白质大都会在人体内转化为热量而被消耗掉，减弱了补益作用。饮豆浆时可吃些面包、糕点、馒头等食物，使蛋白质在淀粉的作用下与胃液较充分地发生酶解，更利于营养物质的吸收。

❸ 忌冲鸡蛋：鸡蛋中的黏液性蛋白容易和豆浆中的胰蛋白酶结合。在一起可产生一种不能被人体所吸收的物质而失去营养价值。

❹ 忌加红糖：红糖含有多种有机酸，能与豆浆中的蛋白酶结合，使蛋白酶质变性沉淀，不易吸收。白糖则无此现象。

❺ 忌加蜂蜜：蜂蜜中的有机酸与豆浆中的蛋白质结合产生沉淀，不能被人体吸收。

❻ 忌与药物同饮：有些药物会破坏豆浆里的营养成分，如四环素、红霉素等抗生素药物。

❼ 喝豆浆忌吃红薯：喝豆浆时吃红薯会影响消化。

106. 酸奶喝太多会影响食欲

过量饮用酸奶会使胃酸浓度过高，影响食欲与消化功能，不利于身体健康。此外，喝酸奶时还要注意以下4个问题：

❶ 忌加热：因为酸奶中存在的乳酸菌系活的细菌，加热会使其中活的乳酸菌被杀死，从而失去保健作用。

❷ 忌早晨空腹喝酸奶：早上空腹饮用酸奶，胃酸浓度增高，活的乳酸菌极易被杀死，会导致酸奶保健作用降低。

❸ 忌送服药物：不要用酸奶代替水服药，特别是不能用酸奶送服氯霉素、红霉素、磺胺等抗生素及治疗腹泻的一些药物，否则不仅会降低药效，还可能发生不良反应，危害健康。

❹ 忌同食黄豆：酸奶含有丰富的钙质，黄豆中的某些化学成分会影响人体对钙的消化与吸收。

107. 酒后饮茶伤肾

酒后饮茶伤肾，对心脏也不利。所以，不能用喝茶来解酒。此外，饮茶还要注意以下几个问题：

❶ 忌过量饮茶：茶叶中含有一种微量元素氟。氟这种元素虽然是人体必需的微量元素之一，但生理需要量为每天1~1.5毫克。然而，茶叶含氟量比其他食品的含量高10倍，甚至数百倍。摄氟量超过安全数字的规定的范围，会引起蓄积中毒。

❷ 忌空腹饮茶：空腹饮茶，茶性入肺腑，伤脾胃。饭前空腹饮茶，茶水冲淡唾液胃液，使人吃饭无味、消化器官吸收蛋白质

的功能下降。

❸ 忌饭后饮茶：茶里所含鞣酸，与食物蛋白质合成鞣酸蛋白而凝固沉淀，影响人体对蛋白质的消化吸收。

❹ 忌睡前饮茶：茶叶中所含茶碱等成分，有强心、兴奋神经、促进心脏机能亢进的作用，睡前饮茶会引起失眠。

❺ 忌饮冷茶：冷茶寒滞、聚痰。

❻ 忌喝浓茶：因为茶越浓，茶碱和鞣酸的含量就越高。过量的茶碱会过度地兴奋脊髓反射中枢，而影响肾脏正常功能，并影响睡眠。过量的鞣酸会与胃中残留的蛋白质结合，影响吸收。老年人喝浓茶，过多的鞣酸对肠道的收敛性更大，容易引起便秘。

❼ 忌喝隔夜茶：茶水存放时间过长，维生素慢慢消失，茶叶中的茶多酚类、类脂芳香物质氧化分解，茶汤变色发馊，产生有害身体健康的物质。另外，剩茶里的蛋白质、糖类等是细菌、霉菌繁殖的养料，隔夜茶容易滋生菌类危害身体。

❽ 忌茶里加白糖：饮茶的目的是借助茶叶的苦味刺激消化腺，促使消化液分泌，增强消化机能，清热解毒，加白糖会抑制这种功效。

❾ 忌嚼食茶叶：茶叶在炒制过程中，会产生少量的致癌物质——苯并芘。苯并芘很

难溶解在水中，而且茶叶中的含量极少，所以喝茶并没有什么危险。但是喝茶时，尤其是茶叶没有泡开，浮在水面上时，就把茶叶嚼咽下去，这时的茶叶就有可能超过苯并芘的安全量（1.5毫克），有致癌的危险。所以喝茶时，不要嚼咽茶叶。

⭐108. 沸水泡茶会降低茶的保健效果

水烧开后要凉一凉，不要马上泡茶，以70～80℃为宜；水温太高时茶叶中的维生素C、维生素P就会被破坏，还会分解出过多的鞣酸和芳香物质，因而造成茶汤偏于苦涩，大大减低茶的滋养保健效果。茶叶更不能煮着喝。此外，在泡茶时还要注意以下几点：

❶ 忌用旧水泡茶：泡茶的水应该现喝现烧，因为其中溶解的氧气可以增进茶汤的风味。放得过久的水，溶氧都被驱出，就会使沏出的茶汤味变淡。

❷ 忌浸泡时间过久：浸渍时间一般为3～5分钟即可，这时茶汤清香柔和。浸渍过久会因茶多酚溶出过多而苦涩。浸渍结束时可用细滤网滤去茶叶，或取出茶袋。

❸ 忌冲泡次数多：茶中有害微量元素会在最后泡出，对人体有害。据有关试验测定，头道茶汤含有水浸出物总量的50%，二道茶汤含有可浸出物的30%，三道茶汤中为10%，而四道茶汤只含1%～3%，再继续冲泡，有害物质就开始浸出。

❹ 忌用金属器皿泡茶：茶多酚与金属反应可产生金属味。如欲变换口味，还可略加些薄荷、果汁、蜂蜜等。加数滴牛奶可减少茶汤的涩味。

❺ 忌用保温杯泡茶：用保温杯沏茶，使茶叶长时间浸泡在高温、恒温的水中，就如

同用文火煎煮一般。这样茶中的维生素就会被大量地破坏，茶叶苦涩，有害物质增多。

109. 饭后喝汤会影响食物的消化和吸收

饭后喝下的汤会把原来已被消化液混合得很好的食糜稀释，影响食物的消化吸收。正确的吃法是饭前先喝几口汤，将口腔、食道先润滑一下，以减少干硬食物对消化道黏膜的不良刺激，并促进消化腺分泌。此外，喝汤时还须注意以下几个问题：

❶ 忌喝"独味汤"：每种食物所含的营养素都是不全面的，即使是鲜味极佳的富氨基酸的"浓汤"，仍会缺少若干人体不能自行合成的"必需氨基酸"、多种矿物质和维生素。因此，提倡用几种动物性与植物性食物混合煮汤，既可使鲜味互相叠加，又使营养更全面。

❷ 忌光喝汤不吃"渣"：实验表明，将鱼、鸡、牛肉等不同的含高蛋白质的食物煮6小时后，看上去汤已很浓，但蛋白质的溶出率只有6%～15%，还有85%以上的蛋白质仍留在"渣"中。因此，除了吃流

质的汤以外，应提倡将汤与"渣"一起吃下去。

❸ 忌喝太烫的汤：调查显示，喜喝烫食者食道癌高发，其实喝50℃以下的汤更适宜。人的口腔、食道、胃黏膜最高只能忍受60℃的温度，超过此温度则会造成黏膜烫伤，反复损伤极易导致上消化道黏膜恶变。

❹ 忌汤泡米饭：因为人体在消化食物时，需咀嚼较长时间，唾液分泌量也较多，这样有利于润滑和吞咽食物；汤与饭混在一起吃，食物在口腔中没有被嚼烂，就与汤一道进了胃里。这不仅使人"食不知味"，而且舌头上的味觉神经没有得到充分刺激，胃和胰脏产生的消化液不多，并且还被汤冲淡，吃下去的食物不能得到很好的消化吸收，时间长了，便会导致胃病。

110. 食醋的禁忌

近年，食醋保健成为一种时尚悄然在家庭中流行，醋饮品堂而皇之地登上了餐桌。不少家庭还常在室内烧醋熏，洗手洗脚时也加适量的醋，也能起到消毒抑菌、增强人体免疫机能的作用。但醋未必对每一个人都有保健作用，同时更不能忽视醋的副作用。

❶ 对醋过敏者应忌用：因食醋会导致身体出现过敏而发生皮疹、瘙痒、水肿、哮喘等症状。

❷ 低血压患者慎食醋：患低血压的患者食醋会导致血压降低而出现头痛头昏、全身疲软等不良反应。

❸ 不能大量饮用：喝醋的好处在于帮助消化，喜欢吃肉的人可在每餐之后饮用一杯水果醋，吃素或平时消化功能就很好的

人，则没有太大必要。从量上说，每天最好不要超过20毫升浓醋汁。

❹ 正在服用某些西药者不宜吃醋：因为醋酸能改变人体内局部环境的酸碱度，从而使某些药物不能发挥作用。如磺胺类药物、碳酸氢钠、氧化镁、胃舒平、庆大霉素、卡那霉素、链霉素、红霉素等。

❺ 服"解表发汗"的中药时不宜吃醋：因醋有收敛之性，当复方银翘片之类的解表发汗中药与之配合时，醋会促进人体汗孔的收缩，还会破坏中药中的生物碱等有效成分，从而干扰中药的发汗解表作用。

❻ 胃溃疡和胃酸过多患者不宜食醋：因为醋不仅会腐蚀胃肠黏膜而加重溃疡病的发展，而且醋本身有丰富的有机酸，能使消化器官分泌大量消化液，从而加大胃酸的消化作用，使溃疡加重。

❼ 老年人在骨折治疗和康复期间应避免吃醋：醋由于能软化骨骼和脱钙，破坏钙元素在人体内的动态平衡，会促发和加重骨质疏松症，使受伤肢体酸软、疼痛加剧，骨折迟迟不能愈合。

111. 吃鱼的禁忌

❶ 吃鱼时最好不要喝茶：鱼肉、海味等属于高蛋白食物，不能与茶搭配，因为茶叶中的大量鞣酸与蛋白质结合，会生成具有收敛性的蛋白质，使肠蠕动减慢，延长粪便在肠道内滞留的时间。既容易形成便秘，又增加有毒和致癌物质被人体吸收的可能性。

❷ 煎焦了的鱼不能吃：鱼煎焦后会产生较多的苯并芘，它是一种强致癌物质，其毒性超过黄曲霉素。另外，鱼肉中的蛋白质含量丰富，如果鱼肉烧焦了，高分子蛋白质就会裂变成低分子的氨基酸，并可形成致突变化学物质。

❸ 咸鱼最好少吃：咸鱼与鼻咽癌的发生有一定的关系，这一点早已被科学家们认定。研究表明，幼儿吃咸鱼比成年人吃咸鱼更具有致癌性。咸鱼之所以会引起鼻咽癌，是因为鱼在腌制过程中部分蛋白质会分解出胺。动物实验也表明，大白鼠吃咸鱼会出现癌变，而不吃咸鱼的对照组则不发生癌变。

❹ 痛风患者不宜吃鱼：鱼类中含有嘌呤类物质，如有痛风，则是由于体内的嘌呤代谢发生紊乱而引起的。主要表现为血液中的尿酸含量过高，可使人的关节、结缔组织和肾脏等部位发生一系列症状，故患痛风症的人吃鱼会使症状加重。

❺ 某些病患者不宜食鱼：出血性疾病患者、肝硬化患者、结核病患者都不宜吃鱼。

112. 乱食螃蟹会引起食物中毒

吃蟹时应注意四清除，一要清除蟹胃，俗称蟹屎包，在背壳前缘中央似三角形的骨质小包，与蟹嘴紧紧相连，与蟹黄混在一起，内有污沙；二要清除蟹肠，即由蟹胃到蟹脐的一条黑线，内含有大量的黑色污物；三要清除蟹心，俗称六角板，在蟹黄蟹油中间，有一种怪味；四要清除蟹鳃，即长在蟹腹部如眉毛状的两排软绵绵的东西，俗称蟹眉毛，是螃蟹的呼吸器官，含有大量病菌和污物。这些部位既脏又无食用价值，切勿乱嚼一气，以免引起食物中毒。此外，吃螃蟹时还要注意下面几个问题：

❶ 忌食生蟹：河蟹是在江河湖泽的淤泥中生长的，它以动物尸体或腐殖质为食，因而蟹的体表、鳃及胃肠道中布满了各类细菌和污泥，生食容易使人生病。所以，食用前应先将蟹体表、鳃、脐洗刷干净，蒸熟煮透后再食用。

❷ 忌食死蟹：死后的河蟹会产生大量的组胺和类组胺物质。组胺是一种有害的物质，会引起过敏性中毒。而类组胺物质会使食者呕吐、腹痛腹泻。因此，死蟹不能食用，弃之勿惜。购蟹时要注意鉴别质量，新鲜活蟹的背壳呈青黑色，具有光泽，脐部饱满，腹部洁白，蟹脚硬而结实，将蟹仰放腹部朝天时，蟹能迅速翻正爬行。而垂死的蟹背壳呈黄色，蟹脚较软，翻正困难。

❸ 忌吃得太多：蟹肉性寒，不宜多食，脾胃虚寒者尤应引起注意，以免引起腹痛腹泻。因食蟹而引起腹痛腹泻时，可用性温的中药紫苏18克，配生姜5～6片，加水煎服。

❹ 忌与柿同食：蟹肥正是柿熟时，应当注意蟹忌与柿子混吃，因为柿子中的单宁等成分会使蟹肉蛋白凝固，凝固物质长时间留在肠道内会发酵腐败，引起呕吐、腹痛、腹泻等反应。

❺ 螃蟹与冰水、冰棒、冰激凌等冷饮同食易腹泻。

❻ 蜗牛与螃蟹同食，有的人可能会出现荨麻疹。

❼ 红薯与螃蟹同食容易形成结石。

❽ 螃蟹性属寒，凡脾胃虚寒、外邪未清、外感风寒、便泻、痰嗽者，均应忌食螃蟹。

⭐113. 饭后立即吃水果会引起便秘

饭后立即吃水果，会造成胀气和便秘。因此，吃水果宜在饭后2小时或饭前1小时。此外，在吃水果时还要注意以下几个问题：

❶ 忌不卫生：食用开始腐烂的水果以及无防尘、防蝇设备又没彻底洗净消毒的果品，如草莓、桑葚、剖开的西瓜等，容易发生痢疾、伤寒、急性胃肠炎等消化道传染病。

❷ 忌不消毒：吃水果前，最好将水果消毒好，在盐水、0.1%的高锰酸钾或0.2%的漂白粉溶液中浸泡5～10分钟，再用清水冲净即可。或在开水中烫半分钟左右用以杀菌。有的水果可先在冷水中冲洗一下再剥去皮吃，不仅能将皮上附着的细菌去掉，而且还能避免将果皮上残存的农药吃下去。

❸ 忌用酒精消毒：酒精虽能杀死水果表层细菌，但会引起水果色、香、味的改变，酒精和水果中的酸作用，会降低水果的营

养价值。

❹ 忌不削皮：一些人认为，果皮中维生素含量比果肉高，因而食用水果时连皮一起吃。殊不知，水果发生病虫害时，往往用农药喷杀，农药会浸透并残留在果皮蜡质中，因而果皮中的农药残留量比果肉中高得多。

❺ 忌用菜刀削水果：因为菜刀常接触生肉、鱼、生蔬菜，会把寄生虫或寄生虫卵带到水果上。

❻ 忌吃水果不漱口：有些水果含有多种发酵糖类物质，对牙齿有较强的腐蚀性，食用后若不漱口，口腔中的水果残渣易造成龋齿。

❼ 忌食水果过多：把水果当饭吃，其实是不科学的。尽管水果营养丰富，但营养并不全面，尤其是蛋白质及脂肪相对较少，多吃会造成人体缺乏蛋白质等物质，营养失衡，甚至引发疾病。

⭐ 114. 吃海鲜时不要喝啤酒

食用海鲜时切勿饮用大量啤酒，因为海鲜是一种含有嘌呤和苷酸两种成分的食物，而啤酒中则富含分解这两种成分的重要催化剂维生素 B_1，吃海鲜的时候喝啤酒容易导致血尿酸浓度急剧升高，诱发痛风，以至于出现痛风性肾病、痛风性关节炎等病症。此外，在食用海鲜时，还要注意下列几点：

❶ 海鲜忌与含鞣酸多的水果同食：一般水产品除含钙、铁、磷、碘等矿物质外，还都含有丰富的蛋白质，而山楂、石榴等水果都含有鞣酸，蛋白质与鞣酸结合，生成鞣酸蛋白，刺激肠胃，有一定收敛作用，会导致便秘，还可引起呕吐、腹痛等症状。

❷ 海鲜忌与含草酸多的蔬菜同食：如洋葱、菠菜、竹笋等，所含的草酸会分解、破坏海鲜中的蛋白质，使蛋白质发生沉淀，凝固成不易消化的物质。

而且草酸和水产品中的钙还会结合成一种不溶性的复合物，刺激胃肠黏膜，损害黏膜上皮细胞，影响人体的消化吸收功能，还可能沉积在泌尿道，形成草酸钙结石。如果在烧菜前先把富含草酸的食材焯烫一下，草酸就会减少一大部分，这时再来烧菜就无妨了。

❸ 海鲜不能和维生素C同食：因为甲壳类动物和软体动物如虾、贝壳等都具有极强的富集污染能力，吸收水中砷等毒性物质之后以五价砷的形式贮存在体内。五价砷对人体毒性较小，但它可以被维生素C还原成有毒的三价砷，即砒霜，对人体危害极大。

❹ 忌与牛羊油同食，不仅味道不佳，还有可能对健康不利。

❺ 大多数水产品都不宜与甘草同食，可能会引起中毒。

⭐ 115. 蛋壳粗糙的鸡蛋不要买

如果蛋壳颜色不均匀或者蛋壳比较粗糙，就有可能是不健康的鸡下的蛋。因此，蛋壳粗糙的鸡蛋不要买。此外，在购买鸡蛋时，还要小心以下几个误区：

❶ 挑蛋壳颜色：蛋壳颜色有白、浅褐、褐、深褐和青色之分，与鸡蛋的营养价值

高低并无必然联系，而是主要取决于饲料的营养结构与鸡的摄食情况。一般产蛋初期壳色最深，然后逐渐变浅，产蛋量高的母鸡其蛋壳颜色较浅。通过选育可以改变蛋壳颜色的深浅。因此蛋壳颜色也不能用于判断是否柴鸡蛋以及营养价值是否高。

❷ 挑小蛋：蛋重受遗传因素的影响较大，不同品种品系的鸡产蛋的重量不同；生理阶段也会影响蛋重，营养因素和饲料管理对蛋重也有一定的影响。过去柴鸡蛋重量较小，但是重量小的并非全是柴鸡蛋，现代科技的发展，使得人们可以根据需要培育产蛋大小不同的鸡品种。

❸ 挑蛋黄颜色：由于现在是大批量饲养及产蛋率提高，蛋黄无季节性明显的变化。相反有些饲养户为了使鸡蛋"红心"，在饲养中添加非食用色素，食用这种"红心"蛋，会对人体健康有害。由此可见，蛋黄不是越红越好。

116. 凉饮白酒易引起中毒

饮未加温的凉酒容易引起毒性反应和醉人。这是因为白酒除含有酒精外，还含有甲醇、甲醛、乙醛等杂质。它们的沸点低，是6.5～19.5℃,如果将酒加热时会全部挥发。因此，白酒忌凉饮，应加热后饮用。即使是在夏天，也应饮热酒或温酒。此外，在饮酒时还要注意以下几个问题：

❶ 忌饮酒过量：不论白酒或啤酒都含有许多致癌物，长期饮酒，可激活某些致癌物质，促使癌症发生。

❷ 忌空腹饮酒：空腹饮酒不仅直接刺激消化道黏膜，带来危害，还可加快肝脏和神经系统的毒性反应。

❸ 忌情绪不良时饮酒：情绪不良，比如盛怒饮酒，势如火上浇油，怒乘酒势，理智难以控制，此时最容易出现意外；而忧愁时饮酒，情绪沉闷，思虑伤心，此时饮酒会引起消化系统不良，新陈代谢紊乱而伤害身体。

❹ 忌带病饮酒：肝病、肾病、胃肠溃疡以及智障、精神病患者饮酒会加重病情。

❺ 忌孕期饮酒：孕妇饮酒会影响胎儿的正常发育。

❻ 忌烟酒同时并用：喝酒时吸烟，其烟雾很易在酒精中溶解，溶解在酒精中的尼古丁，被人体吸收，会加重对人体的危害。

❼ 忌以饮酒御寒：饮酒后，人的皮肤血管扩张，血流量增加，全身出现温暖、发热的感觉，可以御寒。但同时由皮肤散发的热量增多，其结果是饮酒以后产生的热

会很快散掉，体温也会很快下降，畏寒的感觉也相继发生，从而引起头痛、感冒或冻伤。

❽ 忌睡觉前饮酒：喝了酒半小时后入睡的人，呼吸停止10秒钟以上的次数增多，睡前饮酒导致的呼吸紊乱，这对于有心、肺疾病的人极为不利，因此，忌睡觉前饮酒。

❾ 忌酒后饮咖啡：咖啡会加重酒精对人体的损害，特别是对大脑的损害最为严重。表现为大脑极度兴奋转入极度抑制，并刺激血管扩张，加快血液循环，增加心血管负担，所造成的损害可以超过单纯饮酒的许多倍。

117. 喝啤酒时吃腌熏食物易致癌

喝啤酒时不要吃腌熏食物。腌熏食物中多含有机氨，有的在加工或烹调过程中产生了多环芳烃类，如苯并芘、氨甲基衍生物等，常饮啤酒的人，血铅含量往往增高。铅与上述物质结合，有致癌或诱发消化道疾病的可能。此外，喝啤酒时还要注意下列几个问题：

❶ 忌大量喝啤酒：大量饮用啤酒，许多液体进入体内，给心血管和肾脏带来不利的影响，于是形成心脏较大，出现心脏加快，心律不齐，动脉压升高，面部血管扩张并呈现浮肿。严重时可导致颅内出血、下肢瘫痪和语言障碍，成为终身残疾。因此，忌大量喝啤酒。

❷ 贮存啤酒温度不宜过低：存放在冰箱里的啤酒应控制在5～10℃，因为啤酒所含二氧化碳的溶解度是随温度高低变化的，啤酒各种成分在这一温度区间协调平衡，能形成最佳口味。温度过低的啤酒不仅不好喝，而且会使酒液中的蛋白质发生分解、游离，营养成分受到破坏。另外，啤酒不应直接加热，饮用时可将酒瓶放进30℃左右的温水中浴热即可。

❸ 喝啤酒时忌兑入碳酸饮料：啤酒也含有少量的二氧化碳，兑入碳酸饮料后，过量的二氧化碳会更加促进胃肠黏膜对酒精的吸收。所以，喝啤酒不宜兑入碳酸饮料。

❹ 啤酒忌与烈性酒同饮：否则会导致酒精大量快速吸收。啤酒与白酒同饮会强烈刺激心脏、肝脏、肠胃。

❺ 吃海鲜时忌大量喝啤酒：否则易引发关节炎、痛风。

118. 运动后喝冷饮危害心脏

人在剧烈运动后，胃肠道和周身的皮肤血管处于扩张状态。冷饮会使胃肠黏膜突然遇冷而受到损害，甚至引起胃肠不适或绞痛，而皮肤的血管骤然收缩会使大量血液流回心脏，从而加重心脏负担，危害心脏健康。同时还会造成汗腺排泄孔突然

关闭，使汗液潴留于汗腺中。因此，人在剧烈运动之后，切勿喝冷饮。此外，喝冷饮时还须注意以下几点：

❶ 忌食用过多冷饮：吃得过多，会冲淡胃液，影响消化，并刺激肠道，使蠕动亢进，缩短食物在小肠内停留的时间，影响人体对食物中营养成分的吸收。特别是患有急慢性肠胃道疾病者，更应少吃或不吃。

❷ 忌吃不新鲜的冷饮：由于大肠杆菌、伤寒杆菌和化脓性葡萄球菌均能在-170℃的低温下生存。因此，吃了不洁的冷饮，就会危害身体健康。购买时注意一般的果汁类饮料应没有沉淀；瓶装饮料应该不漏气，开瓶后应有香味。鲜乳为乳白色，乳汁均匀，无沉淀、凝块、杂质，有乳香味。罐头类饮料的铁筒表面不得生锈、漏气或漏液，盖子不应鼓胀，如果敲击罐头时呈鼓音，说明已有细菌繁殖，也不能食用。

❸ 冷饮、热饮忌交替喝：如果将冷饮料与热饮料，一冷一热，先后或交替来饮用，都是不应该的。这是因为牙齿受到冷、热交错的刺激，易患牙病。如果原有牙病者，还可以引起症状发作。另外，冷、热的刺激，使胃肠黏膜血管发生收缩和扩张的急剧改变，这都可导致腹痛、腹泻，甚至发生溃疡。

❹ 忌用饮料代替水：各种果汁、汽水或其他冲制饮料都含有较多的糖分以及大量的电解质。这些物质不能像白开水那样很快离开胃，如果长期作用会对胃产生不良刺激。不仅直接影响消化和食欲，而且还会增加肾脏过滤的负担，影响肾功能。过多的糖分摄入还会增加人体的热量引起肥胖。

119. 吃火锅时间不可太长

吃火锅的时间不要太长：长时间吃火锅，会使胃液、胆汁、胰液等消化液不停地分泌，腺体得不到正常的休息，易引起胃肠功能紊乱而发生腹痛、腹泻。此外，吃火锅时还应注意下列问题：

❶ 锅不宜拿来直接用：火锅在使用前应彻底洗刷干净。特别是铜质火锅的铜锈务必要除去，以免发生铜中毒。其主要表现为恶心、呕吐、头晕、呼吸急促等症状。

❷ 忌生食：吃涮羊肉，不宜单纯讲究肉"嫩"，认为七八分熟的羊肉片吃起来才有味，这样做容易感染上旋毛虫病。所以，食物必须煮熟煮透才能吃。而且，夹生肉、生鱼的筷子和盛生肉、生鱼的盘子应与直接入口的筷子和盛调料的碟子分开，不得生熟混用。

❸ 忌烫食：刚从火锅中取出的食物要稍冷一会儿再吃，以免烫伤口腔和食道黏膜，致使口腔和食道发生溃疡，或对牙龈牙齿产生损害，引起过敏性牙痛。

❹ 忌辣食：用辣味调料要适当。因辣味有刺激性，吃过辣的食物对胃黏膜有损害，对患有肺结核、痔疮、胃病及十二指肠溃疡的患者，更应少吃或不吃辣味食物。

❺ 吃炭火火锅注意房间不要封闭不通风：因为吃火锅时往往是人多房间小、室内温度高、空气不流通，会造成室内缺氧，木炭燃烧不透，就会产生大量的一氧化碳，容易使人中毒。

❻ 不宜贪食火锅汤：火锅的配料多是肉类、海鲜和青菜等，这些材料混合在一起煮后所形成的浓汤汁中，含有一种浓度极高的叫"卟啉"的物质，经肝脏代谢生成尿酸，可使肾功能减退，排泄受阻，致使过多的尿酸沉积在血液和组织中，而引发痛风病。

❼ 火锅汤最好现做现用：火锅汤不宜反复使用，更不能将残菜汤放在锅中过夜再用，否则久煮的汤中亚硝酸盐（一种较强的致癌物质）含量会增加，食后对身体健康有害。

120. 切勿饮用暖水瓶里几天未喝的水

切勿饮用在炉灶上焐热的水和暖水瓶里几天未喝的水：因为自来水虽经消毒过滤，但是仍含有一定的细菌。以上两种水，温度在37℃左右，很适合细菌大量生长繁殖，同时又使得水中极低的亚硝酸盐含量大大升高。这种物质会影响血液的携氧功能，而且还能致癌。此外，下列3种水

也不宜饮用：

❶ 不开的水：自来水中可分离出13种有害物质，其中卤代烃、氯仿还具有致癌、致畸作用。当水温达到90℃时，卤代烃含量由原来的53微克／升上升到177微克／升，超过国家饮用水卫生标准的2倍。而当水温达到100℃，这两种有害物质会随蒸汽蒸发而大大减少，如继续沸腾半分钟，则饮用更安全。

❷ 气压保温瓶的第一杯水：煮沸的饮用水都含有一定量的矿物质和化学元素。气压保温瓶灌进开水后，由于沉淀，瓶底含的矿物质和各种化学元素相对较多，压第一杯水时会把瓶底的沉淀物吸出来，喝了对身体有害无益。

❸ 经过反复煮沸的残留开水如开水锅炉里的水、蒸饭蒸肉的蒸锅水、重新煮开的水：因为开水在沸腾过程中不断地汽化，原来溶于水中的矿物质及重金属中的有害物质浓度便相对增加，特别是水中的硝酸根离子会被还原成毒性很强的亚硝酸根离子。亚硝酸根离子还能在人体内合成致癌性很强的亚硝酸化合物。

121. 七种鸡蛋不能吃

❶ 生鸡蛋：生鸡蛋不仅不卫生，容易引起细菌感染，而且也没有营养。生鸡蛋蛋清中含抗生物素蛋白和抗胰蛋白酶，前者可影响人体对食物生物素的吸收，导致食欲不振、全身无力、肌肉疼痛等"生物素缺乏症"。而后者可妨碍人体对蛋白质的消化吸收。鸡蛋煮熟之后，这两种有害物质被破坏，易于人体消化吸收。

❷ 裂纹蛋：鸡蛋在运输、储存及包装等过程中，由于震动、挤压等原因，会使有的鸡蛋造成裂缝、裂纹，很易被细菌侵入，

若放置时间较长就不宜食用。

❸ 黏壳蛋：这种蛋因储存时间过长，蛋黄膜由韧变弱，蛋黄紧贴于蛋壳，若局部呈红色还可以吃，但蛋膜紧贴蛋壳不动的，贴皮外呈深黑色，且有异味者，就不宜再食。

❹ 臭鸡蛋：由于细菌侵入鸡蛋内大量繁殖，产生变质，蛋壳乌灰色，甚至使蛋壳因受内部硫化氢气体膨胀而破裂，而蛋内的混合物呈灰绿色或暗黄色，并带有恶臭味，则此蛋不能食用，否则会引起细菌性食物中毒。

❺ 散黄蛋：因运输等激烈振荡，蛋黄膜破裂，造成机械性散黄；或者存放时间过长，被细菌或霉菌经蛋壳气孔侵入蛋体内，而破坏了蛋白质结构造成散黄，蛋液稀且混浊。若散黄不严重，无异味，经煎煮等高温处理后仍可食用，但如细菌在蛋体内繁殖，蛋白质已变性，有臭味，就不能吃了。

❻ 死胎蛋（毛蛋）：鸡蛋在孵化过程中因受到细菌或寄生虫污染，加上温度、湿度条件不好等原因，导致胚胎停止发育的蛋称死胎蛋。这种蛋所含营养已发生变化，如死亡较久，蛋白质被分解会产生多种毒物质。所以，不要吃街头的烧烤毛蛋。

❼ 发霉蛋：有的鸡蛋遭到雨淋或受潮，会把蛋壳表面的保护膜洗掉，使细菌侵入蛋内面发霉变质，致使蛋壳上有黑斑点并发霉，这种蛋也不宜选购食用。

此外，还有泻黄蛋、血筋蛋等一般也不应采购食用。

122. 鸡屁股绝不能吃

鸡屁股绝对不能吃。这是因为鸡、鸭、鹅等禽类屁股上端长尾羽的部位——

学名"腔上囊"，是淋巴腺体集中的地方，因淋巴腺中的巨噬细胞可吞食病菌和病毒，即使是致癌物质也能吞食，但不能分解，故禽"尖翅"是个藏污纳垢的"仓库"，绝对不能吃。

123. 外皮鲜艳的水果不可连皮食用

凡是外皮鲜艳的水果都应该削皮后食用，因为它们的果皮含有丰富的"炎黄酮"。这种化学物质进入人体，经肠道细菌分解成为二羟苯甲酸等，对甲状腺有很强的抑制功能，到一定程度会引起甲状腺浮肿。此外，下列两种果皮也不可食用：

❶ 荸荠皮：荸荠生于肥沃水泽，其皮能聚集有害有毒生物排泄物和化学物质，因此一定要去皮后煮熟再吃。

❷ 柿子皮：柿子成熟后，鞣酸便存在于柿子皮中，这种物质在胃酸作用下，与蛋白质发生作用生成沉淀物——"柿石"，将引起各种疾病。

124. 生吃花生易引起寄生虫病

花生最好不要生吃，这是因为花生含脂肪较多，消化吸收比较缓慢，大量生吃可以引起消化不良。同时，花生在泥土里生长，常被寄生虫卵污染，生吃容易引起

寄生虫病。此外，下列几种食物也不宜生吃：

❶ 生棉籽油： 棉籽油是一种较好的食用油，色、香、味都不错，是广大群众，尤其是产棉区群众常年食用的油。但生棉籽油，即粗制的棉籽油中含有毒的一种物质——棉酚。如果食用过多或长期食用会引起中毒，使人发生瘫痪或死亡，还可引起不育症。

❷ 胡萝卜： 胡萝卜的营养价值很高，其中胡萝卜素的含量在蔬菜中名列前茅。但胡萝卜素属于脂溶性物质，只有溶解在油脂中时，才能在人体肝脏转变成维生素A，为人体所吸收。如生食胡萝卜，就会有90%的胡萝卜素成为人体的"过客"而被排泄掉，起不到营养作用。

❸ 白果： 白果含有氢氰酸，过量食用可能出现中毒症状，故不可多食。白果应熟食，不宜生吃。

❹ 生豆类： 比如生大豆、生黄豆等，其中含有一种胰蛋白酶抑制物，它可以抑制小肠胰蛋白酶的活力，阻碍人体对蛋白质的消化吸收和利用。

❺ 魔芋： 生魔芋有毒，必须煮3小时以上方可食用，否则会中毒。

❻ 芋头： 芋头烹调时一定要烹熟煮透，否则其中的黏液会刺激咽喉。而且芋头含有较多的淀粉，一次吃得过多会导致腹胀。

❼ 蛇血、蛇胆： 生饮蛇血、生吞蛇胆是非常不卫生的，有一定的危险性，可引起急性胃肠炎和一些寄生虫病。

❽ 贝类： 贝类中的泥肠不宜食用。不要食用未熟透的贝类，以免传染上肝炎等疾病。

❾ 龙虾： 又叫螯虾，是肺吸虫的中间宿主，肺吸虫的幼虫——尾蚴能够在螯虾体内形成囊蚴。如果食用生的或半生不熟的螯虾，囊蚴会在人体内变成幼虫，如果最后在肺脏中发育成成虫，便使人患上类似肺结核病状的肺吸虫病。当虫体进入脑部便成为脑型肺吸虫病。

❿ 生鱼： 人如果吃生鱼易得肝吸虫病。肝吸虫卵在河塘的螺蛳体内发育成尾蚴。尾蚴遇到鱼就会直接钻入鱼体内寄生下来。人如果吃生鱼，鱼体中的肝吸虫囊蚴就会钻入人体肝脏的毛细管里，发育成为成虫，危害健康。

125. 空腹吃香蕉易诱发心血管疾病

香蕉含有大量的镁元素，若空腹大量吃香蕉，会使血液中含镁量骤然升高，造成人体血液内镁与钙的比例失调，对心血管产生抑制作用，不利健康。此外，下列几种食物也不宜空腹吃：

❶ 西红柿： 西红柿中含有大量的果胶及柿胶酚等可溶性收敛剂成分，这些物质会与胃酸发生作用，形成难溶解的"结石"，从而引发胃部的多种不适症状。因此，最好是在饭后再食用西红柿。

❷ 橙子、橘子： 饭前或空腹时不宜食用，否则橙子、橘子所含的有机酸会刺激胃黏膜，对胃不利。

❸ 柿子： 柿子含有较多的柿胶酚、单宁酸和胶质等物质。这些物质遇到胃酸会迅速形成不溶解的沉淀物。如果空腹吃柿子，胃酸浓度高，沉淀物也容易凝成大块，不易消化，从而引起腹内不舒服，严重者还可形成"结石"。

4 荔枝：忌空腹吃荔枝，饭后半小时食用为佳。

5 榧子：食用榧子会有饱腹感，所以饭前不宜多吃，以免影响正常进餐，尤其儿童更应注意。

6 山楂：山楂的酸味具有行气消食作用，但若空腹食用，不仅耗气，而且会增加饥饿感并加重胃病。

7 红薯：红薯中含有单宁和胶质，会刺激胃壁分泌更多胃酸，引起烧心等不适感。

8 酸奶：空腹不宜喝酸奶，在饭后2小时内饮用，效果最佳。

9 牛奶、豆浆：它们都含有大量的蛋白质，空腹饮用，蛋白质将被迫转化为热能消耗掉，起不到营养滋补作用。正确的饮用方法是与点心、面饼等含面粉的食物同食，或餐后2小时再喝，或睡前喝。

10. 大蒜：由于大蒜含有辛辣的蒜素，空腹吃蒜，会对胃黏膜、肠壁造成刺激，引起胃肠痉挛、胃绞痛并影响胃、肠消化功能。

11. 冷冻品：许多人喜欢在运动后或空腹时，大量饮用各种冷冻饮料，这样会强烈刺激胃肠道，刺激心脏，使这些器官发生突发性的挛缩现象，久而久之可导致内分泌失调、女性月经紊乱等病症发生。

12. 糖：糖是一种极易消化吸收的食品，空腹大量吃糖，人体短时间内不能分泌足够的胰岛素来维持血糖的正常值，使血液中的血糖骤然升高容易导致眼疾。而且糖属酸性食品，空腹吃糖还会破坏机体内的酸碱平衡和各种微生物的平衡，对健康不利。

13 白酒：空腹饮酒会刺激胃黏膜，久之易引起胃炎、胃溃疡等疾病。另外，人空腹时，本身血糖就低，此时饮酒，人体很快出现低血糖，脑组织会因缺乏葡萄糖的供应而发生功能性障碍，出现头晕、心悸、出冷汗及饥饿感，严重者会发生低血糖昏迷。

14 茶：空腹饮茶能稀释胃液，降低消化功能，还会引起"茶醉"，表现为心慌、头晕、头痛、乏力、站立不稳等。

126. 含毒素食品的食用禁忌

1 鲜木耳：其中含有一种卟啉的光感物质，食用后经太阳照射可引起皮肤瘙痒、水肿，严重的可致皮肤坏死。干木耳是经曝晒处理的成品，在曝晒过程中会分解大部分卟啉，而在食用前，干木耳又经水浸泡，其中含有的剩余毒素会溶于水，因而水发的干木耳无毒。

2 野生仙人掌：其中含有一定量的毒素和麻醉剂，不但没有食疗功效，反而会导致神经麻痹。

鲜金针菜：其中含有秋水仙碱素，炒食后能在体内被氧化，产生一种剧毒物质，轻则出现喉干、恶心、呕吐或腹胀、腹泻等，严重时还会出现血尿、血便等。因此，应食用蒸煮晒干后存放的干品。

④ 青色西红柿和发芽、带皮、发青土豆及红薯：这些食物中含有毒素，食用后会引起中毒、恶心、腹泻等反应。因此西红柿一定要吃成熟的，土豆食用时一定要去皮，而发芽土豆和红薯就不要吃。

⑤ 生竹笋：食用后可能会产生喉道收紧、恶心、呕吐、头痛等症状，严重者甚至死亡。食用时应将竹笋切成薄片，彻底煮熟。

⑥ 鲜蚕豆：有的人体内缺少某种酶，食用鲜蚕豆后会引起过敏性溶血综合征，即全身乏力、贫血、黄疸、肝肿大、呕吐、发热等，若不及时抢救，会因极度贫血死亡。

⑦ 未煮熟的豆角：未煮熟的豆角含有两种有毒的物质——皂素和植物血球凝集素。这两种有毒物质须经100℃高温加热后，才能逐渐被破坏。

⑧ 木瓜：木瓜中的番木瓜碱对人体有小毒（中医将药物毒性分为大毒、常毒、小毒、微毒四级），每次食量不宜过多，过敏体质者慎食。

⑨ 杏：杏虽好吃，但不可食之过多。因为其中苦杏仁甙的代谢产物会导致组织细胞窒息，严重者会抑制中枢，导致呼吸麻痹，甚至死亡。未成熟的杏更不可生吃。但是，加工成的杏脯、杏干，其有害的物质已经挥发或溶解掉，可以放心食用。

⑩ 果仁：许多果仁，如杏仁、桃仁、枇杷仁、扁桃仁、樱桃仁、李子仁、亚麻仁等，均含有致毒物质——苦杏仁甙，因而不宜食用。

⑪ 老鸡头：由于老龄鸡长时间啄食，有毒物质会随食而进入体内，经过体内化合反应，产生剧毒素，虽然其中绝大多数毒物

会排出体外，但仍有部分毒物随血液循环，并滞留在脑组织细胞内。人若食用，必然是极其有害的。

⑫ 鱼胆：用鱼胆作"清凉品"用，是很危险的！因为鱼胆汁中的"胆汁毒素"既耐热，又不会被酒精所破坏，不论生吞鱼胆还是熟食，还是用酒送服，都可发生中毒。鱼胆中毒的主要表现为恶心、腹痛、呕吐、肝区疼痛、腹胀、厌食、厌油，严重的人甚至可出现昏迷，血压下降、心律失常、出血、甚至死亡。

⑬ 死鳝鱼：黄鳝鱼不但味美，而且营养价值高，但只能食用鲜活黄鳝鱼，而且要以现宰、现烹调为佳。因为鳝鱼死后，体内的蛋白质分解很快，细菌容易乘虚而入，摄取其中的养分。并将蛋白质中的组氨酸转化为有毒物质组氨。食用组氨100毫克的便马上可引起中毒。

⑭ 河豚：河豚毒素是一种强烈的神经毒，它能引起神经传导障碍从而导致神经末梢和神经中枢的麻痹，河豚毒性相当稳定，一般烧鱼和普通高温都不能将其破坏，食用会中毒，而且没有特效解救方法，因此忌吃河豚。

⑮ 鲜海蜇：海蜇属于一种腔肠动物门的水母生物。鲜海蜇含水量高达96%。另外，还含有五羟色胺、组织胺等各种胺及毒肽蛋白。在食用以后容易引起腹痛、呕吐等中毒症状。因此，鲜海蜇忌直接食用。如果食用必须经盐、白矾反复浸渍处理，脱去水和毒性黏蛋白后食用。

⑯ 小白虾：当虾离开海水后就迅速死亡，死后肠内的细菌很快侵入虾肉内，感染整个虾体，所以小白虾容易腐蚀变质。在食用小白虾时应注意：一要将小白虾煮熟、煮透，切勿生吃。二要随做随吃，不宜多做存放，隔夜或是隔餐食用时，吃前一定

要回锅加热。另外，致病嗜盐酸菌怕酸，吃时最好拌些醋。

⑰ 蚕蛹：有些蚕蛹患有"微粒子"病，人食用这种患了病的蚕蛹会很快中毒。此外蚕蛹处理不当，放置过久，还会使蚕蛹含毒，变质发黑。人吃后会出现眩晕、呕吐、眼斜视等症状，严重者还会发生昏迷。

⑱ 皮蛋：皮蛋含铅元素，经常食用会引起铅中毒，导致失眠、贫血、好动、智力减退、缺钙。应尽量选择无铅或铅含量低的皮蛋。

⑲ 膨听罐头：指玻璃罐头的铁盖或铁皮向外鼓胀隆起的罐头。"膨听罐头"说明罐头中的食品已经变质。如果食用，会引起食物中毒。

⑳ 剩米饭：蜡样芽孢杆菌中有的菌株能产生肠毒素，肠毒素可分为耐热和不耐热两种。耐热肠毒素常在米饭类食品中形成，能引起呕吐型胃肠炎。不耐热肠毒素在各种食品中都可产生，可引起腹型肠炎。所以，米饭不宜做多，剩米饭最好当天就吃完，不要过夜。

127. 慎食易致癌的食物

❶ 食物过咸是胃癌发病的高危因素之一：人在吃入过量的高盐食物后，胃内容物渗透压增高，这对胃黏膜可造成直接损害。高盐食物还能抑制前列腺素E的合成，而前列腺素E能提高胃黏膜抵抗力，这样就使胃黏膜易受损害而产生胃炎或溃疡。

❷ 咸鱼腌制品：咸鱼产生的二甲基亚硝酸盐，在体内可以转化为致癌物质二甲基亚硝酸胺。同样含有致癌物质，应尽量少吃。

❸ 隔夜熟白菜、酸菜和油菜：会产生亚硝酸盐，在体内会转化为亚硝酸胺致癌物质。

❹ 槟榔：嚼食槟榔是引起口腔癌的因素之一。槟榔果中含有各种不同的化学物质。这些物质具有致癌、致突变作用。槟榔的氟含量高，而其中内含的细菌又多得数也数不清，另外，有的槟榔还含有白霉、黄霉和大肠杆菌。因此，忌嚼食槟榔。

❺ 桂皮：桂皮香气浓郁，但用量太多，香味过重，反而会影响菜肴本身的味道。桂皮含有可以致癌的黄樟素，所以食用量越少越好，且不宜长期食用。

❻ 雄黄酒：雄黄酒具有杀死昆虫蛇蝎的作用，同时还是治疗疥疮的外用良药，但请记住不能喝。因为雄黄的主要成分是二硫化砷，这种酒在受热后可分解为三氧化二砷，就成了剧毒药"砒霜"。砷化物是一种强致癌物质。所以，雄黄酒只能用做环境灭虫，忌饮用。

❼ 动物脂肪：过多的动物脂肪可导致大肠癌和生殖系统的癌症，因此，动物脂肪也忌过多食用。

128. 最不应该吃的十种垃圾食品

❶ 油炸食品（炸串、方便面、美式快餐）：①导致心血管疾病元凶（油炸淀粉）；②含致癌物质；③破坏维生素，使

蛋白质变性。

2 腌制类食品（泡菜、腌肉等）：①导致高血压，肾负担过重，导致鼻咽癌；②影响黏膜系统（对肠胃有害）；③易得溃疡和发炎。

3 加工类肉食品（肉干、肉松、熏肉、虾酱、咸蛋、咸菜、火腿等）：①含致癌物质；②含大量防腐剂（加重肝脏负担）。

4 饼干类食品（不含低温烘烤和全麦饼干）：①食用香精和色素过多（对肝脏功能造成负担）；②严重破坏维生素；③热量过多、营养成分低。

5 汽水可乐类食品：①含磷酸、碳酸，会带走体内大量的钙；②含糖量过高，喝后有饱胀感，影响正餐。

6 方便类食品（方便面和膨化食品）：①盐分过高，含防腐剂、香精（损肝）；②只有热量，没有营养。

7 罐头类食品（包括鱼肉和水果）：①破坏维生素，使蛋白质变性；②热量过多，营养成分低。

8 话梅蜜饯类食品（果脯）：①含三大致癌物质之一亚酸盐（防腐和显色作用）；②盐分过高，含防腐剂、香精（损肝）。

9 冷冻甜品类食品（冰激凌、冰棒和各种雪糕）：①含奶油极易引起肥胖；②含糖量过高影响正餐。

10 烧烤类食品（烧烤、肉串）：①含大量苯并（α）芘（三大致癌物质之首）；②导致蛋白质炭化变性（加重肾脏、肝脏负担）。

129. 不宜混食的食品

1 有碍钙吸收的食物：钙是构成骨骼和牙齿的主要成分。钙多含于牛奶、虾皮中，与含丰富维生素的食物，如黄豆、菠菜、苋菜、韭菜混合食用，就会影响钙的吸收。

2 有碍铜吸收的食物：铜是制造红血球的重要物质之一，又为钙铁，脂肪代谢所必需。铜多含在动物肝脏、菠菜、鱼类等食物中，如果把它们和含锌量较高的食物（瘦肉等）混合食用，则该类食物析出的铜会大量减少。另外与西红柿、大豆、柑类混食后，食物中的维生素C也会对铜的析放量产生抑制作用。

3 有碍铁吸收的食物：铁是细胞的组成部分，构成血红蛋白携氧的血红素，帮助身体将氧运送到细胞内，严重缺铁会引起贫血。铁在黑木耳、海藻类、动物肝脏中含量比较多，进食这类食物同时饮含有单宁酸的咖啡、茶、红酒等，就会降低人体对铁的吸收。

4 有碍锌吸收的食物：锌是多种蛋白质和酶的重要组成部分，对身体生长和创口愈合很重要。锌多含于瘦肉、鱼、牡蛎、谷类食物中，与高纤维质的食物同时进食，就会降低人体对锌的吸收能力。

5 有碍维生素的吸收的酒：酒精具有干扰身体多种维生素吸收的特点，故饮酒时，食物中维生素D、维生素B_1、维生素B_{12}等的吸收就会受到影响。

130. 高血压患者食腐乳会加重病情

腐乳含盐和嘌呤量普遍较高，高血压、心血管病、痛风、肾病、消化道溃疡患者宜少吃或不吃，以免加重病情。此外，高血压患者也不宜吃下列食物：

❶ 辣椒：辣椒是大辛大热之品，阴虚火旺、高血压、肺结核患者应慎食。

❷ 葡萄柚：尽管葡萄柚富含钾而几乎不含钠，但是高血压患者不宜食用，因为一些常用的降血压药物已被怀疑与葡萄柚汁产生相互作用，在患者体内引起不良反应。

❸ 脂肪：摄入过多的脂肪尤其是动物脂肪对高血压病防治不利。

❹ 花生：因为花生会大大缩短凝血时间，从而增进血栓形成概率。

❺ 甜食：如月饼中脂肪、糖可使血液黏稠度增加，使病情加重，并诱发心肌梗死。

❻ 盐：高血压病的发生、发展与膳食中钠盐的摄入量密切相关，因为食盐的成分是氯化钠，钠盐摄入过多可以引起体液减少，使血压增高，心脏负担加重。

❼ 菜籽油：菜籽油是一种芥酸含量特别高的油，是否会引起心肌脂肪沉积和使心脏受损目前尚有争议，有冠心病、高血压的患者还是应当少吃为好。

❽ 酒：酒精，一是兴奋大脑，使情绪激动；二是使血管扩张，血压升高，这样易发生血管破裂而引起死亡，或者发生心律不齐，心跳加速等不良症状。

❾ 冷饮：高血压患者忌吃冷饮食物，因为冷饮食物进入胃肠后，会突然刺激胃，使血管收缩，血压升高，加重病情，并易诱发脑溢血。

❿ 浓茶：浓茶中含有大量的茶碱，可引起大脑兴奋、心悸、不安、失眠等不适症状，还会导致血压上升。

⓫ 咖啡：咖啡不但具有兴奋作用，而且具有引起脑血管收缩，使大脑血流量减少的作用。如果口服两杯咖啡，约半小时后大脑血流量便明显减少。

131. 高脂血症患者食花生会使血脂升高

花生含有大量脂肪，高脂血症患者食用花生后，会使血液中的血脂水平升高，而血脂升高往往又是动脉硬化、高血压、冠心病等疾病的重要致病原因之一。除了花生之外，下列食物高血脂患者也不要吃：

❶ 肉类：胆固醇偏高的高脂血症患者，应限制胆固醇、饱和脂肪酸含量高的食物。食物胆固醇主要来源于肉类、动物肝脏、脑等。

❷ 脂肪：因为过多的脂肪进入人体后会导致血脂升高和肥胖，加重高脂血症。

❸ 鹌鹑蛋：据营养学家测定，在各种食物中，鹌鹑蛋含胆固醇的比例最高，每百克鹌鹑蛋中就含有3640毫克胆固醇。鹌鹑蛋对于高脂血症患者来说简直就是"毒药"，其胆固醇含量是肉类的10多倍。

❹ 螃蟹：因为螃蟹含胆固醇特别高（每100克蟹肉中含胆固醇235毫克，每100克蟹黄中含胆固醇460毫克）。

❺ 乳品：全脂牛奶及奶油制品中含有大量的饱和脂肪酸。饱和脂肪酸能促进人体对食物中的胆固醇的吸收，不利于高脂血症的防治。所以应控制全脂牛奶及奶油制品的摄取量。

❻ 无鳞鱼：食用乌贼鱼、鳗鱼等无鳞鱼不仅不利于血脂的控制，还会加重病情。所以，高脂血症患者除了忌食肥肉、动物脂

肪及内脏外，还要注意忌食无鳞鱼。

❼ 甜食：高脂血症患者对碳水化合物，特别是对单糖如葡萄糖、果糖和双糖如蔗糖敏感，很容易吸收到肝脏中转变成脂肪，所以高脂血症患者应少吃糖类和甜食，特别是精制甜点等。

❽ 油脂：一般而言绝大部分植物油脂是健康油脂，但大部分植物油中不饱和脂肪酸含量较高，当植物油经过长时间加热时，其不饱和脂肪会因高热的影响，起化学反应变成对人体有害的饱和脂肪，加重高脂血症患者的病情。

❾ 酒：据研究资料显示，酒会影响脂质代谢。长期大量饮酒，可以影响血脂代谢，从而导致高脂血症。对高脂血症患者而言，则应限酒或戒酒。

132. 高胆固醇患者切勿喝鸡汤

高胆固醇血症患者多喝鸡汤，会促使血胆固醇进一步升高。血胆固醇过高，会在血管内膜沉积，引起冠状动脉粥样硬化等疾病。此外，高胆固醇患者也不宜食用下列食物：

❶ 肥肉：高胆固醇血症患者应限制脂肪（尤其是动物性脂肪）的摄入量，应忌食用肥肉，即便是瘦肉也要严格限制摄入量。

❷ 香肠：为了保持口味，香肠中含有大量脂肪。因此，高胆固醇血症患者不宜食用香肠。

❸ 火腿：火腿含盐量高，属高钠食物，对人体健康不利。另外，高钠饮食还会造成钙的丢失。火腿含丰富的蛋白质和适度的脂肪，高胆固醇血症患者不宜食用。

❹ 动物血：动物血不宜食用过多，以免增加体内的胆固醇。

❺ 肝脏：动物肝脏中胆固醇含量高，高胆固醇血症患者应尽量少食。

❻ 蛋黄：对已患高胆固醇血症者，尤其是重度患者，应尽量少吃鸡蛋、鹌鹑蛋，或可采取吃蛋白而不吃蛋黄的方式，因为蛋黄中胆固醇含量比蛋白高3倍，每百克可达1400毫克。

❼ 鱿鱼：鱿鱼含胆固醇较多，故高胆固醇血症患者慎食，最好忌食。

❽ 蟹黄：海鲜俗称发物，蛋白质含量高，有的脂肪和胆固醇含量特别高，倘若吃得过多就会增加胃肠负担，诱发各种疾病。螃蟹一直是高胆固醇血症患者慎食的食物，尤以蟹黄的胆固醇含量为高，不可食用。

鱼子：鱼子是胆固醇含量较高的食物之一，高胆固醇血症患者忌食。

133. 胃病患者切勿吃萝卜

萝卜为寒凉蔬菜，阴盛、偏寒体质者、脾胃虚寒者等不宜多食。胃及十二指肠溃疡、慢性胃炎患者忌食萝卜。除了萝卜之外，下列食物胃病患者也不宜吃：

❶ 红肉：牛肉、羊肉、鹿肉等红肉，多食、久食对于胃肠疾病不利。

❷ 糯米：糯米黏性大，口感滑腻，老人、儿童、患者等胃肠消化功能弱者不宜食用。

❸ 红薯：红薯在胃中产生酸，所以胃溃疡及胃酸过多的患者不宜食用。

④ 油炸食物：胃病患者少吃油炸食物，因为这类食物不容易消化，会加重消化道负担，多吃会引起消化不良，还会使血脂增高，对健康不利。

⑤ 辛辣食物：辣椒、大蒜、葱、花椒、洋葱等辛辣食物切忌食用，尤其是重度胃病患者更要注意，这些食物对消化道黏膜具有极强的刺激作用，容易引起腹泻或消化道炎症，加重病情。

⑥ 热烫食物：开水、热茶、滚汤等如果在其温度过高的时候食用，可能会烫伤口腔，还可能因急于吞咽而烫伤胃黏膜，因此，平时进食的温度应以"不烫不凉"为宜。火锅应少吃，吃的时候也要注意食物的温度，烫熟的食物稍微凉一凉再吃为好。

⑦ 生冷食物：胃病患者不宜吃生冷食物，生冷食物对消化道黏膜具有较强的刺激作用，容易引起腹泻或消化道炎症。

⑧ 腌制食物：这些食物中含有较多的盐分及某些可致癌物，不宜多吃。

⑨ 剩饭：最近的研究发现，剩饭重新加热以后再吃难以消化，长期食用还可能引起胃病。

⑩ 鸡汤：因为鸡汤能促使胃酸的分泌，使病情加重。

⑪ 牛奶：有些胃病是由于胃酸过多引起的，牛奶不易消化，还会产生过多的酸，从而使病情加重。

⑫ 豆浆：急性胃炎和慢性浅表性胃炎患者不宜食用豆制品，以免刺激胃酸分泌过多加重病情，或者引起胃肠胀气。

⑬ 刺激性饮料：任何慢性胃炎不论发作或是非发作时都应忌饮浓茶，当然其中也包括烈酒、啤酒、浓咖啡，因为这些刺激性饮料不仅不能缓解胃痛，反而刺激胃黏膜使疼痛加剧。

134. 肝炎患者吃葵花子易引起肝硬化

葵花子中含有油脂很多，且大都是不饱和脂肪酸，如亚油酸等。若食用过量，可使体内与脂肪代谢密切有关的胆碱大量消耗，致使脂肪代谢障碍而在肝内堆积，影响肝细胞的功能，造成肝内结缔组织增生，严重的还可形成肝硬化。除了葵花子之外，肝炎患者不宜吃的食物还有：

① 酒：酒精进入人体，对肝功能有抑制和毒害作用。患有肝炎病的人，不节制地饮酒等于慢性自杀。

② 高脂肪食物：当胆道系统存在炎症等病理改变现象时，胆汁的排放会大大受阻，而胆汁的主要成分——胆盐排出量相应要减少，于是削弱了消化脂肪的能力。为了减轻对胆道系统病理改变的刺激，防止病情加重，应适当控制动物脂肪，尽可能少吃或不吃油炸食物、含油脂多的食品。

③ 羊肉：羊肉甘温大热，过多食用会加重病情。另外，较高的蛋白质和脂肪大量摄入后，因肝脏有病不能全部有效地完成氧化、分解、吸收等代谢功能，会加重肝脏负担，导致发病。

④ 甲鱼：肝炎患者由于胃黏膜水肿、小肠绒毛变粗变短、胆汁分泌失常等原因，其消化吸收机能大大减弱。甲鱼含有极丰富的蛋白质，肝炎患者食后难以吸收，使食物在肠道中腐败，造成腹胀、恶心呕吐、消化不良等现象；严重时，因肝细胞大量坏死，血清胆红素剧增，体内有毒的血氨难以排出，会使病情迅速恶化，诱发肝性脑病，甚至死亡。

⑤ 蛋黄：蛋黄含营养成分较多。蛋黄中含有大量的脂肪和胆固醇，而脂肪和胆固醇都需在肝脏内进行代谢，致使肝脏的负担

加重，极不利于肝脏功能的康复。因此，肝炎患者忌吃蛋黄。但蛋清中含有胆碱、蛋氨酸等具有阻止脂肪在肝脏内堆积、贮存的作用，有利于肝功能的恢复。肝炎患者以食用蛋清为宜。

⑥ 生姜：主要成分是姜辣素、挥发油、树脂和淀粉。变质的生姜内还含有黄樟素。姜辣素和黄樟素能使肝炎患者的肝细胞发生坏死、变性以及炎症浸润、间质组织增生，从而使肝功能失常。

⑦ 大蒜：大蒜的某些成分对胃、肠有刺激作用，抑制肠道消化液的分泌，影响食欲和食物的消化，可加重肝炎患者厌食、厌油腻和恶心等诸多症状。研究表明，大蒜的挥发性成分，可使血液中的红细胞和血红蛋白等降低，并有可能引起贫血及胃肠道缺血和消化液分泌减少。这些均不利于肝炎的治疗。

⑧ 糖：肝脏是各种营养物质代谢的场所，其中糖的代谢占重要地位。当肝脏受损时，许多酶类活动失常，糖代谢发生紊乱，糖耐量也降低，若吃过多的糖就会使血糖升高，易患糖尿病。

135. 肝硬化患者食皮蛋易引起脑水肿

肝硬化患者肝功特别差，饮食高蛋白会造成氨中毒和肝昏迷。吃皮蛋会增加蛋白质的摄入。皮蛋是碱性的，且含有较多的氨。在肠道里，能使NH4变为NH3而被人体吸收，从而诱发肝昏迷。肝昏迷可以引起脑水肿，甚至出现死亡。因此，肝硬化患者忌吃皮蛋。此外，肝硬化患者也不宜吃下列食物：

① 硬食：患肝硬化时，肝脏的阻力非常大，流入肝脏的门静脉血流压力会不断增

高，会导致食管下段和胃底部的静脉曲张。这些曲张的静脉仅由一层黏膜所支持、包绕，如遇粗糙、坚硬的食物摩擦，便会引起曲张静脉破裂从而引起出血，如果抢救不及时，还会因失血性休克而导致死亡。因此，肝硬化患者忌吃硬食。

② 沙丁鱼：肝硬化患者如果吃青花鱼、沙丁鱼、秋刀鱼和金枪鱼等，可诱发出血。这些鱼的鱼脂中含有一种物质叫二十碳五烯酸，它是一种不饱和的有机酸，其代谢产物——前列环素具有抑制血小板聚集的作用，而肝硬化患者凝血因子生成障碍，血小板数低，如果进食含二十碳五烯酸较多的鱼，就容易引起出血，而且很难止住。因此，肝硬化患者忌食沙丁鱼等鱼类。

136. 胆石症患者吃苹果易诱发胆绞痛

胆石症患者食用过酸食物，如杨梅、山楂、醋、苹果等，可以诱发胆绞痛。因为酸性食物，经胃进入十二指肠后，直接刺激十二指肠分泌激胆素，从而引起胆囊收缩。因此，胆石症患者忌食用过酸食物。另外，饮酒、吸烟、浓茶和咖啡，都有刺激胆囊收缩，产生胆绞痛的作用。此外，胆石症、胆囊炎患者也尽量不要吃以下几种食物：

① 高脂食物：高脂食物能够引起胆囊收缩，从而使胆囊结石发生嵌顿，阻塞胆囊管或胆总管，引起胆囊肿大或黄疸。因

此，胆石症患者忌吃高脂食物，如鱼子、蛋黄以及动物肝、脑、肾等也要严格加以控制。但适量的蛋白质，如豆制品、瘦肉以及维生素较多的瓜果、蔬菜等。还是有好处的。

❷ 油腻食物：油腻食物经过胃和小肠时，能反射性地引起胆汁分泌和加强胆囊收缩，使胆汁直接进入肠道，从而帮助脂肪的消化和吸收。胆囊炎和胆结石经常是同时存在。炎症和结石的存在，会造成胆囊、胆管的水肿和胆汁滞留。因此，胆囊炎患者如果吃了油腻食物就无法消化，使病情加重。

❸ 牛奶：牛奶中脂肪的消化需要胆汁和胰脂酶的参与，饮用牛奶将加重胆囊和胰腺的负担，进而加重病情。

137. 肾炎患者喝豆浆会加重肾脏负担

肾功能衰竭的患者需要低蛋白饮食，而豆浆及其他豆制品富含蛋白质，其代谢产物会增加肾脏负担，因此不宜食用。此外，对下列几种食物肾炎患者也最好"敬而远之"：

❶ 无盐食物：提起肾炎病人的饮食，有许多人就会想到要忌盐，其实，肾炎患者忌盐应根据病情来决定。因为，许多肾炎患者由于较长时间连续服用利尿药，肾小管对钠的重吸收功能逐渐下降，使钠从尿中大量丢失，此时，如果再一味强调严格限盐，往往容易使患者发生低钠血症及脱水症，出现面容消瘦、头晕、倦怠乏力、皮肤弹性减退等症状。另外，还会发生食欲不振、腹胀、呕吐、恶心等消化系统症状。轻度水肿和慢性肾功能不全、氮质血症、高血压者，应该低盐饮食，每天3克为

佳，水肿消退后，则应渐渐恢复正常含盐饮食，每天8克即足够了。

❷ 鸡蛋：肾炎患者肾功能和新陈代谢逐渐减退，尿量减少，体内代谢产物不能全部由肾排出体外。此时如果食用鸡蛋，必然增加蛋的代谢产物——尿素。尿素的增多，使肾炎病情加重，甚至出现尿毒症。因此，肾炎患者忌吃鸡蛋，也忌食用其他含蛋白质较多的食物。

❸ 鸡汤：鸡汤中有一种水溶性矿物质，肾功能较差的人吃了这种物质，会使病情加重。

❹ 糖：肾炎患者的血管系统功能本来就受损，加上糖有促使血管内脂代谢紊乱的作用，所以吃糖多会引起动脉血管损害，加重肾动脉负担，影响疾病痊愈。

❺ 冷饮：含有香精、色素、香料等成分的冷饮，会加重肾小球过滤、排毒的负担，同时可使浮肿症状更加严重。

138. 支气管哮喘患者食海鲜会使哮喘发作

支气管哮喘病多数由过敏因素而诱发，有些过敏体质者，常因吃了鱼、虾、蟹、蛋、牛奶之类的食品诱发哮喘。因此支气管哮喘病患者平时应少吃或不吃鱼虾海鲜、生冷、炙烩、辛辣、咸酸、甘肥等食物，如油菜花、黄花菜、虾皮、海米、带鱼、螃蟹等，宜食清淡、易消化且含纤维素丰富的食物，少吃鸡蛋、肥肉等容易生痰的食物。切不可暴饮暴食损伤脾胃，脾虚则运化不健，停

湿生痰，痰阻气道则于呼吸不利，经常偏食辛热肥甘或酸咸食物，久之可酿成痰热上犯于肺，亦能发生本病。此外，支气管哮喘患者还应注意以下两点：

❶ 忌盐： 高钠盐饮食能增加支气管的反应性，支气管哮喘的发病率随经济繁荣而增加，西方国家的发病率高于第三世界，从发展中国家到发达国家的移民也有所增加，提示与环境因素有关。因此已患支气管哮喘的患者，切忌吃得过咸，对食醋等酸性食物亦宜少吃。

❷ 忌烟酒： 支气管哮喘病患者应戒烟酒，因为吸烟会引起支气管壁痉挛，分泌物增加，黏膜上皮损害，鳞状上皮化生，织毛脱落，腺体肥大增生。烟雾中含有醛类、氮氧化物等毒素，刺激呼吸道黏膜产生炎症，引起咳嗽、多痰，诱发和加重哮喘，所以要绝对戒烟；酒也宜忌之。

139. 吃水果要有选择

人生病后，有选择地吃些水果有利于身体恢复健康，但应注意不同的病症食用不同的水果，有些患者是应忌食某些水果的。

❶ 冠心病患者不要多吃水果： 因为水果中有葡萄糖、果精、蔗糖等，冠心病患者如果食用过多，会引起血脂增高和肥胖，促进冠心病和高血压病情加重。

❷ 心肌梗死患者不宜吃苹果、柿子、莲子等： 因为这些水果中含有辣酸，易引起便秘，便秘可引起病情加重。适当吃些香蕉、柑橘有利于通便。

❸ 心力衰竭和水肿严重的患者不宜食用含水量较多的水果： 食用大量西瓜或饮用过多的椰子汁等，都会使心力衰竭和水肿加重。

❹ 胃酸过多的患者不宜食用杨梅、李子、柠檬汁、山楂和梨等酸度较高的水果。

❺ 腹泻的患者不宜食用香蕉、梨、蓝莓等：因为这些水果都有轻泻作用，腹泻时勿食。可适当地吃些苹果，因其有固涩作用。

❻ 肾炎患者不宜吃香蕉：香蕉中有较多的钠盐，它会使患者血中的钠含量猛增而引起钠潴留，加重浮肿，增加心脏和肾脏的负担，使病情恶化。此外，有的肾炎患者还有腹泻，而香蕉又有滑肠的作用，吃了香蕉更会加重腹泻。

❼ 心衰、肾炎患者忌西瓜：心衰或肾炎患者不宜多吃西瓜，以免加重心脏和肾脏的负担，使病情加重。口腔溃疡和感冒初期患者不宜多吃西瓜。

❽ 过敏体质慎吃芒果：过敏体质者吃完后要及时清洗掉残留在口唇周围皮肤上的芒果汁肉，以免发生过敏反应。即使本身没有过敏史者，一口气吃数个芒果也会即时有失声之感，可马上用淡盐水漱口化解。

❾ 肝炎患者不要多食酸性强的水果。可多吃些橘子和红枣等富含维生素C的水果。

❿ 糖尿病患者少吃含糖量较多的香蕉、石榴、柚、橘、苹果、梨、荔枝、芒果及枣、红果、干枣、蜜枣、柿饼、葡萄干、杏干、桂圆等。

家具生活禁忌

——关注我的家,让它的感觉更温馨

140. 居室装潢禁忌

1. 忌用色浅的地砖:颜色浅的地砖反光性比较好,这样虽能补充室内采光,但是却也在一定程度上造成"光污染",影响人的视力,时间久长会使人头昏、心烦、失眠、食欲下降、情绪低落、身体乏力等。所以,地砖颜色不能过浅,最好采用亚光砖;如果使用了抛光砖,平时家中尽量开小灯,还要避免灯光直射或通过反射影响到眼睛。

2. 忌吊顶过重过厚过繁,色彩太深,太过花哨:公寓式楼房本来层高偏低,这样会给人一种压抑、充塞、窒息之感。过分"华贵"导致舞厅化倾向,使安谧静怡的居室臃肿繁杂,失去了宁馨的静态居室之美。而且,吊灯太重也很不安全。

3. 忌地板乱用立体几何图案以及色彩深浅不一的材料:否则容易产生高低不平的视觉效果,极易产生瞬间意识的视觉偏差,致使老人、儿童摔跤。

4. 忌地板色泽与家具色泽不协调:两者均系大面积色块,一定要相和谐,如色彩、深浅反差过大,会影响大效果。

5. 忌太过豪华的宾馆化倾向:花十几万元至几十万元进行装潢,以此炫耀身价,实则不伦不类俗气之至,破坏了家居需安静舒雅的初衷。

6. 忌陈设色彩凌乱、搭配不当、"万紫千红":同一房间色彩不宜过多,不同房间可分别置色,忌花里胡哨紊乱无序。

7. 忌大家具放在小房内:如在房内装修了顶天立地的庞然大物式的家具且把颜色漆得很深,一是破坏了房屋的整体造型;二是使房屋经重失衡;三是有碍视觉上的清新感。

141. 厨房地面铺马赛克不利于清洁

马赛克规格较小,缝隙多,不易清洁,

且用旧了还容易脱落。因此，厨房地面最好不要铺马赛克。此外，在对厨房进行设计和装修时还要注意以下几点：

❶ 忌材料不防水：厨房是潮湿易积水的地方，所有表面装饰材料都应防水耐擦洗。

❷ 忌材料易燃：厨房里尤其是炉灶周围要注意材料的阻燃性。

❸ 忌餐具暴露在外：厨房家具尽量采用封闭式，将各种用具物品分类储藏于柜内，既卫生又整齐。

❹ 忌夹缝多：厨房是个容易藏污纳垢的地方，如吊柜与天花板之间尽量不要有夹缝，以免日后成为保洁的难点。

142. 把阳台改作居室易发生危险

楼房之所以设阳台，就是为了让居住在楼房的人有室外活动场所。如果将阳台封闭起来，楼房便失去了阳台的使用功能。阳台封闭后杂乱无章，有碍观瞻。如果改作居室，便会使阳台负荷超过承受标准，容易造成危险。因此，阳台忌封闭使用，更不可随便改作居室。此外阳台也不宜超载：无论哪一种阳台，它的底板设计承载能力与厨房是相同的，一般是每平方米250千克。也就是说每平方米阳台面积的堆放量不要超过250块蜂窝煤或100块砖。如果堆放的东西超过了设计的承载能力，即使一时不会倒塌，也会使阳台底或梁柱发生裂缝，久而久之，水汽侵入，钢筋锈蚀，造成混凝土成块剥落，以致影响使用年限，导致事故发生。因此，阳台忌超载。

143. 画不能乱挂

画不能乱挂，画和墙的色调要协调。黑白分明的画不宜挂在白色的墙壁上，因

为强烈的刺激会使人容易疲劳。浅色的画宜挂在颜色不太深的墙上，而深色的画则宜挂在颜色不太淡的墙壁上。同时，所挂的画不宜太高或是太低。每幅画虽大小不同，但下方应取在同一水平线上，以免参差不齐。如果是没有玻璃镶嵌的油画，可以垂直（或略斜）悬挂；要是有玻璃镜框的，俯斜的角度要低些，这样可以避免玻璃的反光。

在进行居室墙壁的装饰时，除了要注意上述问题外，还要注意以下3点：

❶ 如墙上需要悬挂照片，应选用不小于4厘米的照片，小的照片太零乱。

❷ 墙上的装饰应与房间相协调，如客厅宜挂风景和名画、书房宜挂书画、餐厅宜挂静物画、卧室宜挂结婚照和孩子的照片等。

❸ 墙上的装饰切忌太多。否则，雅致的房间，也显得俗不可耐。而且，不宜随大流。有时自己动手做一些装饰物，会收到意想不到的效果。

144. 窗帘的颜色不宜太鲜艳

窗帘的颜色不宜太鲜艳，否则就会使窗帘显得很扎眼，使人感觉不舒服。巧妙地运用色彩可以改变屋中的气氛。一般来说，深暗的色调会使人感到空间缩小，而明亮的浅色则会使矮小的房间显得宽大舒展。色彩搭配得当，会创造出安定舒适的环境；色调如不和谐，人就会紧张烦躁；颜色太杂，也会给人带来混乱之感。除此之外，窗帘的选用还须注意以下几点：

❶ 窗帘应与房间相配：如卧室的窗帘宜选用暖色，书房的窗帘不宜太花哨，餐厅的窗帘宜选用黄色系列，儿童房间应选用活泼的图案。

② 影视音响器材不宜靠近窗户：摆放影视音响器材的位置也要远离窗户，原因有两个：一是由于电视机的荧光屏被光线照射时，会产生反光的效果，令人欣赏电视节目时眼睛不舒服。二是靠近窗户会沾染尘埃；下雨时，雨水更可能溅到器材，易发生漏电的现象。

③ 其他家具注意高低：写字桌的桌面应低于肘部以方便活动。吊柜顶部与地面的距离最好不要超过2米，艺术柜有两层的话，第一层最好以平视能看到里面放置的物件为理想高度，第二层则以手举高即可拿取到东西为佳。

② 窗帘应与室内的其他陈设相协调：尤其要注意与床罩、地毯、沙发套等面积较大的布质物品的协调关系，最好能在颜色和图案上安排一些共同点，使其产生内在的和谐，增强室内的整体凝聚感。

③ 窗帘的选料不必追求名贵，而应与房内陈设的档次相配：布料的质地对室内布置的风格和气氛有着重要的影响，如薄透的布料使人觉得凉爽，粗实的布料则使居室产生温暖感。另外窗帘也应随季节而更换。夏季不宜用太厚的布料，冬季也不宜选用太轻飘的布料。

145. 家具摆放要合理

① 沙发不宜长期摆放在窗边，否则强烈的阳光会令沙发表面褪色，直接影响沙发的耐用性，所以无论沙发采用哪种材料制造，都不能长期摆放在窗户旁边，尤其房间朝向西面的，就更要避免。

146. 清洁家具的禁忌

① 藤编家具不可用普通洗涤剂刷洗：藤编家具用普通洗涤剂刷洗，会损伤藤条，最好使用盐水擦洗，不仅能够去污，还可使藤条柔软富有弹性。藤椅上的灰尘，可用毛头软的刷子自网眼里由内向外拂去灰尘。如果污迹太重，可用洗涤剂抹去，最后再干擦一遍。若是白色的藤椅，最后还抹上一点醋，使之与洗涤剂中和，以防变色。用刷子蘸上小苏打水刷洗藤椅，也可以除掉污垢。

② 复合地板忌用水拖洗：用水清洁刷洗复合地板会使清洁剂及水分和胶质起化学作

用，造成地板面脱胶或跷起现象。如碰到水泼洒在复合地板上，应尽快将其擦干。

❸ 真皮沙发忌用热水擦拭：真皮沙发切忌用热水擦拭，否则会因温度过高而使皮质变形。可用湿布轻抹，如沾上油渍，可用稀释肥皂水轻擦。

❹ 忌清洁时房间行走路线杂乱：具体方针是由上至下，由里而外，将清洁用具放在一只桶里面，让它随时跟随着你，以顺时针方向打扫房间。将所需的清洁用具集中存放，并保持已打扫过的房间干净整洁。

147. 冬季室温不要过高

在寒冷的冬季，人们都希望自己屋里暖暖和和的。但是如果室温太高，对人体则没有好处。

室内温度过高，人体皮肤血管、汗腺扩张，因而引起出汗。如果这时人突然走出室外，受到冷空气的刺激，血管、汗腺会迅速收缩。因外寒侵入，直接刺激体温调节中枢，使机体散热减少，产热增加，从而破坏了产热与散热原有的相对平衡，因而引起体温上升。这就是人们所说的伤风感冒引起的发热。因此，冬季室温一般控制在20℃左右比较合适。

148. 室内养花切不可过多

绿色植物，在阳光下进行光合作用，把二氧化碳和水合成有机物，从而放出氧气。但到了夜晚，则恰恰相反，它吸收氧气，放出二氧化碳，造成室内氧气减少，二氧化碳增多。这种情况对肺心病、高血压、冠心病患者，可以引起胸闷、憋气等症状，使病情加重或复发。因此，从生理卫生的角度来说，室内养花忌过多。

149. 室内不能养百合

室内不能养兰花、百合，因为人对这两种花观赏或接触过多，会产生恶心、眩晕或精神萎靡、乏力、气喘等症状，对人体健康无益。此外，以下几种花卉也不适合在室内养植：

❶ 玉丁香：它的花香对人体的神经系统有明显的刺激作用，长时间接触，可引起过敏性或刺激性气喘、咳嗽、烦闷不适等不良感觉。有的还可引起神经衰弱、失眠、记忆力减退等病。因此这种花不宜放在卧室内。

❷ 含羞草：植株内含有一种叫作含羞碱的毒素，过多接触会使人毛发脱落。

❸ 夹竹桃：它的枝、叶、皮中含有夹竹桃甙，误食几克重的该物质，就会引起中毒。

❹ 水仙花：水仙头（鳞茎）内含拉可丁，误食会引起肠炎、呕吐或腹泻，叶和花的汁液能使皮肤红肿。

❺ 万年青：汁液有毒，一旦触及皮肤，奇痒难受。

❻ 洋绣球、五色梅：能使某些人产生过敏反应。

❼ 松柏类植物：在高温下发出的浓郁松香，会使人感到郁闷不适，并影响人的食欲。

❽ 一品红：全株有毒，白色乳汁能刺激皮肤红肿，如果误吃茎、叶可引起死亡。

家庭养花，忌随意采摘枝、叶、花果给儿童拿在手里，亦应防止入口和汁液入眼。

所以，人们在爱花、赏花之际，对一些有毒副作用的花卉应有所警惕，以免给自身的健康带来危害。

150. 蛋壳、残茶忌放花盆里

许多人认为，把蛋壳扣在花盆里或将残茶倒在花盆里，会增加花卉养分，促进盆花快速生长和开花。其实，效果恰恰相反。

蛋壳扣在花盆里，壳内残存的蛋清会渗入盆土表层，随之发酵产生热量，直接烧坏花卉根部，导致花枯萎。另外，蛋清发酵后，壳温度变高，产生臭碱、咖啡碱和其他生物碱，对土壤里的有机养分具有破坏性。

残茶覆盖于盆面，如时间长了就会发生霉变腐烂。使盆土长期处于潮湿状态，产生有害气体，危害花的根部，并能诱发病虫害。

151. 花卉不能放在暖气上取暖

冬季天气寒冷，有时室内温度不高，有的人就将盆栽花卉放在暖气上。这样做是不对的。

热空气由于较轻会自下而上地运动。暖气上方的空气加热后自然向上升起，其温度常常会达到40℃以上。在这样的温度

条件下，花卉的蒸腾作用变快，呼吸作用加强，部分酶就会失活，蛋白质合成也会受阻。显然，这时花卉的正常生理功能将受到不良影响。用不了多久，放在暖气上的盆栽花卉会叶片脱落，枝条枯萎，最后植株皆亡。因此，在冬季里最好不要将盆栽花卉放在暖气上方。倒是可以把它们摆在暖气附近，温度趋于恒定的地方。

152. 新买的金鱼忌立即放入缸内

买来金鱼在塑料袋内，经一路颠簸，如果连水带鱼立即一起倒入缸内，因水温不同、环境突变，金鱼容易发生不适甚至死亡，况且塑料袋内的水还可能带有病菌。因此新买金鱼应和袋中的水暂时先倒入空盆放置30分钟，再将缸中水逐渐少量兑入盆内，三四天后再捞出入缸。

153. 挑金鱼有学问

金鱼确实是一种活的艺术品，一直为人们所喜爱。但要记住在挑选金鱼时应

全面衡量优劣，忌单纯注重颜色的好看与否。

金鱼的品种很多，形态奇特。色彩鲜艳者固然可给人以美的享受，但一条上好的金鱼还必须具备体肥膘足，头部端正，眼睛圆大，四个尾瓣完好无损又不变形，背鳍不断，头背部光洁等条件。因此，挑选金鱼时要仔细观察，在注重色彩的同时，还要注意其他方面的优点。当然，不同的品种又各有其特点，也要根据具体情况挑选。

154. 不能用新鲜自来水养金鱼

新鲜自来水内含有氯的气味，这种气味能使金鱼的呼吸道受到刺激，时间长了会使金鱼的生长受到影响。另外新鲜自来水温度较低，换水后可使会鱼缸内的温度急剧下降，使金鱼感冒。因此新鲜自来水最好在阳光下曝晒3～4天使气味挥发一下，水温提高后再用来养金鱼。

155. 金鱼忌喂料过多

人们喂养金鱼投料量要适当，忌过多。一般喂料可在换水之后投放，每天一次即可，以恰好吃完为止。如果过多，容易使金鱼由于吃得过饱而死亡。同时，吃不完的饲料在鱼缸内会使水变质，从而影响金鱼的呼吸及健康。

156. 室内养鸟易使人患病

天气寒冷时，养鸟人会心疼鸟儿，把它挂在室内饲养，这样做其实很不利于人体健康。

因为，鸟的羽毛是一种较强的过敏源，与鸟生活在一起的人很容易出现流鼻涕、打喷嚏、鼻痒等过敏症状，有的还出现全身瘙痒、风疹、胸闷等症状。而鸟粪中带有毛霉菌、黄曲霉菌、烟色曲霉菌等。鸟粪被鸟踏碎以后，病毒与病菌便飞扬在空气中，这对室内人的身体健康很不利。若其长期被人体吸入，会诱发呼吸道黏膜充血、咳嗽、痰多、发热等症状，严重者还会出现肺炎与休克。

157. 彩电忌不断换位置

彩电不宜常换位。每当彩电变换一个位置，消磁电路就要工作相当长一段时间，如经常更换位置，就会影响彩电的使用寿命。此外，在使用彩电时还要注意下面几个问题：

❶ 彩电不能接地线：彩电接了地线，一旦电源插反，就使机架带电，有触电的危险。同时，机内也会产生感应高压，造成集成电路或其他元件的烧坏。

❷ 彩电不能乘电车：电车上的电动机在启动和行驶时会产生大的磁场，而使彩电图像失真。

❸ 彩电不宜常转旋钮：各个功能旋钮、按钮都是有一定的使用极限次数的。如果经常地揿按、旋转和重压，均会缩短其使用寿命。

❹ 彩色电视预选器的"AV"标志挡，不要预设某一频道的电视节目。因为标有"AV"的一挡是用来接受录像机的输出信号的。这一挡同步范围宽而抗干扰性差，会使电视图像质量变坏。

158. 电视机放在泡沫塑料制品上面易着火

切勿将电视放置在泡沫塑料制品上面。泡沫塑料燃点特别低，容易着火，散热性很差。电视机的散热孔有一部分就分布在底部，如果把电视放置在此类物品上面，机内的热量不能很快散发出去，就容易损坏各种零部件，甚至出现电视机着火等危险。此外，电视机的放置还须注意以下几点：

❶ 忌放到密封的柜子里：电视机柜或是组合柜内通风条件比较差，电视机产生的温度不易散发，聚集在柜内会使电视机的温度升高，加速机内元件的老化。

❷ 彩电忌近有磁性或磁场的东西（比如磁铁、电磁炉、电冰箱、洗衣机）否则会影响图像质量。

❸ 彩电忌近电扇、收录机、组合音响：电视机显像管工作时发热变得很脆弱，稍有震动就易损坏而影响寿命，而这些电器工作时都会产生振动。

❹ 忌放在阴暗潮湿处：在空气湿度较大的地区和梅雨季节，最好每天使用2小时左右，以利用机器本身的热量驱散潮气。

❺ 忌靠近暖气片：否则不利于散热，影响电视机寿命。

❻ 电视机与沙发对面放置时：忌距离太近，否则电视机屏幕在工作时发出的X射线，对人体会有影响。距离一般应在2米左右。

❼ 忌在电视机旁放置花卉：电视机旁如果摆设花卉、盆景，一方面潮气对电视机有直接的影响，另一方面电视机的X射线辐射，还会破坏植物生长的细胞正常分裂，以至花木枯萎死亡。

159. 收看电视的禁忌

❶ 忌边看电视边吃饭：边看电视边吃饭会影响消化吸收，时间久了会导致消化不良、胃炎，甚至胃溃疡。最好在饭后半小时再看。

❷ 忌躺着看电视：尤其是儿童，以免引起斜视或肢体畸形。

❸ 忌正对着电视看：观看电视的座位，最好偏离屏幕正中线，成30°左右角度，以免荧光屏强光刺激眼睛，引起眼睛疲劳。

❹ 忌关着门窗看电视：电视机显像管工作时，可产生一种致癌的气体。如果是长期紧闭门户看电视，空气不能对流，毒气便不能驱散，就会直接危害人体健康。

❺ 忌音量过大：有条件最好外接扬声器。音量太大，不仅消功耗，而且机壳和机内组件受震强烈，时间长了可能发生故障。

❻ 忌屏幕太亮：亮度变化对电源电压的稳定性影响非常大。不论电源电压是否变

化，机内的电压永远是恒定的。保持恒定的电压，促使了耗电量的增加，机器发热，电视机使用寿命会不断缩短。

❼ 忌频繁开关：电视机每开一次，显像管灯丝便会受大电流冲击一次，从而加速了阴极的老化，影响阴极发射电子的能力，甚至缩短使用寿命。在短时间反复开关，显像管灯丝会在短时间内因反复受冲击而被破坏。

❽ 忌时间太长：看电视时间不要超过3个小时。而且最好每隔1小时适当休息一下，避免眼睫状肌疲劳而导致近视。

❾ 看完电视不宜马上睡觉：首先应清洁皮肤；其次应该起来走动片刻，消除因看电视时久坐不动、血液循环不畅而引起的下肢麻木、酸胀、疼痛、浮肿、小腿肌肉强直性痉挛等症状；而且刚看完电视，心情难以平静，也应该稍微活动片刻再睡。

❿ 忌雷雨天看电视：使用室外天线的电视

机，在雷电交加时，最好停止收看，并将天线插头拔出，并与地线相连接，否则，一旦雷电沿着天线进入室内，将出现数万伏的高压齐放电现象，轻则烧坏电视机，重则造成严重的人身事故。平时最好养成看完电视后即拔掉电源插头的习惯。

160. 减少"空调病"的方法

预防和减少"空调病"的方法是：

❶ 室内要多利用自然风降温，最好使用负离子发生器。

❷ 装有空调器的房间，在不是太热或太冷的天气里，最好忌使用。使用时间忌过长，更忌通宵开着空调睡觉。

❸ 使用空调时，室内温度不要调得过低或过高，以免与外界气温相差过大，使人易得感冒或患支气管炎。

❹ 使用空调的房间要保持清洁卫生，以减少疾病的污染源。

❺ 房间不要关闭过严，要定期打开窗户通风对流，以调节室内空气。

161. 睡觉时吹电扇易感冒

睡眠时不宜吹电扇：人入睡后，人体的血液循环减慢，抵抗力减弱，开着电风扇吹风，极易受凉，引起感冒。如果天气实在太热，可以在入眠前用低速风吹一会，时间不要超过1小时，另外还应注意将电扇远离床铺，高于或低于床沿水平的位置，用慢速和摇头轻吹。此外，在使用电风扇时还要注意以下几个问题：

❶ 吹风不宜过大：现代科学认为，室内的风速最好控制在0.2～0.5米／秒，最大不宜超过3米／秒，因此，电扇吹风不要太大，尤其是在通风较好的房间和在有过堂风的

地方。

❷ 时间不宜过长：人如果长时间吹电扇会导致猝死。因为长时间吹电扇，人体血液会发生变化，血细胞积压增加，血小板总数、血黏度都会有增加，血压升高，胆固醇的某些组成物也明显增加，这些变化能促使血中血栓快速形成，这对原来并无明显症状但已潜伏着心血管疾病的人，则容易突发心肌梗死或者脑血栓，导致猝死。因此，使用时间不要超过1小时。

❸ 不宜对人直吹：直吹，风邪易侵入体内。适当的距离应是使人感到微风阵阵为好，宜吹吹停停，宜用摆头电扇。吹一段时间后，应调换一下电风扇的位置，或人体变换一下方位，以免一次受凉过久。

❹ 出汗较多时不要立即吹风，因为此时全身表皮血管扩张，突然遭到凉风吹沸，往往会引起血管收缩，排汗立即停止，从而造成体内产热和散热失去平衡，多余的热量反而排泄不出去。另外，凉风吹袭后，局部防御功能下降，病毒细菌侵入，可产生上呼吸道传染，肌肉、关节疼痛，有的甚至腹痛、腹泻。

❺ 身体虚弱的人如感冒、久病未愈、关节炎患者尽可能不用电扇。

❻ 如患"风扇病"出现上述症状几小时后仍不能自行消失时，应立即去医院就诊。

162. 电冰箱不要与其他电器共用一个插座

电冰箱不要与其他电器共用一个插座：插座进线容量有限，冰箱与其他电器共用插座，加上其他家用电器的频繁使用，会导致电压下降。电压严重低时压缩机不能启动或停止运转，直至烧坏电机。而且电冰箱的启动电流过大，也会严重

影响其他家用电器的使用。它能使电视机场不同步，图像不稳，收音机产生噪声，电灯闪烁。因此，电冰箱应单独布线。此外，在使用电冰箱时还要注意下列几点：

❶ 忌紧挨落地音箱：因为一般落地音箱的喇叭直径比较大，磁性很强，工作时所产生的磁场会减弱电冰箱上胶条的磁性，使门和箱体产生缝隙，外界热空气容易进入箱内，造成压缩机运转时间长，用电量增加，严重时还会烧毁电机。

❷ 忌顶面上放置电视机和录音机：电冰箱工作时，箱背后散发热量，压缩机的轻微震动，箱内温度控制器产生的高频干扰，都会影响电视机和录音机的使用寿命和收看、收听的效果。

❸ 忌离电扇太近：在电冰箱的对面放置电风扇。也不应距离太近，否则电冰箱开门时，室内空气容易吹散，增加压缩机的工作量。

❹ 忌倾斜放置：因为电冰箱的压缩机是用三根弹簧装在一个密封的金属容器中，倾斜放置可使压缩机脱钩损坏。

❺ 忌下面垫橡皮垫：电冰箱的四个金属腿不仅起到支撑作用。也担负起地线的职能。冰箱内湿度大，因此很容易使冰箱漏电及产生感应电流，如果冰箱的金属腿直接与地面接触，产生的感应电流便可以此导入大地，增加冰箱使用的安全性。如果在冰箱下垫置橡皮垫，由于橡皮垫是绝缘物体，当冰箱漏电时，就很容易使人触

电，危及生命安全。

❻ 忌不接地线：电冰箱外壳和制冷剂循环系统都是金属材料制成，电冰箱内又是一个潮湿环境，这样就给电气元件工作带来不利条件，如自动传感器、温度控制器、箱内照明灯、开关元件，一旦因受潮而漏电时，便可使金属部分带电，构成对人体的危险。所以电冰箱的金属外皮和冷凝器等金件必须有良好的接地保护。

❼ 忌放入卧室：电冰箱启动后，电子放出的电磁波，可作用于人的大脑中松果体，对神经系统产生影响，可影响人体的免疫功能。同时电磁辐射还会直接损伤人体细胞内的基因主体脱氧核糖核酸。此外，电冰箱电机工作时，噪声对睡眠也会产生一定的影响。因此，电冰箱应放置在客厅、餐厅里，而不应放在卧室里。

163. 用塑料罩收藏电风扇会腐蚀漆面

不要用塑料罩收藏电风扇，因为塑料中含有苯二酸钾，它会腐蚀漆面。应用布罩收藏。此外，收藏电风扇时还要注意以下几点：

❶ 忌用汽油、柴油、煤油作润滑剂：用缝

纫机油为宜。

❷ 忌用汽油、柴油、煤油擦洗电风扇：它们会腐蚀漆面。

❸ 忌用粗毛刷子擦洗电风扇：用细纱布擦污尘为宜。

❹ 忌将电风扇放在高温处和潮湿的地方：高温易脱漆，潮湿易生锈。

164. 热饭菜放进冰箱易腐烂

假如把尚热的饭菜放进冰箱，虽然其表面上有冷水蒸气，但这也恰恰起了"帘子"的作用，使其中的热量难以散发出来，饭菜也就容易变馊、腐烂。此外，用冰箱存放食物时还应注意下列几个问题：

❶ 生熟食物应该分开存放，以防止交叉污染：熟食最好也用食物袋套好后，再放入冰箱内。

❷ 存放较久的食物要冻透：如鱼、虾和肉等装袋后，应放进制冰室速冻，并要冻透。

❸ 在食物入箱前，应将其洗净、滤干：这样可以防止已变质的食物进入箱内，减少细菌再次污染的机会。

❹ 中层不可塞得太满：冰箱中层要留有一定的空隙，冰箱里最难冷的位置不是下层，而是中层，如果中层被瓷盘或是密封容器堵塞得没有间隔，冷气就不能向下流通，这样下层的食物也容易变质、变坏。

❺ 忌存放食物过多：电冰箱存放食品必须有一定的空隙，以保持箱内空气的流通，以防止箱内温度不匀。如果存放食品过多，特别是肉类，容易发生外冷里热，造成食品内部的细菌生长繁殖，甚至可发生腐败变质。

❻ 取出的食物要及时加工处理，以免细菌大量繁殖造成腐败。

❼ 尽量减少和缩短开门的次数与时间：夏

季如果一次开门时间持续15秒钟，冰箱内的温度可升到18℃，恢复原状则需要10分钟。温度的升降是使食物腐烂变质的主要原因。因此忌频繁开关冰箱，使食物忽冷忽热。

⑧ 冷藏室内存放食物忌时间过长：由于电冰箱是"冷藏"，只能保持箱内温度在4℃左右，而不是降到0℃以下，因而用电冰箱保存食品必须要有一定的时间性，不能过久保存。据实验证明，水果和蔬菜在冷藏室的存放时间则应短些，一般肉类在冷冻室内存放以10~20天为宜。

⑨ 清洗冰箱时，可用湿布擦净，切记要切断电源。

165. 使用微波炉的禁忌

❶忌通电空烧：否则由于微波无物吸收，会损害磁控管。

❷ 忌用金属器皿：盛放食物的器皿，必须是非金属材料，如玻璃、陶瓷、耐高温塑料等。如果用金属器皿盛放食物，通电后金属器皿会反射微波，干扰炉内正常工作，产生高频短波，损坏微波炉。

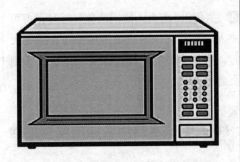

❸ 忌有磁性的东西靠近炉子：因为磁性材料会干扰微波磁场的均匀性，使磁控管的工作效率下降。

❹ 忌开关门用力过度：开关炉门要轻，避免用力过度损坏密封装置，造成微波泄露或缩短炉门使用寿命。

❺ 忌在微波炉工作时去查看磁控管、波导及其他电路部分。

❻ 忌门控制开关失灵的微波炉。门控开关失灵的微波炉会产生能量泄漏，因此不得再轻易使用。

❼ 冷冻食物不能用微波炉直接加热。冷冻食物要先解冻，然后再加热、烹调，避免烹调后食物内外熟度不同的现象。还要注意食物大小、厚薄，不要过分悬殊。

166. 电磁炉不要靠近电视机使用

使用电磁炉时，因有电磁波干扰，在直径3米范围内最好不要开收音机和电视机。使用完毕后，要及时切断电源。此外，在使用电磁炉时，还要注意以下几点：

❶ 不要靠近其他热源和潮湿的地方，以免影响绝缘性能和正常工作。

❷ 不要用铁钉、铁丝等异物伸入吸气口和排气口，电磁灶与墙壁等物体之间的距离要大于10厘米，以免影响排气口散热。

❸ 电磁炉的加热板要防止尖硬物体的碰撞。万一加热板面受损，要立刻断电，防止水从裂纹渗入炉内，引起短路或触电事故。

❹ 使用中性洗涤剂擦拭电磁炉炉体，一般用肥皂水或洗洁精，切忌用酸碱等腐蚀性液体，以免使外观变色变质，影响外观和内部电路装置，缩短使用寿命。

❺ 加热后忌触摸，高频电流容易从感应加热线圈直接传送到烹调锅，一旦人体触及，便会有"麻电"的感觉。

167. 电饭锅最怕煮过酸的食物

不要用电饭锅煮太酸或是太咸的食物。因为电饭锅内胆是铝制品，用它煮太酸或是太咸的食物会使内胆受到侵蚀而易损坏。另外煮饭、炖肉时应有人看守，以防粥水外溢流入电器内，损坏电器元件。此外，使用电饭锅时还要注意以下几个问题：

❶ 忌将电饭锅的电源插头接在灯头或台灯的分电插座上：因为一般的台灯电线较细，载流量小，并且容易老化，或遇热溶化。而电饭锅的功率较大，电流也大，会使灯线发热，造成触电、起火等事故。

❷ 忌磕碰：电饭锅内胆受碰后易变形。内胆变形后底部与电热板就不能很好地吻合，煮饭时受热不均，易煮出夹生饭来。所以在使用时应轻拿轻放。

❸ 忌用水冲洗锅体：使用后如用水冲洗，可使电热元件的绝缘性能下降，从而产生漏电现象，以致发生危险。

❹ 忌用粗糙物品清洗内锅：电饭锅的内锅在每次使用后都应该清洗干净，如遇食物粘在内壁，忌用金属工具铲刮，忌用砂布等粗糙之物清理，免得使电饭锅的内壁出现划痕。

168. 液化气罐不能倒置

液化气罐不能平放或是倒置：如果将罐倒置或是平放就会造成液体经过减压器外溢，并迅速气化成原体积的25倍左右的气体弥散在空气中，一遇明火，极易造成火灾。而且当气体同空气混合达到一定的浓度时，遇火时会造成爆炸。所以千万不可将气瓶倒置或是平放。此外，在使用液化气时还应注意以下几点：

❶ 忌高温：液化石油气罐严禁靠近高温热源和烈日暴晒，严禁用明火烘烤，罐与灶盘要有一定的距离。要将罐置于通风阴凉处。

❷ 忌漏气：对于液化气的灶具、气罐、管路连接处要经常进行检查，以防出现气体外溢，造成危险隐患。而且千万不可用明火去检查，最好用小刷子沾上肥皂液涂到检查的部位，如肥皂起泡就说明此处出现漏缝。液化石油气跑气时，严格禁止吸烟、开关电灯、电闸，此时应立即打开门窗通风。

❸ 忌将罐内残液自行外倒：残液外倒不仅会污染空气，而且液体遇火后会造成火灾。

❹ 忌使用时离人：使用液化气罐时，不可离人。如果灶上的食物出现外溢，熄灭火时，会使大量的气体流入空气中，遇火则会造成火灾。

169. 电热水器用普通插座有危险

电热水器使用普通插座有危险：因电热水器耗用的功率和电流较大，一定要从总开关拉专用电线连接，切忌用普通插座和万能插头连接。此外，在使用电热水器时还应注意以下几点：

❶ 必须严格按技术要求安装使用，进出口水切忌接反，即热式电热水器，安装完毕后必须拧开进出口水管，有水流出后，方可接通电源使用。贮水式电热水器要先注满冷水，然后才可以通电使用。

❷ 为了节约用电，热水器不宜断断续续使用，而应集中在一段时间之内。不用热水时要及时关闭开关断电。

❸ 电热丝裸露的即热式热水器，水在经过电热丝加热时的同时带上了电，洗澡时，人的皮肤潮湿容易触电。因此在安装即热式电热水器时，进水口和出水口千万不要忘记接地。

❹ 电热水器的接地线线径切忌过小，接地电阻切忌过大。一般线径不小于3～5毫米，电阻不大于0～1欧姆为宜。同时，接地固定要采用带防腐蚀层的铜螺丝钉。

170. 洗衣机用水过少会磨损衣物

在使用洗衣机时，应恰当地掌握用水量。用水过量外溢，影响机器的安全和使用寿命；用水过少影响洗涤效果，增加被洗物的磨损。因此，洗衣机用水不可过量或过少。此外，在使用洗衣机时还要注意以下几点：

❶ 忌不平稳：洗衣机使用时如果安放不平稳，会使全机震动过大，从而造成内部元件损坏，不仅缩短洗衣机的使用寿命，而且还易引起事故。

❷ 忌泥沙、硬物：沙土钻入轴封会磨损轴和轴封，造成漏水；硬物能损伤或卡住皮轮造成过载而烧坏电机。

❸ 忌超定量：超定量会引起过载，烧坏电机。

❹ 忌水温过高：因为这样做不仅会把衣物纤维烫变性，还会使塑料箱体或部件变形和造成波轮轴密封不良；放水时要先加冷水后加热水，一般以5～40℃为宜，不要超过60℃。

❺ 忌用塑料薄膜等不透气的物品罩在机身，也不要放在潮湿阴暗的地方，否则内部电动机和电气控制部分会生锈。

171. 暴晒会使电子表的液晶显示屏加速老化

暴晒会使电子表的液晶显示屏加速老化，从而缩短其使用寿命。此外，在使用电子表时还应注意以下几点：

❶ 忌樟脑：樟脑会使表油变质，影响手表运转。

❷ 忌潮湿：潮湿会使电池发生爬碱、漏液，引起断路、短路。

❸ 忌高温：高温会直接影响电表的走时准确精度。

❹ 忌X光射线：X光射线的辐射作用会使集成电路片受到损害。

❺ 忌震动：震动会使电表内部的石英震子损坏，影响其寿命。

❻ 忌磁场：磁场会使电子表的内部零件磁化，故不要把电子表放在收音机、电视机、磨床、电动机、磁铁、变压器等有磁性物体或电器设备旁。

❼ 忌多用照明小灯泡：因为这会影响电子表使用寿命。

172. 手机电用完时再充会缩短电池寿命

手机电用完时再充会缩短电池寿命。现在的手机及一般IA产品大部分都用锂（Li）电池，锂电池没有一般充电电池记忆效应的问题。若等到全部用完电后再充，会使得锂电池内部的化学物质无法反应而寿命减少。最好是经常充电，让它随时随地保持最佳满格状态。此外，在使用手机时还应注意以下几点：

❶ 不要刚接通时就说话：一般来说，手机待机时辐射较小，通话时辐射较大，号码已经拨出而尚未接通时，辐射最大。最好的方式是手机接通1秒钟后，再将手机靠近耳朵。

❷ 通话时间不宜过长：每次打电话不要超过5～10分钟，或左右换着打，再就是用手机时离耳朵稍远一点。

❸ 充电时请勿接电话：因为这时机体本身

有很多电流通过，使用时容易引起危险事故。

❹ 不要把手机挂胸前：手机挂于胸口，位置靠近心脏，对心脏会有一定影响，并可影响女性的内分泌功能。尤其对孕妇不利，已有医学资料显示，较强的辐射对胎儿可构成伤害。

❺ 手机信号格剩一格时不要使用：手机的电磁波一直是让人担心的问题，而手机的设计为了在信号较差的地区仍能保有相当的通话质量，会加强手机的电磁波发射强度。当信号满格与只剩一格时相比，发射强度竟然相差1000倍以上。所以剩一格时就不要通话了。

❻ 睡觉时不要放枕边：手机辐射对人的头部影响最大。

❼ 不要在驾驶汽车时接听手机电话或发短信，以防止发生车祸。

❽ 不要在病房、加油站等地方使用手机，以免所发信号干扰治疗仪器，有碍治疗或引发油库火灾、爆炸。

❾ 不要在飞机飞行期间使用手机，否则会对正常飞行产生干扰，导致飞机失事等严重后果。

173. 电子按摩器的使用禁区

电子按摩器通过高频机械振动对人体进行刺激性按摩，促进受激部位的血液循环，加速该部位组织的新陈代谢，并调节中枢神经系统，从而获得健身的效果。

电子按摩器也不是在任何情况下都可以使用：

❶ 在空腹、饱食、醉酒和剧烈运动后严禁使用电子按摩器。因为这时按摩，可使血液流速进一步加快，胃部平滑肌蠕动增强，易造成恶心、呕吐、胸闷、气促等

不适。

❷ 如果罹患疖痈或肿瘤，也不宜使用电子按摩器按摩。因为体表的刺激，会使毛细血管扩张，局部血流量增加，易导致病变部位扩散而加重病情。

❸ 若有骨折和关节脱位，早期不能使用电子按摩器，因为当骨折或关节部位受损后，由于肌张力的作用会造成骨移位，若过早进行电子按摩，则会使骨移位加剧，反而不利于康复。

❹ 皮肤病、传染病、淋巴结炎、血液病患者更要慎用电子按摩器，患高血压、贫血病的患者，应特别注意不要在颈侧动脉处按摩，以免血流加速，发生意外事故。

174. 在公共汽车上收听MP3会损伤听力

在公共汽车上收听MP3已经成为很多人的习惯，但是在嘈杂环境中听MP3需要提高音量，这样对听力的损害更大。所以，此时最好不要听。此外，使用MP3时还应注意以下几点：

❶ 忌音量调节得过大：MP3最大音量可以高达80分贝，相当于一台割草机发出的声音，这种声音能直接损伤听力。所以，MP3的总音量应控制在最大音量的1/4~1/3，每次听完音乐之后，养成把音量调节旋钮关至最小的习惯。

❷ 忌长时间收听：长时间听MP3会造成耳朵压力过重造成耳朵超负荷工作，致使听力下降，损害健康。所以，听1小时左右就应该休息一下。

❸ 忌佩戴耳塞收听：MP3配置的耳塞式耳机被直接塞进耳朵里，能将声音信号提高9分贝，时间长了会对耳膜造成伤害。所以，尽量使用头戴式耳机比较好。

175. 温度太低时不要使用笔记本电脑

低温会伤害笔记本的TFT屏幕，一般TFT屏幕的最佳使用温度为10~40℃，超过了这个温度范围，TFT屏幕就会变得颜色异常老化加快，甚至出现坏点，重则造成TFT屏幕永久性损坏。而且，低温也会损坏电脑的电池，温度越低，电池容量就越少。所以，冬天最好给笔记本买个棉质内包，从户外带回室内，要先预热一下再使用。此外，在使用笔记本电脑时还应注意以下几点：

❶ 忌摔：笔记本电脑的第一大戒就是摔，笔记本电脑一般都装在便携包中，放置时一定要把包放在稳妥的地方，小心磕碰。

❷ 怕脏：一方面，笔记本电脑经常会被带到不同的环境中去使用，比台式机更容易被弄脏；另一方面，由于笔记本电脑非常精密，因此比台式机更不耐脏，所以需要精心呵护。

❸ 禁拆：如果是台式机，即使你不懂电脑，拆开了可能也不会产生严重后果，而笔记本电脑则不同了，拧下个螺钉都可能带来麻烦，而且自行拆卸过的电脑，厂家还未必接受保修。所以平时有硬件方面的

问题，最好还是去找厂家处理。

❹ 少用光驱：光驱是目前电脑中最易衰老的部件，笔记本电脑光驱大多也不例外。笔记本电脑的光驱多是专用产品，损坏后更换是比较麻烦的，因此要倍加爱惜，尽量少用笔记本电脑看VCD或听音乐。

❺ 慎装软件：笔记本电脑上的软件不要装得太杂，系统太杂了免不了要引起一些冲突或这样那样的问题、隐患。另外，笔记本电脑更应该谨防病毒，不要随意使用别人的软盘或光盘。

❻ 保存驱动程序：笔记本电脑的硬件驱动都有一些非常具有针对性的驱动程序，因此要做好备份和注意保存。如果是公用微机，交接时更应注意，笔记本电脑的驱动丢失后要找齐可是比较麻烦的。

❼ 注意使用环境：笔记本电脑上面有电路和元器件，注意不要在过强的磁场附近使用，当然在乘飞机时也不能用。不要将笔记本电脑长期摆放在阳光直射的窗户下，经常处于阳光直射下容易加速外壳的老化。

❽ 散热的问题：散热问题可能是笔记本电脑设计中的难题之一。由于空间和能源的限制，在笔记本电脑中你不可能安装像台式机中使用的那种大风扇，大部分的热量都要靠机壳底板来散发。因此，使用时要注意给你的机器的散热位置保持良好的通风条件，不要阻挡住散热孔，而如果机器是通过底板散热的话，就不要把机器长期摆放在热的不良导体上使用。

176. 自行车座过高易诱发尿道疾病

目前，自行车是人们生活离不开的一种交通工具。常见一些青年把车座拔得高高的，看起来这样骑自行车既健美，又

有风度。其实，这样做害处是非常多的。这是因为车座超过车把的水平高度时，骑车时胸部就会自然地前倾，而臀部却会后翘，体重通过鞍座反作用于会阴部，从而增加会阴部与车座前端的摩擦，久而久之易使前列腺充血，甚至在病毒或细菌的诱发下，会使前列腺发炎，出现尿道灼痛、解尿频繁、排尿困难等疾病。因此，应根据自己的身高和腿长，把鞍座调到合适的位置，以不高于车把又不前高后低为准。

177. 几种不宜放在一起的物品

❶ 水果不要与纯碱接触，否则极易发热烂掉。

❷ 玻璃与纯碱接触，表面不要多久就会受蚀发花。

❸ 尼龙衣物与樟脑放在一起，纤维坚固度会大大降低。

❹ 橡胶制品的旅游鞋，与油类接触便会失去弹性。

❺ 棉花与酸类物品同放，纤维易变脆折断。

❻ 水泥一旦碰上食糖，就会失去凝固作用。

出行社交禁忌

——"内外兼修"，生活加倍精彩

⭐178. 哪些疾病患者不宜骑自行车

❶ 高血压患者如果收缩压在200毫米汞柱以上、舒张压在110毫米汞柱以上时，应忌骑自行车。因为自行车速度非常快，思想必须高度集中，精神紧张会使体内肾上腺素分泌增加，血压升高，容易发生脑溢血。

❷ 癫痫患者忌骑自行车，以防突然发病时发生意外。

❸ 疝气患者忌骑自行车，因为骑车用力时疝气容易下坠，进入阴囊，使之突然发生疼痛。另外疝气修补手术后的患者，半年内也应注意，以免复发。

❹ 高度近视眼的人忌骑自行车，因看不清车来人往与交通指挥灯，容易出现危险。

❺ 聋哑人由于骑车听不见车鸣笛、有色盲的人由于分不清红绿灯，都应禁骑自行车。

❻ 冠心病患者如果在3个月内有心绞痛发作情况的也忌骑车。因为骑车用力，心脏负担过重，会使冠状动脉供血不足，心肌缺血缺氧等加重，从而诱发心肌梗死，以至发生猝死。

⭐179. 骑车旅游时忌戴隐形眼镜

确实，结伴骑车旅游，既可观光，又能锻炼身体，是一种很好的休闲方式。但如果骑车旅游时戴隐形眼镜，不仅在途中起不到护眼作用，反而可能会造成眼疾，增加途中痛苦。

因为长距离骑车时，空气对流加速，

使软性隐形眼镜的水分大大减少，镜片逐渐干燥变硬，使两眼感到不适。时间一长，变硬的隐形眼镜还会损坏角膜上皮组织，从而引起剧痛。因此，骑车旅游时忌戴隐形眼镜。如果一时无眼镜代替，应在隐形眼镜外面再加戴一副防风眼镜。

180. 新摩托车忌高速行驶

新摩托车在行使1000千米以内者称磨合期。新摩托车在磨合期内如果高速行驶，则可能会发生交通事故，或发生车毁人亡的严重问题，这是因为在磨合期如果发动机处于高速大负荷下转动，会使零部件表面的压力增大，发热过度，再加上润滑条件不够以及零部件表面加工痕迹尚未磨平，从而非常容易发生熔解或卡塞，这样，不但使动力性能减低，甚至还会损坏发动机，缩短其使用寿命。因此，新摩托车应在行驶300千米后，清洗变速箱和更换润滑油，清除因摩擦而脱落的金属屑，然后再高速行驶。

181. 坐公交车的禁忌

❶ 忌在公交车上小睡：很多人早晨起来很困，就习惯在车上、地铁上小睡片刻。但是在车上小睡，人不能进入深度睡眠，

身体不仅得不到休息，反而会产生疲倦感。而且，在车上脖子歪向一边睡觉，容易使一侧的脖子肌肉疲劳，造成落枕。还有，在车上睡觉，车门开关，风扇吹动，一不小心就容易着凉感冒。个别的还能导致面瘫。

❷ 车上不宜看书：在晃动的车上看书、看报、看杂志，会使眼睛疲劳。因为人眼在看距离相对固定的物体时，睫状肌的收缩和伸张才能保持相对稳定，眼睛不容易累。如果物体总是处于晃动状态，为了看目标体，眼睛的睫状肌就要被迫不停地调节，极易导致视疲劳，从而产生晕车、头昏现象。

❸ 不宜在车上吃早餐：路边灰尘大，汽车在马路上行驶尘土也不会少，无论是等车的时候站在马路边吃，还是在车上吃，吃进去了早餐，也吃进了尘土和废气。

182. 乘长途汽车的注意事项

❶ 忌饱餐：由于途中疲劳或汽油异味的刺激，饱餐后乘长途汽车，非常容易发生晕车。轻者出现不适、恶心，重者呕吐、眩晕、腹痛。

❷ 乘车时忌心情紧张：坐在车上一定要放松，不要看车窗外近处移动的景物，可以远望，也可以闭目养神，或听听收音机。

❸ 乘车的前一天晚上，睡眠必须要充分，一定不要过度兴奋或紧张。如睡不着可服一片安定。

❹ 乘车忌空腹：在上车前一至两小时必须要吃一点东西，但食量一定要少一点，忌吃油腻食物，可吃点咸菜，并适当吃些水果。

❺ 开车前半小时，服一两片晕车的药，或者乘车时口含话梅或一小撮茶叶；也可

以在前额或鼻唇沟处涂少许清凉油或风油精、云香精，这些做法都能防止晕车。

183. 开车时的禁忌

❶ 开车时不要把日常用品装在上衣口袋里：比如手机、钥匙、笔或名片夹之类。一旦发生事故，哪怕仅仅是紧急刹车，身体肯定会剧烈地向前冲，在安全带的作用下，人会被紧紧地勒住。安全带对身体的压力非常大，此时如果前胸口袋里装着手机等硬物，就很有可能出现肋骨骨折。

❷ 忌开车前长时间看电视：由于电视机里的显像管中电子枪发出的电子束比较强烈，会引起人神经系统和感官的疲劳，导致开车时出现误差或出现错误判断，而容易发生车祸。

❸ 忌带深色墨镜：墨镜的暗色延迟了眼睛把影像送往大脑视觉中枢的时间，这不仅能延迟现象，同时又造成速度感觉的失真，使司机做出错误的判断。

❹ 忌系硬而细且带金属扣的皮带：皮带位于腹部，正是安全带通过的地方。当事故发生时，细长的、带有金属扣的皮带会深深地压向腹部，这样会加剧损害内脏。

❺ 忌行李箱内乱放杂物：通常车后方行李箱是"防撞溃缩区"，车子万一发生撞击，可吸收后方来车的撞击力，以缓解危险性。如果这里被堆得满满的，一旦发生事故，这些杂物在力的冲击下短时间内会变成"重磅炸弹"，直击驾驶者的后脑，后果不堪设想。

❻ 忌将头或身子探出车窗外：开车时将头探出窗外吐痰是不文明的，而从开车的安全性来说，就更加令人担忧。在将头探出车窗外的一瞬间，如果从旁边疾驶而过一辆汽车，很可能使头部受到伤害。

184. 哪些人不宜乘飞机

❶ 有习惯性流产的或者早产可能的孕妇以及妊娠超过240日的孕妇都忌乘坐飞机，以免发生流产或早产。

❷ 患有上呼吸道急性炎症、鼻阻不通、浓

稠涕多、急性鼻窦炎、急性中耳炎的患者忌坐飞机。因为飞机起降时，由于咽鼓管开放不良，鼓膜内外压差不能自动调节，因而使其耳痛剧烈，严重者甚至可致鼓膜穿孔。

❸ 患有各种严重心脏病的患者，如风心病、先心病、冠心病、肺心病、心绞痛、高血压性心脏病、阵发性心动过速伴有紫绀、心房搏动、代偿机能衰竭性心血管疾病、严重心律不齐、瓣膜狭窄、心界扩大、心脏储备能力有限和高血压脑病以及由心脏病而引起的心力衰竭者等忌坐飞机。因为当飞机升到5000米以上高空时，由于气压的改变，或飞机遇到冰雹、大雨、雷声、闪电的袭击时，可能加重其症

状，严重者可因病情恶化而死亡。

❹ 血液病患者、镰状细胞性患者忌乘飞机。白血病患者，如红细胞计数每微升少于300万或血红蛋白值低于8％～9％，并且在乘机前刚刚接受过输血的人，忌乘飞机。如需紧急空运在1500米以上高度飞行时，必须不间断地向患者供给氧气。另外，镰状细胞性患者，乘坐没有增压舱的飞机飞行在2400～2500米高度时，会出现一种合并脾脏梗塞和肠系膜梗塞的严重溶血症状，并伴随有腹痛，因此忌坐飞机。

❺ 脑血管疾病，如脑溢血、中风等，在急性期忌乘坐飞机以防再度出血。

❻ 精神病和癫痫患者容易受到飞行中的缺氧、升降和兴奋的刺激而发作，因此，也忌乘坐飞机。

❼ 严重胃病患者：阑尾炎和胃十二指肠溃疡患者，在乘机飞行中会因胃肠道内气体膨胀而引起胃肠破裂。如果是胃肠道穿透性创伤或肠溃疡穿孔的患者，则更容易使一部分气体逸出胃肠道，从而污染腹膜腔，因此忌乘机。

❽ 近期做过眼科手术及固定下颌骨手术的患者。

❾ 动过腹部手术不足10～14天、患上急性食道静脉曲张、急性肠胃炎、急性憩室炎或急性溃疡性结肠炎患者。

❿ 有过暴力或不能预知行为的精神病患者，患有脑肿瘤或最近有过颅骨破裂的患者。

185. 带病旅游者不能断药

有些慢性病患者在身体状况允许时，还是可以参加有限度的旅游，但忌中断服药。

因为许多疾病要靠不间断的服药才得

以控制。有的人在旅游时只顾观赏山水名胜而忘了坚持服药，结果使已被控制的疾病又重新复发，而不得不中断旅游。特别是原有高血压、冠心病、胃及十二指肠溃疡的人，一定要严格遵从医嘱不要突然中断药物治疗。

186. 哪些人不宜外出旅游

因为旅游时的车船颠簸、跋山涉水而引起的疲劳以及游览胜景时精神振奋等易引起心情激动，从而使原有的心血管疾病加重或出现乐极生悲的事，如急性心肌梗死、猝死、严重心律失常等。因此，患有严重心绞痛、高血压、心律失常及未被控制的心功能不全的人，在疾病未完全控制前忌旅游。已被控制的心血管病患者参加旅游时，也要注意休息，避免过度兴奋，一旦感到过度疲劳时，应马上休息。

肝炎患者也不宜外出旅游。肝炎患者外出旅游，活动范围大，接触面广，活动过多，使大量的血液流向四肢，进入肝脏的血液便会相对减少，而且由于过度疲劳体力消耗过多，胃肠消化吸收负担增加，肝脏也相应增加许多负担。另外，再加上旅游营养欠佳、饮食不卫生、抵抗能力下降，这些都不利于肝细胞的修复，并可导致病情加重。此外，肝炎患者旅游，还容易传染别人。所以说肝炎患者忌外出旅游。

187. 早晨爬山不利健康

早晨爬山对健康十分有害。早晨空气质量较差，悬浮颗粒较多，如果是大雾天，空气中有害气体含量较高，爬山时呼吸急促易吸入这些有害气体。所以，一般在太阳出来后吃过早饭再去爬山为好。此外，爱好登山的朋友还应注意以下几点：

❶ 忌忽视自身条件：爬山虽然是一项很好的健身活动，但并非人人适宜。患有心脏病、癫痫、眩晕症、高血压病、肺气肿病的人，不宜爬山。

❷ 忌对当地情况了不解：登山前一定要先了解一下该山区的气候特点，并注意收听天气预报。

❸ 忌忽视带衣服：山地随着高度的增加，空气逐渐干燥、稀薄，含氧量下降，气压和气温越来越低，风力越大。高度上升1000米，气温约下降6℃。高山上的气候变化大，昼夜温差也大。要携带一两件能御寒的衣服备用。同时还要了解一下山势的概况。

❹ 忌忽视喝水：早晨是人血液黏稠度最高的时候，也是心脑血管病复发的高峰时段。爬山前哪怕不渴也要喝一杯水，可以稀释血液，减轻运动时的缺水程度。有条件的可选择含有适当糖分及电解质的饮料。

❺ 忌到山顶的树下避雨：在山上如果遇到雷雨，不要到沟底或河边避雨，以防山洪袭击。为防雷击，能迅速就近找个山洞暂避是较为安全的。

❻ 忌忽视休息：如果感到疲劳，或者感觉心慌、胸闷、出虚汗等，应该停止运动，就地休息，千万不可勉强坚持。休息时先站一会，再坐下，不要躺倒休息。坐在风口或潮湿处休息，并且忌脱衣摘帽，以防风寒。

❼ 忌忽视安全：不要单独爬山，最好结伴，以便互相照顾。在过独木桥或险路时，应尽可能系安全绳。不仅老年人，年轻人登山也可借助手杖，这样既省力又安全。在登山时，一定要集中注意力，留心落脚的石头是否松动。如果想借草根或树枝攀登时，应先稳住重心试着用力拉动，以免因草根树枝突然松脱造成危险。要选择有路标的人们常走的线路，避开悬崖峭壁和布满荆棘的小路，不要钻那些没有人走的山林。带好通信工具。

❽ 下山忌太急：下山走得太快或奔跑，会使膝盖和腿部肌肉因承受过强的张力而挫伤膝关节或拉伤肌肉。下山太急，有时还会因收不住脚步而发生危险。

❾ 扭伤切忌局部按摩：在爬山中发生急性扭伤时，切忌局部按摩或立即热敷，可冷敷20～30分钟，便能达到消肿止痛的作用。登山时可以随身带一些创可贴等物，以备不时之需。

188. 社交活动的禁忌

❶ 在日常交际中，妄问长者年龄是非常不礼貌的。

❷ 忌吃饭时间访友。

❸ 忌作为客人逗留时间过久；忌作为主人频频看钟表。

❹ 忌戴帽子在室内高谈。

❺ 忌在公共场合做出亲昵动作。

❻ 忌旁若无人，大声谈笑。

❼ 忌谈话时左顾右盼，或搔首弄耳，抄手

叉腰。

❽ 忌追问对方家属死因。

❾ 忌盲目答应别人的请求。

❿ 忌未经允许，翻看人家桌上的书籍信函。

⓫ 忌不辞而别。

189. 森林旅游须注意

❶ 人在进入大森林之前，忌无准备，无向导。如果在森林中迷了路，再与外界联系不上，是很危险的。

❷ 森林旅游忌穿短衣短裤。因为在通过草深林密的地带时，考虑安全是第一的，应该换上厚实的长裤，长袖衣服和高腰鞋，还应戴帽子。可持手杖和木棍探路，"打草惊蛇"，这样同时还可驱赶咬人的蝎子、蚂蟥等。灌木丛中往往有野蜂窝，要小心地避开。

❸ 对不熟悉的草木禁忌随便攀折，触摸。有些树木、草类是有毒有刺，触碰后痛痒难忍，有时还会引起全身红肿。另外，忌采食不熟悉的野果，以防不测。

190. 与人交谈十忌

❶ 忌打断他人的谈话或抢接别人的话头。

❷ 忌别人说话时注意力不集中，使别人再

次重复谈过的话题。

❸ 忌过多恭维话。恰当的赞美让人愉悦，可是过度的话，就有拍马屁之嫌了，让人心生厌恶。

❹ 忌像倾泻炮弹般地连续发问，让人觉得你过分热情和要求太高，以至难于应付。

❺ 对待他人提问时忌漫不经心，言谈空洞，使人感到你不愿为对方的困难助一臂之力。

❻ 忌随意解释某种现象，轻率地下断语，借以表现自己是内行。

❼ 忌避实就虚，含而不露，让人迷惑不解。

❽ 忌不适当地强调某些与主题风马牛不相及的细枝末叶，使人疲倦，对旁人过多的人身攻击也会使听者感到窘迫。

❾ 忌当别人对某话题兴趣不减时，你却感到不耐烦，立即将话题转移到自己感兴趣的方面去。

❿ 忌将正确的观点、中肯的劝告佯称为错误的和不适当的，使对方怀疑你话中有戏弄之意。

191. 社交中聚谈十忌

在社交场合，新老朋友聚首，海阔天空畅谈，是人生一大快事。然而在这中间也有"忌讳"，不可不加注意。

❶ 忌话题太专：社交聚谈，不是专题讨论会，聚者知识结构参差不齐，话题太专，曲高则和寡。在婚礼宴席上，倘若你大谈唐诗宋词，与会者就不免要皱眉了。

❷ 忌矫揉造作：文雅的谈吐，固然在于辞令的修饰，但是最基本的一条却是词能达意，通顺易懂。过分的咬文嚼字、堆砌辞藻；或插入少许的外文，容易被误解为卖弄。

❸ 忌格调低下：有的男青年三五成群，爱谈"女儿经"。虽然讲得蛮热闹的，可是于人于己都无裨益。

❹ 忌恼人的习惯：如很多人常常不知不觉地在谈话中插入一些无意义的口头禅，如"呢""这个""那个"。听的人有一种不胜负担之感。

❺ 忌乱动手脚：在人际交谈时，有的人不拘小节，下意识地做出各种轻浮放荡的动作，如腿脚颤抖、摇头晃脑、两手乱摸、挖耳朵、抠鼻孔等。这些举动都是直接有碍人际交往的，尤其是初次交往，非常容易被对方误解甚至厌恶。

❻ 忌自我吹嘘：当你自我介绍的成就并不给人以益处时，尽管你兴致十足，滔滔不绝，听者却会索然无味的。

❼ 忌喋喋不休：一个在你根本不想听时还坚持要长篇大论地跟你说个没完的人，恐怕是你最厌烦的人。

❽ 忌谈扫兴事：人们来交际场合，是为了寻求愉悦和舒坦。所以过多地谈论个人的劳碌和疾病，家庭的经济拮据和不幸，就显得不合时宜。与其把不幸唠来叨去，扫人兴致，倒不如暂时忘却它。

❾ 忌尖酸刻薄：尖刻的人容易树敌。尖刻机敏纵能使人望而叹赏，但也会令人敬而远之。再者，每一句俏皮话后的喝彩声，久而久之成了尖刻者的一种享受，看到一

点什么就忍不住要立刻讥讽一番，这并不是一种好的习惯。

❿ 忌言人之短：对朋友的缺点和过失，应当予以提出，然而这不意味着可以不分场合、不注意方式。人都有自尊心，即使是相当熟悉的友人，也要尽可能避免在大庭广众之下揭他的短处，至于对陌生的与会者，更需注意这一点。

192. 邻里串门五忌

❶ 忌太频繁：邻里之间虽然不能"老死不相往来"，但是走动太勤，交往过甚，日久天长，就可能因处事不慎而发生摩擦。有事无事，都爱串门不是一个好的习惯。现在大家的时间都很有限，经常串门，会打扰人家的正常安排，时间久了，会令人十分反感，唯恐避之不及。

❷ 忌扯瞎话：串门不可讲东家长、西家短的，更不可传播道听途说的闲言碎语，成为一个人人讨厌的"嚼舌妇"。

❸ 忌乱表态：串门时往往会唠起婆媳、夫妻、父子等之间的关系，千万不可随和着评头品足，加剧他们之间的矛盾。光听一面之词，往往会得出错误的结论，而且清官难断家务事，最好不要擅自发表意见。

❹ 忌"包打听"：你到人家去，不要问这问那，刨根问底，像查户口似的。那样会令人十分反感，显得没有教养。

⑤ 忌说大话：邻里相求，能办到的事就尽力去做，办不到的事就不要乱吹牛。答应人家而不能实现自己的诺言，就会失去信用。邻里之间，相互借东西也不要太随便。

⭐ 193.访问的禁忌

① 初次见面，衣着仪表要注意，蓬头垢面、衣冠不整会给人不愉快的感觉，而且是不尊重别人、不文明的表现。在经济允许的情况下，给老人或小孩带一点小礼品是必要的，物轻意重，你可以察觉出气氛会随之融洽。当然，相当熟的常客又作别论。

② 进门时忌忘记敲门或出声打招呼，即使是你的朋友家也不例外。

③ 进门后要主动打听主人是否有空座谈，如果你听到"忙倒不很忙，不过……"这样为难的话时一定要及时告辞，改日再拜访。

④ 用餐和休息时间，最好不要打扰人家。尤其对长辈。

⑤ 既忌轻浮高傲，也要忌过于拘束。不卑不亢，落落大方是我们交际的应有态度。

⑥ 忌参观人家的寝室，除非主人邀请。同样，对人家庭情况的关心要适可而止，忌刨根问底，有的人并不喜欢别人过分关心他的私生活。

⑦ 要有高度的时间观念，有话则长，无话则短，忌东拉西扯，言不及义。在适当的时候起身告辞，莫等主人不耐烦地看表才想起该走了。

⑧ 告别主人时应对主人的款待表示感谢，并对自己的打扰表示歉意。如有长辈在家，应首先向长辈告别。

⑨ 如主人出门送别要请他们留步，以免耽误他们太多的时间。

⭐ 194.在朋友家遇到陌生人怎么办

① 在朋友家遇到陌生人时，不宜擅做自我介绍。一般情况下，你朋友会主动介绍彼此相识。如没有介绍，你就不要打听，甚至不适宜于陌生人主动搭话。因为你朋友可能有不便之处才不介绍的。

② 不宜先落座：你应先由你的朋友介绍才入座。如没有介绍，你最好与朋友简短谈完后就告辞。因为他们或许有什么不适宜你听的事要谈。

③ 不宜插话过多：入座后，先倾听他们在谈论什么，在谈话中了解分析出他们是什么关系，从何来、身份等。一般不宜插话太多，不宜过多谈及你与你朋友的关系。因为有时这些陌生人来求你朋友办事，他很为难。但你的身份、职业，与你朋友的关系公开了，说不定会给你们造成麻烦。

④ 不宜夸夸其谈，或一言不发：如你发现他们之间谈的事是可以向你公开的，而且谈话的气氛很好，你不妨加入。但是不宜

越过几个人去向另一陌生人搭话。

❺ 不宜久坐：如果你在朋友家中访问，来了陌生人，你可用眼神暗示或是用低声问你的朋友："我在这方便吗？没事的话我就告辞了。"看他的反应如何，再决定去留。

195. 握手礼仪之忌讳

❶ 在社交中，男性不宜先向女性伸手求握。

❷ 握手时不要左顾右盼，更不应错伸左手，而应面带微笑，直视对方，伸出右手。亲切地说："您好!""谢谢!""欢迎!"等致意的语言。

❸ 握手时，太轻或是太重都是失礼的。太轻有轻视、敷衍冷落之嫌，但也不应太重，显得过于热情。

❹ 不应戴手套与人握手，即便是冬天也应摘了手套，否则是失礼的行为。

❺ 当你手脏时，切不可将脏手送给对方。使对方为难，而应摊开双手，略加说明。

❻ 客人不宜先向主人求握；晚辈不应先向长辈求握；下级不应先向上级求握。

196. 交换名片的禁忌

❶ 外出时，必须准备一些名片。若忘记携带或用光了而未准备，都欠妥当。

❷ 名片应从名片夹中抽出，而名片夹最好是放在上衣胸口的袋里，不要放在长裤口袋里。还有，名片从皮包或是月票夹里取出也不好看。

❸ 名片最好是站着递给对方，如果自己坐着，待对方走过来时，应站起来，问候对方后再交换名片。

❹ 地位较低的人或是来访的人要先递出名片。如果对方有许多的人，应先与主人或地位较高的人交换；如果自己这边的人较多，就由地位较高的人先向对方递出名片。

❺ 名片递给对方时，应从对方看得到的方向交给对方。

❻ 名片应该以双手递给对方，收名片时，也要用双手去接。

❼ 拿到对方的名片时，应先仔细地看一遍，碰到不认识的字，应问对方怎么念。另外，也要确认一下对方的头衔。

❽ 收了对方的名片后，若是站着讲话，应该将名片拿在齐胸的高处；若是坐着，就放在视线所及之处，若一次收到很多张名片，就按顺序放在桌上。

❾ 在谈话中，不可折皱对方的名片，或任意丢弃在桌上，这样做是极不礼貌的。

197. 待客礼仪之禁忌

❶ 给客人斟茶，不可太满：否则，客人难以拿起茶杯，或者洒落茶水，让人尴尬。应该斟到2/3处最好。

❷ 不可以脏、乱的形式欢迎客人：得知客人来访后，应将房间收拾，布置一番。切不可认为是老朋友而不以为然。因为这样是对朋友的尊重。

❸ 不可以穿睡衣短裤，或是蓬头垢面会客，这是不礼貌的。

④ 不可将客人晾在一边：如果你有事情要做，可向客人说明，并让客人看看书刊画报，自己尽快办完事情再来陪客，切不可撇开客人不管，只顾自己干自己的事。

⑤ 如同时有两位客人来访，不应只对一方侃侃而谈，撂下另一方不理。

⑥ 当家中有矛盾时来客，切忌当着客人的面争吵。更不要当着客人的面训斥孩子，或是打孩子。这实际上是等于对客人下逐客令。

⑦ 忌礼节过多：适当的礼节是应该的，但是过度的礼节会让客人感到拘束，不知所措。因此，招待客人态度一定要自然，使宴请的气氛和谐亲切。应谈些愉快的事情，并且按各自的生活习惯尽量给客人以方便，而不要过多地拘泥于礼节而把宴请的时间拖得太长。

198. 送客的禁忌

① 客人刚走，不可将门"砰"的一声关上，以免让客人误解对他此行不满。

② 送客时不可以只欠欠身子，叫无关者代送。

③ 送客时不可以频频看表，客人会以为耽误了您什么重要的事情，而感到不安。

④ 客人要走时，全家应热情相送，会使客人感到温暖。

⑤ 下楼梯转弯时，应招呼客人注意，晚上则要打开走廊的灯或用手电筒送客。

199. 谈恋爱的禁忌

① 忌盘问式：如果你像查户口似的盘问对方的家庭情况，连续不断地逼问学习、工作、生活等各方面的事情，那就会使对方无所适从，听而生厌，认为你太缺乏

教养。

② 忌附和式：无论对方讲什么看法，若你都讲"对的"、"好"，一味附和，对方就会觉得你是一个毫无主见的人。

③ 忌奉承式：一再吹捧对方，有意抬高对方，言过其实，会引起对方对你有华而不实之感。

④ 忌快步式：男女如果有一方走路很快，也会引起另一方猜疑，以为你不满意他（她）。

⑤ 忌打断式：谈话过急，以致经常打断对方的讲话，使对方认为你是一个没有礼貌的人。

⑥ 忌自夸式：一味夸自己有本事，会使对方觉得你是一个浮夸的人。因为真正德才兼备的人从不靠自吹。

⑦ 忌慷慨式：男方为了博得女方的好感，往往在物质生活中显示自己的阔气。殊不知，这也许会使对方以为你是一个不会过日子的人。

200. 与男士交往的禁忌

在社交场合中，你应该知道男人的禁忌，否则就有可能伤害别人。

① 秃头的问题最难堪：男士们最怕别人提起他们的秃头或头发越来越少的情况。如果拿男士的光头来开玩笑，必定使这位男士十分难堪。

❷ 不批评母亲：没有必要扯到男士们的母亲上，因为每位男性对母亲的形象都有不同的评价，男性交朋友，也常常会用母亲去做衡量的标准。

❸ 失败恋爱经验：不要取笑男士们的恋爱经验，尤其是些失败的恋爱经验。追不到某位女士，并不表示这位男士无用，将他过去的事情张扬出去，会伤害他的心。

❹ 对饮食的特别嗜好：对男士们喜欢某些好吃或是好喝的东西不要批评，其实人人都会有某些特别喜欢或不喜欢的食物。

❺ 将男人做比较：不要将成功的男人与不成功的男人做比较。人比人是没有必要的，此种比较往往是片面的。不但无意义，反易引起反感。

❻ 对女人的品味：男士喜欢某种类型的女人，是取其特别的原因，不能说别人的品味低或是差，各人的感观是不同的。

❼ 批评男人的职业：没有必要对男人所从事的职业作批评，或劝告他转行。因为人各有志。

❽ 体型的比较：不要取笑男士的身材，尤其是一些体型过瘦或是过胖的人，更没有必要将这些男人与高大威猛的男士做比较，每人的体型不同。过胖或过瘦也算是特色。

201. 探望病人的禁忌

探望病中的亲友，本是人之常情，可是弄不好，却使访者扫兴而归。病人又添"心病"。下面几点务必注意：

❶ 进病房先敲门，然后等待里面的回答。这是对患者的尊重，不引起他的心烦。

❷ 轻抚或微笑可代替你平常的握手问候。这比那些客套的言语更能传递友爱的信息。

❸ 找凳子坐下来。老站在病床前，病人会觉得很不舒服。

❹ 不要对病房内的摆设大惊小怪，那些东西病人已经习惯了。

❺ 不要将病人的现状与患病前进行比较，可以问一下病人住院的感受、饮食或护理情况，但不要求全责备。

❻ 与病人谈话时，最好由病人来引导话题。譬如有的病人喜欢讲自己的病情，而有的则不喜欢讲自己的病情。

❼ 探望时应着眼于病人的服务，你可以主动问："我能为你做些什么吗？"

❽ 有的病人求愈心切，你要想办法协助医生鼓励、安慰病人。

❾ 不要忘了适时离开。有的病人，你就是呆上1个小时，他也会嫌短；也有的，呆上10分钟，他就会嫌长了。

202. 在社交中应注意的避讳

人们在现代交往中，有许多的言行是需要避讳的。懂得避讳是文明的表现，也能因此得到友情，那么如何避免他人的忌讳呢？请注意以下几点：

❶ 当你接到有人打给你同事的电话时，如果本人在，千万别问对方是谁或是哪个单位的，应立即请本人听电话。别人通话时，你也不要靠近侧耳细听，事后也不宜追问对方是谁，谈了些什么问题。

❷ 有人来找你的同事，如果本人在，不管对方是男是女，如果本人不主动向你做介绍，你不要追问对方是谁，也不要向本人谈论对方的长相、服饰的长短。

❸ 对方写私人信

件时，不要在旁看来看去，打扰对方，甚至打听给谁写信。这是对方最忌讳的。因为私人信件大多具有保密性。

❹ 你要是路遇熟人，如果对方正与恋人散步或是倾谈，你跟他打招呼后，就应主动分手，不要长时间地唠个没完，因为这会令对方的恋人感到十分尴尬。

⭐ 203. 有求于人时的禁忌

❶ 忌没有礼貌：即使小到问路，也得用"谢谢、对不起"一类的礼貌语言。如果开口就是"喂"，不要以为别人回答你的问题、解决你的困难，是"责无旁贷""天经地义"的。

❷ 忌难度过大：有时自己遇到的困难需要解决，但是对别人来说，这属于"开后门"或要做违反纪律的事，这时就不应该去麻烦别人。否则，很可能给别人出难题，使别人答应也不是，不答应也不是。

❸ 忌缺乏坦诚：既要求别人帮忙，又对别人吞吞吐吐，故意缩小事情的难度，待别人插上手之后，又使人湿手粘面粉，进退两难，这就有些实用主义的味道了。长此为之，以后当你有困难时，别人就不会再来帮你的忙了。

❹ 忌不注意方式：一般求人解决问题，最好是在别人精神愉快的空闲时间。当别人专心致志干某项工作时，或者情绪不好的时候，打断别人是不妥当的。场合也要注意，有的以个别谈话为好，有的上门拜访为宜，有的则可借助于书信。讲话要用商量的口吻，不能硬要别人打保票。

❺ 忌只顾自己：别人有困难，可以求人帮忙；同时，别人有困难时，自己也应主动帮忙。这才叫作互帮互助。不能有事有人，无事无人。这种自私心理，将会

失去周围的好朋友。

❻ 忌不表示感谢：不管别人是否帮你解决了困难，都要对别人有感谢的表示。因为有些困难不是别人不想帮你，而实在是力所不能及的缘故。因此，那种帮忙成功了，就感谢别人；帮忙不成功，就不理别人的做法是不好的，容易伤人感情。

⭐ 204. 开玩笑的禁忌

❶ 开玩笑要看自己的身份、地位和相互的关系：一般来说，在同辈、同级、亲密朋友之间开开玩笑，大多无妨。如果对一个不太熟悉的朋友贸然地开玩笑，会使对方愕然，甚至尴尬。对长辈、领导随便地开玩笑，则可能显得对他们不够尊重；而有时领导和被领导开开玩笑，则可以显得很随和，当然也要有分寸。

❷ 开玩笑要看对方的心情：对方心情愉快时，开玩笑会增加愉快；如果对方的心情烦恼、愁肠百结，还和他开玩笑，就叫"不知趣"了。

❸ 开玩笑不要使对方感到有损他的形象。

❹ 开玩笑应该是善意的，而不是取笑、嘲笑对方，更不是恶作剧。

❺ 每个人的心中都有一块不希望被别人侵犯的领地，开玩笑必须避开这块领地。要学会尊重别人，就要尊重别人所尊重的东西。

❻ 有的玩笑开一次、两次还可以，开多了

就没意思了。

❼ 开玩笑也要看对象，要察言观色。对方如果心情开阔、性格开朗，玩笑略为过些头，多半无妨；对方若是计较顶真，以少开玩笑为宜。

205. 节假日十忌

❶ 忌过分激动：节日里亲朋会聚，极易使人激动，但是过于激动有害人的身体健康。现代医学把过于强烈的情绪变化视为休克等生理机能发生紊乱的原因之一。祖国医学也主张七情不宜过激，并有"喜伤心"之说。因此人们在节日相聚时，应该适当控制情绪变化，保持情绪稳定。

❷ 忌娱乐过度：节假日应以休息为主，娱乐为辅。娱乐活动过度，直接干扰了饮食、睡眠等其他正常的生理活动，而且还会由于中枢神经的某一部位过度兴奋而引起头痛、头晕、恶心等症状，甚至导致一些慢性病的复发。

❸ 忌暴饮暴食：大量进食超过胃肠的承受能力，会引起消化不良和食欲不振，甚至导致急性胃扩张、急性胃肠炎、急性胰腺炎等疾病。

❹ 忌饥饱不均：节假日期间，忙于待客，观看文艺节目，饥饱不均是常事。但食物在体内的消化、吸收自有规律，规律被打乱，过饱过饥对身体都有害。

❺ 忌过多饮酒：美酒是节假日必备的。少量饮酒对于通血脉、增食欲都有益处。但是无论什么酒，其主要成分都是乙醇，多饮必有害。如果彻夜酗饮，毫无节制，必致酩酊大醉，伤害肠胃，损伤大脑，得不偿失。

❻ 忌食腐败食物：节假日食物充足，但是久置易使食物变质腐败。食用时应多加注意，而且节假日购置食物一定不要过多。

❼ 忌放任孩子：节假日休息，放任孩子是常事。这就有可能出现意外伤害，如烫伤、烧伤、爆竹炸伤等，家长千万不可大意。

❽ 忌违章行车：节假日期间人多车多，探亲访友千万不可性急。切莫扒车、挤车、拦车、飞车，以防车祸。

❾ 忌房事过度：节假日若房事过于频繁，生殖器官和性神经得不到很好的休息，易产生疲劳，或因身体虚弱而引起疾病。

❿ 忌远离应急药物：节假日送来迎往，串门探友，情绪兴奋，饮食繁杂。在这种时候，应当检查一下自己的应急药物是否过期失效，是否带在身旁，以备急用。

206. 舞场注意事项

舞场不仅是一个娱乐场所，同时还是一个人际交往的场合。所以在舞会中一定要讲究文明礼貌。

❶ 忌忽视仪表：要注意自己的仪表美。男性服装要整洁，发型要协调，要给人一种充满青春活力，举止潇洒大方的印象；女性应显得美丽端庄，热情活泼但又不轻浮。

❷ 忌不合群：参加舞会就是要多认识新朋友，拓展社交圈。如果你谁也不搭理，

只是自顾自地吃吃喝喝；或是因为不擅交际，便跑到墙边当壁花，这都不合舞会应有的礼仪。而一个尽责的舞会主人则应该带新朋友绕场一周，看看能介绍什么人让他认识；如果想不到有什么话题，不妨就从自己开始聊起。

❸ 忌盯着别人喋喋不休：舞会主人要招呼的宾客不只是一两个人，某位客人到达之后，主人与他寒暄几句，就该适时地把他介绍给其他人，以免冷落了其余的客人。

❹ 忌饮酒过多：如果舞会上有酒来助兴，那一定要注意适量，不要饮酒过多，导致醉酒，给自己给别人造成尴尬局面。作为主人不妨在美酒旁置备小点心和牛奶。

❺ 忌大吃特吃：舞会上如果准备了一些供客人品尝的小点心，切忌站在餐桌旁大吃特吃，这样会给人很恶劣的印象。所以，既为了避免自己饿，又不至于吃太多，不如去之前就先吃点东西来垫垫底。

❻ 忌没有礼貌：跳舞时，一般的习惯是男方邀请女方，女方尽量不要拒绝，如果已答应别人，则应向对方说明情况并表示歉意。每曲结束后，男方要把女方送回座位处，并点头致谢。

❼ 跳舞时忌过多说话：更忌大声说话。同时，双方忌搂得太紧，娇态百出。另外，忌光顾和别人跳舞而把自己的爱人丢在一旁不管。只有人人讲究舞会中的礼节，才能保持良好的舞会气氛和秩序。

207. 不宜跳舞的人群

❶ 月经来潮时过量活动，可导致月经量增多，经期延长，甚至可诱发腹痛、腰痛，以及内分泌功能失调。因此，经期女性尽量不要跳舞。

❷ 内脏下垂者：患有胃、肾下垂和脱肛的人，如长时间跳舞，会使脏器脱垂加重，而不利于康复。

❸ 心血管患者：患有心脑血管病或高血压者，由于情绪激动或剧烈运动，常常会引发心绞痛、脑血管意外等严重并发症。

❹ 妊娠早期的孕妇：较长时间的活动及情绪激动，可能会造成流产，同时可使习惯性流产者病情加剧。

❺ 过量饮酒者：大量饮酒或是醉酒后身体常失去自我控制能力，步履不稳，不但容易摔倒跌伤，而且会给舞场带来干扰，令人生厌。

❻ 患传染病者：如患感冒、流行感冒、肺结核、病毒肝炎等患者，不宜参加舞会，因为这样不仅会使病情加重，而且会将病毒传染给他人。

❼ 身体虚弱者：因跳舞运动量较大，消耗体力较多，有时由于旋转过多，会出现头晕眼花甚至天旋地转之感，重者会出现休克。

208. 用筷子最忌讳的十种行为

餐桌是反映人的文明修养的一个小天地，而用筷则是在这个小天地中人的文明修养的一个主要的反映。下述"十筷"是用筷的大忌。

❶ 忌半途筷：夹住菜肴又放下，再夹另一种菜。

❷ 忌游动筷：在盆碗里这挑挑，那夹夹，犹豫不定。

❸ 忌窥筷：手握筷子，目光在餐桌上瞄来瞄去。

❹ 忌碎筷：用嘴撕拉弄碎筷头上的菜肴。

❺ 忌刺筷：以筷当叉，挑刺起菜肴往嘴里送。

❻ 忌签筷：以筷当牙签，挑捅牙缝。

❼ 忌泪筷：筷头上的卤汁在持筷时像眼泪一样滴个不停。

❽ 忌吮筷：用嘴吮舔筷上的卤汁。

❾ 忌敲筷：用筷敲打碗盆。

❿ 忌点筷：用筷指点主人、客人或厨师。

⭐209. 餐桌交谈禁忌

❶ 急于要和近旁的某人交谈时，不要先用手碰人一下。

❷ 最好不要隔着人交谈，特别是隔着两个人以上；尤其不要大声与餐桌对面的人谈话。

❸ 同身旁的人说话时，注意不要把背向着另一个人。

❹ 满嘴吃东西时不要交谈：不要为了急于想讲话而吃得太快，不要一次往嘴里塞很多食物。如有人跟你说话时，应等嘴里的

食物咽下后再开口。

❺ 若不是主人，就不要过分地向旁边的女士劝菜，为动员她多吃而讲个不停会惹人讨厌。

❻ 不要对餐馆的菜食烹调评论挑剔，也不要抱怨服务员的工作。

❼ 若因健康或习俗等原因，不能吃某道菜时，不要明显地表示拒绝或厌恶，更不要做太多的解释，尤其不要谈自己的疾病。

❽ 与近旁的人说话，声音不要太高，但也不要耳语。如果不便公开讲，则应在另外合适的场合再谈。

❾ 不要打断别人说话，也不要打听餐桌上别人谈话的内容。

❿ 控制一下自己说话不要过多，口若悬河地一个人长谈，是让人厌烦的。不要与别人争吵，不要因与对方交谈不融洽而显露不悦之色。

⭐210. 夏季文明禁忌

❶ 不要袒胸露背，尤其是男子，不要在公共场合脱掉上衣或者卷起上衣露出肚子。

❷ 不要穿带有汗味的衬衣，穿着要整洁。

❸ 不应满身汗味、气喘吁吁地参加社交活动，不要因热而不注意应有的仪表。

❹ 不应穿背心、短裤和拖鞋外出会见同事

和好友。

❺ 乘凉、聊天时，不应当着别人的面抠脚、搓身上的泥，女性不要用裙子来扇风，要注意坐姿。

❻ 天热难以入睡，不要因此而不顾左邻右舍，大声说笑、喧哗等，影响他人的休息。

⭐ 211. 送礼禁忌

　　传统的、宗教的、人情的送礼都要小心。送礼要送得双方皆高兴可不容易呢！有时候你一份辛辛苦苦寻觅

的礼物，却因为触犯他的禁忌，而让对方不悦甚至生气，真的是颇冤枉！

❶ 忌送十分私密的礼物：对交情不够深的朋友，最好不要送一些有"暗示性"的礼物，如贴身衣物、领带。否则会让人有所误会。

❷ 忌送非常实用的礼物：这个建议特别是相对那些只懂得买家庭用品给自己喜爱的女人的男士们。实用的礼物不但没有想象力，更没有心思。应该记住你是送礼物给一个人，而不是给这个家庭。送礼要在实用和不实用之间，掌握好度。

❸ 忌送衣物：衣物作为礼物是个很不明智的选择，不要说色彩和款式真是千人千好，难以揣摩，关键的障碍是尺码——瘦了固然麻烦，肥了也惹人不快。

❹ 忌送二手货：始终还是新的好。因为没有人会喜欢收到二手货。

❺ 忌送鲜货：即使是给热爱烹调的主妇送

礼，也以不送鸡鸭鱼肉菜蔬为上。保鲜上的困难不说，它拿来就做、进口就吃的特性会让它作为礼物的意思大大蜕化。顺便说一句，送营养品、食品、化妆品应注意保质期，否则会很尴尬。

❻ 礼物上不可有标签：一般认为礼物上贴着价签，是不礼貌的，会给对方一种等待回赠的感觉。对想表达心意的你来说，也是不聪明的。

❼ 礼物不可没有包装：礼品不同于自用，好的内容重要，好的形式更添彩。送礼原则是尽可能地选漂亮包装。

❽ 切莫送一些会刺激别人感受或禁忌的东西：例如，送给一位基督徒一尊佛像，就算那是一件古玩也是不妥的；送给老一辈的长者钟（与"终"谐音）也在禁忌之列。不过新一辈的人对于送钟、伞这类物品的忌讳不大，若真想避免这类不吉利的谐音字，可以在送礼时，向受礼者要一块钱，表示这份礼是他用一块钱"买"的，避去"送终""送散"的意思。

❾ 送礼时切忌偷偷摸摸，应当落落大方。

❿ 送礼时最好直接送到对方居所，不要在工作场所赠礼，以免有"贿赂他人"之嫌。

养生保健禁忌

——从点滴做起，健康之福享不尽

212. 笑的作用不容忽视

　　笑是非常有益的一种活动。一次普通的笑，能使人体的横膈膜、胸、腹、心脏、肺乃至肝脏都得到有益的锻炼。另外笑还可以排除呼吸系统中的异物，还能加速血液循环和调节心律。放声大笑，特别是捧腹大笑，可使你面部、胳膊和腿的肌肉放松，从而解除烦恼。所以说笑是一种天然的镇静剂，它可减轻头痛和背痛等疾病。没有笑，人就容易患病，因此不要忽视笑的作用。

213. 剧烈运动后马上休息易使人晕倒

　　因为从事剧烈运动时，心跳加快，肌肉、毛细血管出现扩张，血液流动也相应加快。另外，肌肉节律性地收缩，会挤压小静脉，促使血液很快地流回心脏。如果这时突然停下来静止不动，肌肉的节律性收缩就要突然停止，原先流进肌肉的大量血液，不能通过肌肉收缩流回心脏，以致大部分血液在肌肉中积存，从而造成血压降低，致使供给脑部的血液也相应减少，从而出现暂时性脑缺血，此时会感到心慌气短、头晕眼花、面色苍白，甚至晕倒。因此，剧烈运动后忌立即休息。

214. 剧烈运动后立即热水浴会危及生命

　　在剧烈运动后，如果立即热水淋浴，同冷水浴一样，是有一定危险的。因为人在剧烈运动时，心率加快，肌肉内的血流量增加。此时如果一旦停止运动，增加的心率和血流量还要维持一段时间，才能恢复正常。人停止运动以后，如果马上进行热水淋浴，就会增加皮肤内的血液流量。血液过多地流进肌肉和皮肤，结果会导致心脏和大脑的供血不足，从而出现头昏眼花的问题。年老体弱者、潜在性心脏病患者、肥胖超重者、高血压动脉硬化患者，都具有更大的危险。因此，剧烈运动后忌立即热水淋浴。

215. 高度近视者不可剧烈运动

高度近视的人，做剧烈运动会使视力严重受损。这是因为高度近视的人，视网膜都有了不同程度的变性，眼睛的玻璃体由胶状变成液态，玻璃体可同变性的视网膜产生粘连。当头部受到剧烈震动以后，已发生变性、粘连的视网膜就会因此而牵拉并且破孔，使液化的玻璃体经破孔直接

进入视网膜下，从而导致视网膜脱离而严重损害视力，甚至失明。此外，下列几种人也不宜进行剧烈运动：

❶ 孕妇：孕妇运动过量容易引发子宫收缩从而导致流产、早产。所以，孕妇做适量

运动是有益的，但要掌握运动量，不宜过度。发现身体不适、腹部疼痛、下身出血应尽快就医。

❷ 感冒患者：感冒一般应该用发汗药治疗。虽然运动也能发汗，并且还可免去吃药之苦，但危害很大。因为80%以上的感冒是由于病毒感染引起的。如果感冒后参与剧烈运动，如跑步、打篮球等，可能会导致病毒侵犯心肌，进而并发病毒性心肌炎。

❸ 冠心病患者：他们本来心肌就有不同程度的缺血或缺氧，如果此时再参加剧烈的体育运动如拔河、长跑、踢足球、打篮球等等，则会更进一步增加心肌的耗氧量，很容易诱发心力衰竭、心肌梗死等病症。

❹ 肾炎初愈者：肾炎愈合后活动如果过于激烈，则容易引起肾血管收缩，肾血流量减少，从而使肾小球的过滤功能降低，对肾炎的完全治愈极为不利。

216. 夏季锻炼的禁忌

❶ 夏季锻炼后不要大量喝水：大量饮水首先稀释了胃液，降低了胃酸浓度，不利于消化；其次给心脏带来严重的负担。另外大量出汗使体内的盐分减少，只大量饮水而不补充盐，常会引起嗜睡、头痛、恶心、软弱无力和抽筋等症状。

❷ 忌在强光下进行体育锻炼：夏天12~15点阳光中的紫外线格外强烈，日光中的红外线会直接透过皮肤、毛发、头骨射到脑和脑膜细胞，从而引起类似中暑的症状。因此，夏天进行体力活动要注意中暑的防护。

❸ 忌锻炼后立即洗澡或是吹电风扇：锻炼后，全身各组织器官新陈代谢加强，皮肤中的毛细血管大量扩张以利于散热，如果

此时马上洗澡或是吹电风扇，毛细血管和张开的汗腺会收缩和关闭，使人感到热不可耐，并易患伤风感冒。

❹忌锻炼后大量吃冷饮：由于肌肉的剧烈活动，会迫使机体内血液的重新分配，大量的血液将流向运动着的肌肉和体表，从而消化道则暂时处于贫血状态。冰冻饮料温度太低，吃进胃内以后，对于已处于贫血状态的胃产生强烈的刺激，容易损伤其功能。轻者引起呕吐、腹泻、腹痛等急性胃肠炎，重者为以后患慢性胃炎、胃溃疡疾病埋下了祸根。

217. 冬季晨练不利健康

"不畏寒冷，练就一身铁筋骨"是说冬季锻炼的好处。然而，从养生学角度说，冬季早晨却不宜锻炼。

因为地面空气的洁净程度，随着季节和时间的变化有着明显的差异。一年之中，夏秋两季，地表空气较为洁净，冬季最差。冬季每昼夜还有最差的高峰时间，一个在上午8时以前，另一个在17～20时，造成这个差异的主要原因是，冬季清晨气温低，地表温度又低于空间温度，而空中还有一个"逆温差"，使接近于地面的污浊空气不易稀释扩散；冬季，清晨雾也较多，许多有害的污染物会附着雾气飘于低空。加之冬季黏附尘埃的绿色植物极少，从而造成冬季清晨空气的洁净程度最差。如果冬季过早起床锻炼，空气中的污染物通过呼吸大量进入人体，而人体冬季的代谢能力也差，抗病能力下降，不利于人体健康。当太阳从东方升起时，地面温度逐渐升高，覆盖了地面上空的"逆温层"逐渐上升，地表污浊空气也就随之上升而扩散，此时锻炼才无碍于健康。

218. 清晨不要在花木丛中做深呼吸

清晨，人们总喜欢到树林、花草丛中做深呼吸，以为这些地方的空气好，但实际上，恰恰相反。我们知道，绿色植物的代谢过程包括光合作用过程和呼吸作用过程，光合作用仅在白天有太阳时进行，植物叶绿素吸收太阳辐射，能将二氧化碳和水转化为有机物质，同时放出氧气；呼吸作用则昼夜进行，植物吸收氧气分解体内有机物质获得能量，同时放出二氧化碳。清晨，光照较弱，加上温度低，光合作用十分微弱，植物尚不能释放出氧气，又由于整个夜间积累效应，树林或花草丛中二氧化碳的浓度较大，在这种环境中做深呼吸就会吸入大量二氧化碳，对身体产生不良影响。

同时，清晨做深呼吸不宜过度。持久过度的深呼吸，可能引起呼吸暂停现象，反而有害健康。人体血液中需要含有一定量的二氧化碳，以反射性地引起呼吸中枢的兴奋，维持正常的呼吸功能，如过度深呼吸1～2分钟，容易使二氧化碳一时排出过多，当动脉血液中二氧化碳分压由正常的40毫米汞柱降低到1.5毫米汞柱以下时，就可引起呼吸减弱，甚至暂停。所以做深呼吸应缓慢均匀，适可而止，做到呼终而吸，吸终而呼，不要过度。

219. 跑步锻炼的禁忌

❶早晨起床后不要立即就跑，而应先进行一些简单的热身运动，将全身的关节活动开，特别是腿部和脚部，以免跑步时扭伤。

❷早晨跑步不宜过早，尤其是冬季：过早

外出跑步，夜间空气中的许多有害物质尚未散去，对身体健康不利。

❸ 不要在大雾中进行跑步锻炼：雾中含有许多有害物质，如酸、碱、盐、胺、苯、酶等，同时还黏带有一些灰尘、病源微生物及寄生虫卵，人在雾中跑步，容易引起鼻炎、喉炎、气管炎等一些过敏性疾病。而且由于雾中氧气稀薄，会导致机体供氧量不足，因而出现胸闷、乏力等不良反应。

❹ 跑步时不要穿着太多：因为跑起来之后，很快就会热起来。如果穿得太多。就会出现多汗的现象，反倒容易着凉。宜穿一些疏松透气宽大的运动衣。

❺ 跑步时忌穿皮鞋或是拖鞋：鞋不合适，极宜造成关节的扭伤和跌倒。

❻ 跑步时忌脚跟着地：用脚跟着地，会使身体各部位，包括脑和内脏器官产生很大

的震动，容易影响这些部位的正常功能。而且长期脚跟着地，还会造成膝关节的损伤和脚后跟痛的毛病。

❼ 不要在柏油路等硬路面上跑步：由于柏油路等地面较硬，对身体的反作用力很大，会造成腿的负荷加重，易使脚掌疲劳，关节受到损伤，时间长就导致关节炎、腱鞘炎等症，严重的可使骨膜发炎。

❽ 空腹不宜长跑：因为空腹跑步时胃里没有食物，能量供应不足，使胃液分泌旺盛，容易引起胃痛和十二指肠溃疡。所以跑步前适量吃点点心。

❾ 跑步之后不要立即停下来：大运动量长跑之后突然停下来，会使血压发生较大的变动和出现严重的心律失常。正确的方式应该是先放慢跑步的速度，停下来之后，再做一些简单的放松活动。

220. 肥胖者长跑易导致膝关节肿痛

肥胖者不宜长跑：因为肥胖者长跑会造成其支撑器官的"超负荷"工作。可导致膝关节、裸关节肿痛、炎症性疼痛、挫伤等。此外，下列几种人也不宜参加跑步锻炼：

❶ 儿童：因其器官尚未发育成熟，跑步易耗伤阴液、损伤阳气，影响健康。

❷ 心血管系统疾病患者：患此类疾病者跑步应慎重，如患有严重高血压、心脑血管疾病、支气管炎等疾病的人。因为这些患者在跑步时，机体耗氧量增加，易导致机体缺氧，诱发心肌梗死或脑血管意外。

❸ 各种内脏疾病患者：如肝炎患者转氨酶升高、活动性肺结核、急性肾脏病等，此类病的患者在急性发作阶段期也应忌跑步。

④ 具有出血和出血倾向的患者，如消化道出血者、支气管扩张出血者等。

⑤ 对于多种疾病引起发热的人，也应暂时停止跑步。

⑥ 患隐匿性疾病的人忌跑步。否则会引发身体潜在的疾病。如患有胆结石的人，虽然从来未发过病，但是，即使是慢跑也可能使位于胆囊底的结石，震落到胆囊颈部而引起心绞痛。

221.空腹游泳易发生意外

游泳要消耗大量的热量和体力，人饥饿时血糖浓度本来就已降低了，空腹游泳会导致体内血糖更加降低，而出现头晕、目眩、肢体乏力等低血糖症，容易发生意外。此外，喜好游泳的朋友还须注意以下几点：

❶ 忌饭后立即游泳：这样会使本应该流向肠胃的血液流向四肢，引起不消化，导致肠胃疾病。

❷ 忌酒后游泳：酒能使毛细血管扩张，饮酒后游泳，凉水一激，容易引起胃病或是肌肉痉挛，发生意外。另外，酒精还能麻痹神经，万一遇险时不能及时做出快速的反应，就容易发生危险。

❸ 忌剧烈运动后游泳：剧烈运动和劳动后，身体疲劳，大汗淋漓，身体机能反应迟缓，下水后容易产生因运作不协调而引起呛水现象，还会使张开的汗腺孔和毛细血管急剧收缩，出现肌肉痉挛。

❹ 忌没做准备活动就游泳：游泳前的准备活动一定要充分，必须将腰背、四肢、头颈、关节充分活动开，否则易引起抽筋。

❺ 忌不了解水情游泳：游泳前首先要摸清水深、水底岩石、水草分布情况，划分浅水、深水区域。

❻ 忌随便下深水游泳：有些人没有熟练的游泳技术，便急于去深水处游泳，这是很危险的，容易发生事故。

❼ 忌租借游泳衣裤：游泳衣裤穿时直接接触皮肤，衣上沾染的细菌可以传染皮肤病，而且还会传染阴道滴虫病、霉菌病以及其他寄生虫病。因此游泳衣裤应自带自备，切忌租借使用他人的。

❽ 忌游泳后不洗漱：无论是在游泳馆，还是在天然游泳场里游泳，游完后都要进行洗漱。因为游泳池里的水通常都加入一定量的漂白粉，这样在水中会产生一定浓度的次氯酸和高氯酸，对人的牙齿和皮肤都有一定的伤害，所以游泳后要进行洗漱。天然浴场的水质也并非完全卫生，含盐性比较大，对皮肤有刺激，故游泳后要及时进行洗浴。

❾ 忌游泳后马上进食：游泳后宜休息片刻再进食，否则会突然增加胃肠的负担，久之容易引起胃肠道疾病。

222.高血压患者游泳易诱发中风

顽固性高血压病患者不宜游泳，因为游泳有诱发其中风的可能性。此外，下列几种人也不宜游泳：

❶ 癫痫病患者：患此病者不宜游泳，以免万一发作，出现不可挽回的意外。

❷ 有开颅手术史的人。

❸ 某些严重的心脏病患者：如先天性心脏病、严重冠心病、风湿性瓣膜病、较严重心律失常等患者，对游泳应"敬而远之"。

❹ 中耳炎患者：不论是慢性还是急性中耳炎，因水进入发炎的中耳，等于"雪上加霜"，使病情加重，甚至可使颅内感染等。

❺ 急性结膜炎患者：这是一种传染性极强

的病菌，万一进入流入水中，造成的传染后果令人不堪设想。

❻ 某些皮肤病患者：如各个类型的癣，过敏性的皮肤病等，不仅诱发荨麻疹、接触皮炎，加重病情，而且会传染给他人。

❼ 女性月经期：此时游泳极易感染上病菌。

❽ 妊娠前后期：为避免流产或是早产，不应游泳。

223. 不适合进行海水浴的人

大海使人心旷神怡，海水使人身体健康。但这并不是每个人都能享受的。以下几种人不宜享受海水浴。

❶ 患有严重的脑血管病、高血压、心力衰竭、冠心病、近期内有心绞痛症状者，精神病、癫痫以及对海水过敏者，忌海水浴。

❷ 患有某些传染病，如传染性肝炎、传染性皮肤病、红眼病、痢疾等，在未彻底治愈并经过一段时间巩固恢复者，忌海水浴，否则会传染给别人。

❸ 患肾结石、肾炎、支气管哮喘、肝硬化、出血倾向、中耳炎、鼓膜穿孔等病患者，忌洗海水浴，否则可能使病情加重。

❹ 年老、身体过度虚弱、高热及妇女月经期、妊娠期都忌海水浴。

224. 冬泳的注意事项

❶ 忌不顾个人身体状况冬泳：冬泳必须根据个人身体状况和能力来进行。冬泳应以游后舒适、轻松为宜。可从夏季开始，坚持下来。冬泳开始一段时间，可每天早、晚用冷水洗脸、刷牙、洗脚、洗头、擦身。这样做可促进各部位的血液循环，特别是能提高鼻腔黏膜对寒冷刺激的抵抗力，从而防止冬泳时感冒。

❷ 忌入水前准备活动不充分：入水前一定要在地上跑跑跳跳、做体操等陆地活动。游时应脚先入水，然后立于水中洗头，洗脚，并往身上撩水，最后再全身入水。切忌一下子跳进水里，以防不适应水温出现意外。

❸ 忌潜泳：以防被冰凌扎伤。

❹ 忌入水前心理过于紧张：在5℃的水温里冬泳，呼吸感到困难，这个时候请不要怕，要猛游几下，呼吸就会恢复自如。因温差的关系，出水后寒冷颤抖和手脚僵痛，这都属于正常现象，经过一段时间的锻炼便会逐渐克服。

❺ 忌入水前和出水后喝酒：入水前喝酒容易使人的神经受刺激或身体发热过快，出现水中昏迷窒息等问题。出水后喝酒则会刺激心脏，或使血液循环过速而发生意外。

❻ 出水后忌骤然走进高温屋中或用火烤：因为骤冷骤热易产生关节炎或其他疾病。出水后要马上穿好衣服，做好适当的活动，以使身体尽快恢复正常。

❼ 忌饭后、睡前冬泳：饭后游泳容易发生腹痛和腹泻。睡前游泳对身体也很不利。因为经过一天紧张的工作和劳动，机体反应能力处于低潮，经冷水刺激，使神经兴奋从而影响睡眠。所以说冬泳最好在早晨或下午进行。

❽ 忌冬泳时能量消耗过大：初练者的次数忌多、忌久，否则身体热量散失较大，皮肤出现"鸡皮疙瘩"，口唇变得青紫、周身冷、打哆嗦。因此，初练者游的次数以每周两次，每次5分钟为宜。经过一个时期的锻炼，上述现象就会逐渐地消失。

❾ 忌忽视泳后卫生：泳后应即用软质干巾擦去身上水滴，滴上氯霉素或硼酸眼药水，擤出鼻腔分泌物。如若耳部进水，可采用"同侧跳"将水排出。之后，再做几节放松体操及肢体按摩或在日光下小憩15～20分钟，以避免肌群僵化和疲劳。

225. 饭后不宜散步的人

❶ 高血压和动脉硬化的患者：饭后消化器官的血液循环量会大大增加，而身体其他部位的血体循环则会相对减少，轻者表现为眼花、周身乏力，重者可因血压突然下降而出现头晕。

❷ 胃下垂患者：饭后应平卧半小时后才能下床活动。如饭后立刻散步，则会加重胃

下垂的程度，故应忌之。

❸ 肝炎患者：饭后活动，会影响食物在胃内的消化，食物很快进入肠内，肠道难以充分吸收，致使引起腹胀不断加重。

226. 家庭公共卫生禁忌

一个美满、幸福的小家庭，往往注意个人和家庭环境的卫生，但有时却忽略家庭的公共卫生，"亲密无间"往往会带来意想不到的危害。以下几个方面，请您在家庭生活中加以注意：

❶ 洗脸毛巾应严格分开，不能数人混用一条毛巾：用同一条毛巾洗脸，容易传染眼疾、皮肤病和其他疾病。洗脸盆有条件的也宜分用，无条件的也不要为了节约一点水而合用一盆水。

❷ 刷牙时禁忌数人合用一把牙刷：这样既不卫生，又容易传染牙病，或引起其他疾病。

❸ 碗筷最好分开用：如无条件，碗筷应消毒后再用，简单易行的方法是用开水烫一下。

❹ 提倡家庭分食制：以改变菜肴你拣他挑的不卫生习惯，这样既有利于卫生，又有利于身体补充多种营养成分，尤其对偏

食、挑食的孩子极为有利。

❺ 不要同饮一杯茶：各人的茶杯最好分用，客人另备，并及时消毒。吃糖果切忌一个人用手抓给他人，应将糖果食物等放在盒或盆内，宜各人自取。

❻ 饮食前应自觉洗手，有利全家人的健康。洗脸盆应与洗脚盆分开，女性洗下身应另备盆，忌用洗脚盆代替。

❼ 家庭成员中，有一人患了传染性疾病时，应有相应的隔离措施，患者餐具应专用，一定要进行消毒。

227. 洗澡次数不宜过勤

洗澡可以清除皮肤上的污垢，促进血液循环。坚持经常洗澡对人体是非常有好处的，但并非越勤越好，如果洗澡过勤，会使人体所分泌的深层保护皮肤的皮脂减少，尤其是皮脂本来就少的老年人，洗澡过勤会使皮肤变得干燥，失去其保护作用，细菌则会乘虚而入，使皮肤染上疾病。

夏季人体分泌旺盛，出汗较多，可以每天洗一次。而冬、春、秋季天气不热，洗澡的次数可因人而异。身体较胖和皮脂腺分泌旺盛者，可适当增加洗澡次数。老年人皮脂腺分泌减少，可适当减少洗澡次数。

228. 洗澡时间过久易使人昏厥

据报道，自来水中含有三氯乙烯和三氯甲烷，当水被加热后，就有80%的三氯乙烯与50%的三氯甲烷被蒸发出来，弥散在浴室而被吸入人体。淋浴时间越长、越热，弥散在空气中的有毒物质就越多，因而被人体吸收的也越多，很容易使人昏

厥或窒息，因而洗热水淋浴不宜过久，以15～30分钟为宜，以防心脑缺氧、缺血。

229. 洗澡水温不宜过高或过低

洗澡水的温度应与体温接近为宜，即35～37℃。

若水温过高，皮肤、肌肉血管扩张，血液存积于全身，回心血量减少，供应大脑和心脏的血液随之减少，加之出汗多丢失体液，极易造成晕倒甚至心脏病发作。孕妇洗澡水温过高，还能导致胎儿缺氧，影响发育。

夏季洗冷水澡要适度。洗澡水过冷会使皮肤毛孔突然紧闭，血管骤缩，体内的热量散发不出来。尤其是在炎热的夜晚，洗冷水澡后常会使人感到四肢无力，肩、膝酸痛和腹痛，甚至可成为关节炎及慢性胃肠疾病的诱发因素。一般夏季洗冷水澡的水温以不低于10℃为好。

230. 常用搓澡巾易损伤皮肤

现在，越来越多的人放弃了原来的普通毛巾，用起了搓澡巾。然而，除了使用方便外，尼龙搓澡巾对皮肤健康几乎没有什么益处。

首先，搓澡巾质硬而粗糙的表面直

接损伤皮肤，使表皮角化层过多地被搓擦而脱落，保护作用减弱。人体表面有一层覆盖全身的上层细胞脱落层，俗称"死皮肤"。它的厚度仅0.1毫米，但却十分重要。因为它呈弱酸性，能有效地阻挡病菌及有害射线，是人体的一道天然防线。这层皮肤的更换速度极缓慢，最快的部位也需要十几天，而上臂内侧则需要100多天。洗澡时用搓澡巾狠搓会使这层皮质遭到破坏，病菌及有害射线就可乘机而入，以致使皮肤感染，甚至发展成疖肿、败血症。所以，洗澡时，应该轻搓皮肤，肘窝、腋窝、会阴等嫩软处更要格外轻一些，切忌用尼龙搓澡巾等物狠搓。

其次，使用搓澡巾，还可传播一些皮肤传染病。传染性软疣就是一个典型例子。传染性软疣俗称水瘊子，是由传染性软疣毒引起的一种常见皮肤传染病。正常的皮肤表面有皮脂腺、汗腺分泌物形成的酸性保护膜以及角质层的保护，病毒不易侵入。当皮肤的保护作用减弱或有微小缺损时，病毒就钻入皮肤引起一个瘙痒的丘疹。这些丘疹内有病毒存在，一旦被抓破或搓破，病毒就会传播开来，引起更多的皮疹。据调查，使用搓澡巾的人患这种病的机会要比不使用的人高4～10倍。尤其是与他人共用搓澡巾，传染的机会更多，经常使用搓澡巾，还容易得疖子、脓疱疮等皮肤病。因此，许多医生呼吁人们慎用或不用尼龙搓澡巾，即使使用，也不能用力搓擦，更不能全家共用一个搓澡巾。

231. 空腹洗澡易引起低血糖休克

人在洗澡时，皮肤血管扩张，血流旺盛。相反，消化道的血流量相对减少，消化液分泌减少，消化功能便相应低下。

因此，饱餐后忌立即洗澡。另外，空腹时也忌洗澡，因其容易引起低血糖休克等问题。所以不饱不饿时洗澡最为适宜。

232. 洗澡时先洗头后洗脸易使面部冒痘痘

洗澡的正确顺序应为：先洗脸，再洗身子，后洗头。当你进入淋浴房后，热水一开，就会产生腾腾蒸气，而人体的毛孔遇热会扩张，所以如果当你在此时没有先将脸洗干净，脸上积累了一天的脏东西，便会趁你毛孔大门开启之时，潜入你的毛孔。久而久之，你的毛孔便会被这些脏东西挤得越来越大，占据着本不应该属于它们的领地，你脸上的痘痘也会愈冒愈多。而头发在蒸气的氤氲中得以滋润，当全身清洗完毕后，洗头的最佳时刻即已来临。

233. 出汗后马上洗冷水澡易诱发多种疾病

人在出汗时，人体的新陈代谢旺盛。为了保持温度的恒定，皮肤表面血管就要不断扩张、汗孔开大、排汗增多，以便散热。此时，如果洗冷水澡是有害无益的。由于冷水的突然刺激，皮肤血管必然立即收缩，血循环阻力就会加大，心肺负担加重，同时机体抵抗力降低，人体潜在的细菌、病毒会乘虚而入，从而引起各种疾病。因此，出汗后忌立即洗冷水澡。

234. 生痱子的人不要用冷水洗澡

夏天天气炎热，大汗淋漓，如果汗液排出不畅，则生痱子。此时如用冷水洗澡，虽能解一时燥热，但却加剧了痱子的厉害程度。因为冷水洗澡，具有使汗腺收缩的作用，不利对汗液的排出。如果此时再使用肥皂，因碱性刺激，还可引起汗腺发炎，从而使病情加重。因此，生痱子忌冷水洗澡。

235. 冷水浴时间过长易使人失眠

人体对冷水浴的反应，一般分为三个时期：即"温暖期""寒冷期"和"寒战期"。正确的淋浴应该是在温暖期末结束冷水浴，一般不要发展到寒战期，也可在刚有轻微寒战的预兆时迅速结束，以毛巾擦干身体，如果冷水浴时间过长，就会出现身软无力、头部发胀、夜不能寐的症状。

236. 不可进行"桑拿浴"的人

近年来，桑拿浴成为一种新的消费时尚，可是并非人人都适宜进行桑拿浴。

桑拿浴是利用高热空气将浴室保持在较高的温度中，使浴者大量出汗，达到消除疲劳、减肥健美、辅助治疗某些慢性疾病的目的，浴后80%的人感到舒服、轻松，皮肤有光洁、细腻感，部分患有痔疮、皮肤瘙痒、关节疼痛等疾病的人，进行桑拿浴后，病情好转，症状减轻。然而桑拿浴室因通风不好，浴者呼出二氧化碳

不能排出室外，积聚在浴室中，使浴室的二氧化碳浓度加大。据调查，桑拿浴室内的二氧化碳的浓度比一般的居室大2~5倍，比电影院中高出2倍。虽然一般人短时间内在这样高的二氧化碳环境中不会受到重大的伤害，但是有一些人会有暂时的不适反应，如浴后头晕、恶心、心慌等。大多数人进行桑拿浴后，血管扩张，心跳和脉搏加快。

因此，桑拿浴虽好，并非每一个人都适宜。对于患有心脏病、重症高血压、低血压、糖尿病、肾炎等疾病者一般不宜进行桑拿浴。老年体弱多病者进行桑拿浴也要慎重。

237. 洗脸过于频繁的人易衰老

洗脸过于频繁的人很容易衰老。人的面部有一层很薄的保护皮肤的皮脂膜，每次洗脸之后，这种皮脂膜需在 2～3 小时后才能再度形成。如果每天洗脸过勤，皮脂膜还未形成就又遭到破坏，这样做只能使皮肤受到更多的刺激。因此我们要想延缓容颜的衰老，就得把刺激限制到最小限度。一天之内，以早、晚各洗一次脸为宜。此外，洗脸还需注意以下几点：

❶ 忌水温过高：因为人的面部微血管分布最密，脂肪层也最厚，这是人体自身对面

部肌肉的良好保护。由于热水有强烈的渗透作用,若洗脸水的温度过高,就相当于天天在清除一层保护油脂。久而久之,面部的皮下脂肪明显地减少,皮肤就会加速老化,失去弹性,皱纹增多自然就在所难免了。合适的洗脸水的温度一般应与体温接近,这样可以减少皮下脂肪的流失。当然,最好用冷水洗脸,通过冷水对皮肤的刺激,能增加皮下脂肪的容量。因此,常年坚持用冷水洗脸的人不仅容光焕发,而且能预防感冒。

❷ 忌水量太少:洗脸用一盆水是不够的。洗脸时总免不了用香皂、洗面奶,于是在洗脸水中会溶有一些碱性物质。而碱对皮肤有极大的侵蚀作用。因此,洗脸时起码要用两盆水。最好是用流动水清洗。

❸ 忌总用香皂:洗脸时应不用或少用香皂,因有些香皂对皮肤有不良刺激作用,使皮肤变得干燥。

❹ 忌从上往下洗,应该从下往上洗:因为传统的从上向下洗,恰好与面部血液循环方向相反,时间长了阻碍了血液流通。另外,地心引力也将人的皮肤向下拉,洗脸从上而下则更容易使面部出现细碎皱纹和皮肤松弛。因此,洗脸将由上而下改为由下而上为好。

❺ 忌用毛巾大面积摩擦:洗脸的主要用具是毛巾,由于毛巾棉纤维容易变硬,毛巾变硬后就会擦伤皮肤,故毛巾要舍得勤换。洗脸时切忌大面积乱擦,应用轻柔的方法,在面部进行"太极式"的局部按摩,一般应自右到左,自下而上,用湿毛巾小面积轻轻按摩1~2遍,以清除污垢,舒经活血,增强面部肌肉的弹性。有条件的最好用面巾纸吸掉水渍。

❻ 忌只洗脸不洗耳朵、脖子:洗脸时与之相关的边缘地区都应清洗到。尤其是两

耳,包括耳壳的正反面,头颈的前后,是经络穴位极多的部位,都应按上述手法逐一按摩。对两耳按摩,能促进全身的健康;对头颈的按摩,不仅能防治咽喉炎等疾病,还能使面部与颈部整体健美。

238. 面部按摩时间不宜太久

面部按摩的时间宜适度,不可太长或太短,必须视肤质、皮肤的状况和年龄来定。一般来说,中性皮肤的按摩时间为10分钟左右。干性皮肤的按摩时间可长些,一般为10~15分钟。由于按摩除了可以增加皮肤弹性和加快新陈代谢,还能够促进皮脂腺的分泌,因此油性皮肤的按摩时间应控制在10分钟之内。易敏感的皮肤的按摩时间也宜短不宜长。过敏性皮肤则最好不要做按摩。老年人由于新陈代谢较慢,可相应增加按摩时间。年轻人(25岁以下)因皮肤弹性和新陈代谢较好,按摩时间应缩短一些,因为过度按摩反容易产生相反效果。

239. 鲜芦荟汁不可直接涂于面部

芦荟制成的化妆品有美白、保湿、防晒和护肤的功效。

芦荟汁既然有这么好的功效,于是面部长了黄褐斑、色素斑的朋友,就切下一节芦荟来,用芦荟汁直接涂于面部。鲜芦荟汁含有芦荟甙、树脂、蒽醌等化学物质,此类化学物质医学上称半抗原。鲜芦荟汁涂于面部皮肤后,与表皮蛋白质相结合,形成能使机体发生过敏反应的物质,能使人体皮肤发生严重的炎症反应,引起皮肤毛细血管扩张而出现大片红斑,血浆

渗出血管外而发生皮肤红肿、水疱和流黄水。

所以，鲜芦荟汁是不能随意直接涂于面部皮肤的，需要经过专业提炼、筛选、脱敏等处置后方能使用。发生了鲜芦荟汁所致的接触性皮炎后，应在皮肤科医生指导下治疗。

240. 手沾油垢后不可用汽油擦洗

手被机油或其他油沾染后，用汽油擦洗，虽然暂时可以把油污去掉，但对皮肤是有害的。因为汽油是一种无色、易燃、略带臭味的液体，它可以溶解脂肪，具有去脂作用。人体皮肤表面具有一层皮脂，具有滋润和保护皮肤的作用。汽油擦手会将这层皮脂脱去，使皮肤变得粗糙、干裂，甚至发生皮炎和湿疹。另外，汽油含有脂肪族烃类，这种物质对人体血液系统和中枢神经系统都有损害作用。因此，手沾油污后忌用汽油擦洗。

241. 使用牙刷的禁忌

一般家庭，牙刷都放在洗漱间，那里常年潮湿，见不到阳光。细菌遗留在牙刷上生长繁殖，日复一日，牙刷上的细菌越来越多。在一些旧牙刷上，科学家找到了白色念珠菌、拟杆菌、丙酸菌等多种细菌，这些菌有的

是致病菌，有的是条件致病菌，也有的是正常寄生菌。明白了牙刷污染的原因，就不难找到预防的办法：

❶ 刷完牙后牙刷一定要洗净。

❷ 在每次刷牙前，先将牙刷放在牙缸内用热水烫一下，再刷牙。

❸ 牙刷应放在通风、干燥处，最好能晒到太阳。

❹ 用旧的牙刷应及时更换：因为牙刷用久了，牙刷上会有许多细菌繁殖，如葡萄球菌、肺炎杆菌、溶血性链球菌、白色念珠菌等，这些细菌可以成为致病因素，尤其是免疫系统不健全的人是一种潜在的威胁。因此，牙刷忌长期使用，患者病愈后，更应换一把新牙刷。一般3个月左右换一把新牙刷为好。

❺ 儿童、老人忌使用硬毛牙刷：目前，市场上出售的牙刷基本上是由高分子材料制成的硬质牙刷。这种牙刷毛韧性大，而且较硬，不适合儿童和老年人使用。这主要因为儿童和老人由于生理上的原因，牙龈柔软、脆弱，如果使用硬毛牙刷会常因硬质毛束的碰撞，造

成不同程度的创伤使得牙龈破损，从而引起牙周炎等疾病。因此，儿童和老人应该用柔软的软毛刷或中间硬四周软的多用牙刷。忌使用硬毛牙刷。

242. 横刷牙易导致牙齿松动

牙齿颈部釉质覆盖层本来是非常薄，刷牙横刷，长期不良的机械性刺激很容易使牙颈部造成V形缺损，从而使牙本质暴露，引起牙体的过敏和牙齿松动。病情严重者还会因牙颈楔状缺损而导致牙龈炎或牙根尖周炎。因此，刷牙忌横刷。

同时，在刷牙的时候也不要乱刮舌苔。人的舌头表面有许多颗粒突起，统称为舌乳头，它包括乳头、茸状乳头、轮状乳头等。乳头内有味觉感受器——味蕾。味蕾具有辨别酸、甜、苦、辣、咸各种味道的能力。刮舌苔则容易损坏味蕾，致使舌乳头萎缩、味觉迟钝、食欲下降，将势必有损健康。因此，刷牙忌乱刮舌苔。

舌表面扁平细胞脱落，与食物、黏液、细菌混合形成舌苔。舌苔也是医生诊病的重要依据之一。

243. 漱口水不要过冷或过热

饭后要漱口是个普通的卫生习惯。但有些人，自以为牙齿特别好，随便用过冷过热的水漱口。久而久之，人还不老，但牙齿却早已过早脱落了。因为经常用过冷过热的水刷牙或漱口，由于冷或热的刺激，可以导致牙龈出血或牙髓痉挛，从而影响牙齿的正常代谢过程，使牙齿提前脱落。

244. 在理发店刮脸易感染病毒

使用过的剃刀、刮胡刀常会粘有微量的血迹。如果这些用具被患有乙型肝炎或无症状携带者用过，即使是含有极微量的乙肝病毒血液，也可引起感染。据调查，目前一些理发店基本上还是多人共用一把剃刀。对备磨剃刀的皮条抽样检测，发现有30%乙型肝炎表面抗原阳性。因此说剃须刀具最好自备专用，即便去理发店也最好不要刮脸，以防被感染疾病。

245. 借用指甲剪易感染霉菌性皮肤病

人们相互借用指甲剪是生活中的常事，似乎是无可非议的。但是如果使用甲癣患者的指甲剪，则有可能被感染上甲癣。

因为指甲下，藏污纳垢，真可以说是细菌的大本营，引起甲癣的霉菌尤其容易在甲下潜伏。如果使用甲癣患者的指甲剪，霉菌通过指甲剪作为媒介，就容易被传染上霉菌性皮肤病。因此，指甲剪忌互相借用。

246. 剪拔鼻毛易引起感染

我们每个人的鼻孔里都长有鼻毛，只是多少长短不一而已。鼻毛如同防护林，可以阻挡粉尘和细菌的进入，是人呼吸道的第一道防线，应当加以保护，绝对不要随便修剪，尤其更不要拔鼻毛，剪鼻毛或拔鼻毛对身体是有害的。

因为鼻孔处皮下组织较少，皮肤与鼻软骨紧紧相贴，剪拔鼻毛都容易发生感染，出现肿、红、痛、热以及畏寒、

发热，形成鼻前庭疖肿等疾病。另外，该处是人体的危险"三角区"，淋巴、血管丰富，感

染后易于扩散引起蜂窝组织炎。如果细菌随血液流入海绵窦静脉直达颅脑内，还会引起化脓性脑膜炎、脑脓肿等危及生命的疾病。因此，如果鼻毛长出鼻孔外，可将鼻孔洗净，用干净的剪刀，小心地将鼻孔外的鼻毛剪去，如果不是这种情况，则忌剪以及拔鼻毛。

★247. 憋尿易导致肾水肿

膀胱中蓄存的尿液如果超过了"膀胱生理性容量"，人却有意强忍而不排泄，时间久了，主管排尿的括约肌就会变得松弛，膀胱壁的弹性减弱，排尿机能就会减退，于是便会出现排尿次数增多、排尿时间延长，甚至排尿失禁等现象。另外，由于膀胱排尿功能降低，经常有剩余尿液潴留，可导致肾水肿，因此有尿忌憋着。

★248. 排便时读书看报易形成痔疮

人们的排便动作是由神经低级中枢和高级中枢共同参与的活动。排便时如果看书报，排便意识便会受到抑制，从而失去了直肠对粪便压力刺激的敏感性，致使其在结肠内存留过久，水分吸收过多，以至引起便秘。另外，蹲位时间过久，会造成盆腔瘀血和痔静脉曲张而形成痔疮。厕所空气污浊、缺氧，时间过长易感疲劳、头

晕，甚至可发生昏倒。因此，排便时忌看书报。此外，为了身体健康，排便还须注意以下3点：

❶ 忌不按时：排便从身体保健的角度来看，要按时，最佳的时间是每日起床后。因为按时排便，可以保持畅通。如果不按时或者是间隔时间太长，容易引起便秘和痔疮。

❷ 忌用些不洁净的废纸：如一些印有铅字的废报纸及写过字的纸张等等都不宜用来使用。因为不洁净的纸其中可能含有大量的铅、色素、细菌等，使用其会使有毒物质被肛门黏膜吸收，引起肛门红肿、奇痒、出血等症，严重的甚至可以导致人体某些组织器官发生慢性中毒。

❸ 忌憋便：当有便意时，应立即排除，而不宜强行憋忍。强行憋忍会使便意消失，而且会造成很长时间不再有便意。这样粪便在肠中的停留时间过长，水分就会被吸收，使其变干、变硬而易使人患上痔疮、脱肛。造成以后排便时的困难。

★249. 对人体有害的"小动作"

❶ 忌抠鼻子：这样很容易弄破鼻黏膜，手指甲的细菌就会乘虚而入，引起化脓感染，鼻腔和颅腔内的静脉是相通的，鼻腔

里的化脓菌很容易从静脉跑到颅内，引起严重后果。

❷ 忌用火柴梗或手指甲去掏耳朵：这样很容易造成外耳道损伤，引起发炎，严重的还会造成外耳道变形。甚至会损伤鼓膜，引起耳聋。觉得耳朵内分泌物过多，应去医院解决。

❸ 忌拔胡子：这样会破坏皮肤的正常结构，还会引起毛囊感染，发生疖肿。

❹ 忌挤痘痘：这样容易造成伤口感染，还会引起毛囊发炎。

❺ 忌用手蘸唾液点钱、翻书：有人在看书或点钱时习惯用手指蘸口内唾液，这种习惯很不好，因为钞票和书刊报纸由于接触人物众多，上面的细菌也是数以万计，用唾液点钱、翻书，很容易感染各种疾病。另外，铅字含有铅，油墨中含有苯、多氯联苯等有毒物质，对人体更有害。

❻ 忌用别针或小竹片剔牙：这样不仅容易造成局部外伤，而且还会使牙间隙越来越大，食物塞牙的现象会越来越厉害，甚至形成牙龈炎或牙龈脓肿。

❼ 忌用火柴梗当牙签：目前，一般的火柴都是用挥发油及红磷等化学剂制成的，它具有一定的毒性。这种毒性必然染在火柴杆上，如果用它做牙签，慢慢地可使人中毒。

⭐250. 夏天也应忌凉

❶ 忌常用凉水冲脚：人的脚部是血管分支的最远端末梢部位；脚的脂肪层较薄，保温性差；脚底皮肤温度是全身温度最低的部位，极易受凉。若夏天经常用

凉水冲脚，使脚进一步受凉遇寒，然后通过血管传导而引起周身一系列的复杂病理反应，最终导致各种疾病。此外，因脚底的汗腺较为发达，突然用凉水冲脚，会使毛孔骤然关闭阻塞，时间长后会引起排汗机能迟钝。特别是脚上的感觉神经末梢受凉水刺激时，正常运转的血管组织剧烈收缩，日久会导致舒张功能失调，诱发肢端动脉痉挛，红斑性肢痛，关节炎和风湿病等。

❷ 忌过量喝冷饮：冷饮过量，尤其在繁重的体力劳动或大运动量锻炼之后，一下子喝太多冷饮，会刺激胃黏膜，影响胃液分泌，易引起消化不良，有时还会引起胃痛或腹泻。所以，应以少量多次饮用为好。

❸ 忌在砖石、水泥地上睡觉或在外露宿：因砖石、水泥地阴冷潮湿，透湿性和聚湿性很强，容易使人受寒受潮，诱发关节炎、坐骨神经痛等风湿性疾病。在外露宿，容易感受风寒，使身体免疫功能下降，易诱发感冒、病毒性肠胃炎等疾病。

❹ 忌长时间用冷湿毛巾敷头或者用冷水浇头：这种做法虽然让人暂时感到舒服，但冷刺激会使头部肌肉收缩、血管变狭、大脑血流量降低，可造成暂时性脑缺血，使人更加头昏脑涨。大脑受冷刺激后会感到所谓清醒，但这种"清醒"兴奋点不集中，不能提高工作和学习效率。

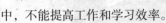

❺ 忌拒绝"心静自然凉"：情绪安然，热环境中求自静，避免吵闹，少进行剧烈运动及其他高消耗的活动，同样也能起到以

静抗高温酷暑的作用。

忌把空调恒温：不断调节居室温度，可使人逐渐适应温度的较大变化，不至于经常感冒或患其他疾病。居室变化的温度幅度，应控制在3～5℃之间。

❼ 忌洗冷水澡：大汗淋漓时"冲凉"会使全身毛孔迅速闭合，使得热量不能散发而滞留体内，从而易引起各种疾病。应该选择温水浴，温水浴后会让人感觉通体清爽。

❽ 忌少穿衣：盛夏最高气温一般都接近或超过37℃，皮肤散热时会从外界环境中吸收热量，所以，越是暑热难熬之时，越不应赤膊，女性也不要穿过短的裙子。

251. 久坐不动易致癌

一个人如果总是久坐能致使人体的多种脏器、器官和组织得不到锻炼，进而影响机体正常的新陈代谢和发育，使循环血量减少，肌肉酸痛疲劳，导致肥胖症、妇科疾病、痔疮、神经衰弱、机能下降、消化液分泌减少、食物消化与吸收障碍，以及肺活量降低等。久坐还使人体的自然重心（腹部）被人为地分成两个重心，一个重心位于心肺部位，另一个重心位于腿部，这样身体的压力平衡就会受到干扰，

使细胞出现混乱，患癌机会增加。

所以，平时不宜久坐不动，尤其是沙发这样的软性坐具。坐的时间长了，要起来走动一下，做些简单的运动。上班族、青少年和老人尤其要注意这点。

252. 冬天睡前洗头易感冒

冬天用热水洗头后，由于温热作用，会使头皮毛细血管扩张，机体向周围辐射的热量增多，同时由于洗头后头发是湿的，大量水分蒸发要带走很多热量，由于散热增多，机体受冻，呼吸道毛细血管反射性收缩，局部血流量减少，上呼吸道抵抗力降低，从而使局部早已存在的病毒或细菌乘虚而入，生长繁殖，造成上呼吸道感染，因而出现感冒症状。尤其在头发未干的情况下睡着，此时体温调解中枢的调节功能低下，更容易发生感冒。因此冬天睡前忌洗头。

253. 过多使用护发素会使头发失去光泽

护发素虽然具有护发、润发的作用，但也不宜过多使用，否则会使头发油腻腻的，缺乏鲜明感，失去光泽。通常只有经常烫发，用药水过多，干枯或粗糙的发质，才需要时常使用护发素，否则，根本不用每次洗发后都使用它。此外，为了头发的美丽、健康，我们还须注意以下几点：

❶ 忌梳头的次数过多：有些人认为每天要梳头50下。其实，可以在头皮上做一些按摩运动，以增加血液流通，而梳发对此则无济于事，所以梳头应适可而止。

❷ 忌长期用塑料梳子梳头：塑料梳子的特

点是便宜、耐用、质轻。但使用塑料梳子的好处并不大。这是因为塑料梳子或塑料头刷，梳发时容易产生静电，给头发和头皮带来不良刺激，从而引起脱发，因此，梳头应选用黄杨木梳和猪鬃头刷，这类梳头用具既能去头屑，又能增加头发光泽，同时还能按摩头皮，促进血液循环。

❸ 忌梳刷不清洁：梳子需要经常清洗，以防止积留细菌和污物。所谓经常，是指一周一次，刷梳子忌用普通选衣粉或洗洁精清洗，应用清水冲洗。海绵做的发卷也需要清洗，卷发四五次后，可将海绵发卷放入尼龙网袋内，放进洗衣机与其他衣物一起洗干净，也可以用手轻轻揉搓洗净。

❹ 忌烫发和染发同时进行：因为同时烫发和染发，会令头发遭受莫大损害。理想的做法是烫发后休息一两个星期，再染发或做其他的头发护理程序。另外，烫发后最好等48小时再洗头。

❺ 忌常染发：因为染发剂有一定的毒性。有些人使用后会导致皮肤过敏，从而出现水疱、红肿、疹块、瘙痒等症状。如果经常染发，再加上清洗不净，染发剂中的某些物质，如醋酸铅便会在体内积蓄起来，从而引起中毒，甚至引发皮肤癌。因此，染发剂忌常用。

254. 男儿憋泪不利身心健康

常言道：男儿有泪不轻弹。男子汉大丈夫即使遇到非常伤感的事，也要有泪往肚子里流。其实，这种做法是不对的，对于人的身心健康是有害的。

从医学的角度说，为了调节人体内的气体，保持生理和心理的平衡，人的七情（喜、怒、忧、思、悲、恐、惊），都应有其自我发泄和排解的机会。而对忧思悲伤的最佳排泄法，就是痛痛快快地大哭一场。英国生物学家弗雷明曾指出，人在大哭一场之后，因悲伤而产生的皮质激素和催乳素等物质及其他有害物质，可以随着眼泪排出体外。还有一些国内外的资料也表明，遇悲痛后能哭泣的人，比"自我惩罚"生闷气者，其高血压发病率要低50%左右。而那些强忍眼泪者，其溃疡症、结肠炎、肝病和胆囊炎及结石症的发病率，比能自我排解者要高出2~5倍。另据一些学者研究得出的一个结论：女人比男人的平均寿命长，其中一个原因就是女人常流泪，而男人有泪都往肚子里吞。

但是值得一提的是，因悲伤哭泣所流出的眼泪，是人体在受刺激状态下为排除有害物质的自我反应，这和那些被烟火、葱蒜和化学刺激引起的流泪是不一样的。只有情发自然的"伤心泪"，才是有益健康的正常排泄。所以说"男儿有泪也要弹"。

255. 眼睛保养十忌

❶ 切忌"目不转睛"：自行注意频密并完整的眨眼动作，经常眨眼可减少眼球暴露于空气中的时间，避免泪液蒸发。

❷ 不吹太久的空调：避免座位上有气流吹过，并在座位附近放置茶水，以增加周边

的湿度。

❸ 眼睛忌干燥：可以多吃各种水果，特别是香蕉和柑橘类水果，还应多吃绿色蔬菜、粮食、鱼和鸡蛋。多喝水对减轻眼睛干燥也有帮助。

❹ 切忌熬夜：要保持良好的生活习惯，睡眠充足。

❺ 避免长时间连续操作电脑：注意中间休息，通常连续操作1小时，休息5～10分钟。休息时可以看远处或做眼保健操。

❻ 保持良好的工作姿势：保持一个最适当的姿势，使双眼平视或轻度向下注视荧光屏，这样可使颈部肌肉轻松，并使眼球暴露于空气中的面积减小到最低。

❼ 调整荧光屏距离位置：建议距离为50～70厘米，而荧光屏应略低于眼水平位置10～20厘米，呈15°～20°的下视角。因为角度及距离能降低对屈光的需求，减少眼球疲劳的概率。

❽ 如果你本来泪水分泌较少，眼睛容易干涩，在电脑前就不适合使用隐形眼镜，要戴框架眼镜。在电脑前佩戴隐形眼镜的人，也最好使用透氧程度高的品种。

❾ 40岁以上的人，最好采用双焦点镜片，或者在打字的时候，配戴度数较低的眼镜。

❿ 沙子眯眼，忌用手揉：否则容易把眼角膜擦伤，伤害视力；手上的细菌也容易揉

进眼睛里，引起发炎。最好是让眼泪把沙子冲出来或者用水冲洗。

256. 随便除痣易引发恶性黑色素瘤

痣是皮肤中的色素细胞在表皮和真皮交界处不断增殖形成的。痣的形态和颜色多种多样，可发生在人体任何部位的皮肤上。有人做过统计，平均每个人身上有40多个色素痣。这些痣绝大部分来自先天，也有少数是在出生后的发育过程中逐渐形成的。有人担心痣会变癌，或者觉得长在脸上不好看，影响美观，就千方百计地把痣除掉。其实绝大多数的痣对人体健康没有影响，色素痣变成癌的非常少见。据专家估计，大约100万个痣中才有一个会变成癌。

如果痣确实影响美观，需要除掉，应到医院皮肤科去咨询，经过医生详细检查后通过手术去除。千万不能随便用针挑或用腐蚀性的药物去烧灼，因为这样做反而会促进色素细胞过度增生，变为恶性黑色素瘤。恶性黑色素瘤转移快，恶性程度高，死亡率也高。

257. 听音乐禁忌

❶ 空腹忌听进行曲：人在空腹时，饥饿感受很强烈，而进行曲具有强烈的节奏感，加上铜管齐奏的效果，人们听后受步步向前的驱使，会进一步加剧饥饿感。

❷ 吃饭忌听打击乐：打击乐一般节奏明快、铿锵有力、音量很大，吃饭时欣赏，会导致人的心跳加快，情绪不安，从而影响食欲，有碍食物消化。

❸ 生气忌听摇滚乐：人在生气时，情绪易

冲动，常有失态之举。若在怒气未消时听到疯狂而富有刺激性的摇滚乐，无疑会助长人的怒气。

❹ 睡前忌听交响乐：交响乐气势宏大，起伏跌宕，激荡人心。睡前听此类音乐，会令人精神亢奋，情绪激动，难以入睡。

⭐ 258. 嘴唇保护禁忌

❶ 忌常涂口红：有些女孩子整天把自己的唇部用口红涂得艳红艳红的，这样对于身体的健康是没有什么好处的。因为口红中含有铅、颜料及一种叫作酸性曙红的红色粉末等化学成分，对人的口唇有一定的腐蚀作用，而且，唇上的口红特别能够吸附空气中的各种尘埃，随时会因为吃、喝等原因带到腹内，时间长久的话，会引起人的慢性中毒。

❷ 忌咬唇：咬嘴唇是一个不好的习惯，常见于一些儿童，也有一些成年人因为紧张等原因而出现的动作。在正常情况下，牙齿位于唇舌之间，舌肌和唇颊肌的压力在牙齿内外处于平衡状态，这对于牙齿的正常排列和保持唇部的正常形状具有非常重要的作用。但是如果咬唇，特别是儿童，

则会破坏这种内外的平衡，造成牙齿排列的扭曲和唇形的不自然，影响人的面貌美容。而且，经常咬唇的人还可能造成唇部的破裂和感染，发生唇炎。

❸ 忌舐唇：在秋冬季节，天气干燥，空气中的湿度降低，人的嘴唇往往出现干裂、起皮，甚至流血等症状。有些人就习惯用舌头去舐嘴唇，以为唾液可以使干燥的嘴唇湿润，其结果是越舐越干，因为人的唾液里面含有大量的淀粉酶，比较黏稠，舐在嘴唇上好比是在嘴上涂了一层糨糊，很快当其中的水分蒸发完了以后。嘴唇就干燥得更加厉害，更容易破裂出血，甚至出现红肿、糜烂、结痂等症状。所以当嘴唇干裂时，不要用舌头去舐，最好是涂上少许的凡士林油膏。

⭐ 259. 口腔异味是疾病的征兆

❶ 口咸：大多见于肾虚患者，此为肾液上升的迹象。

❷ 口淡：指口淡无味，饮食不香，大多见于脾胃虚寒或病后脾虚运化无权的患者。如果还伴随有脾胃虚弱、食欲不振、四肢无力、舌淡苔白、胸脘不畅、脉虚而缓，可用参苓白术散补气健脾。

❸ 口苦：大多为肝胆有热，胆气蒸腾所造

成的。

❹ 口甜：又称"口甘"。多属脾胃湿热所造成。

❺ 口酸：大多肝胆之热乘脾所造成。若伴有胸闷胁痛，舌苔薄黄，脉弦带数，可用左金丸泻肝和脾。

❼ 口辣：是口中有辛辣味或舌体麻辣的感觉，多为肺势壅盛或胃火上升所造成。如果还伴有咯痰黄稠、咳嗽咽干、舌苔薄黄、脉滑数等，可用泻白散泻肺清热。

❼ 口臭：如果口气酸臭，属消化不良，胃中有宿食而致，可用保和丸消积和胃。

❽ 口香：有的人自觉口香，多见于消渴症即糖尿病的重症。

260. 不可随便拔除"老虎牙"

人们常说的"老虎牙"就是长在上颌门牙两侧的尖牙，这种牙的牙根最深，是最常见的牙颌畸形之一，影响人的容貌，但如果不辨情况自己随意拔除，常常不能改善容貌。

因为"老虎牙"不但可撕裂食物，而且还具有支撑口角组织，保持面部形态的作用。大部分"老虎牙"并非生长在牙列的外面，如果拔除，就会显出一条较宽的牙缝，结果口唇便会失去支撑而内陷，使面容显得衰老。因此，"老虎牙"忌随便拔除。如果"老虎牙"长在牙列之外，拔除后不留隙缝，对面容不会有什么太大的影响。

261. 酒后马上洗澡易损伤肠胃

酒后马上洗澡，会增加胃肠负担，容易损伤胃肠功能。因此，酒后切勿马上洗澡。此外，饮酒后还须注意以下3点：

❶ 酒后不要喷洒农药或在室内喷洒"灭害灵"等一类的杀虫剂：因为酒后人体血流量加快，皮肤和黏膜上的血管扩张，通透性增强。这时皮肤上若沾染上有毒农药，空气中飘浮的药若被吸入呼吸道的黏膜上，就会增加中毒的严重性，危及生命安全。

❷ 酒后切莫急于看电视：老年人尤其应该注意。酒中含有的甲醇，能使视神经萎缩，损伤眼睛。

❸ 酒后不宜马上服药：特别不宜服镇静剂一类的药物。

262. 经常用口呼吸易造成牙弓畸形

人的正常呼吸，主要是通过鼻腔。如果患有呼吸道疾病，如鼻甲肥大、鼻中隔弯曲、慢性鼻炎、副鼻窦炎等，使呼吸道的一部分或全部不通畅，患者就会用口来呼吸。长期用口呼吸会造成牙弓和牙的畸形，而且咀嚼肌的张力也将要发生变化，结果上牙弓变得狭窄。同时由于咀嚼肌张力不足，使咀嚼功能下降，进而颌骨得不到正常发育。这种情况如果长时间发展可形成牙弓畸形。

另外，张口呼吸，还会使口腔黏膜干燥，使人容易得牙龈炎，所以用口呼吸是一种非常不良的习惯。治疗方面应当注重治本，即治疗各种引起鼻腔堵塞的疾病。

在治疗过程中还可以采取一些办法来改变长期以来用口呼吸的习惯。具体的方法是，取 3 层纱布制一个小口罩，当中夹一层薄膜，晚上睡觉时戴在嘴上，鼻腔留在外边，迫使用鼻腔呼吸。如经过这样的努力之后，仍不见效，可到医院请医生帮助治疗。

263. 打喷嚏时捂嘴易引发中耳炎

打喷嚏是受凉感冒，上呼吸道黏膜受到刺激而引起的一种反应。在打喷嚏时捂嘴或捏鼻子或尽量使声音小些，都是有害的。因为人的咽部与中耳鼓室之间有一个管道，叫"咽鼓管"，它维持中耳与外界压力平衡。上呼吸道发生感染时，打喷嚏如果捏鼻、捂嘴，会使咽部压力增高，细菌因而容易由咽鼓管驱向中耳鼓室，从而引起化脓性中耳炎等疾病。因此，打喷嚏时忌捂嘴、捏鼻子。如果是为预防传染他人，应在打喷嚏时用手帕轻轻遮挡口、鼻为佳。

264. 唾液的益处

唾液是一种消化液，其中绝大部分是水，同时还含黏蛋白和淀粉酶等。唾液不仅可以湿润口腔，软化食物，便于吞咽；淀粉酶可以促使淀粉分解为麦芽糖，增强消化，唾液还可以清除口腔内的食物残渣和异物，保持口腔经常清洁。另外，唾液还含有溶菌酶，具有杀菌作用。黏蛋白可保护胃黏膜，增加胃黏膜抗腐蚀作用。因此，忌随便吐唾液。

265. 打嗝时喝开水易造成不良后果

有些人因为吃东西太快或者在吃东西时张口大笑，把冷空气带入体内而引起打嗝。打嗝时喝水，虽然确实能止住打嗝，但可能使水呛入气管。因为打嗝时由于空气需要不停地出入，气管上口总是开放着的。而打嗝是人为地控制不住的，横膈膜间歇地收缩，打嗝也就连续不止，水要咽下去，会厌软骨往下降，但空气也要出入气管，会厌软骨又该向上升。在同一时间，使会厌软骨又上升又下降，这是根本不可能的。此时，含在口腔里的水会进入气管，从而引起反射性咳呛，造成不良后果。所以打嗝时忌喝开水。

266. 将痰咽下易引发肠道疾病

痰中含有大量细菌，如果将痰强咽下，虽有部分细菌被胃酸杀死，但相当部分仍存活下来并进入肠道，从而引起肠道疾病。如肺结核患者在排菌的时候，痰中混有结核杆菌，吞入消化道可以引起肠结核，并可通过血液传播到肝、肾、脑膜等部位，从而引起肝、肾结核及结核性脑膜炎等严重疾病。因此，有痰不能随地吐，但也忌强咽下。

267. 文身易诱发皮肤癌

现在有一些年轻人，在手臂和胸背上

文身，刺上一些龙、虎、鹰等图案，这不仅影响皮肤的自然美，而且有害身体健康。

文身是用针在身体上刺出字、画、花纹等图案，然后用不溶解的颜料或墨汁、蓝墨水涂上，当这些颜料的微粒进入皮肤后，因不能溶解消失，皮肤上就显出不可磨灭的痕迹。

从医学的角度来讲，文身对人体是有害的。因为，在文身时，绝大多数的针头未经过消毒，它可以传播多种传染疾病，少数人在文身后还留有疤痕疙瘩。文身所用的颜料，都是化学制剂，它被人体吸收后会产生毒害作用，导致皮炎甚至皮肤癌。

★268. 笑口常开也应有度

笑一笑十年少，笑可以使人年轻，笑可以使人解除疲劳，笑可以缓解人与人之间的关系……笑固然有千万种好处，但是有些人却不可以大笑，俗话讲：笑口常开，亦应有度。下面几种人就不宜大笑：

❶ 进餐时忌大笑：尤其小孩进餐时不要逗他发笑。因为，吃饭时大笑轻则唾液横飞，重则饭粒四溅。大笑之后一定有一次深吸气，大笑时的深呼吸可把异物吸入气管引起呛咳，甚至发生窒息而死亡。

❷ 饱食后，不宜大笑：以免诱发阑尾炎或肠扭转。

❸ 睡前忌大笑：笑得过度影响很快入睡甚至引起失眠。

❹ 冠心病患者忌大笑：现代医学研究证实，大笑时，交感神经兴奋，肾上腺素增多，呼吸、心跳加快，再加上肌肉的运动，使机体耗氧量增多，往往会使冠心病患者因缺氧而诱发心绞痛、心肌梗死、心律失常等，已有心肌梗死的患者，在急性发作期或恢复期切忌捧腹大笑，因为大笑会加重心肌缺血，从而导致心力衰竭。据记载，有的冠心病患者竟笑死在电视机前，真是乐极生悲。

❺ 高血压患者忌大笑：大笑时血压可由正常值升到200毫米汞柱（26.7千帕），素有高血压者可因开怀大笑而发生脑溢血出现失语、偏瘫、昏迷，甚至危及生命的现象。

❻ 患脑栓塞、脑溢血等症而正处于恢复期的患者不可以大笑：以免引起病情反复。

❼ 有出血倾向的患者忌大笑：凡上消化道出血、气管扩张咯血、外伤出血者、肿瘤出血，以及有出血可能的患者都应限制大笑，以免因活动过大而加重出血。

❽ 尿道或肛门括约肌松弛的患者忌大笑：大笑时可因腹内压增加，会把大便和小便笑出来。

❾ 孕妇忌大笑：因突然大笑，会使腹腔内压加大，有时可引起流产或早产。

❿ 手术后的患者忌大笑。经胸腔、腹腔、脑等大型手术后的患者，一般在10～15天

内都不能大笑，避免引起伤口疼痛、出血
和伤口开裂。

269. 随意拔除乳晕毛易引起败血症

乳晕处有丰富的血管、腺体、淋巴管
和神经，这些组织与人体内部脏器和体液
关系密切。如果随意拔乳晕体毛，势必将
破坏表皮组织的完整性，细菌、污物、汗
液、将会趁机而入，从而引起局部淋巴管
炎、毛囊炎、脓肿等，如果感染向深部组
织发展，可引起菌血症和败血症。另外，
还可能导致乳晕及其周围皮肤对冷、热、
触觉的感应能力减弱，反应能力迟钝和麻
木。因此，乳晕毛忌拔。

270. 睡前多说话易伤肺

有些人忙了一天，等到上了床才有
了空闲，于是夫妻双方就开始谈话，这实
际上是科学睡眠的一个禁忌。中医学认为
话多伤肺，尤其是躺下之后，肺即收敛，
多说话必定损耗肺气。而且睡前说话，也
易引起兴奋。因此，睡前要尽量少说话。
此外，为了保证高质量的睡眠和自身的健
康，睡前还须注意以下几点：

❶ 忌睡前过于兴奋：睡眠是人体必需的
休息，入睡以后人的一系列生理活动进入
了最低潮。大脑皮层处于抑制状态之中。
所以在入睡前，要避免过于兴奋，一不要
饮用刺激性食物，如喝浓茶、饮酒、大量
抽烟等；二不要看惊险小说、电视等，使
人躺下以后能够很快平静下来；三忌在入
睡前做激烈的运动。而使全身处于紧张的
状态之中。因为这些行为都能刺激植物神
经，使大脑皮层兴奋。从而发生失眠，久久

不能入睡。

❷ 忌睡前生
气：不同的情
绪变化，对人
体有不同的影
响。睡前生气
发怒，会使人
呼吸急促，心
跳加快，思绪
万千，以致难以
入睡。

❸ 忌睡前吃得
过饱：睡前如
果吃得过饱，
胃肠要加紧消
化，装满食物的胃会不断刺激大脑。大脑
有兴奋点，人便不会安然入睡。而且也容
易使人发胖。

❹ 忌睡前使用大量的化妆品：人们，特别
是女性在入睡前洗漱完后，很习惯地进行
一番美容，给自己的脸上涂上一层厚厚的
化妆品，这样做其实是美容的一大忌。人
的皮肤需要营养的补充，但是同时也需要
"呼吸"，过长时间的"武装"把皮肤进
行呼吸的通道都给堵死了。长久下去会造
成皮肤的过早老化，所以睡前不宜进行化
妆，需要的话，最多搽点晚霜就足够了。

❺ 忌睡前不洗脚：睡前洗脚能促使局部血
管扩张，加速血液循环，以致改善足部的
皮肤和组织营养。同时能消除疲劳，刺激
人的神经末梢。通过反射作用，促使大脑
安静，因此容易入睡。而晚间睡得好，正
是人体长寿健康的必要条件之一。

❻ 忌睡前用脑过度：晚上如有工作和学习
的习惯，要把较伤脑筋的事先做完，临睡
前则做些较轻松的事，使脑子放松，这样
便容易入睡。否则，大脑处于兴奋状态，

即使躺在床上也难以入睡，时间长了，还容易失眠。

271. 夏日用凉水抹席后睡觉易生病

炎夏天气，人们不停地出汗，睡席不干燥，加上空气湿度大，若再用湿布抹席，更增加了睡席的湿度，人出汗时，毛孔是张开的，霉菌及其他一些细菌易侵袭人体，使人产生疾病。此外，夏日睡眠还应注意以下几点：

❶ 忌裸露胸腹：人体的温度是通过周身皮肤，特别是通过手掌、脚尖来调节的。虽然皮肤上的温度不断变化，以保持身体的恒温，但人体的腹部和胸部的皮肤上，温度几乎固定不变，所以即使是热得难以入睡的晚上，也应把被单盖在胸腹部，以免受凉而生病，导致感冒、腹泻。

❷ 忌入睡后开电风扇：人入睡后，人体的血液循环减慢，抵抗力减弱，开着电风扇吹风，极易受凉，引起感冒。

❸ 忌室内浇水降温：水分的蒸发，要依赖空气的流通。一般家庭居室面积本来不大，加上受墙壁、家具等障碍，室内的通风条件比室外要差得多。室内空气处于相对静止的状态，流通受阻，水分无法向外散发而滞留在空气中，使室内湿度增大，

人们感到更加闷热难当。室内地面上的细菌和尘埃随着水分飘浮在空气中，造成空气比浇水前更浑浊，对人身体十分不利。但有的居室通风条件好，可用湿拖把挤干后擦擦地板，此时应打开门窗，尽量使空气流通，或开开电风扇，以助空气流通。

❹ 忌在地上睡觉：地面水分蒸发较多，如果贴在地面睡觉，随着地面水分的蒸发，会带走身体内的热量而引起感冒。尤其是当头面部迎着风向的时候，除感冒外，可引起关节炎、腹泻、面神经麻痹、头痛等。另外，地面露宿易受害虫叮咬，如被蚊子叮咬，可以传播疟疾、丝虫病、乙型脑炎等许多疾病。蚂蚁、蜈蚣还可以引起过敏性皮炎。螨虫可以传播流行性出血热。有时害虫还可能钻入鼻孔或耳孔内。因此，夏秋忌地面露宿。

272. 坐着或趴着午睡易引起腰肌劳损

不少人由于条件限制，坐着或趴在桌沿上睡午觉，一旦醒来后会感到全身疲劳、腿软、头晕、视觉模糊、耳鸣；如果马上站立行走，则是极易跌倒。这主要是由于脑供血不足而造成的。因为坐着打盹时，流入脑部的血会减少，上部身躯容易失去平衡，甚至还会引起腰肌劳损，造成腰部疼痛。而且坐着打盹，体温会比醒时低，极容易引起感冒。因此，尽量不要坐着趴着午睡。此外，午睡还应注意以下3点：

❶ 忌午睡时间过长：午睡时间以半小时至1小时为宜，睡多了由于进入深睡眠，醒来后会感到很不舒服。如果遇到这种情况，起来后适当活动一下，或用冷水洗脸，再喝上一杯水，不适感会很快消失。

❷忌随遇而安乱午睡：午睡不能随便在走廊下、树荫下、草地上、水泥地面上就地躺下就睡，也不要在穿堂风或风口处午睡。因为人在睡眠中体温调节中枢功能减退，重者受凉感冒，轻者醒后身体不适。

❸并非人人都需要午睡：午睡也不是人人都需要，只要身体好，夜间睡眠充足者，不午睡一般不会影响身体健康。但是，对从事脑力劳动、大中小学生、体弱多病者或老人，午睡是十分必要的。

273. 睡床东西朝向易使人失眠或多梦

睡床东西朝向易使人失眠或多梦。这是因为地球本身具有地磁场，地磁场的方向是南北向（分南极和北极），磁场具有吸引铁、钴、镍的性质，人体内都含有这三种元素，尤其是血液中含有大量的铁，因此睡眠时东西朝向会改变血液在体内的分布，尤其是大脑的血液分布，从而会引起失眠或多梦，影响睡眠质量。此外，为了自身的健康，在睡床的选择、摆放等方面，还应注意以下几点：

❶忌床体过高：床高虽然可以显得干净气派，但是对人却是一个潜在的威胁。特别是老年人，太高的床会造成上下的困难，睡觉的过程中，如果起夜又极容易跌下。

❷忌床体过低：过低的床虽然上下方便，也显得舒适，但是床太低，床下通风不良，而且容易接触和吸取地下的潮气，造成人体疾病的隐患。

❸忌床垫过软：长期睡软床，尤其是仰卧，会增加腰背部的生理弯曲度，如果时间久了，脊柱周围的韧带、肌肉和椎间关节负荷加重，会引起腰痛或加重原有的腰痛。对于从事体力劳动或本来就患有腰肌劳损、肥大性脊椎炎等慢性腰痛的人，则会使症状大大加重。身体正在发育的少年儿童和老年人更不能睡软床。即使是选用席梦思床垫，也应挑选那种比较"硬实"一点的。

❹忌床垫过硬：床板过软不好，过硬也对人的身体没有什么好处。床过硬，睡着不舒服，不利于人体缓解疲劳；相反还会增加人的疲劳感。达不到休息的目的。

❺忌床面过于窄小：床过于窄小，虽然可以节省空间，但是却容易使入睡者有委屈之感，伸不开腿，限制了人体的舒展，在紧张中睡眠，达不到休息的目的。而且床身过于狭窄，也容易造成入睡者不小心而落地或是经常将被子踢到地下。

❻忌在床被下铺上一层塑料布：这样其实并不能达到防潮的作用；相反会造成床被中的水汽无法散去，使得床被出现潮湿而使人生病。

❼忌把床放在窗户下或门口通风处：主要因为床头在窗下或门口，人睡眠时有不安全感。如果遇大风、雷雨天，这种感觉更是强烈，再说，窗子、门口是通风的地方，人们在睡眠时稍有不慎就会感冒。

❽忌放在镜子对面：这里不是迷信说法，主要是因夜晚人起来时，特别是睡眠中的人朦胧醒来时或噩梦惊醒时，在光线较暗的地方，会在猛一抬眼的刹那间看到镜中的自己或他人活动，容易受惊吓。

274. 盖被的禁忌

❶ 起床后不要马上叠被： 人在一夜的睡眠中，仅从呼吸道排出的化学物质就有149种，从汗液中蒸发的化学物质有151种。这些水分和气体都被被子吸收和吸附，若马上叠被子，就非常易使被子受潮，污染物反而不容易挥发，下一次使用便会对人体造成不良影响。起床后应将被子翻过来，把窗户打开，让被子里的水分、气体自然蒸发，待早饭后再叠被子。平时要经常晒被子，利用紫外线杀灭病菌。

❷ 忌被子太厚： 被子太厚将压迫胸部，从而影响呼吸，减少呼吸量，使人做梦。另外，被子太厚，被窝温度升高，机体代谢旺盛、能量消耗大、汗液排出多，醒后反而感到非常疲劳困倦、头昏脑涨。再者，夜里盖被多，白天易受寒，容易伤风感冒。

❸ 忌睡觉不盖被： 入睡以后的人体的各个功能处于低潮，防御功能也会自然地下降了，此时特别容易遭受风寒而生病，尤其是夏天，前半夜较热，可是后半夜就凉了，如果不盖上点，特别容易着凉。

❹ 忌蒙着被子睡： 人呼吸时，呼出二氧化碳，吸入氧气。人只有吸入足够的氧气并顺利地呼出二氧化碳，才能保持人体各器官的正常工作。如果睡觉时把头蒙上了，人正常的呼吸必定要受到影响，时间一长就会造成人体内缺氧，出现头晕、胸闷等症状。

❺ 忌久盖不晒： 棉纤维的纤维素是霉菌等许多微生物的良好粮食，久盖不晒的被子易发潮、发霉，产生难闻气味，生棉虱和毛霉孢子，人盖了会发生过敏性疾病，其症状是恶寒、头痛、发热。同时被褥受潮后棉纤维的弹性降低，使被褥板结发硬，

纤维层中空气含量大为减少，保暖性降低许多。因此被褥必须要晾晒杀菌并使其保持干燥。

275. 晒被子切勿用力拍打

很多人晒被子喜欢拍打，以为这样能把被子里的灰尘除掉，其实不然。因为棉花的纤维粗而短，易碎落，用棍子拍打棉被会使棉纤维断裂成灰尘状般的棉尘跑出来。合成棉被的合成纤维一般细而长，较容易变形，一经拍打纤维缩紧了就不会再还原，成为板结的一块。所以一般只需在收被子时，用笤帚将表面尘土扫一下就可以了。此外，晒被子时还须注意以下两点：

❶ 时间不宜太长： 一般来说，冬天棉被在阳光下晒三四个小时，棉纤维就会达到一定程度的膨胀。如果晒的时间长，次数多，棉纤维的纤维就会缩短，容易脱落。

❷ 不宜暴晒： 以化纤维面料为被里、被面的棉被不宜暴晒，以防温度过高烤坏化学纤维；羽绒被的吸湿性能和排湿性能都十分好，也不需暴晒。所以在阳光充足时晒被子，可以盖上一块布，来保护被面不受损。

276. 枕头过硬或过软不利于睡眠

枕头过硬或过软不利于睡眠。过硬

的枕头，会使枕头与头部的接触面积缩小，压强增大，头皮不舒服；但如果枕头太软，则难以保持一定的高度，颈肌易疲劳，也不利于睡眠，并且头陷其中，会影响血液循环，使头部麻木。因此，枕头的选择一定要软硬适度。此外，在枕头的选择和保养方面还须注意以下3点：

❶ 忌过高或过低：正常人睡过高的枕头，无论是仰卧还是侧卧，都会使颈椎生理弧度改变，久而久之，颈部肌肉就会发生劳损、痉挛，加速椎间关节的变形，并促使骨刺形成，导致颈椎不稳定等问题。此外，高枕会增大颈部与胸部角度，使气管通气受阻，易导致咽干、咽痛和打鼾。而正常人长期睡低枕，同样也会改变颈椎生理状态。因头部的静脉无瓣膜，重力会使脑内静脉回流变慢，动脉供血相对增加，从而出现脑涨、烦躁、失眠等不适症状。

❷ 忌不洗：有人会定期清洗枕套，却从来不清洗枕头。因为很多人认为枕套足以保护枕头，只要按时清洗枕套就可保持枕头的干净卫生。其实不然，睡觉时我们不经意流出的口水、分泌的汗液等都会渗透到枕头里面，滋生细菌，引发过敏与疾病，所以我们每3～6个月就要清洗一次枕头。不过羽绒枕不能水洗，应干洗。

❸ 忌常用不换：有很多人每4年才换一次枕头，其实枕头应该是每1～3年就更换一次。因为又旧又脏的枕头容易滋生霉菌、螨虫，引发过敏或者呼吸道疾病。选购的枕头应该方便清洗并可烘干，这样枕头才可用得长久，人的睡眠健康也可获得保证。

⭐277.打鼾不容轻视

任何人都有可能打鼾，但是，随着年龄增大，打鼾的机会也越来越多。打鼾是睡眠时呼吸不畅通的一种表现。

一般来说打鼾轻者对人体影响并不大，重者则会影响呼吸和睡眠，因为吸入的氧气不足，全身健康会因此受到损伤。所以不能都把它当作是无所谓的事。

如果在打鼾的同时还伴随着时常惊醒、好做噩梦、梦游、呼叫等现象，或者醒后头疼，白天精神倦怠、瞌睡多，那么就要考虑这是一种疾病的症状。这种疾病称之为阻塞性睡眠呼吸暂停综合征。如果每夜多次发生，可使大脑缺氧，最终导致大脑功能损害。最好是尽快就医。为了防止出现上述情况，可在睡眠时戴加压供氧鼻面罩。这样做将有助于防止口咽部软组织萎陷而阻塞气道。

通常情况下，枕头的适宜高度，以10～15厘米较为合适，习惯仰睡的人，其枕头高度应以压缩后与自己的拳头高度（握拳虎口向上的高度为拳高标准）相等为宜；而习惯侧睡的人，其枕头高度应以压缩后与自己的一侧肩宽高度一致为宜。对于枕头本身而言，支撑脖子后面（颈曲）的部分应稍高一些，并具备一定的硬度，以便能衬托和保持颈部的生理弧度。而支撑后脑勺的部分应较上述部位低3～5厘米，使之既能完全支撑头部，又能与颈部的高度相适应。

治病用药禁忌

——理智对待，健康之门终会敞开

★ 278. 看病就医的注意事项

1. 忌忽视小病不就医：疾病初起，症状并不严重，自以为没关系，企图拖延以等待痊愈。但最终使小病酿成大病，甚至不可救药。

2. 忌一味追求专家号：挂号时不要一味追求医生的知名度和年龄，要选择符合自己病种需要的医生就医。对一些慢性病人，应选择一位医德高尚、医术高明的医生诊治，并保持持久的联系，对你的健康做指导。

3. 忌托人看病，隔山开药：托他人到医院说

病开药，这样不仅不能对疾病做出诊断，而且容易误用药物。

4. 忌隐瞒病情：有的患者出于害羞的心理，不愿向医生吐露真情。一般如月经情况、性交史、服避孕药、遗精、阳痿、白带等不愿告诉医生，往往造成早期诊断和早期治疗的困难，对疾病康复极为不利。

5. 忌随便抛弃病历：病历是珍贵的健康档案和医疗文件。一些老人看一次病换一本新病历。这种随意抛弃病历及检查单的习惯不仅给医生诊病、用药增添了麻烦，还会多花钱，很难保证连续性地治疗疾病。

6. 忌逃避一些必要检查：有的患者怕疼痛，不愿去化验室取血，或不愿做胃镜检查，或对某些特殊的检查产生误会而恐惧，如做腰穿、脑室造影等检查，患者常听信流言，害怕影响智力，不愿与医生合作，使疾病得不到早期诊断和治疗。其实，医生对患者的各种检查都是经过慎重考虑的，并不会影响健康，因此患者不需

多虑。

❼ 忌一知半解，自己点药： 医生开处方必须通过一番思索，准确诊断后才能给药，而且对药物用法、剂量、疗程等都有周密的考虑。但是如果患者想当然自己点药，甚至偶尔看到书报的介绍就要求医生开什么方子，这样最容易误事，造成不良后果。

❽ 忌不遵医嘱： 有的患者一见处方用药是常见的，并不名贵，认为廉价药不好，甚至根本不去取药，或擅自减少用药剂量和次数，或在用药期间加用其他药物，或不听医生告诫，服药期间乱吃乱喝，这些都可能影响疗效。

❾ 忌不合理的节省： 有些患者，常常要求医生尽量少开药，开便宜药，甚至限定医生开药的药费数额，这样做是很不妥当的。因为医生必须根据病情的需要开药，只能在保证药效的前提下节省开支。否则，花钱虽少，不能治病，又有何用？同时，这样做，一次花钱虽少，却可能把病情拖重了，时间长了，需要吃药的时间也拖长了，结果，吃药总量并没有减少。

❿ 忌盲从广告： 目前医疗广告铺天盖地，鱼龙混杂。广告只是宣传的工具，并不对疗效负责。许多"名医"也未必名副其实，为了利益不顾医德者有之，患者应提高警惕。

⭐279. 家庭急救切勿草率行事

家庭是一个温暖的港湾，可随时也会有各种小的意外情况发生，如何准确判断并在第一时间内实施急救，成为我们必须掌握的一门学问。

❶ 急性腹痛忌服用止痛药： 以免掩盖病情，延误诊断，应尽快去医院查诊。

❷ 腹部受伤内脏脱出后忌立即复位： 脱出的内脏须经医生彻底消毒处理后再复位。防止感染造成严重后果。

❸ 使用止血带结扎忌时间过长： 止血带应每隔1小时放松1刻钟，并做好记录，防止因结扎肢体过长造成远端肢体缺血坏死。

❹ 昏迷患者忌仰卧： 应使其侧卧，防止口腔分泌物、呕吐物吸入呼吸道引起窒息。更不能给昏迷患者进食、进水。

❺ 心源性哮喘病患者忌平卧： 因为平卧会增加肺脏瘀血及心脏负担，使气喘加重，危及生命。应取半卧位使下肢下垂。

❻ 脑出血患者忌随意搬动： 如有在活动中突然跌倒昏迷或患过脑出血的瘫痪者，很可能有脑出血，随意搬动会使出血更加严重，应平卧，抬高头部，即刻送医院。

❼ 小而深的伤口忌马虎包扎： 若被锐器刺伤后马虎包扎，会使伤口缺氧，导致破伤风杆菌等厌氧菌生长，应清创消毒后再包扎，并注射破伤风抗毒素。

❽ 腹泻患者忌乱服止泻药： 在未消炎之前乱用止泻药，会使毒素难以排出，肠道炎症加剧。应在使用消炎药痢特灵、黄连素、氟哌酸之后再用止泻药。

❾ 触电者忌徒手拉救： 发发现有人触电后立刻切断电源，并马上用干木棍、竹竿等绝缘体排开电线。

280. 疾病恢复期大补易导致旧病复发

病后必须增加营养，调节饮食。但是，突然摄入过多大补食物可能导致疾病复发。疾病刚愈，脾胃功能尚未完全恢复，对酒、肥肉、火腿、糯米、香肠、咸鱼、辣椒、胡椒等滋腻辛燥之品特别敏感，很容易因吃得过多而导致热病、温病和湿热病复发，患者会再度腹胀、发热、腹泻、舌苔厚腻、厌食等。一般认为，恢复期患者应该少量多餐，并应根据自己疾病的情况、体质的薄弱环节来安排饮食。

此外，在疾病恢复期的朋友还须注意以下几点：

❶ 忌烟、酒等不良嗜好：并应努力注意坚持适当的体育锻炼，注意清洁卫生，以增强体质，预防再次患病。

❷ 忌过度疲劳：不能过早参加繁重的体力劳动和剧烈的体育活动，其中也包括过度的脑力劳动在内，以免气血耗伤，脏腑受损。

❸ 忌行房事：因为早同房或过度的性生活都能损伤人体的阴精，这两方面的原因都可使旧病重新复发。尤其是那些属阴虚内热的疾病，恢复期更应注意。

281. "落枕"时强扭颈部易引起脊髓震荡

人的脊柱，上接生命中枢延髓，下接躯体四肢。脊柱两侧共有31对脊神经，其中颈神经8对，胸神经12对，腰神经5对，

骶神经5对，尾神经1对，每对神经都有明确的分工，分别支配一定部位的运动和感觉。如果猛然扭转颈部，则容易损伤颈神经，从而引起脊髓震荡或波及延髓，患者可能会因此而出现心跳停止、呼吸停止或高位截瘫。因此，"落枕"者忌轻易让人用劲强扭项颈，可以采用止痛药或针灸、按摩法医治。

282. 乱用"创可贴"易导致感染

创可贴属家庭常备的应急用品，对一些轻度皮肤外伤可以起到压迫止血和防止污染的作用。其使用方便，有时只要止血纱布直接覆盖于伤口，再把周围胶布粘贴在皮肤上固定即可，而且价格便宜。可是有些人认为创可贴能消炎止血，所以无论何种外伤均贴上创可贴，结果造成伤口化脓。这是对创可贴的功用了解不清，盲目使用造成的结果。

其实，创可贴主要用于小创伤出血后临时的包扎止血，且伤口不应有污染，并不是所有外伤均适用的。在某些情况下，使用创可贴不但起不到应有的作用，还可能加重病情或导致感染。因此，使用创可贴时须注意以下几点：

❶ 创伤严重、伤口有污染者，应到医院进行治疗。在清创处理以前，不可使用创可贴。

❷ 创可贴在使用至出血停止或2～3小时以后，最好改用纱布包扎。

❸ 即使伤口经创可贴包扎以后，也不能与水接触，而要保持干燥，以防感染。

❹ 对已经发生感染化脓的伤口及有糜烂的，不可使用创可贴。

❺ 对皮肤轻度擦伤，仅有少量出血者不必使用。

283. 换药过频不利于伤口愈合

身体因创伤或炎症而形成表面伤口时，适当的换药，保持局部清洁，是有利于消炎和愈合。但如果换药过于频繁，则不利于局部组织的再生，从而影响创口的愈合。

因为创面在愈合过程中，血液中的纤维素和白细胞中的渗出物在伤面上形成一层薄膜，覆盖在肉芽组织的表面，保护肉芽组织的生长。另外，在感染伤面上的腐败、化脓组织中，还会产生一种特殊物质，直接刺激各种所需要的细胞生长，从而促使创面愈合。如果换药过频，则会使保护膜难以生成，或将保护膜严重破坏，不利于伤口的愈合。因此，换药忌过频。

284. 乱挤脸上的疮疖会引起严重后果

脸面是一个人精神面貌的主要标志，可是一些人面部常长疮疖，很影响容貌。为去除疮疖，有的人强行挤压排脓，以致造成严重的后果。

脸上长疮、疖子，如果处理不当确是特别非常危险的。特别是从鼻根到两侧口角各画一条线，以嘴为底边，所画成的三角形区域范围内，被医学上称为"危险三角区"，这里的血管特别丰富，分支也很多，围绕在口唇、鼻翼的周围，如果在不做任何消毒的情况下，自己用手挤压，

或用针去挑弄，可使皮肤上和疮疖里的细菌、毒素直接进入血液、并随血液循环波及全身，甚至进入人的大脑，从而引起败血症、脑脓肿、脑膜炎等严重疾病。

要记住如果脸上的疮疖出现红肿疼痛，或扩散而整个面部肿大，应该马上去医院治疗，忌用不干净的手去抓摸，也不要自己随便外敷药物。

285. 患急性结膜炎时戴眼罩会加重炎症

目前有些人患急性结膜炎，往往喜欢戴上眼罩。认为这样能更好地保护眼睛，其实适得其反。

因为在患急性结膜炎时，眼内分泌物增加，如果戴上眼罩，分泌物便会滞留于眼内。这样，一方面可刺激结膜使炎症加重，另一方面分泌物滞留也增加了细菌繁殖的机会，使炎症有可能扩散到眼内其他部位，如引起角膜、泪囊等的炎症。因此，急性结膜炎忌戴眼罩。

286. 发热时不可急于退热

发热是机体在感染时或产生其他免疫性疾病时一个身体的反应症状。人在发病后，体内的白细胞会受到刺激，产生一种内源性致热质，直接刺激脑下部体温调节中枢，从而使体温升高。体温增高时，白细胞增多，吞噬细胞的吞噬作用加强，抗体生成增多，肝解毒功能加强。发热从某种意义上说有助于消除病因，为康复创造有利条件。如果不是发热过高或持续时间过长，一般发热忌急用退热药。

而对一些严重细菌感染者和免疫性患者发热时，盲目服用退热片，往往会出

现感染灶加重，患者退热后，又迅速升高体温，有时出现因退热快而虚脱及中毒症状严重者可导致休克等。有些严重感染和其他疾病，因滥用退热药掩盖了原有症状和体征，给治疗带来困难。因此发热时，首先弄清原因，根据病因，有的放矢地治疗，必要时看医生后，再用退热药。

287. 感冒时乱喝姜汤可能加重病情

感冒时喝上一碗姜红糖水是民间常用的方法，但需注意，风热感冒不宜喝姜糖水。

中医将感冒分为风寒感冒、风热感冒和暑湿感冒三个类型，它们一般是风邪侵入人体所引起的以恶寒、发热、头痛、鼻塞、咳嗽等为主症的外感疾病。感冒除在医疗上应辨证审因、分型施治以外，在饮食配合方面也应有所讲究。

治疗风寒感冒时，可用姜煎红糖水服用，因为生姜、葱白等都是辛温食物，能发汗解表，理肺通气，治疗效果颇佳，往往不服药也能使病情好转。

但治疗风热感冒，则不能用姜、葱、红糖之类的食物，如用即会助长热势，使病情向坏的方向发展。暑湿性感冒也不宜用红糖、生姜之类的食品，而应给予清凉解表的薄荷茶之类饮料进行辅助治疗。

288. 咳嗽时马上止咳易引起继发性感染

伤风感冒等常常伴有咳嗽、发热等症状。如果急于退热止咳，虽然能使咳嗽减轻，但可使其他症状加重，如出现痰鸣、胸痛、气促等。

因为呼吸受炎症或痰液的刺激，会因此而产生保护性反射，从而引起咳嗽，以排除痰液，清洁呼吸道。所以，咳嗽从某种角度来讲是有益的。如果过早使用止咳药，抑制咳嗽反射，则会造成痰液在呼吸道滞留，甚至阻塞呼吸道，引起继发性感染而加重病情。因此，咳嗽忌急于止咳，痰多的患者应先祛痰。

289. 腹痛时用手抚摸危害极大

有些腹部疼痛的患者，用手抚摸着腹部，试图以此来止痛。其实这样做是很有害的，其危害具体如下：

❶ 导致穿孔：例如蛔虫性肠梗阻，其临床表现为肚脐周围阵发性腹痛和呕吐。此刻，如抚摸腹部止痛，会刺激肠道内的蛔虫团挣扎乱窜，导致肠壁穿孔。

❷ 加重出血：比如胃十二指肠溃疡出血，如用抚摸腹部法止痛，会破坏脓肿，扩大炎症，导致弥漫性腹膜炎。

❸ 危及生命：比如肠套叠，如用抚摸腹部法止痛，会加重套叠，使肠壁坏死，危及生命。

此外，患者用抚摸腹部法止痛，还会刺激胃肠道。改变原来的肠鸣音，给医生的听诊带来困难。

290. 流鼻血时不要抬头或用纸团堵塞鼻孔

流鼻血原因非常多，很多人习惯于流鼻血时把头高高抬起来，或者用纸团塞住鼻孔，这样不但无助于止血，而且还会发生意外。

一般鼻出血，最常见的出血部位是在鼻中隔前下区，因为这个地方血管特别丰富，黏膜较薄，位置又偏前下，最容易受外界的刺激。流鼻血时抬头，血液虽不从鼻孔流出，但可以流向咽喉处。如流血较多，可能会误入气管，引起呛咳，甚至发生肺炎。另外，也可经食道吞入胃内，从而引起腹内不适。用纸团塞，则会刺激到鼻黏膜血管，造成更大的出血。

正确的方法应是：用两手指捏住紧靠鼻骨下方两侧鼻翼的位置，这样正好压住中隔前下方的出血区，在前额、鼻部可用毛巾作冷敷，经过这样处理以后，一般不太严重的鼻出血可以马上止住。

鼻出血后两周内要尽量避免打喷嚏和大便干结，忌用力拧鼻、提重物，并且忌参加剧烈的体育活动，以防再度出血。如果反复流鼻血，最好去医院检查一下，以便早期治疗。

291. 有病不能滥用药

❶ 滥用滋补药：有人认为"有病必虚"，既然身体虚弱必定要用人参、鹿茸等滋补，因此滥用这类药物。中医治病是讲究辨证。疾病有虚证，也有实证，对于实证

是不主张滋补的，即使是虚证也未必要用滋补药。乱吃补药有时反而会伤了身体。

❷ 迷信贵重药：有人认为凡是价格昂贵或者药源稀少的必定是好药，竭尽全力搞来使用。最典型的是对"人体白蛋白"的盲目使用。由于此药价格高，药源少，不少人都认为是一种能治百病的良药。其实"人体白蛋白"的真正用途主要是用于治疗肝脏病、低白蛋白血症。

❸ 偏信新药：有的人用药"喜新厌旧"，认为新的一定比旧的好，打听到某种新药，便千方百计地搞来使用。例如治疗消化道溃疡的甲氰咪呱刚问世时，很多溃疡患者争相使用。其实，甲氰咪呱并非是治疗溃疡病的"灵丹妙药"。

❹ 长期自选用药：有些长期患病的人认为自己"久病成良医"，自己选定一两种药物长期服用，不去医院复查。一者自选的药未必对症，二者即使对症，有时病已痊愈，不必服药了，再继续服下去，反而对身体不好。

❺ 期望快速见效的药：绝大部分患者都希望用药后能迅速见效，如果连用一两次未奏效，便又另觅其他药。其实药物治病也有一个过程，不能操之过急。

292. 药物治疗禁忌

❶ 忌药量过大：通常治疗量是指既可获得良好疗效又较为安全的剂量。若超量服用，即可引起中毒，尤以小儿、老人为

甚。然而，有人误以为服药量越大效果越好，便随意加大剂量，这是十分错误而又极其危险的。

❷ 忌药量偏小：有人为了预防疾病，或害怕药物的毒副反应，以为采用小剂量比较安全。殊不知这样非但无效，反而贻误病情，甚而使病菌产生抗药性。

❸ 忌疗程不足：药物治疗需要一定时间，于是医生按病情规定了疗程。如尿路感染至少连续用药7~10日，才能治愈。若用药两三天后，见尿路刺激症状有所缓解便停了药，结果迁延时日，甚而病情加剧。

❹ 忌时断时续：药物能否发挥疗效，主要取决于它在血液中是否保持恒定的浓度，若不按时服药，达不到有效浓度，也就难以控制病情，治愈疾病。

❺ 忌当停不停：一般药物达到预期疗效后，应及时停药，否则时间过长易引起毒副反应，如二重感染（即菌群失调症）、依赖性（即成瘾性）、耳鸣或耳聋以及蓄积中毒等。

❻ 忌突然停药：诸多慢性疾病需长期坚持用药控制病情、巩固疗效，如精神病、癫痫病、抑郁症、震颤麻痹症、高血压、冠心病等。若确需停药，应在医生指导下逐步进行，切忌擅自停用，或减少药量过多，以免产生停药反应。如有的促使旧病复发或病情加剧，有的会出现原来疾病所没有的奇特症状，严重的还会危及生命。

❼ 忌换药随意：药物显示疗效需要一定时间，如伤寒用药3~7日，结核病用药需半月至1年。若随意换药，使治疗复杂化，出了问题，也难以找出原因及时处理。

❽ 忌多多益善：两种以上药物联合使用，常可增强疗效，减少不良反应及延缓抗药性产生，但若配合不当，会发生对抗作用，以致降效、失效，甚至招致毒性反应。

❾ 忌小儿用成人药：由于小儿肝、肾等发育尚不完善，解毒功能很弱，故服药时需了解药物的性质及注意点。如氟哌酸等可引起小儿关节病变和影响软骨生长发育，故禁用。

❿ 忌以病试药：有人患了疑难杂症久治不愈，便寻找所谓单方、偏方、验方使用。如流传的"吃生鱼胆能明目"，就不断酿成中毒事故，且死亡率很高。又如一位患者全身长了疙瘩，奇痒难忍，用了偏方，将蟾蜍熬汤喝下，所谓以毒攻毒，结果严重中毒，不治身亡。还有些早期癌症患者，本可用手术治疗，却因偏信某些验方、秘方的神效而坐失良机，使病情恶化，以致难以救治。

⓫ 忌以针换药：很多患者都认为打针比吃药效果快，所以一来医院就要求打针，这样是不对的。打针或服药，都是治病的一种给药手段，必须由医生根据病情需要、药物剂型等多种因素而定。如果服药和打针效果相当，以服药为宜，不是很需要时，尽量不打针。这样既对身体有利，也减少许多由注射器传染疾病的机会。

★293. 服药的禁忌

❶ 忌躺着服药：躺着服药会使药物黏附于食管壁上，在食道中慢慢下行或滞留，不能及时进入胃部，造成呛咳和食道炎，甚至灼伤食道，形成溃疡。正确姿势是站着或坐着服药并保持约2分钟。

❷ 服药时间忌自作主张：服用一种药物之前，应当认真阅读说明书，按要求服药。每日一次是指药固定时间，每天都在同一时间服用。每日服用2次是指早晚各一次，一般指早8时、晚8时。每日服用3次是指早、中、晚各1次。饭前服用一般是指饭

前半小时服用，健胃药、助消化药大都在饭前服用。不注明饭前的药品皆在饭后服用。睡前服用是指睡前半小时服用。空腹服用是指清晨空腹服用，大约早餐前1小时。

❸ 忌把药片掰开吃：有的人吃药总是把药片掰开吃，以为药片小了利于吞咽。其实药片掰开后变成尖的，反而不利于下咽，还易划伤食道，所以药片不要掰开吃。

❹ 糖衣药片忌嚼服：糖衣药片在糖衣与药物之间，还包着层肠溶衣。这样药片在胃内一般不会溶解，而只有在小肠内才会溶解、吸收，因此就避免了药物对胃的刺激和避免了胃液对药物的影响。如果糖衣肠溶药片咀嚼后吞咽，因破坏糖衣内的肠溶衣，药物在胃酸作用下，会大大降低疗效。

❺ 忌干吞药片：有人服药时借唾液干吞，这对身体的危害较大。干吞药物易卡在食道中刺激食道黏膜，可引起食道炎、食道溃疡、上消化道出血等病症。

❻ 忌用饮料服药：茶水、可乐、豆浆、咖啡、牛奶等饮料中有多种化学成分，易与药物发生反应而影响药效。应用温开水或凉开水送服，少数中药可用黄酒、蜜水送服。

❼ 忌喝水过多：喝水过多会稀释胃酸，不利于对药物的溶解吸收。一般来说送服固体药物1小杯温水就足够了。对于糖浆这种特殊的制剂来说，特别是止咳糖浆，需要

药物覆盖在发炎的咽部黏膜表面，形成保护性的薄膜，以减轻黏膜炎症反应、阻断刺激、缓解咳嗽，所以，建议喝完糖浆5分钟内不要喝水。

❽ 忌对着瓶口喝药：对着瓶口喝药的情况多见于喝糖浆或合剂。一方面容易污染药液，加速其变质；另一方面不能准确控制摄入的药量，要么达不到药效，要么服用过量增大副作用。

❾ 忌服药后饮酒：酒中含有浓度不等的乙醇，它与多种药物相互发生作用，会降低药效或增加药物的毒副作用。

❿ 忌服药后马上运动：和吃饭后一样，服药后也不能马上运动。因为药物服用后一般需要30~60分钟才能被胃肠溶解吸收、发挥作用，期间需要足够的血液参与循环。而马上运动会导致胃肠等脏器血液供应不足，药物的吸收效果自然大打折扣。

294. 助消化类药物用热水送服会降低药效

助消化类药物，如多酶片、酵母片等，用热水送服会降低药效。此类药中的酶是活性蛋白质，遇热后即凝固变性而失去应有的催化剂作用，因此服用时最好用低温水送服。此外，下列两种药物也不宜用热水送服：

❶ 维生素C：是水溶性制剂，不稳定，遇

热后易还原而失去药效。

❷止咳糖浆类：止咳药溶解在糖浆里，覆盖在发炎的咽部黏膜表面，形成保护性的薄膜，能减轻黏膜炎症反应，阻断刺激而缓解咳嗽。若用热水冲服会稀释糖浆，降低黏膜稠度，不能生成保护性薄膜。

⭐ 295.不能久存的五类药

日常生活中，几乎每个家庭都遇到过买来的药只吃了一部分就病愈的情况。有关专家指出，不是所有用剩的药品都适宜留在家中保存，有些用剩的药品下次使用时，可能给人体带来危害。

❶所剩药品不够一个疗程的不留：这些药品存放多了不便管理，还容易和同类新药造成混淆。

❷容易分解变质的药品不留：如阿司匹林容易分解出刺激肠胃的物质，维生素C久置会失去药效。

❸有效期短且没有长期保留价值的药品不留：如乳酶生片、胃蛋白酶合剂等。

❹没有良好包装的药品不留：一些药品遇潮容易变质，需要有避光防潮的包装，包装不好的片剂药吸潮后会霉变。没有标明有效期和失效期的零散药品或外包装盒已丢弃的药品也不要留。

❺没有掌握用途的药品不留：如果对某类药品的适应证把握不准，最好不要留存使用。

⭐ 296.夏日清热降火莫过头

夏日清热降火莫过头：使用清热降火药物不能过量，以免引起药物中毒。如六神丸是家庭常备良药之一，主要由牛黄、麝香、蟾酥、雄黄、冰片、珍珠六味药组

成，具有清热解毒、消肿止痛等功效。但也曾经发生过有人过量服用六神丸而导致药物中毒，有的人一次过量即中毒，也有的人多次过量而中毒。此外，夏日用药还须注意以下几点：

❶不要随便输液：夏季气温炎热，输液过程的环节多，易被微生物污染，一旦尘埃和细菌通过药瓶的进气管进入药液，就容易引发输液反应，患者应格外小心。输液要选择正规的医疗机构，输液一定要在医护人员的监护下进行。

❷伤口选敷料莫随意：夏季衣着单薄，难免磕磕碰碰受外伤。受伤后敷药是自然重要的，但是选择什么敷料更为重要。有的人使用一些没消毒的棉花、纱布、手帕、布条、餐巾纸等来盖住伤口。这样非但于伤口愈合不利，还会引起诸多并发症，导致不良后果。合格的伤口敷料才能使伤口促进愈合，可减轻疼痛并分解坏死组织，避免引起伤口感染。常用的医用敷料有止血海绵、纱布绷带、医用棉球、棉签等。

❸不要滥用抗生素：夏季容易发生细菌感染性疾病，有些人会自行大量服用抗菌素类药物。甚至为了防止胃肠道疾病，自己服用氟哌酸等抗生素来"预防"腹泻，这种做法不仅完全没有必要，其实也起不到预防作用。而且抗菌素类药物毒副作用较多，据报道，全国每年上报的数万例药品不良反应病例中，至少有一半是抗生素引起的，所以一定要慎用，不能过量服用。

❹当心利尿剂：因为夏季人们排汗量增加，机体处于缺水状态，如果再服用利尿药物，会引起机体严重缺水，甚至导致脱水。如果需要长期使用这类药物，要听取医生的意见，选择合适的用药方案。

297.酒后服用安眠药会损伤中枢神经

喝酒后不宜服用安眠药：酒精和安眠药一样有抑制中枢神经作用，不要同时使用，以免中枢神经过度抑制造成伤害。此外，下列几种人也不宜服用安眠药：

❶孕妇：有的安眠药可能致胎儿畸形，还可能出现新生儿哺乳困难、黄疸和嗜睡。

❷哺乳期妇女：如在哺乳期服用安眠药，安眠药的成分可能转移到母乳内，对新生儿造成不良影响。如果母亲在哺乳期中服用安眠药，需避免授乳。

❸年老体弱者：因为如果药物白天残留较大，会有头晕和走路不稳等副作用，可能给年纪大、身体较弱者带来危险。

❹有心脏、肝脏及肾脏障碍者：安眠药主要在肝脏转化，由肾脏排除，肝肾疾病患者不宜服用安眠药。

❺睡眠呼吸障碍者：安眠药能加深中枢抑制，所以呼吸道阻塞性疾病或睡眠呼吸暂停患者不宜服用安眠药。

❻急性闭角型青光眼及重症肌无力患者：这些患者服用安眠药时，症状会急剧恶化。

298.摄取维生素并非多多益善

维生素是动物成长和保持健康不可缺少的有机物质之一。维生素大致可分为"脂溶性维生素"和"水溶性维生素"两大类；前者主要包括维生素A、维生素D、维生素E和维生素K，后者主要包括维生素B_1、维生素B_2、维生素B_6、维生素B_{12}、维生素C以及烟酸和泛酸等。水溶性维生素如果摄取过多，都可随尿排出体外，然而脂溶性维生素摄取过量，就会原样贮存在体内，从而引起组织细胞发生异常的变化。

299.健康之人服用人参易招致疾病

身体健康的人：当以饮食和体育锻炼为强身之良策。若多服、过服人参非但无益于健康，而且会招致疾病，引起口舌干燥、血压升高、大便秘结和流鼻血等不良后果。尤其是婴幼儿、少年儿童、血气方刚的青壮年，更不可盲目服用人参。此外，下列几类人也不宜服用人参：

❶舌质紫暗之人：中医学认为，舌质紫暗为气血瘀滞之象，如服用人参反而会使气血凝滞加重病情，出现"疼痛、烦躁不安、手足心发热"等症状。

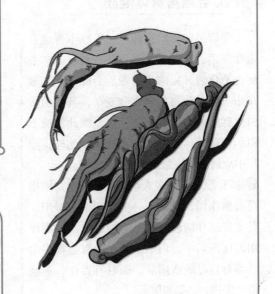

❷ 红光满面之人：临床发现，红光满面之人情绪往往兴奋，血压常常偏高，再服用人参会导致血压上升、头昏脑涨、失眠多梦等病症。

❸ 舌苔黄厚之人：正常人的舌苔薄白而又显湿润，黄则表示消化不良有炎症，此时服用人参会引起食欲不振，腹部胀满，便秘等。

❹ 大腹便便之人：此类人服用人参后，常常食欲亢进，出现体重猛增，身重困顿，反应迟钝，头重脚轻之不良感觉。

❺ 发热之人：发热应先查明病因，不可因病体虚而盲目进补，感冒、炎症等发热患者服用人参后犹如雪上加霜，使病情加重。

❻ 胸闷腹胀之人：此类患者服用人 参后，常常出现胸闷如堵，腹胀如鼓等。

❼ 疮疡肿毒之人：身患疔疮疥痈和咽喉肿痛者，体内必有热毒，服用人参后会导致疮毒大发，经久不愈等严重后果。

300. 在苦味中成药中加糖会危害身体健康

常言道"苦口良药"。苦味本身也有治疗作用，比如有些健胃药，是靠苦味来促进消化液分泌的，加糖后会降低其刺激作用。同时药物化学成分复杂，其中的蛋白质鞣酸可与糖起化学反应，因此加糖不但影响药效，还可能危害健康。此外，服用中成药还须注意以下几点：

❶ 擅自服用：很多人认为中药安全，服用没有副作用，所以，一生病便擅自服用。其实，这样的理解是不对的，中药的副作用是比西药小，但不是完全没有，很多中药都有自己的适用症，而且有毒性，不能擅自服用，必须遵医嘱。

❷ 肆意加大剂量：许多人认为中成药药性缓慢，需加大剂量才会有效。但有的中成药中含有一定的毒性成分，服用时有严格的剂量限制，即使有一些不含毒性成分的药品，也不可过量使用。比如更衣丸，其主要成分是芦荟和朱砂，功效是泻火通便，适应于心肝火旺的烦躁不眠和大便秘结，其中朱砂为矿物类，不易消化，适量服用可镇静促眠，量大反而适得其反。还有的中成药中含有西药成分，如消渴丸中含有优降糖，大剂量服用可导致低血糖。

❸ 不对症选药：中医讲究辨证论治，即对症下药。比如咳嗽，有热咳、寒咳、伤风咳嗽、内伤咳嗽之分，止咳药也有寒、热、温、凉之分，若不对症选用，止咳的效果必定不好。例如蛇胆川贝液偏寒，风寒咳嗽者不宜；消咳喘则偏热，黄痰带血者又不宜。

❹ 盲目与西药同服：中西药各自都有自己的物理、化学特性，合理同用可减少毒副作用，提高效果，因此越来越受到欢迎。但并不是所有的中、西药都能合用，有的也可能相互干扰，降低效果，甚至发生中毒。因此，中西药合用者，即使没有药物禁忌，也应相隔一些时间服用，这样比较安全。

❺ 煮沸与沸水冲服：大多数中成药均应以温开水吞服。沸水冲服甚至是煮沸后服用不但不利药效发挥，而且部分挥发性的药物成分也会由此丧失。另外，滋补品所含的糖酵素和不少营养素很容易在高温下分解变质而遭破坏。

❻ 不注意使用期限：许多人错误地认为中成药可以长期使用，我们且不说中药本身时间长会变质，或药效丧失，就是中成药

的包装外壳也是有期限的。如丸剂外壳多用蜡制成，起封闭、保护药效的作用，时间过长后会出现干裂现象，影响药品质量。

301. 嗓音嘶哑时忌滥服胖大海

当嗓音嘶哑时，人们常常用胖大海泡茶治疗。有人服用后效果良好，但有些人却不一定见效，甚至还有不良反应。

这是因为嗓音嘶哑的原因很多。胖大海性凉味甘淡，有清肺润燥、利咽解毒的功效。该药对于发音突然嘶哑并且伴有咳嗽、口渴、咽痛的人最为合适。至于声带小结、声带息肉、声带闭合不全、烟酒刺激过度所引起的嗓音嘶哑，胖大海却无济于事。如果长期泡服，可以造成大便溏薄、脾胃虚寒、胸闷、饮食减少、体瘦等不良反应，因此不宜滥服胖大海。

302. 热天用中药四忌

❶ 忌用发泡等外治法：通过外敷药物引起发泡等反应，来达到治疗的目的，是目前中医疗法之一。但夏季人体多汗，体表细菌繁殖非常快，破损皮肤容易感染，此时应忌用有反应的药。

❷ 忌过度滋补：滋补药不易为人体所吸收，只有消化功能完善的人才能使用，否则会出现腹胀，不欲饮食等病症。而人在夏季，胃肠功能低下，因此忌使用，更忌过度滋补。

❸ 忌过度出汗：夏季人体很容易出汗，此时如果再服大量发汗药，势必大汗淋漓，从而导致体内水电平衡紊乱，甚至可出现休克等危重症候。

❹ 忌过度温热：温热药主要用来治疗寒证，人体如果大量使用，常会出现发热、出血、疮疡等病变，必须使用时，也应该减少剂量，缩短疗程。

303. 五种人不可服用鹿茸

鹿茸作为中药，其药性甘、咸、温、入肝、肾经，能增强免疫力，抗疾病、抗衰老。鹿茸虽滋补，但有五种人不宜服用：

❶ 有"五心烦热"症状，阴虚的人。

❷ 小便黄赤，咽喉干燥或干痛，不时感到烦渴的人。

❸ 经常流鼻血，或女子月经量多，血色鲜红，舌红脉细，表现是血热的人。

❹ 正逢伤风感冒，出现头痛鼻塞、发热畏寒、咳嗽多痰等外邪正盛的人。

❺ 有高血压症、头晕及肝火旺的人。

304. 用金属器皿煎中药易使药性丧失

用铁、铜、铝等金属器皿煎中药，会使中药丧失其药性，从而影响治疗效果。

因为许多中药中含有一种物质鞣酸。鞣酸在遇到金属时，会发生化学变化，生成一种不溶于水的鞣酸盐。中药中的鞣酸受到破坏，就会影响治病的效果。因此，煎中药忌用金属器皿，应用砂锅或瓷锅为宜。

305. 煎药并非越久越好

有人以为中医煎药时间越长效果越显著，其实不然。中药的正确煎法是入煎前先用冷水将药浸没，待半小时后再煎，通常煎煮15~30分钟。滋补类药，须文火久煎；矿石壳一类的药，须先煎15~20分钟；而含挥发油一类的芳香药物，应在其他药将要煎好时，再放入煎一两沸。服药的最佳时间一般在饭后2小时左右。汤药宜温服，治感冒的解毒药应趁热服，以促使出汗退热。调补用的丸剂、膏剂，宜在早晨空腹或临睡前服，容易被消化吸收。

306. 用热水煎中药会影响疗效

中药汤剂是经过加水煎煮后而成的一种液体制剂。如用热水煎煮会影响治疗效果。

因为用热水煎中药，水分还没有来得及渗入药物组织内部，水就沸腾了，不利于有效成分的充分煎出，特别是含有淀粉的中药，如芡实、山药等，淀粉凝结，有效成分便无法煎出，药物起不到应有的治疗效果。因此，煎中药忌用热水，应先用冷水浸泡，而后置于火上煎煮，只有这样才能充分把药的成分煎出，以发挥药物应有的作用。

307. 服用煎"煳"的中药对健康有害

煎煳的中药有效成分已被严重破坏，起不到什么治疗作用，甚至还会起相反作用。如大黄短煎可起攻积导滞、泻火凉血、利胆退黄、活血祛瘀的作用，久煎则起涩肠止泻的作用，而煎煳了的大黄的作用则是止血，三者完全不相同。所以说，煎煳的中药不应再吃。

308. 过夜中药汤剂的疗效会降低

通过对中药汤剂中有效成分溶存率的研究，发现沉淀反应会影响汤剂中的有效成分。中药大多数由多味中药配制组合而成，汤剂也成了多成分的系统。在这个系统中，各种化学成分之间可发生各种化学反应从而产生沉淀物，如鞣质与蛋白质、生物碱、甙类，生物碱与甙类、有机酸相遇后，都会发生沉淀反应，生成新的难溶于水的化合物，从溶液中析出。药液如果长时间放置，便为发生沉淀反应创造了条件。沉淀物越多，相应的有效成分就减少。如果我们仔细观察一下长时间放过的药液，便可发现上层变得更加澄清，下层则为沉淀物。其中一部分就是沉淀反应的产物。可见，过夜的中药汤剂不应服用，还是当天服完为好。

309. 对亲友中的高血压患者不要照顾备至

在日常生活中，每个人都有可能与亲友中慢性病者接触，尤其是家庭一员患有高血压、心脏病、糖尿病等疾病的时候，人们往往是尽一切可能时时处处照料他们，以期待他们恢复健康。但良好的愿望也可以起相反的作用。

因为高血压等慢性病患者心理上有一种适应过程，心理学家称之为"病人角色"，不承认这点是不利于康复的。但是，倘若患者长期安于这种"病人角色"，心理上产生了依赖感，使自己的躯

体及思想完全处于休息状态，饮食起居都依赖他人照顾，将不利于患者的康复。

所以当你的亲属或朋友在发生疾病后，既不能置之不理听之任之，也不能把他们当成无生活能力的人。正确的态度应该在早期让他们接受已经降临的病变，同医生合作，安心治疗。而在经过一段时间治疗之后，即在患者康复期，要有意无意地鼓励他们自觉主动地进行些活动，以尽早恢复健康。

310. "甲亢"患者不可久看书报

"甲亢"患者只要看几分钟电视，眼睛内外就会发生高度充血，眼球胀痛，久看书报也有这种感觉。所以，"甲亢"患者应少看或不看电视及书报。此外，不幸患有"甲亢"的朋友还须注意以下两点：

❶ 忌气怒烦恼："甲亢"患者特别容易烦恼，在单位及家中与人争吵都是常有的事。因这类患者多虑多疑，性情暴躁，因此，只宜谦让劝解，不应火上浇油，以免病情加重。

❷ 忌身体劳累：甲亢患者饮食虽多，但消化力差，吸收营养功能不好，以致瘦弱无力，手不能持重物，走路也常跌跤。因此"甲亢"患者忌劳累，即使病情较轻也忌游泳、爬山、打球、练拳及到远处旅游。

311. 心绞痛患者切勿在冷风中行走

心绞痛患者在遇冷、逆风行走或冷水刺激后都可引起血管收缩，使心脏阻力大

大增大，从而诱发心绞痛。所以，心绞痛患者切勿在冷风中行走或受到其他寒冷刺激。此外，患有心绞痛的朋友还须注意以下几点：

❶ 忌情绪波动：凡过分激动、暴怒、焦虑等都可导致交感神经兴奋，心跳加快，血管收缩，从而诱发心绞痛。

❷ 忌过度疲劳：过度剧烈运动、重体力劳动、爬山登楼等都可加重心脏负担，从而诱发心绞痛。

❸ 忌暴饮暴食：暴饮暴食可引起人的血液流向胃肠以及心肌供血不足，另外，血脂会暂时升高，从而阻碍心肌氧的运输，从而引起心绞痛发作。

❹ 忌大便秘结：大便秘结，排便时用力过大，可导致全身肌肉收缩，动脉内压力增大，心脏收缩时受到阻力增大，心脏负荷增加，其结果可导致心绞痛发作。

312. 高血压患者洗冷水澡易使血压升高

高血压患者对寒冷的反应强烈，因此在洗冷水澡时血压会迅速上升，会促使已经粥样硬化的脑动脉破裂或心脏冠状动脉受阻，从而导致脑出血或心力衰竭等病症。此外，高血压患者还应注意以下几点：

❶ 忌迅速下降血压：如果血压迅速降压，患者不能适应而且还会感到头晕，甚至诱发脑血管意外。

❷ 忌过量食含胆固醇多的食物：如肝等动物内脏和鱼子、蛋黄等。应忌食肥肉、猪油等热量较高的食物。

❸ 忌食过咸的食物：摄入的总盐量每天以5克左右为佳，尽量要清淡。

❹ 忌食或少食辛辣食物：忌暴饮暴食，即便一次饮食过多，亦可发生意外。

❺ 忌过度的体力和脑力劳动。

❻ 忌饮白酒、烈性酒及吸烟：忌服如麻黄素等能升高血压的各种药物。

❼ 忌精神过度紧张：特别是长期处于紧张状态，会促进血中肾上腺素的不断增加，从而使血压升高。

忌过度的精神刺激：如大怒、大喜、大悲等，另外像精神刺激过度，都可造成气血逆乱而发生意外。

第二篇
婴幼儿生活

日常抚育禁忌

——细心呵护，培育健康小宝贝

★ 001. 宝宝穿得过多反而容易着凉

婴儿哭闹或活动时多易出大汗，若穿着过多，汗水浸湿内衣，湿衣服冰凉地贴在孩子身上。这样不但容易感冒着凉，以至引发气管炎、肺炎，而且孩子穿得太多，活动就不方便，妨碍其运动功能的发育。此外，宝宝穿衣时还须注意以下3点：

❶ 忌穿（裹）得过紧：孩子发育要靠营养和运动，而婴儿的运动方式主要是四肢屈伸，吃奶及哭叫。穿（裹）得过紧，严重地限制了孩子的运动，也影响食欲，不利于生长发育。

❷ 忌图案太多、太杂：图案太多，使宝宝整天把心思放在衣服上，分散注意力，从小养成注意力不集中，影响将来生活。图案选择尽量不超过两种，要少而精，并且要选择温和、可爱的图案。

❸ 忌腹背受凉：婴幼儿穿衣要严格注意，千万不要让腹背受凉，尤其是炎热的夏天，更应注意不要让宝宝光着身子。因为肚腹为脾胃要地，受凉则直接影响消化吸收功能，容易发生肠鸣、腹痛、泄泻、呕吐等疾病；背部受凉则容易感冒、伤风、呕吐、咳喘和支气管炎。

★ 002. 宝宝长时间穿开裆裤易感染细菌

婴儿到1岁半以后喜欢在地上乱爬，若穿开裆裤或者不穿内裤，一来容易损伤生殖器，二来易感染细菌，三来受寒而引起感冒、腹泻，四来还容易养成就地大小便的坏习惯。所以，从孩子1岁左右起，就应让婴儿穿满裆裤，还应该穿上内裤，并让孩子逐渐养成坐便盆和定时大小便的习惯。此外，宝宝穿裤还应注意以下几点：

❶ 忌穿喇叭裤：喇叭裤裤腿紧裹在大腿上，容易使下股的血液循环不畅，从而影响幼儿的生长发育。另外，喇叭裤紧包臀部，抽紧着的裤裆经常要摩擦幼儿的外生殖器，容易使幼儿因痛痒而抚弄生殖器，从而可能造成幼儿玩弄生殖器的不良习惯。此外，幼儿期是好动的时期，又长又肥的裤脚影响小儿的活动，行走时非常不安全。因此，幼儿的裤子应以宽松合体为佳。

忌穿连衣裤：穿连衣裤容易使宝宝来不及解裤，尿在裤里，从而对皮肤造成污染。分体衣裤宝宝方便，妈妈也方便配合。

❸ 忌穿拉链裤：宝宝穿拉链裤，非常容易在拉动拉链时把生殖器的皮肉嵌到拉链中去，这时拉链上也上不去，下也下不得，使幼儿遭受皮肉之苦，甚至危害生殖器健康。

❹ 忌用橡皮筋做裤带：宝宝生长发育快，橡皮筋做裤带会长期紧束腰部，造成胸廓畸形，最为明显的是第八肋骨下陷，胸部呈桶状畸形，如果不及时纠正，会造成肺活量减少，肺功能减退，影响孩子的健康。因此，忌用橡皮筋做裤带。

003. 宝宝穿鲜艳的内衣不利于身心健康

忌颜色鲜艳：鲜艳内衣的颜色染料会对孩子皮肤造成感染，不利于孩子身心健康。所以，要尽量给宝宝选择纯白或淡颜色的纯棉内衣。此外，宝宝穿内衣还须注意以下两点：

❶ 忌穿化纤内衣：化纤织品对宝宝的皮肤是有害的。所以宝宝穿衣要尽量选择棉布，既吸汗，又不会引起皮肤过敏。

❷ 忌穿改造的大人旧内衣：旧内衣经过反复洗涤，质地会变得十分僵硬，透气性很差，而且难免携带细菌。新生儿穿时，有可能受到损伤或感染。

004. 宝宝戴手套影响智力的开发

有些家长为了防止婴儿抓脸或吃手，就给婴儿戴上了手套，其实这样做是弊多利少。

手是智慧的来源，大脑的老师。手的乱抓，不协调活动等是精细动作能力的发展过程。婴儿通过吃手，进而学会抓握玩具、吃玩具，这种探索是心理、行为能力发展的初级阶段，是一种认知过程，也是一种自我满足行为，为日后手眼协调打下了基础。可是如果给宝宝戴上了手套，可能妨碍口腔认知和手的动作能力的发展。新生儿生来就有握持的本领，可以经常让宝宝学习握物或握手指，以促使宝宝从被动握物发展到主动抓握，从而促进宝宝双手的灵活性和协调性，这对大脑智慧潜能的开发大有好处。作为父母应每天清洗宝宝的小手，替宝宝勤剪指甲，鼓励宝宝尽情玩耍双手。

005. 宝宝穿皮鞋会影响学习走路的能力

有些孩子刚会走路，父母就给孩子买漂亮的小皮鞋和迷你版运动鞋穿，但是这样对孩子的健康是没有好处的。

当宝宝学走路时，需要用脚来感受地面，有助于学习如何平衡、学走路时脚趾如何配合活动。而且宝宝的脚正处于生长发育阶段，脚的骨骼、皮肤十分娇嫩，脚型尚未发育定型。如果给他们穿上坚硬、厚底的皮鞋和运动鞋，一方面双脚完全被鞋包着，与地面隔离，会影响他们学习走路的能力；一方面娇嫩的小脚受到束缚，出汗不宜吸收，会使孩子感到闷、热、湿、滑，周身不适。

所以，宝宝在8个月~1岁的学步阶段，根本无须穿鞋，最好是赤脚，或者穿柔软而吸汗的布鞋。这样宝宝可直接感觉地面的硬度、软度及斜度，活动的灵敏度及掌握平衡的能力会较佳，孩子的脚也不会有束缚感。父母在为幼儿选购鞋子时，应选柔软、舒服的鞋，鞋身太硬或鞋底太厚，都会对婴幼儿有影响。

006. 宝宝的衣服不可用洗衣粉洗

洗衣粉的主要成分是烷基苯磺酸钠。这种物质进入人体以后，对人体中的淀粉酶、胃蛋白酶的活性有着很强的抑制作用，容易引起人体中毒。如洗涤不净，衣物上残留的烷基苯磺酸钠会给婴儿造成危

害。因此婴儿衣服忌用洗衣粉洗，而且儿童的衣物，尤其是婴幼儿的衣物不宜长期放到有卫生球的箱子里。如果无法分放，在穿之前一定要经过晾晒，去掉那种难闻的气味，因为苯酚物质晾晒后会很快挥发掉。

007. 情绪不好时给宝宝喂奶会影响其生长发育

妈妈忌在情绪不好时给宝宝喂奶：因为人体在生气时分泌的有害物质将通过乳汁被宝宝吸收，使宝宝的免疫力下降，消化功能减退，生长发育迟滞。此外，母乳喂养还须注意以下几点：

❶ 忌拒绝哺乳：这是不少年轻特别是爱漂亮的母亲们的错误认识，她们担心哺乳后身体发胖，乳房下垂，影响体型美而拒绝哺乳。其实，女性怀孕以后，不管是否采取母乳喂养，乳房都会有所改变。母乳喂养不但不会影响母亲的体型，还能促进母亲产后身体的复原，有利于减轻体重。乳母如果选戴合适的文胸，断奶后乳房也会基本恢复到原来的形状。

❷ 忌丢弃初乳：初乳是母亲产后最初几天分泌的乳汁，量少、黏稠，因含胡萝卜素而色黄。很多妈妈都以为不纯净而丢弃了，其实初乳对新生儿是很重要的，其中含有多种营养成分，如丰富的蛋白质、微量元素、较多的锌以及大量的抗体，所以，初乳应该一滴不剩地喂给宝宝。

❸ 忌开奶太迟：多数婴儿出生后8~12小时甚至四五天后才开始喂母乳。其实，新生儿降生后半个小时内就应吸吮母亲奶头，即使这时产妇没有奶也可吸上几口，尽早建立催乳反射和排乳反射，促使乳汁来得早、来得多。若开奶迟，即使仅迟几

哺，在婴儿4～6个月内基本可以满足婴儿的全部需要。如果过早给婴儿添加牛奶或谷类食物，婴儿吸吮母乳次数减少，会使母乳分泌减少，而且吃过多的牛奶或谷类食物还会加重婴儿胃肠负担，造成消化不良、腹泻或超重，影响婴儿健康。

❽ 忌躺在床上喂奶：因为人的咽部与中耳之间有一相通的管道，叫咽鼓管。婴儿的咽鼓管比成人短，但粗细相同，而且几乎成水平状态。婴儿平躺吃奶，常发生溢奶或呕吐。呕吐物容易通过咽鼓管进入中耳内，从而引起发热、耳痛和慢性中耳炎，如果常年流脓，还会导致听力下降。喂奶时应该坐着，把孩子的头部用手肘抬高45°。

个小时，也会增加母乳喂养失败的机会。早开奶还有利于产妇的子宫收缩，减少阴道流血，使母体更快康复。

❹ 忌开奶前喂糖水：以前新生儿开奶前一般先喂糖水，这种做法是错误的。正常婴儿在出生时，体内已贮存了足够的水分，足可维持至母亲来奶，如果在母亲来奶之前给孩子喂糖水则会影响母乳喂养。

❺ 忌定时喂奶：一些年轻夫妇严格按照书上所述"每隔3小时给婴儿喂奶一次"的方法喂哺婴儿。而事实上多数儿科医生主张采用非限制性喂奶法，或称"按需哺乳法"，即每当婴儿啼哭或母亲觉得应该喂哺的时候，即抱起婴儿喂奶。婴儿刚开始时可能吃奶次数很多，时间也无规律，但一般经过一段时间便渐渐会形成一定的规律。

❻ 忌两次喂奶之间加喂水：母乳内含有正常婴儿所需的水，如果婴儿看上去口渴，就应让其吸吮母乳，这不仅能使婴儿得到所需的水和营养物质，而且会刺激母乳分泌。因此，在婴儿4个月之前，纯母乳喂养小儿可以不必喂水，除非大热天出汗多或服用药物（如磺胺类药）时才需喂水。

❼ 忌过早掺加人工喂养：乳母只要正确喂

008. 哺乳妈妈注意事项

❶ 当乳头裂伤时，可暂停直接喂奶，用手或吸乳器按时将乳吸出，在乳头裂伤处涂敷鱼肝油软膏，防止感染。

❷ 母亲应保持个人清洁卫生，饮食平衡，心情愉快，睡眠休息充足，生活规律，避免饮酒、吸烟、接触毒物或服用对宝宝有影响的药物。

❸ 若喂奶时很少听到宝宝吞咽声，且时而哭吵，体重增长较慢或不增，提示奶量不足，必须及时补足。每次喂奶以吃完为宜，如不能吃完，即用手或吸奶器吸空，以防发生乳腺炎。

❹ 当母亲患严重心脏、肾脏、精神病、活动性结核病及其他消耗性疾病，禁忌哺乳。如急性传染病或乳腺炎可暂停喂哺，病愈即可继续哺乳。若仅产后乙型肝炎血清抗原或抗体阳性，目前认为可给宝宝哺乳。若感冒应带厚口罩喂乳，或挤出乳汁用匙喂。

009. 断奶太晚会导致宝宝体弱多病

一般地说，给婴儿断奶的时间最好是在婴儿出生后的第8~12个月时，过早或过晚都不太好。过早断奶，婴儿的消化功能还不强，尚不适应添加过多的辅食，断奶会引起消化不良、腹泻，容易影响婴儿的健康。过晚断奶，因母乳逐渐变得稀薄，即母乳的数量及所含的营养物质都逐渐减少，已不能满足婴儿生长发育的需要，而导致婴儿消瘦，发生各种营养缺乏症，体弱多病。而母亲长期喂奶，会引起夜间睡眠不良，精神不佳，食欲减退，消瘦无力，甚至引起月经不调、闭经、子宫萎缩等。

另外，断奶是个循序渐进的过程，不能不做准备、说断就断，这样会使婴儿感到不愉快，影响情绪，容易引起疾病。所以，婴儿在4~6个月时，就应添加辅食，使他养成习惯吃母乳（或牛乳）以外的食物，但量应少，质应稀烂。经过一段适应过程，逐步地用辅食代替母乳，大约8个月后，婴儿就能由吃母乳（或牛乳）转成吃饭，逐渐完成断奶了。

010. 单纯用牛奶喂养会导致宝宝缺铁性贫血

牛奶，特别是鲜牛奶，一般人都认为它是婴儿的最佳食物。但是牛奶中含铁量非常小，每千克牛奶中仅含铁1毫克，而且只有10%能被吸收利用，如果单纯用牛奶喂养婴儿，会发生缺铁性贫血。另外，牛奶还含有一种不耐热的蛋白质，被吸收后容易发生过敏，使胃肠道出血。而且，牛奶的营养也不如母乳。所以，喂养小儿以母乳为佳；如果用牛奶，必须加热后再

喂，这样可以破坏致敏原，且以每天不超过750毫升为宜。

011. 给宝宝选择奶制品应慎重

不要选择未通过国际质量体系认证的企业所生产的产品，或者已过保质期的奶制品。由于婴儿各脏器的功能发育尚不完善，应注意每日用量不要超过1000毫升；1岁半以内的婴幼儿不太适合饮用新鲜的牛奶；有些幼儿喝牛奶出现腹泻、过敏症状（即乳糖不耐受或对牛奶中的蛋白质过敏），可选用豆类配方奶粉。如果症状较轻，可少量多餐（每次100毫升，每40分钟1次），一般会逐渐改善；实在不行可改用酸奶，因为发酵后的乳糖可减少20%~30%，人体更易吸收。但是不要用含乳饮料来替代奶制品。

012. 不要让宝宝吸吮空奶嘴

在日常生活中，不少年轻的妈妈把吸吮空奶嘴作为对待孩子哭闹、不睡觉的"有效"办法。殊不知，这对孩子的身体健康有害无益。

孩子在吮空奶头时，虽然没有食物进

入胃里，但口腔和胃还是通过神经反射，分泌大量的消化液，等到真正进食时，消化液就会相对的减少，使食欲下降，严重的还会引起孩子消化不良。吮吸时，孩子还会将空气吸入胃中，引起吐奶、腹痛或腹泻。如果孩子长时间地吸吮空奶头，还会影响颌骨的正常发育以及造成齿排列不整齐等后果。所以希望年轻的妈妈千万不要让孩子养成这种坏习惯，已养成这种坏习惯的应当及时纠正。如果吸吮大拇指，那更有害了，严重的还导致大拇指发育畸形，更要及时加以纠正。

013. 长期使用奶瓶会阻碍宝宝的身体发育

长期使用奶瓶，会对宝宝的身体造成极大危害。一方面，宝宝对它产生依赖感，咀嚼功能得不到锻炼，很多固体物体难以摄食，身体发育受到影响；一方面，牙齿长出后，奶汁和果汁会腐蚀宝宝的牙齿，导致蛀牙等疾病。此外，使用奶瓶还应注意以下两点：

❶ 忌使用姿势不当：直立位使用奶瓶，或奶瓶位置过高，使下颌骨过高前伸，从而造成面型内陷，前牙反咬。所以奶瓶位置

应稍低些，瓶中液体漫过奶嘴位置即可。

❷ 忌不消毒：宝宝身体抵抗力差，奶瓶不消毒对宝宝身体影响很大。所以，每次用完奶瓶，都应立即把剩奶倒掉，然后仔细清洗、消毒奶瓶里外和奶嘴，再用热水煮或用微波炉蒸来消毒。

014. 宝宝喂食五忌

对于一般的婴幼儿，只要适当注意科学喂养，一般不会产生营养性疾患。但对于喂养期的婴幼儿来说，其饮食特别要注意：

❶ 忌硬、粗、生：婴幼儿咀嚼和消化机能尚未发育完善，消化能力较弱，不能充分消化吸收营养，因此，给婴儿喂食必须是软、细的食物，便于宝宝消化，并根据他身体的发育、牙齿的萌出，而不断改变饮食。

❷ 忌咀嚼喂养：有些家长喂养婴儿时，习惯于先将食物放在自己嘴里咀嚼，再吐在小勺里或口对口喂养，这样做的目的是怕孩子嚼不烂，想帮帮忙。其实，这是一种很不卫生的习惯，它会将大人口中的致病微生物如细菌、病毒等传染给孩子，而孩子抵抗能力差，很容易因此而引起疾病。

❸ 忌饮食单调：婴幼儿对单调食物容易发

生厌倦。为了增进婴幼儿的食欲和避免偏食，保持充分合理的营养，在可能的情况下，应使食物品种丰富多样，色、香、味俱全，主食粗细交替，辅食荤素搭配，每天加1~2次点心。这样，既可以增进孩子的食欲，又可达到平衡膳食的目的。

❹ 忌盲目食用强化食品：当前，市场上供应的婴幼儿食品中，经过强化的食品很多。倘若无目的地选购各种各样的强化食品给婴幼儿食用，就有发生中毒的危险。家长应仔细阅读食品外包装上所标明的营养素含量。如遇几种食品中强化营养素是一样的，就只能选购一种，否则对婴幼儿有害。必要时家长应征求医生或专家的意见。

❺ 忌强填硬塞：婴幼儿在正常情况下会知道饥饱，当孩子不愿吃时，不要强填硬塞。中国有句俗话，抚养孩子要"三分饥饿，三分寒"，孩子才能生长得更好。家长应多尊重孩子的意愿，食量由他们自己定，不要强迫孩子进食，否则，孩子听腻了就会产生逆反心理，过于强求还容易使孩子消化不良。

⭐ 015. 要小心预防宝宝缺水

婴儿缺水易被忽视。因为很多家长都以为婴儿所吃的母乳或牛奶中水分多，不会缺水。另外，婴儿也不知道什么叫口渴，不会用语言或动作来表示。

婴儿的新陈代谢旺盛，单位体重水的需要量比成人多3~5倍，即婴儿每天每千克体重需100~150毫升的水。同时，婴儿的肾脏功能尚未成熟，不能像成人那样浓缩尿液，排出体内的废物须先以大量的水分溶解。此外，婴儿出汗多，因此，稍不注意补充水分就会引起体内水分不足，造成缺水。婴儿缺水轻者可引起睡眠不足、哭闹、烦躁；重者可出现高烧、昏睡。

只要平时多注意给婴儿补充水分，婴儿缺水就可以预防。判断婴儿是否缺水，主要看婴儿小便量的多少，如在一天内或一个上午小便次数特别少，并且每次尿量也不多，就应喝水。

⭐ 016 不满半岁的宝宝不可食用蛋白

半岁前的婴幼儿不宜食用蛋白：因为他们的消化系统发育尚不完善，肠壁的通透性较高，鸡蛋清中白蛋白分子较小，有时可通过肠壁而直接进入婴儿血液，使婴儿机体产生过敏现象，发生湿疹、荨麻疹等病。此外，宝宝在吃鸡蛋时还应注意以下3点：

❶ 不宜过多吃鸡蛋：许多家长经常给婴幼

儿吃鸡蛋，用来代替主食。婴儿胃肠道消化功能发育还不成熟，各种消化酶分泌非常少，如果过多地吃鸡蛋，就会增加孩子的胃肠负担，引起消化不良性腹泻。

❷ 不宜吃未煮熟的鸡蛋：据研究，即使未打破的鸡蛋也很容易受到沙门氏菌的污染。因而煎蛋要煎3分钟，而煮蛋则需7分钟，否则容易导致细菌性中毒。

❸ 发热病儿不宜吃鸡蛋：鸡蛋蛋白能产生"额外"热量，使机体内热量增加，不利于病儿康复。

017. 幼儿长期单侧咀嚼食物会影响面部发育

幼儿长时期使用单侧牙咀嚼食物，会使这些牙齿受到过重的负担和过多的磨损，并可能导致关节功能紊乱，产生酸痛，影响对食物的咀嚼，增加胃的负担，造成胃病和消化不良。而另一侧牙齿因长期不用会发生萎缩，牙周组织变得不健康，造成牙龈炎，牙周病和牙齿松动。另外单侧咀嚼对面部发育也有不好的影响，咀嚼侧比另一侧的肌肉要发达，会出现面部畸形。因此，幼儿忌单侧咀嚼。

018. 幼儿吃零食要注意定时定量

孩子们常吃的零食，一般有以下几种：如水果类、硬果类（桃仁、花生、瓜子、栗子等）、糖果类（包括各种糖、蜜饯）和小糕点冷食等。这些食品具有许多优点，它们都能补充孩子们身体不足的营养素，如维生素C、B族维生素、钙、磷、铁等。再说孩子们生长发育很快，要求大量的营养物质，而他们胃容量又很小，因此吃零食既可及时补充热能，又可补充一

部分不足的营养，从这个角度上看孩子吃零食是没有什么害处的。但是确实也有些孩子因贪吃零食而严重影响了吃饭。之所以出现这种问题，一般都是由于孩子吃零食量过多，或是吃时没有节制所造成的。比如临吃饭前还给孩子吃小糕点糖果和其他零食，胃里装满了这些零食，当然吃不下饭。

解决这一问题的唯一办法，就是零食不能随时总吃。例如一些托儿所，幼儿园规定：上午九十点钟，或下午三四点钟发给孩子一些小食品吃。这样既发挥了零食的作用，同时又避免了影响吃饭、不讲卫生，以致惯成孩子经常吃零食的坏习惯，所以零食要定时定量的吃。

019. 幼儿吃饭要姿势正确

如果蹲着或在矮桌前吃饭，幼儿身体必然会前倾，从而造成腹部受压，影响消化道的血液循环、消化液的分泌及胃肠的蠕动，时间长了会生胃病。另外，腹部受压时，腹腔内压力不断增高，因而引起膈肌上抬，影响心肺的活动。

020. 给宝宝喂食高浓度牛奶会损害其肾脏功能

有些父母怕孩子吃不饱，常将奶粉加在牛奶中或将奶粉冲得很浓，这样做不利于孩子身体健康。因为牛奶和奶粉中含有蛋白质和无机盐，二者吸收、排泄都需由肾脏完成。孩子肾脏的浓度和稀释功能尚不成熟，冲调过浓的牛奶或奶粉会增加肾脏的负荷甚至损害肾脏功能。此外，为了宝宝的健康，下列几种乳品也不宜让宝宝食用：

❶ 加糖过多的牛奶：不加糖的牛奶不好消

化，是许多家长的"共识"。加糖是为了增加碳水化合物所供给的热量，但必须定量，一般是每100毫升牛奶加5～8克糖。如果加糖过多，对婴幼儿的生长发育有弊无利。过多的糖进入婴儿体内，会将水分潴留在身体中，使肌肉和皮下组织变得松软无力。这样的婴儿看起来很胖，但身体的抵抗力很差，医学上称之为"泥膏型"体形。过多的糖贮存在体内，还会成为一些疾病的危险因素，如龋齿、近视、动脉硬化等。

❷ 加入米汤、稀饭的牛奶：有些家长认为，这样做可以使营养互补。其实这种做法很不科学。牛奶中含有维生素A，而米汤和稀饭主要以淀粉为主，它们中含有脂肪氧化酶，会破坏维生素A。孩子特别是婴幼儿，如果摄取维生素A不足，会使婴幼儿发育迟缓，体弱多病。所以即便是为了补充营养，也要将两者分开食用。

❸ 乳酸奶：许多乳酸也叫"某某奶"，但其中只含有少量牛奶，从营养价值上看，乳酸菌饮料远不如牛奶，其中蛋白质、脂肪、铁及维生素的含量均远低于牛奶，因此应控制宝宝过度食用。

❹ 酸奶：酸奶是一种有助于消化的健康饮料，然而酸奶中的乳酸菌生成的抗生素，虽然能抑制很多病原菌的生长，但同时也破坏了对人体有益的正常菌群的生长条件，还会影响正常的消化功能，尤其是患胃肠炎的婴幼儿及早产儿，如果给他们喂食酸奶，可能会引起呕吐和坏疽性肠炎。

❺ 甜炼乳：甜炼乳是由鲜牛乳蒸发到它原来体积的2/5，再加40%的蔗糖而混合制成的。在喂养乳儿时只需将炼乳加水1倍稀释即成一般鲜牛乳浓度，但它的甜度将高得难以入口，如果把糖的含量降低与一般新鲜牛乳加糖的浓度一样，那就得加4倍的水

稀释，这样就使炼乳中所含的蛋白质与脂肪浓度下降到2%以下，蛋白质含量也会降低，对乳儿的生长发育非常不利。

❻ 豆奶：豆奶所含的蛋白质主要是植物蛋白，而且豆奶中含铝也比较多。婴儿长期饮豆奶，可使体内铝增多，影响大脑发育。同样，豆浆的营养也不足以满足婴儿生长的需要。

❼ 麦乳精：麦乳精的主要成分是麦芽糖、蔗糖、糊糖、乳制品等，其中蛋白质含量是非常低的，只有奶粉的35%。离婴儿身体发育对蛋白质的需要差得太远因而食用麦乳精只能增加热量，而不能供给婴儿足够的营养。

⭐ 021. 不满周岁的宝宝忌食的饮品

❶ 蜂蜜：1周岁以下的婴儿，不宜食用蜂蜜。因为蜂蜜是蜜蜂采集百花而成，里面难免会有一些带有病菌的花粉和蜜。成人服用蜂蜜，可以自身排泄而不会有任何影响。但是1岁以内的婴幼儿，抵抗能力低，病菌易在体内发芽，引起中毒。

❷ 葡萄糖：葡萄糖是补充患者体能的一种常见补品，它不必经过消化步骤，直接就可以被吸收而进入血液。但是，如果长期给孩子食用葡萄糖，会造成胃肠消化酶分泌功能下降，导致正常消化机能的减退，

影响对其他食物的消化和吸收，导致宝宝贫血、维生素、各种微量元素缺乏，抵抗力降低等。

❸ 高浓度糖水：因为高浓度的糖会损伤肠黏膜，糖发酵后产生大量气体造成肠腔充气，肠壁不同程度积气，产生肠黏膜与肌肉层出血坏死，重者还会引起肠穿孔。

❹ 蜂乳：其中含有雌性激素。婴幼儿如果长期大量使用，雌激素会促使其性器官发育异常。孕妇如果服用大量蜂乳，可能会引起婴儿性早熟。

❺ 苹果汁：过量摄入苹果原汁会引起婴幼儿腹泻。由于苹果原汁中含有果糖和山梨醇，在胃肠道中，果糖吸收很慢，山梨醇吸收更慢，婴幼儿对这两种物质都不能完全吸收，从而导致腹泻。

❻ 纯净水：纯净水中缺乏人体所需的矿物质，大量饮用对孩子的健康成长不利。

❼ 冷饮：冷食、冷饮中多含有人工合成色素、香精、防腐剂等食物添加剂，它们没有营养价值，不能被人体吸收利用。相反，一些食用色素会影响神经递质的传导，引起小儿多动症，而香精亦可引起多种过敏症状。

8. 果子露：因为果子露是人工配制的饮料，含有色素和糖精等，有的还兑酒。这些成分对婴幼儿具有一定的刺激作用。由于婴幼儿的发育还不完善，肝的解毒功能和肾的排泄功能都比较低。这些物质在体内不能尽快排出，就会妨碍生长发育。

❾ 可乐：一瓶可乐含咖啡因50～80毫克。咖啡因是一种中枢神经兴奋药。婴幼儿对咖啡因特别敏感，容易造成中毒。因此，婴幼儿忌喝可乐。

❿ 茶：茶中的鞣酸影响人体对铁的吸收。据专家调查，喝茶的婴儿贫血者占32.6%，而不喝茶的婴儿贫血只有3.5%以下。

⭐ 022. 宝宝不宜长期食用的食物

❶ 甜食：甜食中糖、脂肪含量很高，但是蛋白质含量很低。长期食用甜食，婴儿热能需要满足了，因而没有饥饿感，就不想吃含蛋白质高的其他食物了，久而久之，宝宝就会长成虚胖型。甜食吃多了还容易患龋齿，影响乳牙的生长、恒牙的发育。

❷ 米粉：市场上名目繁多的糕干粉、健儿粉、米粉等，均以大米为主料制成。其中所含的79%的碳水化合物，5.6%的蛋白质，5.1%的脂肪及维生素B族等，并不能满足婴儿生长发育的需要。长期食用，会出现蛋白质缺乏症，生长发育迟缓。

❸ 奶糕：因为消化奶糕需要淀粉酶，而4个月大的孩子产生不了足够的淀粉酶，且淀粉酶活性不高。因此，如婴幼儿常吃奶糕不仅会影响大脑发育，还会刺激肠壁引起腹泻。

❹ 巧克力：它的主要成分是脂肪、糖和具有使神经系统兴奋的类似咖啡的物质。婴幼儿如果多食巧克力会产生饱腹感而降低食欲。另外类似咖啡因的物质会使婴幼儿兴奋，出现哭闹、多动、不易

入睡等问题。

⑤ 调味品：如沙茶酱、西红柿酱、辣椒酱、芥末、味素、或者过多的糖等口味较重的调味料，容易加重宝宝的肾脏负担，干扰身体对其他营养的吸收。

⑥ 菠菜：菠菜中含有大量草酸，会与人体内钙元素结合而影响钙吸收。缺钙会影响幼儿的生长发育，易患佝偻病。

⑦ 酸性食物：酸性食物是指含有能在体内形成酸的无机盐（如磷、硫和氯等）及其他营养素，可使体质表现酸性的食物。常吃的粳米、精面、白糖、各种肉类、鱼贝类、蛋黄和啤酒等均为酸性食物。大量食用酸性食物能直接影响婴幼儿的脑和神经功能，表现为易哭闹、烦躁，从而使记忆力和思维能力差，严重时导致精神孤独症等。

⑧ 着色食物："着色"食物一般是指掺进合成色素的食物。由于婴幼儿的身体发育尚未完善，肝脏的解毒功能和肾脏的排泄功能较低，因而对这些物质不能像成年人那样适时排出体外，所以很易在体内积蓄，并导致慢性中毒，干扰体内的正常代谢反应，妨碍婴幼儿身体和智力的发育。

023. 宝宝在不同年龄段的禁忌食物

孩子饮食分阶段，每个阶段的饮食都有一定的忌吃食物。

① 3个月内忌盐：盐中所含的钠原子需要通过肾脏排出。3个月内的婴儿从母乳或牛奶中吸收的盐分就足够了。3个月后，随着生长发育，婴儿肾功能逐渐健全，盐的需要量逐渐增加了，此时可适当吃一点。原则是6个月后方可将食盐量每日控制在1克以下。

② 1岁之内忌蜜：蜂蜜由各种花蜜酿制而成，其中含有毒素，成年人食用可以排出。而周岁内小儿的肠道内正常菌群尚未完全建立，吃入蜂蜜后易引起感染，出现恶心、呕吐、腹泻等症状。婴儿周岁后，肠道内正常菌群建立，故食蜂蜜无妨。

③ 3岁以内忌茶：3岁以内的幼儿不宜饮茶。茶叶中含有大量鞣酸，会干扰人体对食物中蛋白质、矿物质及钙、锌、铁的吸收，导致婴幼儿缺乏蛋白质和矿物质而影响其正常生长发育。茶叶中的咖啡因是一种很强的兴奋剂，可能诱发少儿多动症。

④ 5岁以内忌补：5岁以内是小儿发育的关键期，补品中含有许多激素或类激素物质，可引起骨骺提前闭合，缩短骨骺生长期，导致孩子个子矮小，长不高；激素会干扰生长系统，导致性早熟。此外，年幼进补，还会引起牙龈出血、口渴、便秘、血压升高、腹胀等症状。

024. 宝宝居住的环境不容忽视

给宝宝选择一个合适的居住环境很重要，因为婴儿一天中大部分时间均处于睡眠状态，应该选择一处能让婴儿安稳睡觉的地方，并注意采光、通风等条件。如果会遭到阳光直照，要使用窗帘，避免让婴儿直接受到风吹日晒。

冬天可以考虑使用暖气，这对婴儿比较适合，可使宝宝睡得更舒服。

025. 婴儿房内温度不宜过高

一项新的调查显示，如果婴儿居住的房间温度过高，那么发生婴儿猝死综合征（SIDS）的危险性就会上升，但是大多数父母并不知道他们的孩子房间的温度到底应该是多少。

据英国一家非营利性组织——婴儿死因研究基金会（FSID）所进行的一项调查显示，63%的婴儿家长不知道应该将婴儿房间的温度维持在16～20℃。只有41%的父母能够将婴儿房间的温度控制在此波动范围之内，而有62%的家长说，婴儿的房间内没有温度计。该组织向婴儿父母推荐了一些降低婴儿猝死综合征发生危险的措施，包括在其睡眠时使婴儿仰卧、在婴儿房间内不允许吸烟、通过婴儿的食欲来检测婴儿的体温、将婴儿的头部露出来等。

在英国所进行的另一项有关猝死综合征的研究显示，死于猝死综合征的婴儿的家长往往更担心其孩子会冷，相反未死于猝死综合征的婴儿家长则担心其孩子会过热。

026. 婴儿房内不宜有噪声

家庭内噪声的受害者，首当其冲是婴幼儿，因为他们躺在摇篮里，婴幼儿的活动空间也都在屋内，不懂回避也不懂预防，被动地接受噪声。另外，他们的身体尚未发育成熟，各组织器官十分娇嫩脆弱，噪声对他们的危害更大，其表现是：刺激神经系统，使其情绪不安，容易激动发怒、哭喊、吵闹、睡眠不好、消化不良，通过神经系统而影响视觉器官，引起视力减弱；噪声严重干扰了婴幼儿的注意力，从而妨碍了幼儿对新事物的探索，时间长了，在一定程度上便会阻碍儿童的智力发展。此外，还可引起婴幼儿体重减轻。

所以，有婴儿的家庭一定要注意：

严格控制家用电器的音量和启用时间；选购噪声小、质量好的产品；如有故障要及时修理，消除噪声；有条件的可安装吸声、隔声设备；婴幼儿睡眠休息处要离开噪声源；搬动器物时应轻拿轻放。

> **TIPS 贴士**
>
> 那些和谐性、节律性的声音，如悦耳的音乐、潺潺的流水、美妙的鸟语，都能使人脑功能提高、心情愉快。因此，要给孩子创造美好的听觉环境。

027. 婴儿房不宜放花草

❶ 婴幼儿中对花草（特别是某些花粉）过敏者的比例大大高过成年人。诸如广玉兰、绣球、万年青、迎春花等花草的茎、叶、花都可能诱发婴幼儿的皮肤过敏；而仙人掌、仙人球、虎刺梅等浑身长满尖

刺，极易刺伤婴幼儿娇嫩的皮肤，甚至引起皮肤、黏膜水肿。

❷ 某些花草的茎、叶、花都含有毒素，例如万年青的枝叶含有某种毒性，入口后直接刺激口腔黏膜，严重的还会使喉部黏膜充血、水肿，导致吞咽甚至呼吸困难。要是误食了夹竹桃，婴幼儿即会出现呕吐、腹痛、昏迷等种种急性中毒症状。又如水仙花的球茎很像水果，误食后即可发生呕吐、腹痛、腹泻等急性胃炎症状。

❸ 许多花草，特别是名花异草，都会散发出浓郁奇香。而让婴幼儿长时间地呆在浓香的环境中，有可能减退婴幼儿的嗅觉敏感度并降低食欲。

❹ 一般来说花草在夜间吸入氧气同时呼出二氧化碳，因此室内氧气便可能不足。

028. 婴儿房内不宜有电器

秋冬交替时正是儿童哮喘病的高发期，医生对前来就诊的患儿分析后发现，过敏性体质是引起儿童哮喘的主要原因，而各种家用电器的电磁辐射是造成过敏性体质的主要因素。

患上过敏性疾病的孩子100%是过敏体质，而且通过查询小患者的家族病史，发现遗传的病例很少，大部分孩子的过敏体质都是后天形成的。系统检测结果表明，音响、电视等电器的电磁辐射、宠物毛发、植物花粉、烟尘、地毯都是过敏原，生活条件越好的家庭，儿童患过敏性疾病的比例越高。

医生在总结过敏原时发现，导致儿童过敏的最主要因素是家用电器，尤其是音响、电视、微波炉、电脑等电磁辐射强的电器。因3~6岁的孩子活泼好动，在他们拿着麦克风唱歌、看电视或是靠近电脑时，电磁波已经进入他们的身体，而儿童本身的抵抗力比成年人低，受辐射后身体调节能力差。

029. 将婴儿车停放在路边易造成宝宝铅中毒

不少为人父母者为了减轻抱孩子的负担，喜欢让孩子坐在婴儿车上出门逛街、办事。专家认为，让婴儿距地面越近，其吸入的汽车尾气和空气尘埃就越多，就越可能造成铅中毒。

由于婴儿置身于马路上的汽车尾气包围中，尾气中含有的一氧化碳、氮氧化物、微粒等会使孩子患上支气管炎、肺炎等疾病。吸入尾气过多，很可能会导致铅中毒的发生。其实，不光是坐在手推车里，即便抱在大人怀里或者家住主干道旁的婴儿，如果长期遭受空气污染，都会给身体健康带来隐患。

030. 宝宝不要过早坐、立、行走

刚出生的新生儿，脊柱是很直的。新生儿在3个月时会抬头，脊柱出现第一个弯

曲；6个月时会坐，脊柱出现第二个弯曲；12个月时会站立行走，脊柱出现第三个弯曲。这些弯曲便构成正常的生理曲线。

　　婴儿时期的生理特点，骨骼中的胶质多，钙质少，骨骼柔软，容易变形，如果过早被扶坐，脊柱支撑不起来，会引起驼背，即探肩；过早被扶站，胯部没有力量，会引起臀部后突，即撅腚；过早行走，下肢容易被全身重量压变形，导致畸形、罗圈腿。因此，婴儿忌过早坐、立、行走，父母不要急于求成，应根据宝宝身体发育的一般规律来让宝宝学习坐立行走。

031.幼儿逗狗危险多

　　带着孩子到户外活动的时候，千万别让自己的孩子逗狗玩，否则极容易引起狗发怒，从而咬伤孩子，导致狂犬病和其他各种疾病、细菌感染。

　　当孩子在户外遇到狗的时候，应该注意：

❶ 决不要靠近你不熟悉的狗，哪怕它的主人就在旁边。

❷ 狗到孩子跟前的时候千万不要试图逃跑，应平静地站着，可能它只是想嗅嗅孩子的气味而已。

❸ 在未得到狗主人同意的情况下，不要抚摸狗，更不要和狗玩耍。

❹ 遇见一条陌生的狗，千万不要和它相互盯着眼睛看，因为对狗来说，它会认为你是在向它挑衅。

❺ 不要打搅正在睡觉、吃东西或正在照顾小狗的狗。

032.婴儿床的选择禁忌

　　在住房条件较差的家庭中，最好能有个婴儿用床。这是因为为婴儿用床可以确保婴儿的安全地带。

　　婴儿用床的栏杆最好能上下调整，这样即使婴儿长大了也可以用。当婴儿会爬时，栏杆就会起到极好的保护作用。不过，为达此目的，栏杆要保持一定的高度。

　　栏杆之间的距离不能过大、也不能过小。以免夹住婴儿的头和脚。为了防止婴儿头部碰伤，最好用木制的。

　　婴儿用床的高度，较低一些，会比较稳当安全。

　　不要选购涂有颜色的婴儿床。如果涂料中含有铅的话，当婴儿用嘴咬栏杆时，就有发生铅中毒的危险。发生铅中毒以后，会使婴儿出现贫血。

　　不要在床和墙之间留出缝隙，可将婴儿床紧挨着墙，这是因为有的婴儿跌落后因夹在墙壁和床之间而发生窒息。在床下要铺上即使婴儿跌落后也不会碰伤头部的绒毯子。

033.宝宝不要和父母睡一张床

　　孩子一出生，就要尽可能地单独睡在小床上，有困难时即使和父母同睡，也应单独睡一个"被窝筒"。

　　孩子和父母在一个床上睡，尤其是夹

在父母中间睡，对健康有害。因为人的脑组织耗氧量最大，成人脑组织耗氧占全身耗氧量的1/5，婴儿更高达1/2。这样，由于父母呼出的二氧化碳影响孩子的呼吸，会使之处于供氧不足状态，睡不稳、做噩梦、爱哭闹等。而且年轻父母睡得实，睡觉时不自觉地翻身还易把孩子压着。

孩子和父母分床睡，有利于培养孩子独立生活的能力，减少对父母的依附性。

034.切勿让宝宝睡扁头

有些年轻的父母完全没有保健意识，只是一味希望孩子长得漂亮，殊不知却忽视了孩子的健康。有的家长为了让孩子头型好看，竟人为地让孩子睡硬枕头，把孩子的后脑睡成扁头，以为这样造型美。其实，这对孩子脑组织的健康发育极为不利。由于头部畸形，对脑神经、血管、细胞、骨骼等生长和发育均有阻碍作用，会直接影响到脑的发育和整个身体的发育。如果身体的发育受到了阻碍，即使头型睡得再美丽，也没有意义。

若宝宝的后脑有一点扁平，在大多数情况下，等孩子长大一点，平头会自动恢复成正常形状。另外，家长也可以在医生的指导下对婴儿平头进行纠正，常用的办法有：白天在孩子醒着的时候，让他趴着，这样做可以使平头的部位不受压，同时还能锻炼颈部的肌肉。肌肉有力了，孩子睡觉时就可以自由转动脑袋，不会老用一个地方靠着枕头。可以在脑袋一边垫块小毛巾，也可以把挂在摇篮上的玩具或者摇篮本身换个方向，这样当孩子追着自己熟悉的东西看时，就自动改变了头在枕头上的方向。另外，喂奶的时候可以换个姿势抱。

035.宝宝叼乳头入睡易诱发牙齿病变

有的婴儿晚上入睡有叼乳头的习惯，而年轻的妈妈却习以为常，以为这样可以使宝宝乖乖地睡觉。其实让宝宝叼乳头睡觉是有害的，因为口腔内残留的乳汁，是细菌良好的培养基，细菌在口腔内生长繁殖，产生出酸性物质，对乳牙表面的釉质有侵蚀作用，最终造成龋病。所以不能养成婴儿夜间入睡时叼乳头的不良习惯，以防婴儿早期发生牙齿病变。

036.俯卧睡不利于宝宝面部发育

有些孩子喜欢俯卧睡，或者睡着睡着就翻过来趴着睡了。不要认为这不伤大

碍，其实俯卧睡很不利于宝宝的面部发育和身体健康。

首先，俯卧睡不利于孩子面部五官发育。婴儿处于形体容貌未定型的阶段，可塑性极大，俯卧睡面部肌肉得不到放松，血液循环受到阻碍，面部皮肤也没有足够的氧气供应，从而影响发育。所以婴儿适宜仰卧睡，这样有助于五官端正，脸庞倩丽。

其次，俯卧睡易使婴儿猝死。在美国，每年有3000名婴儿猝死，其中90%都是6个月以下的幼儿。即使在做过尸检、调查婴儿病史及其家族病史后，医生也无法找出猝死的直接原因，但是猜测摇篮死的原因可能不止一个。有一种理论认为，有些婴儿的呼吸系统发育不完善，所以在某些特殊情况下，譬如因俯睡而吸入过量的二氧化碳、室内空气不新鲜、吸入烟雾、接触过敏源以及温度过高时，可能出现呼吸停顿，导致死亡。

037. 过分捂盖易造成宝宝脑缺氧性损伤

在寒冷季节，有的家长唯恐小儿受冻，睡眠时把婴儿捂盖在母亲的被窝里。捂盖过严，时间久了小儿就会发生缺氧，从而造成脑缺氧性损伤。轻者留有不同程度的后遗症，重者可因严重缺氧窒息，死在被窝里。

急性脑缺氧时，可迅速发生脑水肿。还可能使孩子发生惊厥。而惊厥时，氧消耗比正常情况下要多得多，因此形成供不应求的局面，这就使原来就缺氧的情况更加恶化。惊厥持续30~60分钟，脑就可以发生缺血性损伤；脑组织变性软化坏死。脑组织是不能再生的，一旦发生损伤，就

会造成永久性的功能障碍。如语言不清、智力低下、呆傻、癫痫、瘫痪等。

忠告家长：冬春季衣被切勿过厚过暖，从根本上预防本症发生；如一旦不慎发生本症，一般抢救药物及措施常不奏效，速去具备呼吸机的儿科医院急救，有望康复。

038. 宝宝久睡电热毯易脱水

婴幼儿久睡电热毯，会出现脱水症状。婴幼儿正处在生长发育期，机体代谢旺盛，能量需求相对比成人高，而水是参与机体代谢的重要成分，小儿的摄水量高于成人。另外，婴幼儿对缺水的耐受性比成人差。因此，小孩比成人更容易出现脱水。

电热毯加热速度较快，温度也非常高，使用不当会使婴幼儿不显性失水量增多，若不及时补充，小儿会出现哭声嘶哑、烦躁不安等脱水现象。一般情况下，家长不必惊慌，可先给孩子喝水。若孩子久久不能平静和恢复正常，可及时送医院诊治。

所以为了避免孩子脱水，应正确使用电热毯：睡前通电预热，待孩子上床睡觉后即切断电源；切莫通宵不断电。

039. 宝宝穿着衣服睡觉易出现梦魇

冬天，有的家长怕小儿受冷，往往让孩子穿着毛衣、棉背心睡觉，认为这样既可以保暖，还可以预防小儿踢被后着凉感冒。这种做法对小儿的健康是十分不利的，应及时纠正。

如果小儿睡觉时多穿衣服，而这些衣服又是紧身衣，裹住了小儿的身体，那么，这不仅妨碍了小儿的全身肌肉的放松，而且还会影响小儿的血液循环和呼吸功能，出现梦魇，小儿醒来时大汗淋漓、恐惧、胸闷等。

另外，如果让孩子睡觉时穿得太多，醒来后又不及时穿衣，那么，反而容易引起感冒。

正确的方法是：小儿在睡觉时，衣服尽量少穿，一般穿件内衣和一条短裤，如果有条件可穿睡衣。被子厚薄也要适中。如果要防止小儿踢被，家长可以自行设计一个睡袋。这样的话，小宝贝一定会睡得又香又甜。

040. 患湿疹的宝宝不能洗热水澡

有的家长看见孩子患了湿疹，头面部有结痂，似如污垢，使用肥皂和热水常洗，可是碱和热水的刺激会加重湿疹的症状。正确的方法是，如有较厚鳞屑痂时，可用植物油泡软轻轻抹涂。渗液较多时，可用3%的硼酸水冷湿敷。此外，护理患了湿疹的宝宝还应注意以下几点：

❶ 急性期要注意饮食禁忌：患病期间不要给孩子吃虾、鱼、牛羊肉、鸡蛋、牛羊奶等食品。哺乳者忌食蒜、葱、韭菜、辣椒、虾、鱼等食物。饮食应定时定量，多给孩子喂水、鲜果汁和菜汁，少吃糖。以保持大便通畅。

❷ 忌用毛织物：凡毛毯、毛衣、羽绒被、化学纤维品等都容易引起过敏反应，在婴儿湿疹急性期一般应避免穿、盖这些衣被。

❸ 忌让孩子搔抓摩擦，以免使病情加重或导致感染。

041. 小儿患麻疹时的禁忌

❶ 小儿患麻疹俗称出疹子，如果病情不重，或没有并发症，可在医生指导下进行护理，一般不需要什么治疗。护理方法是否正确是预防并发症，并保证儿童健康的关键。

❷ 患儿住房应保持安静，不宜喧闹，忌过多来人探望。室内空气应流通，但要确保避免直接吹风受寒，忌为了保暖而采取紧闭门窗或在室内生没有烟道的火炉。衣被不宜过多，应该注意清洁口腔、眼睛、鼻腔，忌"麻疹不能洗脸、不能漱口"的古老而且不科学的习惯。发热或出疹期饮食应清淡，退热以后应给易消化的营养食品，不可盲目"忌嘴"，以免因营养不良导致其他疾病。如果出现高烧骤降或疹子出后立即消失等，应立即住院治疗，不可大意。一般来说，如果出疹子后全身症状加重，即便疹退，体温仍不退，这都说明有并发症的可能。麻疹期间应让孩子卧床休息，直到体温正常，疹子完全消退后，才能逐渐恢复其外出活动。

042. 宝宝打针时不能抱在怀里

一般母亲在婴儿注射时，都会将婴儿

抱在怀中，以求减轻婴儿的疼痛。瑞典的一位儿科专家对38名3～6月龄的婴儿进行了观察研究，其中17名接受注射时在母亲怀抱中，21名不在母亲的怀抱中，但母亲就坐在旁边。结果发现在母亲怀抱的婴儿被注射啼哭的时间比没有在母亲怀抱中的婴儿要长得多。

分析结果认为，婴儿在母亲怀抱中被注射时，婴儿会以为疼痛来自母亲，从而使母婴关系受到影响，而且也使得对婴儿的安抚较难进行。相反，如果不在母亲怀抱中注射，注射过后母亲抱起婴儿进行安抚，婴儿感到母亲在亲切关怀，加强了母婴关系，缩短了啼哭时间。因此，这位专家建议在给婴儿注射时，母亲应站在旁边，以便注射后对婴儿进行安抚。

043. 不要盲目给宝宝打预防针

预防接种并不是每个孩子都能进行的，如果孩子患有严重的心、肝、肾脏病，还有结核病、癫病、瘫病、佝偻病、大脑发育不全、先天性免疫缺陷和曾经预防接种后发生过过敏反应的人都不能打预防针。另外接种部位患有皮肤病，或发热体温超过37℃以及重病久病刚愈的孩子也应暂时缓打。腹泻严重的儿童也不能服用小儿麻痹糖丸活疫苗。

有的孩子因体质过敏，在打针后可能发生皮疹、瘙痒、局部红肿、起水疱等，家长不要惊慌，如果服一些扑尔敏，或银翘解毒片即会很快好转。极少数小儿可能发生过敏性休克，表现为恶心呕吐、呼吸困难、四肢发凉、脉搏细微等，则应立即送医院。

少数孩子害怕打针，如果是过度疲劳、饥饿，可能会发生晕针，这时应让小儿平卧，把头部放低一些，适当喂些热糖开水，一定不要让孩子乱动。

孩子在预防接种的1周内，要注意休息，避免参加重体力和剧烈的体育运动，短时间内不洗澡，避免感冒。忌吃辣椒、韭菜、葱、蒜等辛辣刺激性食物以及鱼、虾等容易导致身体过敏的食品。打过针的部位可能稍有痒痒的感觉，要告诉孩子不能用手搔抓，以免感染。打针以后，短时间内可能要有精神不振，轻微发热，哭闹不宁，食欲稍差等反应，可多给开水喝，几天后即可恢复正常。

044. 不宜捏鼻子灌小儿药

孩子生了病，就应吃药。但是大部分孩子都不爱吃药，有些家长便捏着孩子的鼻子强行喂药，弄得孩子大哭大叫。这种捏着鼻子硬灌的服药方法很不好，一是好不容易灌下去，又会在哭叫声中吐出来，孩子受罪，大人着急；二是灌不好还会出危险甚至造成死亡事故。

这种方法有可能使药物呛进气管，甚至造成窒息，严重的还会死亡，还有时孩子容易被水呛着，尤其是患肺炎的孩子被药水呛着后，会大大加重原来的病情。

所以父母应采取诱导劝说的方法使小儿自觉服药。对婴幼儿不要直接喂药片或药丸，应将药片或药丸研成粉末放入糖水或米汤内，用小匙从口角处慢慢喂服，绝对不要捏着孩子的鼻子强行喂药。

习性培养禁忌

——0岁行动，让孩子获益一生

045. 要经常同宝宝进行情感交流

婴儿除了有物质的需要外，还有精神上的需要。婴儿缺乏爱抚和教养会引起情感缺乏、肌肉不能正常发展，机体也不能最大限度的新陈代谢。妈妈对孩子不闻不问不关心，缺少爱抚和感情上的交流，实际上在精神上已隔离。在情感缺乏的情况下，婴儿可能通过哭喊表达自己的悲伤，也可能通过沉默、目光呆滞来表达。这种婴儿一般会有轻度失眠、轻度食欲不振。如果继续下去，可能出现腹泻、呕吐、感冒、炎症……最后可能阻碍发育。

因此，妈妈应多和孩子说话、逗笑，使婴儿情绪愉快，产生和发展健康的依恋，促进他心理的正常发育，同时促进语言理解能力的发展，为语言的表达打下基础。

当妈妈忙于家务活，暂时没时间陪孩子玩时，可将妈妈对他说的话和唱的歌用录音机录下来，打开并放在他身边，也可以起到一定的作用。但最好还是由妈妈面对面地与婴儿说话、交流。

046. 缺乏父爱易使宝宝多愁善感

如果婴幼儿长期由母亲照料，缺乏父爱，就会出现一些症状，临床医生称之为"缺乏父爱综合征"。有的孩子还会出现担惊受怕、烦躁不安、哭闹不休、多愁善感等症状。

人们通常认为照料孩子是母亲的"职务"，似乎与父亲无关。但这是一种偏见。从生理学角度来看，婴幼儿早在出生的第一天就需要父

爱。婴儿在出生的第二个星期就会模仿父亲的动作，如父亲举手，孩子也会情不自禁地伸手。父亲往往对孩子具有一种特殊的吸引力，尽管父亲逗孩子是用力气的玩耍。如摇晃孩子的手脚，情不自禁地抱孩子跳舞、抛孩子等，对这些举动孩子不仅不反感，反而玩得非常开心。由此看来，父亲对孩子的爱是母亲所不能替代的。

预防"缺乏父爱综合征"的主要措施，就是父亲需多关心孩子和接触孩子，如上班前下班后抱抱孩子，协助母亲给孩子换尿布，这些会使孩子感到舒适，对身心健康大大有益。哪一位父亲不希望自己的孩子健康成长呢？那么，就请多给孩子一些父爱吧！

047. 婴儿不宜让老人抚养

第一，孩子长期处于老年人的生活空间和氛围中，耳濡目染老年人的语言和行为，这对于模仿力极强的孩子来说，极有可能加速孩子的成人化，或更严重的造成孩子心理老年化。

第二，由于老年人体力不支、行动不便，大都喜欢安静而不喜欢运动与外出。这样长期与孩子呆在一个或几个固定的地方玩耍，极有可能使孩子的视野狭小，使孩子缺乏应有的活力和活泼，极可能养成孩子孤僻、沉默寡言的习性。这样使孩子长大后，为人心胸狭小，不善与人交际，易产生交际恐惧症。

第三，人老后，其思想很容易固定化，行为模式化，往往表现出固执、偏激、怪异的想法与言行。耳濡目染，孩子也会如此。

第四，老年人抚养孩子，常常是过分的关心和溺爱，使孩子没有机会做自己的

事情，会使孩子缺乏独立性、自信心和果断力，养成依赖心理、抗挫力差。

048. 逗宝宝笑的禁忌

逗宝宝笑，是种乐趣。但要注意几点：
1. 切不可逗得孩子笑声不断，那很危险，可导致瞬间的窒息、缺氧引起暂时性的脑贫血。如果经常如此，更影响健康，还易导致口吃和痴笑的不良习惯。尤其过分张口大笑，还可导致下颌关节脱臼，如反复如此，还容易形成习惯性脱臼。
2. 切忌在孩子进食、吸吮、洗浴时逗笑，孩子容易将食物、汁水吸入气管引起剧烈咳嗽，严重的会引起吸入性肺炎。
3. 不要在孩子要睡时逗笑，影响孩子入睡。
4. 不要在严寒或大风的环境中逗笑，以免低温空气刺激气管，否则易得卡他性炎症。

049. 不宜吓唬孩子

吓唬对那些2岁左右的孩子是会奏效的，但这样恐吓的后果父母们却很少思考，若孩子经常被恐惧感占住心灵，精神就容易受创伤，发展下去，还可能会引起口吃、遗尿、失眠、智力发育迟缓，甚至

患神经官能症，影响孩子心理的正常发展。有的孩子长大后则会表现出胆小怕事、懦弱无能，缺乏独立性。

当孩子出现不听话或者对抗时，父母应该采取诱导的方式，因为他们十分相信父母，一般情况下是愿意接受父母的教育和劝导的。

050. 不要经常拧捏宝宝的脸蛋

许多父母在给孩子喂药时，由于孩子不愿吃而用手捏嘴；有时父母在逗孩子玩时，在婴幼儿的脸蛋上拧捏，这样做是不对的。婴幼儿的腮腺和腮腺管一次又一次地受到挤伤会造成流口水、口腔黏膜炎等疾病。因此忌拧捏婴幼儿的脸蛋。

051. 宝宝看电视会影响其智力发育

幼儿有了听觉和视觉后，有的家长会抱着他看电视，这样不好。因为婴儿对电视，尤其是彩电发出的电磁波比成人敏感得多，经常受这种射线的影响，会引起婴儿食欲不振，甚至影响其智力的发育。另外，婴儿眼睛的调节功能还很弱，与电视屏幕间隔的安全距离也与成人不一样。再说，婴幼儿思维单一，会凝视屏幕目不转睛，很容易造成近视、远视、视力减退和斜视。

052. 不要过多干预宝宝往嘴里放东西

过了半岁，婴儿学会坐了，他的视野比躺着的时候开阔了许多。随着视野的扩大，他的双手也开始活跃起来，到处抓东西。此时小儿好奇心强，正值探索事物的萌芽期，于是就遵循"头尾规律"，把抓到的东西，除了看一看，敲一敲，他总是马上把物体放入嘴里，通过吮、舔、咬等方式来尝试，来探索。在探索的同时，婴儿还能获得无比的欣慰。大人除了注意玩具的清洁、卫生、无毒、无损伤之外，不必过多干预。

053. 不宜太晚纠正"左撇子"

许多父母不喜欢孩子的"左撇子"习惯，他们常常采取硬性规定的方式，以图改变孩子的用手习惯。要懂得，这种做法是有害的，因为它无形中给孩子增加了心理和精神上的压力和负担。

其实，孩子用左手的习惯是在婴儿时期形成的，只不过3岁以后才显露出来。有的家长在孩子入学前才开始纠正，为时已晚。

在发现孩子有用左手趋向而又不希望成为"左撇子"的习惯时，应该从婴儿学习用手时，就有意识地加以纠正。根据观察表明，婴儿出生后的头几个月内的睡眠时头部转向习惯，同用手习惯有关。那些习惯将头转向右侧的孩子，以后会自然地用右手抓物。而用左手抓物的孩子的头则往往向左侧转。

054. 把宝宝打扮成异性模样易使其成为同性恋者

很多父母出于自己的审美观点，常让男孩穿上漂亮的小女孩衣服，或者把女孩打扮成小男孩模样，这样做是非常不利于孩子的身心发展的。

比如，把一个男孩子总打扮成小姑娘，老让他与小姑娘一起玩，他就会养成女性的气质。到了青春发育期他就可能从同性那里感受到吸引力，成为一个"同性恋"者。这种心理一经产生，就很难消除，那么孩子一生就会处在痛苦之中。

因此，家长们切切注意不要为孩子男扮女装或者女扮男装。

055. 不要忽略婴儿的哭闹

婴儿哭闹并不一定是饿了。因为他们的情绪多数是由于某些不适造成的。不应该只知道喂奶。应从以下几方面来寻找原因：

❶ 腹痛：有10%～20%的婴儿是因为腹痛而有强烈的哭闹，每周有几次发生，每次持续几小时。腹痛引发孩子又哭又闹，直到你给他换了尿布或又喂了一瓶奶。腹痛在傍晚及晚间发作较频繁。

❷ 便秘：婴儿的排便应是软便。若大便像小鹅卵石又干又硬且次数少，婴儿就可能是便秘。问问医生多喂点水是不是能帮助大便变软。

❸ 肠气：喝配方奶的婴儿易产生肠气。有个不错的解决办法，就是比平时多向奶瓶里加一点液体。这样他就不会在吸空奶瓶后，又吸入多余的空气。另将奶瓶倾斜45°也可减少多余气体。

❹ 不耐受配方奶：婴儿会因不耐受配方奶而产生烦躁。婴儿出生时的消化系统尚未发育成熟，直至第4～6周时才会发育好。如果有不耐受配方奶的表现，可换用其他奶。

056. 不要忽略新生儿的本领

很多家长认为新生儿除了睡眠、吃奶和哭，还能有什么本领？其实不然。新生儿生下来就有很好的视听觉、运动和模仿能力。

他会安静不动地注视着你，专心地听你说话。还特别喜欢看东西，如红球、有鲜明对比条纹的图片。新生儿还特别喜欢看人的脸，当人脸或红球移动时，他的目光会追随着移动。正常健康婴儿一生下来就有听觉，当你在他耳边轻轻地用柔和的声音呼唤时，他会转脸来看你。

新生儿的运动能力也很强，如果你将新生儿扶着竖起来，使他的足底接触床面，有的新生儿会两腿交替迈步走路。当你把新生儿俯卧时，有些新生儿竟能稍微抬一下头或左右移动一些，以免堵住鼻孔。

新生儿还有惊人的模仿大人面部表情的能力。这一点父母不应该完全忽略，简单认为他们在做鬼脸。有人通过特殊成像

技术发现：当妈妈和宝宝热情谈话时，新生儿会随母亲谈话声音有节奏的运动，开始头会转动，手上举，腿伸直，当你继续谈话时，会表演一些舞蹈一样的动作。新生儿的这些运动并不是毫无意义的，实际上这是他在能说话以前用躯体的活动来和成人谈话交往，这种交往对小儿的心理和运动的发育很有好处。

因此，要细心注意新生儿的各种能力，你的一举一动，都是他注意和模仿的对象。

057.幼儿体操不宜多做

越来越多为人父母者，为使子女变成"超级婴儿"，纷纷把刚会走路的幼儿送进体操班与游泳班。但是，美国小儿科学会警告说，这种训练班不会增进幼儿技能，反而对他们弱小的身体有害。父母推拉幼儿手脚做体操，可能压迫到尚未发育完全的骨骼，有时有可能造成骨裂，因为幼儿承受太大的力量时，没有足够体力保护自己。该学会表示，幼儿游泳训练班也不会增进游泳技能。据该学会的医师说：3岁以下的小孩可以适应水性，但不可能真的学会游泳。幼儿学游泳还可能使幼儿感染细菌、体温降低，或由于吞下太多的水而生病。该学会的另一位医师说：促进幼儿正常发育，最好的方法是经常抚

抱幼儿，与他们随意嬉耍以及同他们搂颈贴脸等。

058.婴儿忌多抱

婴儿是父母的小宝贝，他们总喜欢把孩子抱在怀里，真是爱不释手。但从生理上讲，婴儿要保持20小时左右的睡眠时间，半岁时应睡15小时，一周岁者也要睡13个小时。如果老是抱着睡，则影响其睡眠。婴儿不会说话，凡热、冷、饿、渴、痛等，都是以啼哭表示，如不去细察缘由，一哭就抱，便会养成婴儿的坏习惯。

另外，婴儿骨骼发育非常快，可塑性也很强，终日总是抱在胸前，势必影响婴儿骨骼的正常发育。另外，婴儿的胃呈水平位，胃上口贲门（与食道相连接的胃的上口）松弛，如果喂奶后立即抱起，则会引起吐奶。因此，婴儿忌久抱。

059.用闪光灯给宝宝拍照会损害其视觉神经

早在孕期25周的时候，胎儿的眼睛就开始在黑暗中一开一合，似乎在为出生后做练习。一道亮光能穿过母亲的皮肤甚至子宫壁。在33周左右时，胎儿更为活跃。但是出生后，由于迅速由较暗的环境来到光线太刺激的环境，因此，切记不要让光线直接照射新生儿的面部，也不能用闪光灯给婴儿拍照，这样对其视觉神经会产生损害。正确的应该在出生10天后开始慢慢地让婴儿接受直接光线。

060.摇晃宝宝易损伤其脑组织

人的头颅并不是一个球状的实体，脑

髓和颅骨也并不是紧贴在一起的，二者之间存在一定的空隙。脑髓组织像豆腐一样脆弱，它的各部分之间是靠一些非常纤弱的神经束和血管联系起来的，当剧烈震荡时，脑髓撞击颅骨内壁，很容易引起脑组织损伤。婴幼儿头部相对地较大较重，而颈部肌肉尚不发达，当剧烈地摇晃时，难以支撑其头部，孩子年龄愈小，愈易受到震荡的损害。有不少资料表明，很多小儿会因此而造成永久性的脑损伤，医生称之为"震荡婴儿综合征"。美国费城儿童医院研究了20名受强烈震荡的婴儿（1~15个月），其中10名发生严重的脑部损伤，表现为双目全盲，肢体瘫痪，反复惊厥，发育迟缓和智力低下等，其中3名死亡。

061. 不要让幼儿参加拔河比赛

有的幼儿园喜欢组织幼儿进行拔河比赛，这对幼儿的健康极为不利。

比赛时，幼儿闭口憋气，有时一次憋气长达15秒钟，当停止闭口吸气而突然开口呼气时，由于胸腔内压突然降低，静脉血流像大水一样冲向心房，故容易冲伤幼儿柔薄的心壁。再说幼儿骨骼（特别是腕骨）尚未完全骨化，拔河会直接影响腕骨正常发育，足跟关节也会变形。因此，幼儿忌比赛拔河。

062. 幼儿长期托腮会影响牙齿的发育

小儿如果经常托腮，使腮部受压，长期下去会影响牙齿的正常发育。另外小儿如果有托腮的不良习惯，坐的姿势必然不正确，从而影响脊柱的发育。

063. 和幼儿玩乐应当心

在日常生活中，常常可看到一些年轻父母用一些危险的动作来与孩子玩乐，岂不知这会引起严重的后果。

❶ 坐飞机：一手抓住孩子的脖颈，一手抓住孩子的脚腕，用力往上一举，飞快地转圈圈，这样，不但会转晕孩子，而且会损伤孩子的脑神经。

❷ 拔萝卜：双手托住孩子的下巴往上提，逗得孩子哈哈大笑。这种玩法最容易扭伤孩子的脖颈，损伤孩子的脊椎骨，轻者疼痛不止，重者会导致瘫痪。

❸ 扔孩子：一手托住孩子屁股，往上抛扔。这种玩法更危险，落下来，接不住，跌在地上后果不堪设想。

❹ 转圈子：双手抓起孩子的两只手腕，飞快地转圈，转得孩子头晕眼花，放在地上站立不稳，这种玩法最容易拉散孩子的关节。

064. 纸尿布不可裹得太紧

一名刚出生40天的婴儿，竟感染上急性肛周脓肿，经实施切开引流术，排出了脓液60毫升。医生诊断生病原因是纸尿布裹得太紧，换得不勤。

不少父母为图省事，给新生儿使用纸尿垫、纸尿片、纸尿裤时不注意更换，如果裹得太紧，更换得不勤，新生儿很容易被尿和粪便沤着引起肛腺炎，并导致急性化脓性感染。如果任病情发展，还将引起败血症而危及生命。给新生儿裹尿垫时要选择透气性强的产品，随时留意孩子的反应，及时为孩子更换尿垫。

让不少年轻父母感觉用起来方便、省心的纸尿裤却带来不少疾病隐患，对婴儿的成长发育极为不利，其中最有可能的是造成男婴长大后不育。所以，婴儿最好还是使用天然棉织的尿布，不光吸水性和透气性好，还不会刺激婴儿的肌肤。但在使用棉质尿布时也应注意，使用前必须清洗干净，在太阳光下晒干，或采用其他方法进行消毒。

065. 不宜常用一次性尿布

一次性尿布一般有多层结构，内衬纯绒毛木质浆及高分子吸水材料，吸水性相当强，在吸了许多尿液时，贴皮肤的一面不很潮湿，婴儿不会哭闹。

一次性尿布的缺点是透气性较差，故使用时不宜超过6~8小时，以免刺激婴儿娇嫩的皮肤，并进一步使皮肤表皮脱落而发展为红臀，一旦形成红臀，就可能继发细菌、霉菌等感染。另外，粪便中含有很多大肠杆菌、变形杆菌，可侵入婴儿尿道而引起尿路感染。女婴的尿道比男婴短得

多，尤应注意，故在用过一次性尿布后，应用温水清洗婴儿的外阴部。

所以，白天在家的时候，宝宝还是以使用传统的布制尿布为宜。一个月以内的新生儿因皮肤过于娇嫩，也以使用布制尿布为好。等带婴儿出门时，偶尔用一次"尿不湿"，既方便了父母，也不会使婴儿生病。

066. 给宝宝选用玩具要得当

孩子6个月之后，开始喜欢看、听、摸、啃、咬各种物体。这时，家长可为孩子提供较多的玩具。

选择玩具，要结实，不怕摔，不易碎，又不能太硬，太硬会碰坏孩子的头和脸；玩具还必须是无毒、卫生而又不怕啃咬的；玩具也不能太小，太小他会吞下去，或放进鼻孔、耳朵里；不能给婴儿羊毛制品的玩具，他可能会从玩具身上扯下一根毛，塞进自己嘴里；也不要给他一串小珠子，因为孩子也会扯断线绳吞下几个珠子。以上这些玩具都不适合给6个月的孩子玩，以免发生危险。

6个月的孩子可以玩简单的玩具，例如皮球、娃娃、塑料的摇鼓、大的没有上漆的积木等。

将玩具给孩子之前，要清洗干净，因为6个月小儿经常会把玩具放在嘴里"品尝"。

067. 将玩具悬挂在婴儿床上会伤害宝宝的视力

随着计划生育的实施，在我国逐渐形成一个"四、二、一"的家庭阵容，孩子在家庭中的地位变得越来越重要，当小生命还没有诞生时，怀着喜悦心情的爷爷奶奶、爸爸妈妈就为他准备了全套的小衣服、小被子，除此之外，还准备了许多玩具，有时还把小娃娃、小狗、小兔、小熊等玩具吊在床上，让他一睁眼就能看见，有时也常拿这些玩具来逗小孩子，但这是错误的。因为婴儿时期，双眼的视觉功能、融合功能还没有发育完善，如果长时间逗引他们注视近距离的物体，就迫使眼睛过度地调节和测试，从而导致内斜，影响今后的视力和美观。

068. 玩具不宜常玩不消毒

玩具既是教育儿童的重要工具，也可能成为传染疾病的媒介。据测定，如果以刚消毒后玩具上的细菌集落数目为0，使用一天后，塑料玩具上的细菌集落数为35，木制玩具为59，毛皮玩具高达244；使用10天后，塑料玩具为4943，木制玩具为

4115，毛皮玩具为21500。可见玩具的污染相当严重。

小孩在玩的过程中，有时将玩具放入口中，有时边吃东西边玩，玩具在某些时候成了传播疾病的工具。因此，儿童玩具应该经常消毒，可在50℃的温水中用肥皂洗刷，再用同样温度的温水冲洗，然后晒干。不易水洗的毛皮玩具，也应时常拿到阳光下晒一晒。这样，细菌的污染程度可明显减少。

069. 不要把带微型电池的玩具给婴幼儿玩

带有微型电池的玩具给孩子玩，孩子如果不慎把电池取出，就容易误吞入腹，由于电池外膜的铁、镍电解游离被吸收，几小时后孩子会出现皮疹，十几个小时以后可排黑色水样便。如电池滞留于消化道黏膜，一旦出现孔洞，内溶物便会流出，对人体便会带来危害。严重的会引起消化道穿孔和腹膜炎。

070. 要经常给宝宝清洗头垢

头垢，即新生儿头顶上的黑色硬痂。有人认为头垢虽不干净，但具有保护囟门的作用。实际上，保留头垢是十分有害的。

因为头垢是头皮上的分泌物即皮脂，加添一些灰尘堆积而成。它不但不会保护囟门，相反会影响头皮的生长和生理机能。因此，应及时清洗为宜。

071. 不要给宝宝剃胎毛

有些父母给孩子剃胎毛，甚至是眉

毛、眼睫毛都给剪掉，认为这样以后头发、眉毛就会长得浓黑、眼睫毛也长得长长的。这种说法其实是不科学的。

新生儿的毛发长得好不好，主要是受妈妈孕期营养及遗传的影响。如果希望婴儿的头发长得更好，可以在稍大时适当给他补充一些营养毛发的食物，如核桃、黑芝麻等，以改善毛发质量。新生儿的头皮非常娇嫩，理发中又不懂得与大人配合，稍有不慎，就会造成外伤。婴儿头皮受伤后，由于对疾病抵抗力较低，皮肤黏膜的自卫能力较弱，解毒能力又不强，常常使细菌侵入头皮，引起头皮发炎或毛囊炎。这不仅影响头发生长，而且会使头皮脱落，如果处理不当还会引起严重后果。

新生儿的眉毛起到保护眼睛、防止尘埃进入眼睛的作用。刮掉眉毛就会使眼睛少受一层保护，直接遭到尘埃的威胁。如果刮时不留神把眉毛下的皮肉刮去一块，结痂后眉毛就不会再生，更影响了婴儿的美观。眼睫毛更是危险之处，如果不小心伤到孩子眼睛，那真是要后悔终身了。

因此，为宝宝着想，可以适当剪去一部分过长的头发，没必要用"剃"和"刮"的方式，避免人为的伤害。

072. 用乳汁给宝宝拭面易引起感染

有些年轻的妈妈听从老人的经验，用自己的乳汁涂抹婴儿面颊，认为这样可以使婴儿面部皮肤白嫩。其实不然，奶水滞留在孩子皮肤上，会将本来就极细小的汗腺口、毛孔堵上，使汗液、皮脂分泌物排泄不畅，导致汗腺炎、皮脂腺炎和毛囊炎的发生。另外，乳汁既有黏性，又含有丰富的营养，是细菌生长的良好培养基地。新生儿面部皮肤娇嫩，血管丰富。若将乳汁涂抹在面部，繁殖的细菌进入毛孔后，皮肤就会产生红晕，不久会变成小痕而化脓。若不及时治疗，很快会溃破，日后形成疤痕，严重的甚至会引起全身性感染。

073. 不可忽视婴幼儿的眼耳口鼻保健

许多家长对孩子的起居生活和饮食营养照顾得无微不至，可是，往往忽视了对孩子的五官保健。当疾病出现，只能是跑医院请医生治疗。殊不知，倘若家长重视孩子的五官保健，从婴幼儿做起，就可起到事半功倍的效果。

❶ 眼的保健

对上学的儿童视力保护，近年来家长和老师普遍予以重视，但对婴幼儿的视力却未引起足够的重视，致使孩子失去治疗时机，形成疾病。为此，家长要注意：

不能让幼儿长时间看某样物品，尤其是2周岁以内的婴幼儿不能看电视。

发现孩子眼睛有异常症状时，应及时去医院，切忌滥用眼药水。

婴幼儿应有专用的毛巾和脸盆，流水洗脸更好，以防感染眼病。

发现婴幼儿有故意"对眼"的行为要立即阻止。

平时注意不让幼儿接触尖锐有伤害的玩具，当心眼外伤。

2~3岁的幼儿应开始学习做视力保健操。

❷ 鼻的保健

厌食或偏食的幼儿应及时治疗，多给其进食蔬菜或水果，以防止鼻出血。

不能让幼儿得到可以塞入鼻孔的小东西，避免物品意外损伤鼻脸或嵌入鼻内。

切勿用手指挖小儿鼻孔，以防感染。

❸ 耳的保健

气候变化的时节必须预防感冒，慎用耳毒性抗生素，如庆大霉素、链霉素等，以免引起药物中毒性耳聋。

小儿睡觉侧卧时，当心不要使耳郭扭卷受压。

洗澡时注意不要让水流入耳道内，以免引起炎症。

家长最好不要给婴幼儿挖耳垢，少量耳垢可保护耳膜，如果发现幼儿耳垢过多，应去医院取出为妥。

❹ 口腔的保健

多吸新鲜空气，防止发热，以预防咽炎、扁桃体炎。

婴幼儿的声带等发音器官娇嫩，保护不好极易发病。为此，幼儿吵闹时要及时制止，家长不能引诱孩子狂呼乱叫，更要教育幼儿不要任性哭闹，以免声带充血肿胀、发炎，甚至声带肥厚或发生声带小结样病变。尤其女孩更应多注意保护声带。

注意防止婴幼儿摔倒，跌伤口唇或牙齿。

幼儿经常啃咬物品，睡觉时张口呼吸，这易引起上唇翘起、下颌骨下垂、牙齿排列不齐、啮合不正等特殊面容，出现这种情况应及时去医院治疗。

幼儿牙齿长齐时，就应教育孩子养成良好的刷牙习惯，以预防蛀牙。

★ 074. 需要帮宝宝及时纠正的口腔动作

❶ 忌吮指：婴幼儿好动，双手沾染了很多细菌，吮指很不卫生。再则，吮指时将手指放在上、下前牙间，上前牙向外侧突出，下前牙向内倾斜，上、下齿啮合时形成较大空隙，影响牙齿正常发育。

❷ 忌吮物、咬物：有的婴幼儿爱吮枕巾、衣物等，有时家长为使儿童入睡，放任不管，学龄期儿童咬衣物、咬铅笔、咬指甲等都较常见，这样做，不仅不卫生，还易使牙隙改变，造成人为创伤。

❸ 忌舔牙：在乳牙松动或恒牙萌出之际，儿童常用舌头舔牙、或用舌尖抵牙。影响前牙，形成梭形空隙，经常舔弄上前牙胯面，可使牙间隙增大，上前牙成扇形张开，很不雅观。

❹ 忌咬唇：常见用上前牙咬下唇，久之，会使上前牙前倾，而下前牙则向舌后倾，造成上、下唇闭合不利，也可出现"开唇露面容"。

❺ 忌单侧咀嚼：单侧咀嚼，多因

一侧有疾患，或乳牙过早丧失，迫使儿童用健康的一侧咀嚼。单侧咀嚼者，咀嚼侧功能加强，促进该侧颌骨及肌肉发育，另一侧则废用性萎缩，而发生龋齿及牙周病。时间一久，小儿颜面就会出现不对称。

因此，家长一定仔细观察子女的口腔不良习惯，如有发现，应立即加以纠正，以免形成疾患。

075. 正确对待宝宝的"马牙"

大多数婴儿在出生后4~6周时，口腔上腭中线两侧和齿龈边缘出现一些黄白色的小点，很像是长出来的牙齿，俗称"马牙"或"板牙"，医学上叫作上皮珠。上皮珠是由上皮细胞堆积而成的，是正常的生理现象，不是病。"马牙"不影响婴儿吃奶和乳牙的发育，它在出生后的数月内会逐渐脱落。有的婴儿因营养不良，"马牙"不能及时脱落，这也没多大妨碍，不需要医治。

有些人不知道"马牙"的来历，以为是一种病，拿针去挑，或用布去擦，这都是很危险的，因为婴儿口腔黏膜非常薄嫩，黏膜下血管丰富，而婴儿本身的抵抗力很弱，针挑和布擦损伤了口腔黏膜，容易引起细菌感染，发生口腔炎，甚至发生败血症，危及婴儿生命。

076. 不要胡乱亲吻宝宝

亲吻婴儿是大人将口唇同婴儿脸蛋儿或口唇的亲密接触。孩子免疫力和抗病力低下，如果大人患病，亲吻孩子时，可能将正患的传染病"播散"给宝贝。

一般来说，有下列情况时不要吻孩子：

❶ 感冒：不论是哪种类型感冒，患者鼻咽部都寄生有细菌或病毒，可通过亲吻传染。

❷ 流行性腮腺炎：患者唾液中存在腮腺炎病毒，可通过唾液传给孩子。

❸ 扁桃体炎：人的咽喉区平时寄生有多种细菌，当咽喉遭遇葡萄球菌、链球菌等病菌的感染时，吻孩子可致其发病。

❹ 病毒性肝炎或乙型肝炎表面抗原阳性：患者的唾液或汗液等会存在病毒，亲吻孩子可使其受感染。

❺ 流行性结膜炎：患者的眼分泌物或泪液等均存在病毒或病菌，可传染孩子。

❻ 口腔疾病：牙龈炎、牙髓炎、龋齿等均为常见口腔病，大都因口腔不洁，病原微生物在口腔中繁殖，亲吻可传染给孩子。

❼ 嗜烟酒：嗜烟又酗酒者，"口气"中存在大量的一氧化碳、二氧化碳、氰氢酸、烟焦油、尼古丁等有害物质。烟酒"气息"可损害婴儿的心肺及神经系统。

077. 幼儿口含食物睡觉易生"虫牙"

有的家长为了使孩子早点入睡，就给孩子食物吃，甚至让孩子含着食物睡觉。

"虫牙"（龋齿）是小儿时期最多

见的牙病。"虫牙"发病虽有多种因素，但口中的细菌与食物仍是"虫牙"发生的主要条件和因素。口腔的乳酸杆菌作用于口腔食物残屑的碳水化合物而产生酸，酸使牙齿的釉质脱钙，随后使牙齿的有机物破坏而发生龋洞。小儿不良卫生习惯如吃零食，甚至含着食物睡觉，直接促进了乳酸杆菌的增生，口腔酸度的增高，可促成"虫牙"的形成。因此，保护小儿乳牙，纠正不良的卫生习惯是一个值得重视的问题。

078. 不宜忽视的脐部护理

脐部护理主要分为两个阶段：

第一阶段，脐带未脱落之前：要保证脐部干燥，尿布不可遮盖脐部，以免污染；还要经常检查是否有红肿、渗出。可用75%酒精擦拭脐带残端和脐轮周围。

第二阶段，脐带脱落之后：此时仍会有少量分泌物，需每日用75%酒精棉棒擦拭3次左右，切忌往脐部撒"消炎药粉"，以防引起感染。如有结痂，更应加以关注和清洁处理结痂下的渗出物或脓性分泌物。

079. 摸弄宝宝的生殖器会影响其身心健康

大人如果经常摸弄小男孩的生殖器逗乐，以此表示对孩子的喜爱，其后果会诱发、养成孩子手淫的坏习惯，染上手淫毛病的孩子，有的厌食、面黄肌瘦，有的语言反应迟钝、发展迟缓、性情孤僻，会给身心健康带来极大的危害，甚至会可能影响人的一生。

080. 婴儿乳头勿乱挤

有些新生儿出生前受母体内分泌激素的影响，出生后乳腺会逐渐增大，并且有少量乳样分泌物，这是婴儿正常的生理现象。在一般情况下，分泌的乳量数滴至20毫升不等，乳房增大在出生后8～10天最明显，一般2～3周后会自然消失，但个别的时间要长一些，可达3个月之久。

家长千万不要挤压婴儿乳房，如用手挤压，则可引起皮肤破损，皮肤上的细菌便可乘机侵入乳腺，引起乳腺发炎化脓，严重的可导致新生儿败血症。即使不发生细菌感染，用力挤压也有可能损害婴儿乳房的生理结构和功能，会贻误孩子一生。

081. 给宝宝剪指甲应注意的问题

传统观点认为，婴儿的指甲比较软，长了自然就断了，没必要剪。这样的说法是错误的。

一两个月的婴儿，指甲以每天0.1毫米的速度生长。长指甲容易折断，甚至伤了指头，婴儿也容易被自己的指甲抓破娇嫩的皮肤，还可能因吮吸有细菌的长指甲而引起肠胃疾病。因此，剪指甲是必要的。脚趾甲也不例外。

给宝宝剪指甲须注意：

❶ 剪指甲要在婴儿不动的时候剪，最好等孩子熟睡时剪。

❷ 尽量用细小的剪刀来剪，不要剪太多，以免剪伤皮肤。

❸ 婴儿喜欢用手抓挠，所以剪指甲时不要留角，要剪成圆形。

❹ 如果指甲下方有污垢，不可用锉刀尖或其他锐利的东西清理，应在剪完指甲后用水清洗干净，以防引起感染。

082. 婴儿不宜常听音乐

音乐可以陶冶一个人的性情，但婴儿如果常听音乐却可能养成沉默孤僻的个性，还会丧失学习语言的能力。

大多数父母以为让婴儿长期倾听音乐，一方面可以安抚婴儿，另一方面可以养成婴儿以后温和的个性，但实际上反而延误了婴儿学习语言的时间。

一般婴儿在成长过程中产生学习语言或说话障碍，原因除疾病、精神异常及意外事件等因素外，就是与上述长期倾听音乐有关。婴儿正当咿呀学语的年龄，却被父母安排每天长时间倾听音乐，因而丧失学习语言的环境，久而久之，婴儿甚至会失去学习语言及说话的兴趣，反而会养成沉默孤僻的个性。

083. 不宜让婴儿独立玩耍

对婴儿来说，玩的意义远远不只是"有趣"，婴儿通过玩耍可以学会很多。玩耍可以促使婴儿使用身体的各个部位和感官，丰富想象力，开发智能。现在拿给婴儿的玩具与将来他五六岁时给他的教具有同样的价值；大人现在和婴儿做的游戏与将来他一年级时教师教授的课程同样重要。

婴儿从满月之后，醒着的时间多了，婴儿非常愿意每次醒来都和大人一起玩。但7~8个月前，宝宝还不会独立移动自己的身体，婴儿还是个"被动"的小东西，大人要以逗婴儿玩为主。如果不常逗婴儿玩，不给婴儿丰富的适度刺激的话，婴儿的脑袋里就只能是一片空白。因此，千万别低估了逗婴儿玩的教育意义，更不要以忙为借口逃避和婴儿一起玩。

084. 提高宝宝智商和情商的正确方法

儿童发育专家指出，除了按照传统的育儿教科书来养育婴儿之外，注重培养和提高婴儿的情商至关重要，因为情商的发育对于婴儿长大成人后能否在人际交往和工作中取得成就起着重要的作用。

下面是针对如何提高婴儿的大脑智商和情商为家长们提供的几条建议。

❶ 母乳喂养对婴儿的大脑很有益。出生后在7~9个月的时间里一直吃母乳的婴儿无论是智商还是情商都比仅吃母乳1个月的婴儿高得多。

❷ 母亲与婴儿之间的身体接触有助婴儿尽快掌握身体语言。

❸ 家长应该尽可能地陪伴孩子阅读幼儿读物。研究显示，两岁左右的儿童完全可以阅读一些浅显的读物，这时家长最好陪在他们身边帮助他们理解书中的内容。同时，鼓励孩子对书中的图片或是单词产生好奇心和兴趣。

但应注意不要试图过早地用系统性教

学方式向孩子传达过多的信息。在陪伴孩子读书的过程当中，家长还应尽量揣摸儿童心理而不要将大人的想法强加给孩子。

085. 宝宝在智力飞跃期中的禁忌

第一次智力飞跃出现在出生后5个星期左右。婴儿机体器官迅速成熟，眼、耳、口、鼻、皮肤等感觉器官全部进入"工作状态"。表现为哭的时候流出眼泪，或者用微笑来表示高兴，另外还不时地对周围发生的一切进行"观察"或"聆听"，并对气味与动静做出积极的回应。因此，不要对婴儿的这些行动和感觉横加干涉。例如，一些父母老想尽一切办法让孩子睡眠从而减少自己照顾孩子的时间。这对孩子的感官训练不利。

第二次智力飞跃大约在生后8个星期出现。这时的婴儿发现周围环境并非统一和固定不变的，他出现了害怕的感觉，眼里不时流露出恐惧的眼神。因此，父母不应该只知道孩子哭时喂奶，对孩子表现出来的各种感觉漠然无闻。不和孩子进行经常的交流，不给予他安全感，孩子就会在潜意识里产生一种孤单和恐惧。

第三次智力飞跃在出生后3个月左右。婴儿发现了动作，懂得了操纵或控制自己的行为。在这期间，他不时尖叫，或者格

格地笑，兴奋地学语，并不断地试图与母亲或其他家人"交谈"，以证实自己拥有了某些"本领"。此时，年轻父母不应该停留在"哄"和"抱"，应该做些有规律的动作、表情、口型等引导。

第四次智力飞跃在出生后5个月左右。婴儿的两只手更加灵活，能够抓握东西，并可转动或翻动身体的物体，会注视物体的活动过程。如果你给他一个东西，他会拿着仔细"研究"一番——用手摸，或者干脆送入口中。这时，父母不应对孩子进行类似于"责骂"的口吻，如"怎么什么都往嘴里放？"正确的方法是有耐心地以身示范。

第五次智力飞跃出现在出生后6个半月左右。婴儿逐渐理解了事物之间的因果关系，如按动一下电钮就能看见画面或听到音乐。另外，他开始懂得一件东西可以放到另一件东西里面，也可以放在第三件东西的外面。此时他最乐于做的就是将东西搬来搬去，常常弄得周围乱七八糟。此时，不少父母对此不理解，甚至横加干涉或责罚。这是切忌的行为。因为这正是婴儿加深认识的过程，增长智力的途径。

第六次智力飞跃出现在出生后7个半月左右。婴儿开始懂得对各种事物加以抽象地分类。例如，他已经懂得狗总是汪汪地叫，无论大狗、小狗、白狗、黑狗概不例外。这一点表明他已能像成人那样运用逻辑思维了。相应的，父母也不该停留在简单的"猫猫""狗狗"阶段，而应该开始以语言和手势进行解释了。

第七次智力飞跃出现在出生后10个多月时，婴儿懂得了做事有顺序，先干什么后干什么。因此，父母这时不应该顺着他的顺序反复让他显露本领，而是开始手把手示范他不同的"玩法"。

到出生后11个月多，婴儿终于发现，顺序也是可以按照自己的意愿来改变了。于是他能够按照自己的心愿来制订计划，明确表示自己的要求。例如，当他今天想外出时，会提示别人要鞋子或帽子，而明天外出时，又会要求别人要穿上外套，表明他已经有自己的主见了。

这个阶段的父母切记不要对孩子的要求产生烦躁的心理，甚至责骂孩子。而是要不厌其烦地道出事情的因果。

086. 幼儿早期教育应注意的三个问题

❶ 对幼儿的早期教育忌采用"填鸭式"的方法：因为这样会使孩子完全处于被动地位，从而缺乏独立思考能力。另外要善于启发和诱导孩子，比如讲故事，不一定要把故事讲完，可以有意识地留下一些情节，让孩子自己去发挥想象力，只有这样才有助于开发孩子的智力。

❷ 忌操之过急：孩子的好奇心非常强，有求知的欲望，对什么都要追根向底，爱问一个为什么，这为父母引导他们学习提供了很好的条件。但有的父母求成心切，希望孩子"一口吃成一个胖子"。于是不考虑孩子的接受能力强弱，强制孩子认字、算题，这不仅引不起孩子的兴趣，反而会使孩子觉得压力大，枯燥无味。久而久之，就会使孩子对学习产生畏惧厌恶的心理。

❸ 忌恐吓和体罚：有些父母不仅强制孩子学习，而且动不动就打骂、关黑屋子等，这样对于孩子的身心健康发育极为有害。幼儿的早期学习，即使不能做到像吃糖一样甜蜜，起码也不要像吞苦果那样难咽。做父母的要注意自己的教育方法。

087. 回答幼儿的提问忌斥责、哄骗

孩子经常提千奇百怪的问题，如天上的星星是怎么回事？大风是什么样子？树叶为什么是绿的？叫大人也很难回答。如何对待孩子这些问题，则是年轻父母应学会的重要课题。

有的家长被问得不耐烦了，便斥责道："就你问题多！以后长大了就知道了！"或者不懂装懂，信口开河去哄骗孩子。这种做法对孩子的智力发展极为不利。

一个孩子好问说明他求知欲强盛。我们要对他进行赞扬和鼓励，并及时、正确、通俗地作答。当他们的问题得到正确而满意的解答时，不仅增长了知识，而且进一步发展了他们的观察力、思维和想象力。当孩子的好奇心得到满足的同时，也就进一步培养了兴趣。而兴趣在智力发展和成才上具有重要的作用。家长如果忽视孩子的提问，对孩子的问题置之不理，甚至嫌孩子烦，对孩子加以讽刺、嘲笑，就会导致孩子不敢或不愿再提问，对周围一切都失去好奇与热情。

回答孩子的问题要有启发性。对于有逻辑关系的以及其他较复杂的问题，家长要注意引导孩子去思考，让孩子用自己已有的知识经验，通过观察和总结找出答案。它既可以使孩子的好奇心得到满足，又让小孩通过自己的观察思考明白一些现象。如果家长对孩子的问题也不知如何回答，要实话实说，日后查阅资料再回答，不可欺骗。

第三篇
少年儿童生活

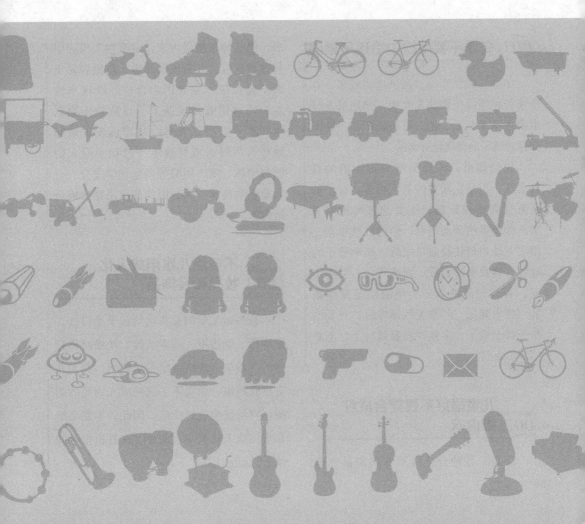

日常生活禁忌

——更多关爱，让小苗苗茁壮成长

★ 001. 冬季不要用纱巾给孩子蒙面

冬季，天气寒冷，刮风也比较多，有些家长怕寒风把婴幼儿吹病，使用尼龙纱巾蒙在孩子面上，把头部包扎严实，殊不知这对孩子的健康是有害的。

我们知道，人脑虽然只占体重的百分之几，但是它需要的氧气很多。孩子的新陈代谢比较旺盛，需要的氧气相对更多。纱巾虽然薄而透明，但透气性很差，用尼龙纱巾包住脸面口之后，影响孩子的呼吸，容易头晕目眩、面色青白、哭闹不安，若长时间缺氧还会使脑功能发生紊乱，智力降低。冬季天气寒冷时，只要给孩子戴上帽子，多穿些衣服就行了，不必用纱巾蒙面。

★ 002. 儿童最好不要穿合成纤维内衣

目前，各种合成纤维布料制品非常多，用这种布料做内衣，对某些人可能引起过敏反应。儿童皮肤幼嫩，则更容易出现不良反应。主要因为合成纤维吸水性差，汗水附着在皮肤上，导致微生物繁殖和产生腐败、发酵，从而诱发过敏和湿疹。另外合成纤维生产过程中混入的原料单体、氨、甲醛等微量化学成分，对儿童刺激性非常大。因此儿童忌穿合成纤维内衣。

★ 003. 不要给儿童用成人化妆品和装饰品

有些做父母的总喜欢给孩子涂口红、搽胭脂、染指甲，或者洗脸、洗澡时将自己的洗面奶、洗浴液给孩子使用。其实儿童皮肤娇嫩，承受不了这些成人物品的刺激，容易发生过敏反应。因此，不要乱给儿童用成人化妆品。此外，在打扮自己的孩子时还应注意以下几点：

1. 忌随意戴首饰：有些父母喜欢在孩子的脖子上挂一个长命锁，或者给孩子戴手镯、项圈、戒指、耳环等，这样做对儿童的健康不利。因为孩子生性好动，金银首饰与局部皮肤不断摩擦，容易引起损伤而继发细菌感染。加之儿童的身体正处于发育中，带上首饰会束缚孩子的肢体发育。

2. 忌烫发、染发：儿童的头发细密娇嫩，如果受化学药剂的刺激，会损伤头发角质层，从而使头发的保护性皮脂减少，弹性程度降低，造成头发萎黄干燥和容易折断。

3. 忌戴有色眼镜：不少儿童用的有色眼镜，工艺粗糙、屈光不正、透明度低、着色不匀、质量低劣。儿童戴后加重了眼睛的调节负担，容易引起视疲劳，导致视力减退。

4. 忌扎耳洞：儿童正处于生长发育阶段，组织娇嫩，抵抗力弱，扎耳洞非常容易造成感染，并因此而患病。

004. 男孩常穿拉链裤有害健康

在泌尿科急诊中，时常碰到小男孩的阴茎包皮被拉链夹住的现象。拉链裤入时好看、穿着方便，很受人们的青睐。但对于男孩，特别是5岁以下的男孩，不宜穿着。因为孩子的生殖器尚未发育，阴茎一般都被包皮所包裹，加上孩子贪玩，小便时急急忙忙，就容易发生上述现象。

一旦发生上述情况，家长切莫惊慌失措，可在拉链夹着部位上点油（如石蜡油、烧菜用的油类等），然后轻轻往后退。如整只拉链头都嵌入包皮时，可用尖头钳轻把链头钳松，然后退出。退不出时，可到医院请医生在局部麻醉下退出拉链，切不要硬拉或硬退，以免损伤包皮。

005. 儿童穿皮鞋易导致脚部畸形

儿童处于生长发育阶段，尤其是骨骼系统的发育还不成熟。儿童穿皮鞋，会因鞋帮、鞋底比较硬，穿在脚上不仅不舒服，同时还会影响骨骼发育，导致脚部畸形。因为皮鞋会压迫局部的血管、神经，儿童骨骼弹性较强，长时间穿皮鞋容易发生趾骨畸形，甚至导致脚掌与足趾骨骼的异常发育。穿皮鞋容易破坏行走的稳定性，过大的皮鞋也容易形成平板脚，影响站立、行走、跳跑，造成跌碰，甚至引起骨折。

006. 儿童不要用手揉眼睛

一只手上有4万~40万的细菌和寄生虫卵；用手揉眼睛以后会患沙眼等病症。因此，儿童不要用手来揉眼睛。此外，儿童在日常生活中还应注意以下两点：

1. 忌挖耳：以免引起耳疾。
2. 忌含手指：一克重的指甲垢里藏有几十亿个细菌和寄生虫卵，含手指后会将脏东西带入口腔。

007. 儿童太胖并非健康

在许多人头脑里有一个观念，认为孩子长得胖才是健康，在书报和电视节目里

常常出现胖娃娃，特别逗人喜爱。其实，肥胖的孩子不一定健康，如果让孩子吃得太多，长得过于肥胖会造成多种危害。

首先，儿童如太胖，体重增多，容易患膝外翻或内翻、脚内翻及扁平足，成年以后容易引起糖尿病，并能促进老化，缩短寿命。一般认为，肥胖者多伴有胆固醇增高和胰岛素增高，这两种物质增多都能抑制体内具有免疫作用的淋巴细胞和巨噬细胞的功能，从而使免疫力下降，容易生病。到了中老年时期，就容易患动脉早期硬化、冠心病和高血压等病症。

其次，儿童营养不足、消瘦将使体力、抵抗力、智力下降，然而如果顿顿吃鱼、肉、糖、油和细粮，忽视了膳食的平衡，长得肥胖无力，其危险性可能更大，而且儿童期的肥胖症比成人期的肥胖症更难治。

因此，家长们一定要格外注意孩子营养的合理安排，尽可能每餐荤素搭配，粮、豆、菜混合，适当地限制肥胖者的热量摄入，加强户外锻炼，稍微瘦一点是有好处的。

008. 儿童用药误区

时下，一些家长或是出于想少花钱，或是出于对子女的过分溺爱，在儿童防病、治病、保健等方面都存在不少误区，因此出现了不少问题。其主要表现有以下几个方面：

❶ 擅自用药：近年由于医疗费用急剧上涨，很多家庭存在怕上医院，尤其是怕住院的心理。于是孩子生了病后不问缘由，通常自己在家里找土方，或自己到药店"抓药"，甚至找出过去自己吃剩的药给孩子服用，这样治疗盲目性很大，轻者延

误了孩子的治疗时机，重者会造成药物中毒。

❷ 多药同用：孩子得病，一些家长以自己过去的病症与孩子对比，然后"对症下药"。如感冒则给孩子服用阿司匹林、速效伤风胶囊、康泰克等。有时为了让孩子赶快好起来，甚至"三管齐下"。殊不知上述感冒药主要成分为抗过敏药，联合使用易因药物过量而引起中毒。

❸ 求愈心切，乱加剂量：一些家长对孩子的病情不视轻重、不遵医嘱，也不阅读药品使用说明书，误认为多吃总比少吃见效快，结果使孩子服了成人的药量，这样会严重影响儿童的身体健康。

❹ 乱给孩子进补：一些生活较富裕的家庭或独生子女家庭，希望孩子能够健康，便长期给孩子服补药或滋补饮料，这样极易使孩子出现肥胖或性早熟等不良反应，影响儿童的正常生长发育。

009. 儿童不应该掰手腕比力气

儿童正处于生长发育时期，身体各部分都非常娇嫩，掰手腕比手劲很容易造成软组织损伤，严重时甚至可发生骨折。因此，儿童忌掰腕比手劲。

010. 儿童不适合参加长跑

儿童骨质比较脆弱，容易受伤。过重的训练，特别是超长距离跑，往往会导致足大

拇指球部下部疲劳性骨折、腓骨疲劳性骨折、骨质接合处断裂、胫骨酸痛、胫骨顶部粗隆骨质发育不良、胫骨疼痛等等，严重影响儿童身体健康。

011. 孩子衣服口袋卫生不容忽视

对学龄前儿童及至上小学的孩子，一般来说，家长比较重视他们的饮食卫生，衣服也能做到勤洗勤换。但多数年轻父母不太注意孩子衣服口袋的卫生。

小孩子的衣服口袋往往是个"大储宝箱"，吃的、玩的、用的、路上拣的，什么都有。据资料介绍，有个小孩口袋不干净，吃了口袋里拿出的东西，得了病，经医生检验发现，这个孩子衣服口袋里生长繁殖了10多种致病细菌和寄生虫卵，其中有霉菌、痢疾杆菌、蛔虫卵、黄曲霉菌等。所以，家长在给小孩洗衣服时，一定要注意清洗一下口袋这个"死角"，平时也应教育孩子注意口袋卫生。

012. 常吃果冻对儿童的健康有害

果冻、泡泡糖、方便面、甜饮料、糖葫芦、棉花糖、糖人等：添加糖精、香精、色素的食品，真正的营养物质含量并不多，而其中的糖精、甜味剂、着色剂、香精常含有一定毒性，常吃这些食物，不利于儿童健康。此外，下列几种食物儿童也不宜常吃：

❶ 有机酸含量高的食物（菠菜、梨、浓茶等）：这类食物中含有大量植酸、草酸、鞣酸等有机酸，这些酸与它们自身含量很高的铁、锌、钙紧密结合，而不能被机

体利用，同时在胃肠与其他食物中的铁、锌、钙相遇时迅速与它们结合形成稳定的化合物而排出体外。

❷ 兴奋神经及含激素食品（可乐饮料、巧克力）：这类食品食用过多，对人体中枢神经系统有兴奋作用，使儿童焦虑不安，心跳加快，难以入睡等。人参、蜂王浆、燕窝等含有促进激素分泌的作用，经常食用会导致性早熟、影响身体正常发育。

❸ 含有毒物及防腐剂和添加剂的食物（烤羊肉串、爆米花、罐头八宝粥、皮蛋等）：这些食物都含有一定的致癌物质，对儿童身体影响更大。

❹ 高脂肪食品（鸡蛋、葵花子、猪肝、肥肉等）：这些食品虽然本身营养价值较高，但含有较多的脂肪和胆固醇，儿童长期食用对身体不利。

❺ 腌制食物：腌制品（咸鱼、咸肉、咸菜等）含盐量太高，高盐饮食易诱发高血压病；而且腌制品中含有大量的亚硝酸盐，它和黄曲霉素、苯并芘是世界上公认的三大致癌物质，研究资料表明：10岁以前开始吃腌制品的孩子，成年后患癌的可能性比一般人高3倍。

❻ 根茎蔬菜：儿童一般不像成年人那样对食物咀嚼得很细，有时貌似咀嚼，而实际却是整个吞咽。儿童如果多吃有根茎食物，如芹菜、黄豆芽、苋菜等，便容易造成消化不良，同时还会发生腹泻。

❼ 精细食物：精白面、精米、精盐等精细食物中的营养价值如维生素、矿物质、无机盐和纤维素都在加工过程中丢失大半了，儿童经常吃精细食物不利于营养吸收。

❽ 山楂：有些家长喜欢买山楂片给孩子吃，认为多吃山楂片能助消化。其实不然。它只促进消化液分泌增加，并不能通过健脾胃的功能来消化食物。特别是处于换牙时期的儿童，常吃对牙齿生长发育很不利。而且，现在市面上很多劣质山楂片都是添加色素加工的，儿童食后是有害身体健康的。

❾ 钙粉：有的家长一听说孩子缺钙，就给孩子吃钙粉，这不但不能改变孩子缺钙的状况，反而会引起别的病症。因为钙粉和牛奶会结成不易消化的奶块，使孩子的肠功能紊乱，引起食欲不振等不良后果。孩子缺钙，可遵医嘱，服用鱼肝油或注射维生素D_2、维生素D_3。

儿童的饮食应多样化，要做到膳食平衡，鱼、瘦肉、紫菜、海带、动物内脏、新鲜的蔬菜、水果都有益于孩子健康。近年来，国内外研究的结果还提出，小麦仁油、洋葱、蒜头、芦荟等因富含酪氨酸、麦硫胺以及锗而明显有益于儿童大脑细胞发育，应该让孩子多吃这样的食物。

⭐ 013. 儿童不宜的饮品

❶ 茶水虽然含有维生素、微量元素等对人体有益的成分，但孩子对茶碱较为敏感，可使孩子兴奋、心跳加快、尿多、睡眠不安等。另外，茶叶中所含鞣质会影响铁吸收。

❷ 可乐性饮料：如咖啡、可乐等，其中含有咖啡因，对孩子的中枢神经系统有兴奋作用，影响脑的发育。

❸ 酒精饮料：酒精是一种原生质毒物。儿童身体各个组织器官发育还不成熟，特别是口腔、食道这些部分的器官黏膜细嫩，管壁浅薄，如果长期饮酒会导致口腔癌或食道癌。

❹ 果汁：一般来说，市售的各类果汁都是经过加工制成的，在加工过程中不但要损失一部分营养素，而且还必然要添加一些食品添加剂，例如食用香精、色素等，这些东西虽然对人体影响不大，但对儿童来说，如果长期过多地饮用瓶装果汁，对身体健康是不利的。因此，忌用果汁代替水果。

⭐ 014. 儿童吃饭时不要看电视

儿童吃饭时不要看电视，因为边吃饭、边看电视，使消化器官获得血液减少，影响食物消化和吸收。此外，儿童吃饭还须注意以下几点：

❶ 忌过饱：过饱会使大量食物残渣存在大肠中，经细菌分解产生有毒物质，造成血管慢性病变。

❷ 忌过快：狼吞虎咽会使唾液不能充分与食物混合，引起消化不良，导致肠胃疾病。

❸ 忌过咸：吃过咸食物易引起高血压、心脏病、动脉血管硬化等病症。

❹ 忌过甜：易引起蛀牙和肥胖。睡觉前更是不能吃糖。

❺忌过烫：滚烫的饭菜易使口腔、食道、胃黏膜发生烫伤，引起炎症。

❻忌过冷：冰冷食物进入胃内易引起胃痛。

❼忌过稀：这样容易不经咀嚼就吞进肚里，影响消化，引起胃痛。

❽忌偏食：偏食会营养不良，不利于智力发育，应注意饮食平衡。

❾忌打闹说笑：打闹说笑容易使食物误入气管。

015.儿童发热时切勿吃糖

儿童感冒发热时，消化液分泌减少，消化酶活力降低，胃肠运动缓慢，消化机能失常，常常表现为食欲下降。此时如果让孩子吃甜食过多，可使体内大量维生素消耗掉。而人体缺乏了这些维生素后，口腔内的唾液就会减少，食欲反会更差。因此，儿童发热时切勿吃糖。此时应该多休息，多饮水，以利降温和排泄体内有害物质，饮食以清淡、易消化、有营养为好。此外，儿童吃糖还须注意以下几点：

❶忌睡前吃糖：许多儿童睡前吃了糖不刷牙。牙缝里的残渣，是细菌繁殖的好地方，从而产生酸，使牙齿脱钙、溶解，形成龋洞。

❷忌饭前吃糖：糖具有抑制消化液分泌的作用，如果饭前吃糖，吃饭时就会感到没味道，从而影响食欲。久而久之，还会影响消化功能，引起儿童营养不良，致使营养不良病症发生。

❸忌含糖过久：口中含糖时间过长，便限

制了唾液中化学物质对细菌产酸的中和作用，从而助长了口腔中细菌的繁殖，因而容易造成口臭和形成龋齿。

❹忌吃糖过多：糖是一种不含钙的酸性食品，正常人需保持弱碱性。如果吃糖过多，人体就变成中性或弱酸性。机体要恢复弱碱性，就要消耗人体里的碱性物质——钙。日久天长，会影响儿童的骨骼发育。另外，吃糖过多还会降低免疫力，引起糖尿病、咽炎、扁桃体炎、软骨病、脚气病、慢性消化不良、性情暴躁及肥胖等疾病。

❺皮肤感染的患儿忌吃糖：因为吃糖能促使血糖升高。血糖高是葡萄糖球菌生长繁殖的条件，可造成皮肤感染、经常复发，久治不愈。

016.“饿治”小胖子有损孩子的正常发育

近年来。城市中的小胖子日渐增多，有的家长为了让孩子减肥采取“饿治”的方法，盲目控制饮食，不吃糖，不吃含脂肪的食物等。其结果是体重虽能减轻，却有损于儿童的正常生长发育。

儿童正在发育阶段，身体需要糖和脂肪等营养的综合平衡，糖是人体的主要能量来源，脂肪中的胆固醇又是合成维持生命的多种激素的基本成分，脂肪含有的磷脂是人体细胞结构中不可缺少的组成部分，人的神经组织亦含有大量磷脂，磷脂有益于儿童心血管和全身的健康发育，盲目“饿治”小胖子，不吃糖，不吃动植物脂肪就会使儿童出现困倦、乏力、注意力不集中、情绪淡漠、智商下降等，造成儿童生长减慢或产生疾病。

为小胖子减肥要讲科学，适当适量地

缓慢控制饮食，不可操之过急。一般的小胖子总是食量大，可采取吃饭时让孩子边吃主食边喝些粥、汤的方法，让他吃饱了又减少了主食、菜肴的含量，既保证不缺乏营养又避免"饿治"而产生疾病，达到逐渐减肥的目的。另外，体育活动是小胖子减肥和调理、增强身体各器官健康发育的最佳方法。

017. 儿童在换牙时不应该吃甘蔗

儿童换牙时期吃甘蔗，向外掰、拉、撅等用力过猛，会使牙床组织受到一定程度的损害，还会使新长出来的牙齿向经常用力拉的方向生长。这样，长时期下去牙齿慢慢就会长得歪歪扭扭。另外，甘蔗含糖分很高，经常吃甘蔗又不漱口、不刷牙，会对牙的腐蚀性很大。

018. 不要给刚病愈的儿童吃过多食物

孩子发热，不想吃东西。几天之后，会明显消瘦。发热刚退，父母们便不厌其烦地让孩子大量地吃东西，以弥补患病时的损失。其实，这样做是不合适的，这是因为孩子在发热后，虽然体温正常了，但胃肠道功能还未完全恢复正常，分泌的消化酶不足，消化和吸收能力非常低。多吃食物会增加胃肠道的负担，并且还会在短期内造成孩子的厌食。因此，小儿病愈初期忌多食，应吃些容易消化的流质，半流质饮食，如豆浆、牛奶、稀粥、新鲜水果等；脂肪及含糖过多的食物也忌食用。

019. 不要给孩子吃过多的高级营养品

在少年儿童成长发育期，如果高级营养品摄取无度，就会造成营养过剩，因而引起免疫细胞过早发育，从而导致中年时期细胞免疫力迅速下降。营养过剩的儿童成年后，无论是体质、智力等各方面功能都将大大下降。

020. 儿童使用彩色餐具会影响智力发育

彩色餐具：彩色餐具上绘有的图案所采用的颜料对儿童的身体是有危害的，如陶瓷器皿内侧绘图所采用的颜料，其主要原料是彩釉，而彩釉中含有大量的铅，酸性食物可以把彩釉中的铅溶解出来，与食物同时进入儿童体内。再比如涂漆的筷子，它不仅可以使铅溶解在食物当中，而且剥落的漆块可直接进入消化道。儿童吸收铅的速度比成人快6倍，如果儿童体内含铅量过高，会影响智力发育。因此，儿童不宜使用彩色餐具。此外，下列两种餐具儿童也最好不要使用：

❶ 尖锐的餐具：儿童的定位能力和平衡能力较差，使用锐利的餐具容易将口唇刺破。如果孩子跌倒，还容易造成外伤。

❷ 难以清洁的餐具：比如塑料餐具,油垢和细菌比较容易附着在上面，不易洗净，又不能进行高温消毒，所以不是孩子的理想餐具。

021. 少女常穿尼龙腹带裤会影响发育

少女如果长时期穿尼龙腹带裤，其结果是有损健康，影响发育。因为腹部长时间受较强外力的压迫会影响胃肠蠕动和消化吸收功能，会妨碍呼吸运动和血液循环。腹腔脏器如果长期受压，再加上其血液循环不流畅，往往会引起盆腔内器官的发育不良，甚至引起炎症，如膀胱炎，输卵管炎等。另外紧密的腹带裤，使阴部透气性差，分泌物和汗液不易挥发，不利于外阴部的卫生。因此，少女忌穿尼龙腹带。

022. 少女应及时戴胸罩

一个少女在进入青春期以后，乳房开始发育，应及时使用胸罩。乳房没有肌肉组织，只有腺组织和脂肪，支撑它们的是结缔组织。这种结缔组织像一张绷紧的纤维网，起支撑作用。它和肌肉组织不同，是没有弹性的。如果一个少女长期不用胸罩，乳房便会慢慢地松弛、下垂，特别是经常运动，过分伸张开的乳房就不会再恢复到原来的形状。另外，不用胸罩，还会使乳房负担不均匀，妨碍乳腺内正常的血液循环，因此而造成部分血液瘀滞，引起乳房疾病。另外，剧烈运动时不戴胸罩，

也容易使乳房受到创伤，引起乳腺炎。因此，少女忌不戴胸罩。

023. 少女常穿高跟鞋会影响将来的生育

少女正处于青春发育期，足骨、脊柱、骨盆都未发育成熟，在外力的作用下很容易弯曲、变形。高跟鞋就会成为一种外力。不仅如此，高跟鞋还会影响将来生育。因为穿高跟鞋身体必然前倾，这样对骨盆的压力就加重了，骨盆两侧被迫内缩，必然造成骨盆入口狭窄。因而，少女如果一直穿高跟鞋的话，婚后生育就有可能出现分娩困难。妇产科临床如果遇到这种病例，就不得不采取剖腹产，这会给产妇带来更多的痛苦和麻烦。另外，穿上高跟鞋人体重心前移，全身重量会过多地集中压在前脚掌上，趾骨会因此负担过重而变粗，这不仅影响了关节的灵活，而且有可能造成趾骨骨折。还有，少女穿高跟鞋时间长了，就可能患平足症、痉挛性足痛、足大拇指外翻，甚至走不成路了。

从生物力学的角度看，女孩子最好是穿坡跟鞋。穿坡跟鞋，身体重心既不前移，也不后移，不仅能预防肌肉和关节损伤，还能免除穿平跟鞋所引起的小腿后部肌肉过度紧张。

024. 少女切勿烫发

有些少女喜欢烫发，以为这样潇洒漂亮，其实这样做是有害的。

女孩子的身体还处于发育阶段，她们的头发中脱氨酸基团和蛋白质链都处于不稳定阶段。如果她们的头发此时受到外界化学及电源的刺激，就会使头发内部复杂的结构受到破坏。尤其是烫发超过了限度时，受到的破坏更大，头发中的纤维无法复原，直接影响健康和美容。女孩子头发细而柔软，一经加热和化学反应，头发中的角质和皮质就会损伤。乌黑柔韧的头发将会随着烫发的次数增加而变得枯黄发脆，油脂分泌物相对减少，最后完全失去原有的自然光泽以至脱落。同时少女烫发还会影响汗液的正常蒸发，妨碍头皮的新陈代谢，给细菌的大量繁殖造成有利条件。尤其是天气比较热的季节。容易生痱子，甚至造成皮炎。所以，奉劝少女们不要图一时好看而去烫发。

025. 少女化妆不当会破坏其自然美

有些女孩子的化妆，由于不得法会使得自己显得超过了实际的年龄，或者是使别人误解了她的性格，或是被化妆品破坏了自己的自然美。以下是4种最常见的毛病：

❶ 过火的唇线：天生有一片较厚的上唇，如果唇膏涂得太宽，看起来便平庸粗俗。

❷ 太深的眼线：如在眼睛周围划上重重的黑线，会增加你的年龄，如果把眼线画得淡一些，看起来会比较年轻。

❸ 太浓的眉毛：应该用细细的羽毛状线条来添补稀疏眉毛的空隙。如果画得又宽又

显眼，会使你显得蠢笨。

❹ 胭脂的边缘：胭脂使你双颊近似健康的玫瑰色，其边缘要逐渐变淡，与皮肤融合。胭脂与周围皮肤之间，不要有截然的分界线。

026. 少女拔眉易长皱纹

人的眉毛有阻挡汗水、灰尘，保护眼睛的作用。拔掉眉毛等于眼睛失去了保护。如果细菌进入拔除眉毛的囊孔，便会引起毛囊炎，甚至还会溃烂，形成斑痕。拔掉眉毛对眼眶周围的神经末梢和微细血管会形成一种恶性刺激，会引起眼肌运动的失调，使眼眶周围皮肤松弛，容易出现皱纹和眼睑下垂。

027. 少女饮食需注意的问题

❶ 忌不吃早饭：青春期的女孩子，对热量的需求较大，她们每天需要的热量要比成年人多。这些热量主要来源为糖、脂肪和蛋白质。而有些人不吃早饭或不吃饱，热量 的供应明显不足，必将影响生长发育，所以早饭一定要吃好。

❷ 忌挑食：青春期对于蛋白质、矿物质、水分的需要相当大，而且还要全面。女性对蛋白质的需要为80～90克/天。不同的食物中的蛋白质的组成即氨基酸的种类不尽相同，所以吃的食物应该多种多样，才可以使氨基酸的补充全面，不可挑食。

❸ 进入青春期的女孩在吃饭前后应注意休息：在进食的前后如果运动则胃肠道的血供应就会减少，必然导致胃肠功能的下降，而引起消化不良及一系列的胃肠毛病，所以进食前后要注意休息，以保证胃肠的供血。

028. 少女吃零食易引起肠胃疾病

女子的胃容量比男子的小，因此每顿食量相对较小，往往还不到下顿饭的吃饭时间，就会产生饥饿的感觉，这时就很想吃些零食。吃零食虽然本身无害，但吃了零食，吃饭时食欲就会大大减低，或是想吃也根本吃不下。由于饮食没有规律也就影响了正常的消化机能，减少了人们对食物中营养素的吸收，造成营养缺乏，这一切对处在生长发育阶段的少女极为不利。如果吃零食成了习惯，不停地含着、嚼着各种零食，食物就会不均衡地进入胃肠，使胃肠得不到休息，导致疲劳，胃肠分泌的消化液也得不到调节，容易造成消化不良和其他胃肠疾病。

029. 少女应警惕缺铁性贫血

人体内如果铁量不足往往会导致血红蛋白减少。血红蛋白是红细胞的主要成分，血红蛋白的不足会造成贫血。少女正处在青春期发育阶段，大都已出现月经初潮，月经是一种慢性失血，少女容易造成慢性失血性贫血。如果此时吃含铁食物过少，比如瘦肉、肝脏、豆类、蛋黄、菠菜、胡萝卜等食品吃得过少，会因饮食中缺铁而引起缺铁性贫血。

030. 少女要重视青春保健

处于青春发育的少女，虽然身体的抵抗力比儿童时期增加了许多，但从机能来讲并未完全稳定，抵抗力还不健全，如果在这一时期不注意自我保健和卫生防病，及时补充自身生长发育所需要的营养，就会容易发生肝炎、肺结核、甲状腺肿大、肾炎、贫血及妇科病等，影响生长发育，甚至造成终生遗憾。

031. 少女节食减肥易引发多种疾病

少女正处在自身生长发育阶段，一个少女新陈代谢旺盛，必须不断从食物中吸取足量的营养素，只有这样才能维持正常的生理机能，促进生长发育。一个人如果节食减肥，摄入的膳食就会不能满足身体对各种营养素的正常需要，就会出现营养不良。更为重要的是，节食是人为的故意克制食欲，时间长了，可引起神经性厌食，出现真正的食欲下降，就是想吃也吃不下，使身体长期处于饥饿之中。生长发育就会因此而停滞，其结果是抵抗力下降，导致贫血、闭经等病症，这一切会随时间的发展而危及身体健康。

032. 少女在变声期切勿大喊大叫

处于变声期的少女要保护好嗓子，一定不要大喊大叫。如果经常大喊大叫、哭闹，声带就容易充血水肿，甚至还会发生声带小结而影响变声的正常发展，引起变声障碍，致使变声后嗓音尖细或沙哑。

033. 少女束胸会影响乳房的发育

许多少女为了单纯追求"美"，或者羞于展现自己发育的胸部，穿紧身小衣，将乳房勒平。这对于身体发育和健康都是十分不利的。

因为女孩子十三四岁开始月经来潮，乳房此时便会逐渐增大，骨盆增宽，臀、胸部脂肪增多，十八九岁基本形成女子特有的体型。此时束胸不仅影响自身肋骨、胸骨用膈肌的运动，而且还可影响正常的呼吸功能，使得胸廓狭小，肺活量降低。乳房被勒平，还会影响乳房的发育和将来的乳汁排泄，造成乳头内陷和产后哺乳困难。长期束胸过紧，还有可能患上一种被称为孟德尔氏病的危险。此病虽是一种良性的表浅血栓性静脉炎，但也会带来一定的不适。因此，从医学角度来讲，姑娘忌束胸，更忌长期过紧束胸。

034. 少女不要用激素促使乳房的发育

少女正处在生长发育的旺盛时期，卵巢本身分泌的雌激素量比较多，此时如再服用雌激素，虽然有可能促使乳房发育，但潜伏着严重的危险性。因为女性体内如果雌激素水平持续过高，就会使阴道、乳腺、子宫体、宫颈、卵巢等患肿瘤的可能性增大。另

外，常用的雌激素有苯甲酸雌二醇、乙烯雌酚等，这些物质对身体并不好。因此，少女忌用激素促使乳房的发育。

035. 少女要小心提防乳房外伤

乳房隆起在胸前，很容易在劳动中或在公共场所因拥挤而受伤。由于乳房内的脂肪组织对外伤的抵抗力差，钝性暴力或碾锉都容易引起脂肪坏死、液化、或局部形成囊腔，周围组织逐渐纤维化。乳房在外伤时有时不十分明显，因此常常被忽略遗忘。有时由于外伤而出现的粘连、坚硬、活度差的肿块很容易被误诊为乳腺增生病，甚至误诊为乳癌。所以少女要特别注意保护乳房，防止外伤。

036. 少女游泳应适可而止

游泳是一项消耗体力的剧烈运动，少女一般体力都比较差，如果不根据自身体力状况而掌握游泳时间和运动量，游到江河之中会因体力疲劳而游不到对岸，或因无力返回而发生意外。另外少女游泳时还应注意讲究卫生，不要借用游泳衣裤、浴巾，以免感染皮肤病、妇科病和性病。因此，少女游泳忌过量。

037. 要帮助月经初潮的孩子调整好心理状态

月经初潮的女孩子，基本上都才十三四岁，精神比较脆弱，在突然月经来潮时，她们心情恐惧、紧张、焦虑不安、害羞，有的甚至产生"月经不洁"感。这些不正常心理活动，将影响内分泌，甚至可能导致痛经或闭经。经前的过度兴奋和

抑郁，都有可能导致神经、心血管系统及代谢等功能发生障碍。预防的唯一办法是让孩子学一些生理卫生常识，解除不必要的思想顾虑，恢复积极愉快的心理状态。

038. 少女过于害羞有碍成长

有的少女过于害羞，过于紧张拘束，其结果会给心理造成很大压力，影响社交活动和正常的交往，甚至难以获得理想的职业，另外，过于害羞的少女往往感到主动结交朋友很困难，常为不能与别人融洽相处或充分发挥自己的才能而暗自烦恼，在生活中她们还会深感孤独。这些心理状态对少女的身心健康是十分不利的。

039. 少女切勿过早过性生活

少女月经初期的到来，只能表示卵巢和子宫的生理功能开始建立，而并非完全发育成熟。在性器官没有完全成熟的时候就开始性生活，这对少女的生长发育、身心健康一点好处都没有。少女正处在长身体的关键时刻，如果这个时期就谈情说爱，发生两性关系，将必然会影响情绪，给将来的婚后生活带来不良的后果。

040. 少女不应该"讳疾忌医"

少女到了青春期，乳房发育，月经来潮，随之还可能发生一些妇科病，如闭经、痛经，或患阴道滴虫病、霉菌性阴道炎等。有些少女对这些疾病宁愿忍耐，而不愿到医院去进行妇科检查，她们认为妇科只是为结了婚的女性而开设的。有的人甚至自作主张，痛经服用止痛片，月经过多吃云南白药。这种讳疾忌医的做法，不但影响少女的正常生长发育，还可能影响生殖功能，形成终身疾患。

041. 预防频繁遗精

在男性青少年中，多数频繁遗精都是由于精神因素而造成的。因此，要防止发生频繁遗精的现象，就必须有充实的精神生活，再加上适当的体育锻炼和体力劳动以及良好的生活习惯和个人卫生习惯。一定不要迷恋于黄色书刊、画片，以及对异性的不切实际的幻想；另外在临睡前用温水洗脚、侧卧睡眠、被子忌太厚、内裤忌太紧等，都可以防止频繁遗精的发生。如果还不能抑制，精神也不要紧张，应请医生诊治。

042. 少男切勿用雌激素去除胡须

有些男孩为抑制胡须而滥用雌激素，这种做法会带来不良后果。男性胡须在性成熟发育阶段，胡须的毛囊已发育，即使服用雌激素也并不能减少其数量，而只能使胡须变得纤细些，一旦停药胡须仍然会变粗。雌激素能对抗雄激素的主要作用，如果大量服用雌激素，会使体内激素紊乱，破坏正常代谢进行，可使水、钠贮留，出现肢体水肿、血压升高等问题，由于钙磷代谢不平衡便会加速钙盐沉积，使长骨骨髓过早封合，本来还能长高的青年反而会变得矮小，雌激素还会刺激胰岛素的分泌，影响正常的糖代谢；另外还会使正常的性功能减弱。因为雌激素进入体内，常在肝内分解代谢，大量服用后会增加肝脏负担，甚至会引起胆汁郁积性黄疸、造成肝功能不良。

043. 少男乱拔胡须易引起毛囊炎

胡须是男性的健美特征之一，但许多男孩子嫌它难看，用手或镊子拔除，这对人体是不利的。因为每根胡须下面都有毛囊，由它供应胡须的营养。它深深地埋在皮肤下面，胡须拔除后，毛囊并没有破坏，胡须还会继续长出来，经常拔胡须可引起局部的损伤，轻则发痛，重则由于细菌感染毛囊而引起毛囊炎，炎症还可逐渐扩展，甚至可以发生疖肿和蜂窝组织炎。如果这些感染发展得更加严重，即使治愈了，还会局部留下疤痕或者永久性的脱毛。极为严重的是炎症处理不当或治疗不及时，会使细菌进入血液，有发生败血症和脓毒血症的危险。

044. 少女切不可为避月经乱服药

现在很多女孩子为了在考试或比赛时避开月经，就通过服用避孕药来改变月经周期或推迟月经到来。这样的做法非常不科学，并严重破坏少女身体。

在生活中，月经来潮时的确会给女性的日常生活带来许多不便，如痛经、行动不便、经期紧张综合征等。少女对月经来临经常有种恐惧心理，如果缺乏正确的教育和引导，她们很容易干出各种意想不到的荒唐事件。青春期正是长身体的时候，完全没有必要因为一次运动会而打乱人体自然的生理周期。长期服用避孕药可能会出现类早孕反应，如恶心、呕吐、食欲不振等，大量服用避孕药还会破坏人体的激素水平，使乳腺癌、宫颈癌等肿瘤发生的危险性加大。

要教育青春期少女对月经来潮应泰然处之。这样，她们才会信心百倍地走向新生活。

045. 少女少男忌对性知识一无所知

性既是一种自然现象和生理现象，又是一种社会现象。在青春期，如果不懂得性知识，不养成良好的性规范、性道德，对今后是没有好处的。另外，少女少男正处在青春发育期，因月经的来潮、遗精现象的出现，性心理、性意识的出现都有很多卫生方面的知识需要了解，如果不懂正确的保健方法，不会正确处理卫生问题，有可能导致生殖器官和身心疾病。应该看到性的问题不仅关系到个人婚姻、家庭，还与整个社会有关，少女少男若懂得一些性知识，也有利于社会稳定。因此，少女少男忌对性知识一无所知，家长应该对孩子性知识方面进行有益指导。

046. 青少年切勿饮酒

喝酒醉了的人大脑中会出现大量较轻的溢血现象。如果对长期喝酒与不喝酒的人的大脑进行测量，所得到的图像显示表明，喝酒的人左半脑密度比不喝酒的人要低，这一切说明脑组织因饮酒而变得疏松。从大脑的断层照片来看，可以明显看出喝酒的人大脑萎缩，出现脱水状态。其大脑的重量也比不喝酒的人轻得多。这说明：饮酒，特别是长期大量饮酒对大脑的功能、记忆力等方面影响特别大，一切有求知欲而又求上进的青少年应忌饮酒。

047. 青少年进补有害健康

冬令进补，一些父母给孩子也买补品吃，认为既是补药，有益无害，青少年时"加料"，可使身体长得更壮实些。其实，这样的补法往往事与愿违。

道理十分简单，在我国医学中，进补是治疗虚弱病症的调治方法，补是对虚而言，不是一概可补。另外，补药也是药，是药就有偏重。即使能进补的人，也不是什么药都可以吃，首先要搞清属于哪一类虚症，是"气虚"，还是"血虚""阳虚""阴虚"；然后虚什么补什么，才能补而受益。

其次，青少年正处于发育旺盛阶段，犹如旭日东升，草木方萌，本来阳气就盛。如果无故服用人参、参归、参茸等胶膏之类的补品，就极易上"火"，出现烦躁不安、鼻子出血、大便秘结。食欲减退等症状，反而招祸。

对青少年，利用冬季胃口较好，调配一日三餐，注意营养与体育锻炼，才是根本。即使体弱多病的青少年，也应及时请医生检查，找出原因对症下药才能奏效。

048. 经常不吃早餐会影响学习成绩

有些中、小学生，不吃早饭或早饭吃得很少便去上学。从教学卫生的角度看，长此以往，不但影响青少年的身体健康发育，而且还会使学生的学习成绩下降。

记忆需要用脑，脑是记忆的物质基础，人的一切思维活动都是靠脑来完成的。人脑时刻要有充足的氧气及营养物质即蛋白质供应。一个人记忆强弱，除与遗传、环境有一定关系外，还与脑细胞的营养状况直接有关系。人的记忆靠人脑中各种物质协作来实现，人的思维越集中，消耗的营养物质越多，如不及时给予补充，便会造成更多的神经细胞早衰或死亡，从而影响人的记忆力。

学生由于不吃早饭或早饭吃得少，到三、四节课时，就会因脑细胞营养供应不足，而出现精力分散、心跳加快、饥饿感等现象，从而影响听课效果。因此每个家长应设法创造条件，让学生每日三餐吃饱、吃好，以保证学生身体正常发育以及学生们的生活。

049. 考前吃抗疲劳保健品会影响临场状态

抗疲劳保健品虽然在短期内可以使一部分孩子食欲旺盛、精力充沛，但是食用过量很容易上火。此外，还有一些抗疲劳产品含有咖啡因等成分，虽然可以提高神经系统兴奋性，但也容易带来心悸、失眠等副作用，严重影响考生的临场状态，得不偿失。因此，考前不宜盲目吃抗疲劳保健品。此外，考前进补还应注意以下几点：

❶ 健脑产品作用不大：这类产品以各类鱼油为主，大部分都打着"促思维、增记忆"的宣传口号。鱼油的主要成分是多不饱和脂肪酸，它的确是大脑生长必不可少的一类营养物质，但是，鱼油中的有效成分需要和多种营养素共同作用，才能被人体吸收。有不少考生吃得过多，还出现了恶心、呕吐、腹泻等不良反应。鱼油本质上还是一种食品，是否能增强记忆力尚难定论，更不能指望它提高考试成绩。与其吃各种各样的鱼油，还不如吃一条鱼来得实在，营养均衡易吸收，更不用担心有什么副作用。

❷ 安神产品能不吃就不吃：还有些中药保健品强调"补心安神"的功效。事实上，这些产品都是针对老年人的，对青少年因外界压力产生的失眠是起不到任何效果，对药物作用的期待有时候可能导致考生更难入睡。西药配方的产品多含有美拉托宁成分，该成分起着调控其他激素、协调人体机能的功效，对于缓解这种压力性失眠同样没有什么效果。

❸ 复合维生素按照说明吃：市面上各种复合维生素也是考生们的"宠儿"，这类产品每天吃一些是可以的，但一定要严格按照包装上的说明来吃。一般的复合维生素每天吃一粒就够了，吃得过多并不会被人体吸收，大量服用还有可能导致慢性中毒。单独的维生素C也可以在考前吃一些，不仅有助于提高抵抗力，并还有提神醒脑的作用。

050. 考前切勿开夜车

神经的高级中枢在大脑皮层，在偶尔睡眠少的情况下，可以自行调节，但连续许多天的少眠就要产生抑制状态，会使人发生脑涨、头昏、注意力不集中、记忆力减退、情绪不稳定、食量减少等症状。结果往往会事与愿违，反而影响考分。甚至可影响青少年的生长发育。

051. 强打精神学习不利健康

人在读书的时候，大脑处于兴奋状态，而大脑的兴奋是有一定限度的，如果超过这个限度就会出现疲劳，使人感到头昏脑涨，记忆力下降，甚至头痛。这是兴奋过程减弱，抑制过程加强，需要休息的标志。如果在这个时候还强打精神或用冷水冲头刺激大脑，使大脑勉强维持其兴奋，将势必导致兴奋和抑制的紊乱。如果长此以往，将会引起人的神经细胞机能衰弱，抵抗力下降，给身体造成损害。因此，青年人忌强打精神学习或工作。

052. 减缓大脑衰退的五项措施

脑衰退开始的表现只有一点头昏、眩晕、容易疲倦忘事。随后是性格变得孤僻、主观、固执，容易急躁，言语重复，睡眠不好，随着病情发展，记忆力也要显著减退。

大脑的逐渐退化是自然规律，但我们对此并非无能为力。科学家们根据多年的研究总结，提出以下5点减缓脑衰退速度的措施：

❶ 年轻时勤学好动。

❷ 中年以后坚持大量阅读。

❸ 学习方法上，一般大脑在连续活动2~3小时后，应休息一段时间。

❹ 学习内容上应多样化。

❺ 注意饮食，多吃蔬菜水果。

⭐053. 考试前不要喝咖啡提神

一年一度的高考已进入倒计时，除了做好知识、饮食搭配和心理调节等各方面的准备，许多考生和家长都认为，咖啡的提神作用会为考前冲刺和临场发挥打上一针兴奋剂。然而营养学专家提醒，"咖啡提神"这种做法不但靠不住，还可能出现反作用。

由于"咖啡提神"在度上不易掌握，容易使考生在考前的冲刺阶段过度兴奋，由此引起的情绪亢奋和代谢加快会影响考生休息。而对于平时很少喝咖啡的考生，咖啡引起的兴奋性可能更高，从而导致心跳加快，睡眠质量降低。

即使在考试当天最好也不要喝咖啡，因为咖啡引起的兴奋性增高使考生在考场上容易上厕所，从而影响临场发挥。因此，考生和家长应走出"咖啡提神"的误区。考生只要保证充足的睡眠和有规律的作息，就完全可以精神饱满地参加考试，不需要靠喝咖啡来提神。

⭐054. "智齿"问题不容忽视

人到十五六岁以后，最后一颗牙齿开始萌出。这颗牙齿的萌出标志人的智力发育已趋成熟，所以我们一般把这颗牙称为"智齿"。智齿与其他牙齿相比有不少特点。第一，在其他牙齿萌出后4~5年，智齿才开始萌出。第二，约有1/2的智齿不能正常萌出。这种不能正常萌出的智齿称为阻生齿。阻生齿的存在使得食物残渣存留，智齿周围的组织非常容易感染，甚至发生冠周炎。智齿萌出时还可推挤前面的牙齿，从而造成牙齿排列紊乱，直接影响面容。萌出异常的智齿还会造成颌关节功能紊乱，患者在咀嚼食物时，出现耳前方区域疼痛，张口受限等问题。严重的出现头痛、头晕、耳鸣耳痛等现象。第三，随着人类的进化，咀嚼器官逐渐退化。智齿的作用逐渐减小。如果智齿未能正常萌出，还会给人们造成痛苦。初高中的学生们，正值智齿萌出年龄，当智齿萌出异常时，应及时请牙科医生诊治，不要等出现严重病症时再去看医生，否则会影响学生的学习和身体健康。

⭐055. 青少年过度手淫有害身心健康

手淫是指男性用手抚弄阴茎、女性用手抚弄外阴或阴蒂、阴道，引起性兴奋、产生性快感的一种行为。不论男子还是女子一周几次、每天一次手淫，可使性器官局部刺激升高，可能造成婚后性交不射精或不出现性高潮。手淫会使女子出现盆腔瘀血，男子可诱发无菌性前列腺炎而产生腰背酸痛，排尿滴沥不清、排尿终末有白色液体滴出，尿道有灼热感，会阴不适，以至困倦、乏力等症状。过度手淫会影响工作和学习，影响青少年身心健康。

⭐056. 戒除手淫应注意的四个问题

❶ 忌精神过敏，小题大做：过度手淫确实

是一种非常不好的习惯，它对人体的健康有一定的影响，但一经戒除就有利于健康，忌在思想上过分的自责和悔恨。有些手淫的人，自以为"肾亏已极"，医生开服药也无济于事，于是陷入"不可救药"的悲观境地，长期处于忧虑、惶恐状态之中，使大脑兴奋和抑制严重失调，机体抵抗力下降，经常发生头晕目眩、记忆力下降、精神萎靡、失眠梦遗或耳鸣滑精等症状出现，并且用药大多数都不见效，以致形成恶性循环。其实，手淫的人即使一时对性功能带来某些影响，但一旦戒除以后，一般经过调养，婚后仍可发挥正常的性功能，不必终日忧心。

❷ 忌穿紧身衣裤：处于青春发育期的青少年们，内衣裤应是柔软宽大的棉织品，忌穿过小过短的化纤弹力内裤，以减少对外生殖器的严重摩擦和大量刺激。

❸ 忌不讲清洁卫生：青春期皮脂汗液分泌旺盛，外阴经常容易出现污垢，这一时期应特别注意勤洗澡，勤换洗衣服，男孩女孩都要养成每天洗澡的良好习惯。包皮过长的男孩，应经常清洗包皮内积存的污垢，以避免局部炎症等病变的刺激而诱发性冲动。

❹ 忌思想空虚，意志薄弱：青少年是身体及知识成长的"最佳黄金时期"，忌想入非非，沉湎于性问题。应自觉不去读那些不健康的书刊，振作精神，树立远大理想。制订切实可行的学习计划和养成良好的生活习惯，参加丰富多彩的业余活动，分散对性问题的注意力，要做到这一点，必须有决心和毅力。

057. 青少年切勿乱戴眼镜

目前，学生乱戴眼镜的现象十分严重。有的学生没有经过医院验光检查，就随意购买自己喜欢的、认为样子好看、价格合适的眼镜戴，有的甚至戴父母兄妹的眼镜。有的单近视的学生，双眼都戴同样度数的眼镜。乱戴眼镜使青少年学生中近视患病率明显增高，近视度也有所加深，严重地损害青少年视力。

058. 假性近视者戴眼镜易造成真性近视

目前，许多患近视的青少年验光配镜。其实，真正近视的人只有极少数，90%以上是假性近视，若配戴眼镜会造成真性近视。这是因为假性近视还没有真正发生器质性改变，视力和眼的屈光状态仍有波动，只要及时治疗，完全可以恢复。如果配戴眼镜，反而使近视状态固定，造成器质性损害，变成真性近视。

059. 眼睛近视的学生不要坐前排

眼前5～6米以外的物体反射出来的光线，眼睛不需要调节就可以在视网膜上形成非常清晰的物像，这时调节眼睛的肌肉是舒张的。但在5米以内物体所反射出来的光线，眼睛如不经过调节，视网膜上就不能形成清晰的物像。要看清5米以内的物体，调节眼睛的肌肉必须要有不同程度地收缩，眼距所看的物体越近，收缩的程度也就越强。坐在教室后面的学生，调节肌就不如前排的紧张，它有利于保护眼睛。将近视的学生调到前排，由于距离黑板太近，整节课都使调节肌处于高度紧张状态，眼睛非常疲劳，反而会加深学生的近视，引起恶性循环。因此近视学生忌坐前排。

教育培养禁忌

——教育赶早，不要让孩子输在起跑线上

060. 不要让儿童长期处于立体声的包围中

一个儿童如果长期处于立体声包圈之中，其耳朵就会受到相当程度的损害。因为这些声音使儿童的耳朵长时间处于振动的状态中，造成血管收缩甚至痉挛，导致长期的营养不良，可能使儿童的听觉器官发生变性和破坏。

061. 家长吸烟会影响孩子的生长发育

儿童被动吸烟和生长发育有着直接的联系，由于烟雾中含有尼古丁、一氧化碳、苯并芘等有害物质，因此家长每天吸烟10支以上的家庭的儿童，比不吸烟的家庭儿童矮0.65厘米，而吸1～9支烟的家庭的儿童，比不吸烟的家庭儿童矮0.45厘米。另外母亲吸烟造成子女被动吸烟的危害更大，因为母亲与学龄前儿童关系更为密切。

062. 切勿将儿童锁在屋里

将孩子锁在室内，一旦发生意外，如火灾、触电、燃气中毒等等，无人知晓，会造成无可挽回的后果。即使有人知晓，也难以及时抢救。这是一方面，另一方面现在许多人都住楼房，孩子被锁在室内，他就有可能打开窗户向外探望，有的孩子在探望时从窗户翻落出去，造成死亡，这种情况曾出现多次，因此忌将儿童锁在屋里。

063. 儿童不应该过多看电视

目前电视机和电视游戏机对儿童的吸引力是相当大的。学龄前儿童的特点是：思维分析力差，模仿性很强。如果长此下去，会出现一个问题，即儿童只对电视节目感兴趣，而对周围事物漠不关心，性格会因此而变得孤僻，严重的还可出现反常的心理状态。

064. 儿童直腰端坐并非"良好坐姿"

长时间以来，直腰端坐一直是公认的"良好坐姿"，学校多要求学生以这样的坐姿听课。让学生直腰挺胸、双手背后、背不靠椅背地端坐一堂，认为这样能防止驼背和脊柱弯曲。而事实上并无充分的科学根据。

直腰端坐给人一种挺拔、有力之感，从美学观点来说无疑是完美的，但从医学观点来看却有其不合理之处。近年来，人们曾将直腰与屈腰的两种坐姿作了对照研究，发现直腰坐姿不利于腰椎间盘营养代谢，增加了椎间关节和椎间盘后半纤维的压力，而这些恰是腰椎结构损伤和退行性病变的原因，进而导致病痛，屈腰坐姿则恰好相反，有利减轻上述因素，对人体腰椎起保护作用。

065. 儿童书包不可过重

按规定，儿童书包最大重量不应超过儿童体重的1/10，如果超重，受压的脊椎便会由于负荷过重而弯曲，给儿童的发育带来明显的不良影响。另外，儿童应用背负式书包而不要用单肩斜挎式书包。

066. 儿童的握笔姿势不对会妨害视力

孩子的执笔姿势，看起来是一件小事，其实是件大事，执笔姿势不正确，不仅会影响书写，而且会影响坐的姿势，从而造成孩子的视力减退。

据北京市有关部门的调查，小学一年级和幼儿园大班儿童执笔姿势不正确的问题十分严重。原因是孩子在家或上幼儿园大班前，已经喜欢拿起笔写写画画，由于画画时的执笔姿势在某些方面，特别是在拿蜡笔大面积涂色时与写字的姿势不一致，长期下来，错误的执笔姿势就使习惯成了自然。幼儿在家常喜欢书写数字或汉字，而爸爸妈妈只注意到他们写的字对不对，而不去注意他们握笔的姿势对不对；在教孩子写字时，往往只注意到他们坐的姿势，而忽略了拿笔的姿势。以上种种原因，使孩子形成了不正确的执笔姿势，等到进了小学，为了完成一定的作业，只求速度，更难注意到握笔姿势的对与错，于是错误的执笔姿势就形成了。

067. 不要给孩子买低档电子琴

市场上有一些价格低廉的电子琴，不少家长望子成龙，纷纷解囊购买，一些幼儿园也统一为孩子购置这些电子琴。以便开办学习班。这些家长、教师的用心固然好，而有经验的音乐工作者和音乐教育工作者则认为，一般儿童的音乐素质、音乐修养就像一张白纸，你在上面描绘什么，就留下什么痕迹。

初学电子琴的儿童所使用的电子琴除必须具备音阶准确、音质纯净的特点外，同时还应具备重音和弦的效果。低档电子琴由于材质、键盘和各种元器件等方面的原因，音准很差，奏出来的不是音乐而是噪声。用这些电子琴对儿童进行启蒙教育，实际上是对儿童的摧残和毁害，会使儿童形成唱不准、听不准、"五音不全"等问题，等以后再去纠正就晚了。

068. 儿童使用耳机易损伤听力

儿童的听力正处于发育阶段，儿童的

鼓膜、内耳及听觉细胞都极为娇嫩，耳机直接封闭了外耳道口，声音没有缓冲、回旋的余地，使声压直接作用于鼓膜，因此会影响儿童鼓膜的发育，以致损害听力。

069. 不要让儿童侧坐自行车架

不少家长用自行车载小孩时，往往让其侧坐自行车架的横梁上，这样做是不对的。小孩下身轻微的扭转，时间久了易使脊椎骨扭曲变形。而且，下肢血管受压，血液流通受阻，可影响下肢发育，冬季还易导致冻伤。另外，自行车行驶时的震动通过脊椎骨迅速传给大脑，可对小孩大脑产生不良影响。正确的方法是家长们为小孩配置一把小藤椅，让小孩正身而坐。这样既安全，又舒适。

070. 儿童不可经常逗留在大街上

城市马路上不仅有噪声，而且空气非常不好。机动车辆的排出物含有大量的有害气体，这种气体悬浮在空气中，随风飘动，人体吸收这些有害气体达到一定程度时，便产生毒害作用。经常逗留在街道上玩耍的儿童，由于机体解毒器官发育不够完善，因而会常常出现头痛、头晕、失眠、记忆力下降、四肢无力及食欲减退、消化不良等问题。

071. 切勿盲目给孩子测智商

目前市场上有种给孩子测量智商的自行测试表，只需要买回家，给孩子反复做练习就可以了。育儿专家却指出，切不可盲目给孩子测量智商并妄下结论。

及早测量孩子的智商的确能帮助家长

尽早找到开启幼儿智力金库的金钥匙，正确了解孩子的优势和弱势。对于智力低弱的孩子，能够较早地被发现。但如果方法不当，过早而又轻率地给孩子盲目定性，可能直接影响到今后孩子的健康成长。

智商测量必须使用专业精密测量仪表，而市场上见到的这种仪表，一般而言并不科学；再者，测量智商必须由经过专门培训的专业人士才可以进行；测量的结果，和孩子的现场情绪、身体状况、周围环境以及疲劳程度也有着密切关系。

072. 不要常带孩子去看电影

夏夜，许多年轻父母常带上幼小的孩子去看电影，以打发酷热难耐的时光。殊不知，这样并不好。

据测定，在一个能容纳1000人的没有通风设备的电影院中，在近2小时内，由于人们的新陈代谢所产生的热量，一般可使气温升高5～8℃。同时，还会产生46立方米的二氧化碳，超过规定标准的4~5倍。另外，影院内的空气污浊。再加之供氧不足，极易使人感到闷热，心悸、头晕。即使那些安装有通风设备的电影院，也只是减轻了这些危害，而不能彻底消除。人在这种环境中呆上近两个小时，身心多少都受到损害，尤其是正处于生长发育阶段的少年儿童，受害更大。因此，年轻父母为了孩子的健康，应尽量少带孩子去看电影。

073. 无事不要带孩子去医院

有些年轻父母去医院看病时，喜欢带上孩子同往。天性活泼好动的孩子，对这个公共场所感到陌生、新奇，不是东跑西走，就是这边摸，那边碰，这样会不知不觉地接触到各种病菌，对孩子不利。

医院里充斥着不少病菌、病毒，那些明显或不明显的带菌患者在散布或传染着病菌、病毒。更令人担忧的是那些虽然身患传染病但病情症状不明显或未被医生发觉的患者，他们混在人群中间，不自觉地充当疾病的传播者。

由于医院人多病杂，尽管已采取一些卫生无菌措施，但还是难以保持无菌状态。在医院的水龙头、门把手、椅子、桌面等处，都会沾上不少的病菌、病毒。孩子的手接触到医院的各种设施，从医院的空气吸入飘逸在空气中的病菌、病毒，再加上孩子的身体还处于发育之中，对病菌、病毒的抵抗力还不高，因此，即使身体健康的孩子在医院里闲逛，也很容易得病。因此，无事最好不要轻易带孩子去医院，以免传染上疾病。

074. 儿童玩"猴皮筋"要当心

儿童玩"猴皮筋"时，特别喜欢把"猴皮筋"套在手腕和手指上，但过后却往往忘记摘掉。如果不能及时发现，皮筋勒得过紧，时间长了就会使勒皮筋的末端指节慢性缺血，造成损害。因此，儿童忌玩"猴皮筋"。

075. 儿童口含棍棒玩耍危险多

儿童嘴里含着棍棒玩耍，稍不注意

而跌倒就容易使口腔扎伤，严重者棍棒可经口穿破气管、颈部，造成食管气管瘘、食道颈部瘘等，更有严重的可刺入颈椎脑干、导致生命危险。另外，也不要让孩子在拥挤的公共汽车上或蹦蹦跳跳玩耍的过程中吃冰棍、糖葫芦、棒棒糖或含竹筷玩。因为这也会出现上述问题。

076. 儿童玩沙土易感染沙土皮炎

玩沙土是儿童们非常喜爱玩的一种游乐活动。但是它虽然可以引起孩子们的兴趣，但也有不利的一面。因为沙土是坚硬的颗粒，玩沙土时可摩擦、浸渍刺激皮肤，从而感染一种沙土皮炎，过敏体质的儿童还可能出现变态反应性皮炎。其表现为粟粒大小的丘疹、水疱，局部瘙痒、糜烂、流水等。穿开裆裤的小女孩，还可引起外阴炎。

077. 儿童切勿玩倒立

翻跟头、倒立这一类活动，对学龄前儿童来说是相当危险的，因儿童颈部肌肉薄弱，四肢力量不足，一旦失去平衡和保护措施，便会引起颈部扭伤，或颈椎半脱白。

078. 少年儿童尤其不要睡懒觉

一个身体正常的少年儿童，如果经常赖床贪睡，同时又不合理饮食，不运动，势必能量储备大于消耗，就容易形成肥胖，如果平时生活有规律，逢节假日却睡懒觉，便会扰乱体内生物钟的时序，使激素水平出现异常波动，导致心绪不悦，疲惫。如果因为舒适的睡觉淹没食欲，使肠胃经常发生饥饿性蠕动，黏膜的完整性遭到破坏，这就容易发生胃炎、溃疡和消化功能不良等症状。起床迟的青少年，其肌张力都低于一般人、爆发力不足、动作反应迟缓。而且，大脑长期处于睡眠休息状态，起来后出现理解能力下降，记忆力减退，学习成绩下降等问题。而且早晨卧室空气混浊，长时间呼吸混浊的空气会给肌体带来很大损害。

079. 学龄儿童睡眠时间过少会妨碍智力发育

据调查结果证明，7～8岁学生每天晚上睡眠不足8小时者，有61%的人跟不上功课；39%的人勉强达平均分数线。每晚睡眠达10小时者，只有13%的人跟不上功课，76%的人成绩中等，11%的人成绩优良。长期睡眠少的儿童常伴有语言障碍，如口吃、呆笨等。学龄儿童睡眠时间少，不但影响学习成绩，而且妨碍智力发育。这一点应该引起家长们的注意。

080. 不要忽略儿童的睡眠障碍

一些家长发现，孩子入睡非常困难，常常出现惊梦、夜啼等现象，但千万不要以为这是自己孩子的特点，忽略这些睡眠障碍，会对儿童发育产生影响。

❶ 入睡困难或睡眠不安：入睡前不要过分逗引、恐吓、打骂幼儿。否则孩子精神受到刺激，睡眠就很困难。

❷ 梦魇：白天受到恐吓或过度兴奋，或睡眠时胸部受压使呼吸不畅等因素，均可使幼儿发生梦魇，表现为幼儿从噩梦中惊醒，醒后仍有短暂的情绪紧张，并伴有出冷汗、心悸及轻度面色苍白的现象，对梦中紧张情景可恍惚回忆，片刻后安静入睡。

❸ 夜惊：从睡眠中惊起，两眼直视，表情紧张，激动不宁，大声喊叫啼哭，不易叫醒，不听劝慰，15分钟后又复入睡。醒后不能回忆。

❹ 梦游症：从睡眠中起床，步态不稳如醉酒状，面无表情，往往不语，在室内走动，可避开障碍物。片刻后自行上床复睡。有时绊倒在路旁后立即入睡，醒后对梦中的经历不能回忆。

081. 父母言行十戒

父母的言行对孩子的心灵有着潜移默化的作用。为父母者应注意十戒：

❶ 戒父母间随意争吵。即使非吵不可也要力求避免在孩子面前发生冲突。

❷ 戒偏听、偏信、偏护某一孩子及其缺点，以免在孩子的心里留下自傲自卑的种子。

❸ 戒在孩子面前表示夫妻间的过分热情和缠绵。

❹ 戒在家务、困难面前互相扯皮推诿。父母之间互帮互助，有利于培养孩子热爱劳动。

❺ 戒以冷淡的态度待人。尤其在孩子的同学朋友来家做客时要表示热情，这是孩子的体面，也是为父母者自身修养的表现。

❻ 戒不分场合随便批评孩子过错的习惯。不要随意伤害孩子的自尊心。

❼ 戒开口骂人、动手打人的坏习气。要让

孩子感受父母之爱的温暖，并且要爱得文明、稳定、细致、持久。

⑧ 戒说谎话、说大话、说浑话。要认真回答孩子提出的问题，防止在孩子大脑里留下错误的答案。

⑨ 戒迷信。不宣扬迷信思想，不讲鬼怪故事。

⑩ 戒生活上的铺张浪费。

082. 树立父母威信的八个误区

❶ 忌高压：父母动辄怒骂、打罚孩子，使孩子惧怕。

❷ 忌疏远：瞧孩子"不顺眼"时，就不理不睬，故意疏远。

❸ 忌傲慢：在子女面前摆出一副了不起的样子，这在子女缺乏鉴别力的时候还有些"用"，但很难长期起作用。

❹ 忌严厉：事无巨细，不分是非，都要子女绝对服从。明知自己有错，也不承认，而要子女照办。

❺ 忌教训：用没完没了的训话指责来要求子女服从。

❻ 忌溺爱：对子女百依百顺，即使不合理的要求，也给予满足。

❼ 忌姑息：对子女的错误姑息迁就。

❽ 忌滥奖：随便许愿，轻率奖赠，使有价值的东西丧失其应有价值。

083. 纠正孩子错误应注意的十个问题

如何对孩子的过失进行正确的批评教育，这对孩子的身心成长及家庭和睦十分重要。有些父母一看到孩子有错，就非打即骂，效果往往不很理想，有时还适得其反。

那么怎样才能使他们认识并纠正自己错误呢？家长一定要注意：

❶ 对懂事的孩子进行批评时，最好单独进行，勿使孩子当众丢脸，不可伤害孩子幼小心灵。

❷ 批评前，先表扬他的一些优点，如能帮助妈妈干家务活，学习上如何用心等等。这样，孩子对大人的批评会心悦诚服而乐于接受。

❸ 批评的重点只对事不对人，勿过分强调孩子的过失，重点放在如何改正上。

❹ 大人批评时的态度要和善，切勿居高临下，咄咄逼人，那会使孩子有被威胁之感，而产生反抗的心理。

❺ 批评时，切勿责骂不休，唠叨不止，以防孩子产生逆反心理。要简明扼要，抓住要害严肃认真地指出错误。

❻ 孩子一旦有错，要立即批评纠正。如果错误发生过久，再对他进行批评，他可能忘却，那样效果既小，也容易使孩子莫名其妙。

❼ 同一错误，绝不可因父母情绪关系，时而纠正，时而放任。自乱脚步，将使孩子迷惑不解，难明是非。

❽ 不要以为一次批评，万事皆正。特别是年龄大一点的孩子，在纠正错误的过程中，难免重犯。如有重犯坚持耐心说服。

❾ 只要孩子领会了批评的意思而且又有悔改之意，就要原谅他，终止这次批评。

❿ 每次批评都应以爱护孩子，提高其品行的愿望开始，以信任孩子能改正过错的态度而结束。

084.不要对孩子求全责备

许多父母常犯这样的错误，他们经常监督似的观察孩子的行为，遇到孩子有错时，便马上去纠正，直到孩子做到完全正确才肯罢休。在我们的观念里，似乎认为对孩子的教育就是让他们达到完美无缺，其实我们只要仔细地思考就能理解，这种要求是不对的。因为人犯错误是不可避免的，如果我们多关心孩子表现好的一面，不断给予鼓励，他们犯错的次数一定会越来越少。当然，父母们无不担心孩子长大以后会变坏，养成坏习惯。因此，父母们总是随时盯着孩子，唯恐出现差错。不过这种方法对孩子不但没有激励作用，而且使孩子觉得得不到父母的信赖而产生挫折感。父母既然不断地否定孩子的能力，怎么能期望他们表现好呢？

如果我们老是挑孩子的毛病，不仅使他们觉得自己经常犯错误，严重的是使他们对犯错产生恐惧感。这种恐惧的心理可能导致孩子拒绝做任何事以免做错。恐惧的压力使孩子变得无能。应该懂得完美是一个非常高的目标，盲目地追求完美只会使人迈入绝望的境地。我们应该有勇气面对不完美，也只有从一再的错误中，得到真正的学习和成长。如果我们正确地引导孩子尽量减少犯错的次数，孩子将永远具有学习的勇气。一次的犯错并不能否定下次的成功。因此我们都应该记住，忌对孩子求全责备。

085.早晨应避免斥责孩子

教育孩子不但要注意方式方法，还要注意时间。应知道，早晨起来就训斥孩子，是非常不好的。

早晨是每家最忙乱的时候，父母要准备早饭，打扫房间，而且还要替孩子作上学的准备，有的父母常常不自觉地对孩子大喊大叫，说他们要迟到了，懒鬼等，责骂声不断。在上学前，父母对孩子的这种大声训斥，会整天在孩子脑中回响，影响孩子的情绪。有人曾指出：声音最容易引起小孩的惧怕，大声训斥，把孩子早晨宁静的心境扰乱，会使他们整天心神不宁。应该懂得在早晨骂孩子，父母的一腔怒气固然发泄了，但是孩子身心上、精神上的损失可就大了。

086.对尿床儿童切勿责骂

有的家长将孩子尿床看成是一种懒惰的表现，往往在孩子尿床后，粗暴地打骂，时间长了，使孩子精神高度紧张，反而影响了正常的排尿功能，造成膀胱一有尿，便想排尿，每次又排不了多少，稍不注意，就会撒在裤裆里。造成神经性尿频。因此，请家长注意，对尿床儿童切勿责骂。

087.家庭教育应注意方法

❶忌溺爱：父母忌过分溺爱子女，孩子的零食不离口，零钱不断手，有求必应，满足一切。这样做对孩子一点好处也没有。

❷忌纵容：发现子女行为有问题或精神反常，家长不及时进行矫正，而是一味地怂恿。拿回钱物，不问来源；交上朋友，

不管好坏；打架斗殴，不责其咎，使孩子处于幼稚的自我为中心的状态，视冒险为"勇敢"，把轻率当"果断"，便自觉不自觉地步入歧途。

❸忌娇惯：目前，娇惯孩子多见于独生子女或重男轻女的家庭，具体表现为：开口不离好，行走不离抱，吃饭任其要，穿衣任其挑。要啥给啥，子女清高孤傲，将来如果一旦条件变化，就容易导致违法犯罪。

❹忌哄骗：有些长辈，为图一时安宁、舒服，不惜编造瞎话欺哄孩子，长时间失信于子女，使孩子滋长了对人们不信任和怀疑的态度。久而久之，他们也仿效父母，学会了欺骗的伎俩。

❺忌祖护：祖护孩子的过错。多发生在父母不明白的家庭。子女在家里做了错事，家长明知不对却不说，用"年纪小不懂事"或"不是故意的"加以庇护。在外面与别人发生冲突，即使责任在孩子，家长也要护着。这样，孩子认为有靠山，行为就会更放肆，直至发展到不可收拾的地步。

❻忌放任：在子女思想可塑性时期，有的家长不去努力揣摸孩子的思想意图，引导和培养孩子的兴趣和爱好，而是放任不管，任其发展。有的以工作紧张、家务繁重为由不管不问；有的因管教不太奏效就听之任之等等。

❼忌打骂：家长不能以理服人，便进行打骂，打骂不起作用就往外赶。他们认为不打不成材。其实，打的伤痕留在子女身上，而仇恨的种子却埋在子女心中。孩子在家得不到温暖，便在社会上寻找慰藉。

088. 训斥口吃儿童会使其口吃加重

口吃就是人们所称的结巴，是一种非

器质性语言障碍。这种不良的习惯，是不容易用药物治疗的。如果总是训斥口吃儿童，不但不会使口吃好转，反而会使口吃加重而难以纠正。

因为口吃患儿受到训斥、讥笑，自尊心会因此受到损害，从而产生恐惧心理，其结果使口吃更严重，形成一种恶性循环。因此，对口吃儿童忌训斥，应当给予教育、安慰和鼓励，让孩子放下包袱，轻松自然，保持情绪愉快，仿效正常发音，有节律地逐渐纠正。只有这样，才能使儿童口吃问题逐渐改变。

089. 不要用力牵拉儿童胳膊

儿童桡骨的环状韧带非常松弛，发育尚未完善，如果在此时用力牵拉孩子的手臂，则非常容易发生脱位。

090. 不要给孩子讲"鬼怪"故事

讲故事要注意心理卫生儿童都喜欢听故事。家长如果能经常给孩子讲一些富有知识性、科学性、趣味性的故事，便可以丰富儿童的语言词汇，提高他们的思维和分析能力，对于开发儿童智力很有帮助。但是，一定要避免给孩子们讲一些离奇的、可怕的"鬼怪"故事，因为这些故事会给儿童心理发育带来不好的影响。

091. 教子语言十忌

不适宜教育孩子的十种语言，称之十忌：

① 忌恶言：不要说"傻瓜、说谎、没用的家伙"等。

② 忌污蔑：不要说"你简直是废物！"等。

③ 忌过分责备：不要说"你又做错事，真是坏透了！"等。

④ 忌压抑：不要说"闭嘴，你怎么这样不听话呢？"等。

⑤ 忌强迫：不要说"我说不行就不行！"等。

⑥ 忌威胁：不要说"我再也不管你了，随你去吧！"等。

⑦ 忌哀求：不要说"求求你别这么做好吗？"等。

⑧ 忌抱怨：不要说"你做这种事，真令我伤心！"等。

⑨ 忌贿赂：不要说"你若考100分，我就给你买自行车、手表"等。

⑩ 忌讽刺：不要说"你可真行啊！竟敢做出这种事来！"等。

092. 不要让不健康的心理影响孩子

有的父母脾气不好，动不动就摔东西、乱骂人，他们的孩子有的因此变得懦弱自卑，有的则变得顽劣或狡猾。

一些父母，自己的爱情没有得到正常发展，于是就把许多不正常的爱，有意无意地集中在孩子身上。结果不仅容易使子女失去独立和奋斗的精神，而且往往不能适应于未来的婚姻生活。

有的父母，时常悲伤忧郁，没有勇气去对付生活中发生的事。他们的子女也就往往喜欢自怜自叹，沉湎于幻想之中，不能在现实生活中努力工作。

有的父母固执骄傲，有的父母过度谦让，有的父母吝啬好财……这些不健康的

心理表现，不知不觉地会影响儿女。

有问题的儿童往往来自于有问题的父母。为父母者应要求自己力争做现代化的父母，本身应保持心理健康。

093. 不要限制儿童参加家务劳动

孩子在成长过程中，对周围发生的一切都感到新奇，都要亲自体验一下，对家务劳动也是如此，有的父母要么出于疼爱孩子而包办一切，要么嫌孩子做得不好，宁愿自己动手。实际上这样做反而限制了孩子的发展，会使孩子养成任性、惰性和不负责的不好习惯，久而久之孩子便不会成为一个自立于社会的有为青年。

要使孩子成长为一个优秀的人，必须从小着手培育和训练。这就是说，要根据孩子的年龄特点，教育和鼓励孩子按时间表安排自己的学习和生活，做些力所能及的事情，从而逐步培养他们的自觉性和责任感。每年都应当有计划地提高孩子独立生活的能力。比如，7岁的孩子一般应训练选择每天穿什么衣服、打扫自己的房间和整理自己的床。

094. 不要限制儿童的人际交往

怕孩子到外面出危险，因而限制孩子和外界的人和事的接触，这样会导致孩子出现种种怪病。有的整天就知道抱着布娃娃、枕头、手枪及汽车等类的物品，自言自语地自己一个人玩，一旦离开这些东西，便情绪不正常。有的虽会说会笑，但显得表情很呆滞，性格孤僻，见人就躲，见物就怕，智力发展也会受到影响。因此我们说忌限制幼儿的人际交往。

095.小心对子女教育过度

对儿童教育过度，是父母们，尤其是母亲最易犯的错误。比如盲目过分地照顾，随便干预和强行灌注等，都直接妨碍孩子健康成长。我们大家都要懂得应该让孩子自主地活动。父母不要老去干预，只要跟在孩子后面加以保护就行了。要尊重儿童的自然发展，不要把一些自己的东西强加给孩子，也不要乱逗弄孩子，尤其要克服这也不放心，那也不放心的想法，要力求保持儿童纯真的天性。正确的教育方式是：儿童的发展需要等待和帮助，父母的教育不应该是主观能动的，而应该是被动的教育，这才是使儿童得以健康成长的教育方法。

096.打屁股容易打出问题

父母在打孩子时，一般很少打子女的头部、胸部等重要生命器官所在部位，而多拣屁股、四肢来打。但他们不了解各个不同功能器官之间有着密切联系，在维持生命过程中相辅相成、互相制约着。就屁股或大腿来说，当承受的打击应力较轻时，一般不会构成对生命的威胁，但仍会通过感觉神经及传导神经的作用，将受到的刺激送到中枢神经，产生痛觉，进而会影响人的精神情绪。当打击力超过组织的承受力极限，就会形成损伤，尤其小孩的组织结构比较柔弱更经不起打击，易形成损伤。如果反复而且严重地打击屁股或大腿，使孩子的肌肉在一定程度和范围内遭受到严重挫伤时，就会导致死亡。这种死因在医学上称为挤压综合征。一般来讲，我们是反对打孩子的，应提倡说服教育的方法。

097.切勿干涉孩子的正当爱好

一个大人很可能会有一种或几种爱好，比如集邮、集古钱币、集字画、集火柴盒、香烟壳……更何况是小孩子呢，小孩子的可塑性大，一旦对某种事物产生浓厚的兴趣后，往往废寝忘食，孜孜以求，并非常可能逐渐显露出这方面的才华和追求。但遗憾的是，我们有些家长不是正确地加以引导和支持，以尽量满足孩子的需要，而往往说什么"没出息"，"不务正业"，甚至把孩子精心收集的糖纸、火柴盒、香烟壳倒入垃圾箱，或拿火烧了。在他们的心目中，孩子似乎只有一心攻读书本，才有出息，才是正路。

当然孩子废弃学业，是要好好教育引导的。但那种只把孩子牢牢"捆"在教科书里，不得越雷池一步，努力让孩子考上大学，因而忽视或限制孩子在课外的特殊才华的发展，也是不对的。

第四篇
青壮年生活

日常生活禁忌

——忙碌不盲目，挥洒魅力现在时

001. ### 女性穿"热裤"的注意事项

❶ **上衣忌太长**：穿热裤，上衣也要短，如果上衣太长，遮住了裤子，就没意思了。所以上衣一定要短。如吊带背心、短T恤，长的T恤也可以把衣脚打个结，让小蛮腰露一点点，裤腰也露一点点，那就很诱人了。

❷ **忌忽视自己的腿型**：穿热裤要穿得好看，最重要是有一双笔直匀称的美腿，O形、X形腿不宜。此外要有古铜色皮肤，白腻腻的腿穿起热裤会肉感太重。

❸ **忌面料太薄**：挑选热裤时，要给人感觉"这是外衣"，所以面料不能太薄，牛仔布、皮革等做起热裤会很地道。再就是最好有些装饰，如钉花、绣花、铆钉、印花等，要有设计感。另外，热裤的做工一定要好，否则漏光或被人认为似内衣就麻烦了。

❹ **忌超短**：超短热裤穿不好就给人以过分性感的印象，过胖的人与身材不匀称的人最好不要冒险尝试穿着它。

002. ### 女性忌穿尼龙内裤

尼龙衣料，质地轻柔，色泽艳丽，易洗易干、价格便宜。但如果制作女性内裤，则会造成不良后果。尼龙属于人工合

196

成纤维，在生产过程中常常有可能混入单体、氨、甲醛等化学成分。这些物质对皮肤刺激性特别大。另外，女性会阴部潮湿，通气性比较差，尼龙内裤吸水性不好，易导致细菌的生长繁殖，从而引起过敏、湿疹或尿道炎等疾病。

003. 常穿高跟鞋易导致慢性腰痛

女性长期穿高跟鞋有很多害处。一方面，身体重心前移，足尖和前脚掌负重过度，长期受压，会导致足尖溃疡或坏死；另一方面，身体向前倾，胸腰部向后挺直，容易造成腰肌及腰部韧带劳损，导致慢性腰痛。此外，20岁以下少女容易导致柔软的骨盆发生变形并造成以后分娩困难。

004. 女性的腰带忌扎得过紧

目前有些姑娘和肥胖的女性，为追求女性的曲线美，喜欢用扎紧腰带或腹带的办法强求造型。这种做法对身体是十分有害的。因为腰带、腹带扎得过紧，腹内压力增高，从这里通过的血管、消化道以及位于腰部的内脏器官的正常活动都受到限制。久而久之会使消化系统的功能大大降低。轻者腹胀、食欲不振、反酸，重者会出现胃十二指肠溃疡，甚至还可能造成输卵管粘连、子宫移位等女性病。

005. 久戴合金项链易引起湿疹

当前的生活提高了，人们有条件打扮自己。但打扮不当也会造成问题。人们常戴的项链，除纯金（24K）项链外，其他多是掺有铬和镍的合金金属项链。如果长期佩戴合金项链是有害的。因为合金项链所接触到的皮肤可以出现微红和瘙痒。佩戴时间长了，症状加重，还会出现红肿、糜烂，从而形成湿疹。因此，合金项链切勿久戴。此外，戴首饰还应注意以下两个问题：

❶ 佩戴首饰，如项链、戒指、手镯等一定不能过粗、过重，以免给健康带来不良影响：虽然黄金本身是一种化学性质稳定的金属，但由于佩戴首饰的局部皮肤分泌的汗液与金首饰接触的作用，再加上首饰与局部皮肤的摩擦，局部皮肤会出现红肿、瘙痒、丘疹、水疱以至溃疡等病症。特别是如果佩戴耳环不适，耳环孔周围的皮肤会发红，继而出现红色丘疹、渗液、糜烂、结疤等，还有可能造成感染或淋巴结肿大，乃至面部肿胀。

❷ 夏天不宜戴首饰：金属首饰如项链、耳环、手镯等含有镍、铬，这些物质可引起接触性皮炎。炎热天气出汗多，首饰中的某些金属会溶于汗水中，因此而增加金属与皮肤的接触机会，并有可能渗入皮肤内。

006. 女性日常打扮禁忌

女性要想把自己打扮得漂亮、风度、优雅，一定要遵循两个原则，一是充分体

现自己的特点，不要盲目地跟随潮流。理想的标准是既不失新潮又有特色；二是不标新立异。为了避免打扮上常犯的错误，以下几点值得注意和重视：

❶ 忌身上的首饰过多，或戴着叮叮当当发声的首饰，会给人以浮华和俗气的印象。

❷ 忌香水味太浓，这样会使人觉得你俗不可耐。

❸ 忌穿走丝的袜子出门，无论你的腿怎么美，都失去了和谐的美感。

❹ 忌当众照镜整理头发、衣物或是化妆，否则会被人是为不礼貌。如需要整理时，可到洗手间去。

❺ 忌穿着有污迹或是掉了一颗纽扣的衣服出门，你也许会认为没人注意。一旦被人发现，必被认为生活邋遢、随便。

❻ 忌露出内衣，有意无意地暴露出贴身衣物都令人反感，露出胸罩更是难堪的事。透明衫裙没有底衫衬裙是十分不雅观的事。

⭐ 007.上班族女性打扮禁忌

身为白领小姐的你，在讲究"包装"的今天，如果一味地追赶潮流，将所有的

流行顶尖元素都带入办公空间，可能会给你的工作带来一些不必要的困扰。你不妨认真反思一下自己有没有犯了以下禁忌，从而导致一些尴尬场面的出现。如果有，就要及时改正，以重建自己的形象。

❶ 发型太新潮：尽管你很陶醉于发型师的建议，梳个最新潮的"龙珠头"再配一身"彩色狂野装"，但若是将它带到办公室里，一定会使同事向你投来奇异的眼光，甚至让上司一见到你就眉头紧锁。

❷ 头发如乱草：凌乱长卷发垂在鬓边，或是"刘海"遮住了眼睛，别人会以为你起来后没有梳头就匆匆上班，更认为你披头散发会失尽仪态。若被上司看见，在上司心中你的工作能力会大打折扣。

❸ 化妆太夸张：女孩子喜欢涂脂抹粉、画眉、染唇，但如果把两颊涂得像中国大戏妆，就绝对不适合白领一族。

❹ 脸青唇白：不少美容师都强调自然美的化妆，这种化妆着重自然感觉，所以配合的唇膏通常是透明的唇彩，又或是带有银底的浅色唇膏。如此化妆，会让人觉得你脸青唇白，再加上早上起床脸皮浮肿的话，更会把人吓跑。

❺ 衣装太新潮：办公室搞个人"时装展览会"，把最新潮的民族服装、东方时装和欧美服饰全部都轮流披上身，会和严谨的办公环境格格不入的。

❻ 打扮太性感：虽然你拥有"S"形身段，还有修长的美腿，喜欢穿着大领紧身上衣，或习惯穿连内衣花纹也透出来的"迷你裙"，但上班时务必收敛一下，不然的话会让人认定你是故意"放电"。

❼ 天天扮"女黑侠"：虽然是永恒的色彩，却不是万能的，一个星期5天全黑打扮，未免缺乏生气，别以为黑色一定能显得你苗条，如果款式及剪裁不好，对你的

身材美化无济于事。

❽ 脚踏"松糕鞋"：许多白领女性因赶时髦又贪方便，都穿露趾凉鞋上班，但那种超厚底"松糕鞋"或"大头仔"鞋实在太碍眼，很有"街头时装"的低级味道。此类鞋难登大雅之堂，也不宜上班穿着。

008. 女性戴隐形眼镜三忌

女性戴隐形眼镜应禁忌以下3个时期：

❶ 忌行经期间：这是因为女性在行经期及月经期将到的几天。眼压常常比正常期要高，眼球四周也较容易充血，尤其是痛经的女性，此时如戴隐形眼镜，会对眼球产生不利影响。

❷ 忌怀孕期间：因为在此期间，女性的荷尔蒙分泌发生变化，从而使体内含水量也发生变化，眼皮肿胀，眼角膜变厚，因而与正常时选配的隐形眼镜片不大吻合，会引起眼睛不舒服。

❸ 忌绝经期及平时感觉眼睛干或湿的女性，因在此种情况下，镜片容易损伤眼球。

009. 佩戴文胸的禁忌

❶ 忌不佩戴文胸：有些少女或那些胸部较小而且不喜欢戴文胸的人，常常不配戴文胸，认为乳房未长成，所以不必戴文胸。其实想错了，如果长期不配戴文胸，不仅乳房容易下垂，而且也容易受到外部损伤。只要文胸佩戴合适，就不会影响乳房的发育，有利无害。

❷ 忌佩戴不合适的文胸：要想获得一对饱满的乳房，合适的文胸绝对重要，因为乳房的皮肤极易被乳房的重量拉得失去弹性。佩戴过紧的文胸会扼制乳房血液循环，导致乳腺疾病，影响乳房发育；过松的文胸则无法对乳房起承托和塑形作用，达不到一定美感。选择合适的文胸是保护双乳的必要措施，切不可掉以轻心。

TIPS 贴士

要选择型号适中的文胸须注意：

应根据自己胸围的大小而定。以质地柔软，吸汗性强的棉布类为好。

戴文胸的松紧程度应适宜，戴上后以能插入一指为宜。

文胸不可太小，应该选择能覆盖住乳房所有外沿的型号。

文胸的肩带不宜太松或太紧，最好选择安有松紧带或可供调节纽扣的式样。

背带应当较宽，忌少于2~3厘米。

文胸凸出部分间距适中，不可距离过远或过近。

010. 不要长期佩戴隐形文胸

一种与皮肤颜色和质感很接近，紧贴皮肤穿着的隐形文胸正在流行，因为它没有带子，可以直接粘贴在皮肤上，不用担心文胸背带悄然滑出，深得露背美女的喜爱。然而医生却提醒，因为隐形文胸比较特殊的质地和穿着方法，穿着不慎很容易引起如痱子、湿疹、接触性皮炎这样的皮肤病，给身体造成伤害。

隐形文胸一般是采用硅胶材质制成，没有肩带、背带，靠内侧的胶紧紧粘在皮肤上来固定。硅胶材质本身质地就比较紧密，又因为它是靠内侧的胶直接粘住皮肤来固定的，所以与皮肤的接触就

TIPS 贴士

佩带隐形文胸应注意：

如果要较长时间待在温度较高的环境里，尽量不要穿隐形文胸。

在穿隐形文胸前，最好能试试自己皮肤是否对其内侧的胶过敏，如果有过敏反应，就要及时更换，不要再穿了。如果发生接触性皮炎，以后再穿，皮肤还会有反应，甚至会比上一次还严重。

胸部有伤口的女性一定要在伤口完全愈合后再使用隐形文胸，否则因其不透气和局部温度升高，会促使细菌生长，导致伤口感染化脓。

过于紧密，没有缝隙，这样会使汗液散发不出去，导致局部温度较高。而在高温下，较长时间被汗液浸泡的皮肤就很容易有红肿、瘙痒感，生成湿疹或痱子等皮肤疾病。另外，女性胸部皮肤是非常娇嫩的，较大面积让胶直接粘贴，有些人会对胶过敏，发生接触性皮炎，严重的人甚至会出现液体渗出。

提醒爱美的女性，隐形文胸虽然会消除穿者的一些尴尬，但不适合长期穿，尽量只在穿普通文胸不方便的情况下再戴隐形文胸，并尽可能缩短穿着时间。

011. 中年女性要避免穿无袖衣服

中年女性一般手臂粗壮，要避免穿无袖衣服。短袖以在手臂一半处为宜。袖子的变化不宜太多。除此之外，中年女性在着装上还应注意以下几点：

❶ 中年女性要首先认识到自己已到中年，不再像年轻人那样活泼可爱，所以不要试图把自己打扮得像年轻姑娘或是年轻女性那样天真、活泼，否则表现出的效果很不

协调，给人莫名其妙的感觉。

❷ 长发的确比较能衬托出女人的美丽，但是中年女性脸上已经有了皱纹，眼神也比较无神了，头发也缺少光泽了，所以，千万别再披散着长发，那样会使你露出憔悴、苍老的样子。

❸ 中年女性在穿着上的头号敌人就是"发福"，穿得适当可以将身材加以掩饰。所以首先要避免穿两截式的衣服，因为肚子大没腰身要尽量穿直线条的衣服，这样既不会暴露缺点，又比较舒服。若穿裤子或是裙子，上衣最好在外面。这样可以遮住腰身。

❹ 不要穿图案太大的衣料服装，细的格子和条子比较合适。花的图案也以细小为宜。衣服的颜色不要太素，年龄大了不要同时穿超过两种颜色的衣服，搭配时要特别注意"雅"，不可流于"花哨"。

❺ 中年女性的衣服裁剪线条要简单。线条简单可以使胖人显得轻松、利落。不可在衣服上搞太多的细节，如口袋、荷叶边和褶子等。

❻ 中年女性的衣料厚度要适中，太薄太厚都容易显示出肥胖的体型。

012. 中年女性化妆禁忌

中年女性最重要的是保养好皮肤，要多用滋润剂来补充皮肤中日渐减少的水分，以保持皮肤弹性和丰润。化妆应注意：

❶ 切忌粉太浓：否则极易显出皮肤的衰老。化妆时粉底要淡，如皮肤上有斑，可用盖斑霜进行遮盖。另外，由于皮肤松弛，从下颌部开始向下需涂上阴影。最好先搽护肤再上颊红，其化妆方法与一般画法相同，但颜色一定要浅，且用量以少为妙。

2. 忌忽视眼部妆：由于中年妇女眼睑较厚，眼部化妆要特别谨慎。眼影选用深色不泛光的，涂在上眼睑内皱痕处。上眼睑的眼线避免使用深颜色，而要用蓝色、绿色、浅棕色等。下眼睑的眼线最好使用蓝色，这样能使眼睛富有神采。睫毛油可用棕色、浅黑色的，而不能用黑色或蓝色。年龄较大的女性不要戴假睫毛，但睫毛油可适当刷浓些，每次刷2遍。眉毛也要有一定的形状，若有眉毛脱落，可以用浅灰色眼影膏涂出眉型。画眉时要仔细，千万别太露痕。

3. 忌选择艳色唇膏：中年人的嘴唇没有年轻时饱满，涂口红时容易溢出，所以最好先用唇线笔画出轮廓，然后再涂浅色口红。

4. 忌忽视头发控油：可将1/4杯橄榄油放在热水中片刻，然后擦在头发上，用保鲜纸包起来。过30分钟后再按常规方法洗头，如经常洗头，应使用有滋润作用的洗头水和护发素，以保持头发滋润光泽。

013. 男子穿西装应注意的十个问题

着西装时，应注意以下几个方面的禁忌：

1. 忌衬衫放在西裤外。

2. 忌领带太短或太长，一般领带长度应是领带尖盖住皮带扣，如果穿马甲，领带不能从下面露出来。

3. 忌西服上衣袖子过长，它应比衬衫袖短1厘米。

4. 忌西服的上衣、裤子袋内鼓囊囊。

5. 忌胸前插钢笔：其实西服前的口袋叫"手巾袋"，是放装饰手绢。钢笔应插在西装马甲的左胸口袋里。如果你不穿马甲，则应插在西装里面的口袋。

6. 忌将西服扣全部扣满：西服一般不系扣，正式场合也不得将最下一粒扣子扣上。

7. 忌西裤短，标准的西裤长度为裤管盖住皮鞋。

8. 忌不穿皮鞋：穿西服一定要穿皮鞋，切不可穿凉鞋、布鞋、旅游鞋等。

9. 忌皮鞋和鞋带颜色不协调。

10. 忌久穿不换：西服，尤其是面料贵重的西服，如果在身上连续穿，不仅容易使污物不易去除，还会使衣料本身的回弹力降低从而发生变形。因此，最好有两套西装交替穿着。回到家里应将西服换下，衣袋里的东西全部取出来，再挂在衣架上，使西服很快恢复原来的形状。

014. 不要穿工作服回家

社会上千行百业，有些工作环境污染较严重。比如医务人员、化肥、石棉、油漆、农药、制革工人等。他们所穿的工作服一般都带有致病菌和有害的粉尘、微粒等毒物。不要穿污染的工作服到家或到公共场所去。凡是接触毒性物质的工人，都不要把受污染的工作服穿回家；家中应该有专门放置工作服的衣架，回家即脱下，换上家居服；洗工作服时，也不要和其他衣服特别是内衣一块洗，以避免交叉污染。

015. 女性切勿骑男式车

有些女性喜欢骑男式车，认为男车骑起来快。其实女性骑男车从生理学的角度来看是不科学的，对身体健康也没有什么好处。因为男车有横梁，车身较高、较长，女性在骑男车上下车时或是急刹车、被人撞击时，阴部很容易碰撞于横梁、坐垫等处，而导致受伤。女车是根据女性的生理和身体特点设计的。车身相对较低，上下车时，不必过高地抬腿，较为方便，而且安全可靠，有突发情况时，可以随时不费力气地下来。同时，由于女车的车把高于车座，可使骑车者身体挺拔。形成健美的体形。女式车的车身短于男式车，骑女车还可以弥补女性上臂短、肌力差的不足，起到锻炼、保持身体曲线优美的双重目的。

016. 女性不要久穿长筒袜

夏天气温高，人体皮肤上的汗孔处于舒张状态，散发热量，以保持正常的体温。若久穿长筒袜，不仅使汗孔不能舒

张，影响汗液的排出，而且汗液中的皮肤代谢产物还会刺激皮肤发痒，甚至发生皮肤炎症。因此，女性不宜久穿长筒袜。此外，女性在美容、保健等方面还须注意以下几点：

❶ 不宜用生水洗下体：所谓生水，是指未经煮沸的冷水。生水中含有许多致病菌，如性病病原体等，如果用生水洗会阴，水中的病毒就可能黏附在外阴、大小阴唇甚至进入阴道破损处，并在那里生长繁殖而致病。

❷ 不宜剪腋毛：有些人认为夏季穿短袖或无袖衣裙时腋毛露在外面不雅观，就用剪刀剪去，有的甚至用刀片刮去腋毛。其实，这样做有损健康，极易造成腋窝部位的细菌感染，不仅局部疼痛难受，还容易发生淋巴结肿大等症状。

❸ 不宜戴金属首饰：夏天出汗较多，金属首饰如耳环、项链、手镯中所含的镍、铬会溶于汗水中，并能渗入皮肤内，从而引起接触性皮炎。

❹ 夜晚护肤不宜用白天的化妆品：人在睡眠中全身放松，毛孔自然舒张，容易吸收化妆品的养分，但夜晚护肤不宜使用白天常用的露、霜、脂等半固体化妆品，因这类用品易堵塞毛孔，使皮肤不能顺畅地进行新陈代谢。所以，在夜间美容应使用水剂化妆品。

❺ 不宜乱洒香水：有的女性在喷洒香水时认为多多益善，脸上胸部到处洒，这样做是错误的。正确的方法是：洒香水的部位应该是太阳穴、耳后、颈后、肘内侧、手腕、膝内侧和裙下摆的里侧；留长发的人可在发后内侧洒一些；洗头时在最后一遍清水中滴几滴香水，可使头发的香气久存。此外，可在手帕、衬衣和饰物上洒些香水。

017. 女性切勿使用含雌激素的润肤膏

人的皮肤出现皱纹，是正常衰老的表现，并不是单纯雌激素缺乏所造成的。实践证明，给女性注射大量雌激素，是不能使皮肤恢复青春，何况搽在皮肤上只能吸收少量的雌激素。因此，含雌激素的润肤膏根本不可能起防皱的作用。可是对于那些有乳腺癌或宫颈癌家族遗传倾向的女性来说，哪怕是吸收少量的雌激素，也会增加患癌症的危险。

018. 黏性面膜不要常用

秋日，一些爱美女性愿意选择在家做面膜敷面。这种简便的美容方法可以缓解皮肤的疲劳，使粗糙、干燥、黝黑的皮肤变得柔嫩清新。但美容专家指出，这是导致皮肤角质层变厚的一个重要因素，而且脸部容易生暗疮。

一些女性喜欢使用黏合性强的面膜，但是使用这种面膜次数太多会造成面部皮肤角质层厚。美容专家建议，最好用蛋清自制面膜，多加些水果汁或蔬菜汁；敷面后进行轻柔按摩，要尽量减少刺激皮肤的不良因素，如剧烈的面部按摩，过度的阳光照射等。

019. 女性化妆应注意的十个问题

❶ 不宜经常搽香水：搽了香水的部位，经太阳光线照射会引起化学变化，产生红肿刺痛，严重的还会发展成为皮炎。

❷ 不宜拔眉毛：眉毛是眼睛的附属器，它可以阻挡汗水流入眼内，是眼睛的一道防线。拔眉可以严重刺激局部血管、神经系统，从而影响正常视力，并容易招致局部感染，从而引起蜂窝组织炎，愈后遗留疤痕，遗憾终身。

❸ 不宜多用唇膏、口红：唇膏、口红中的油脂能渗入人体皮肤，而且有吸附空气中飞扬的尘埃、各种金属分子和病原微生物等副作用。通过唾液的分解，各种有害的病菌就可乘机进入口腔，容易引起"口唇过敏症"。

❹ 不宜用一种粉底：粉底的颜色比脸部的肤色过深或过浅，都会破坏你的容貌，因此，应该多备几种粉底，随四季肤色的改变而不断调整。

❺ 不宜重涂眼影：尤其是热天汗水多，汗水会将眼影冲入眼内，损害视觉器官，如再用手揉，更易将细菌带入眼内，染上沙眼或红眼病。

❻ 不宜把面膜涂在眉毛和睫毛上：面膜粘在眉毛和睫毛上，除去时容易将眉毛和睫毛一起拔掉。

❼ 不宜将脸抹得白里透青：若脸上使用油脂化妆品，再搽上一层香粉，使之白里透青，阳光中的紫外线就无法被吸收，影响体内维生素D的产生。

❽ 不宜用他人化妆品：化妆品可能成为疾病传染媒介，因此，不要乱用他人化妆品，也不要将自己用过的化妆品随意借给别人。

❾ 磨面时手指用力不宜过大：天热时人体

毛孔放大，表皮较嫩，磨面用力过大，面皮被磨面膏中的"沙子"损伤，再经风吹日晒，反而变得粗糙。

❿ 不宜不断补粉：如果终日不断地在脸上补粉，胭脂之上敷胭脂，脸上就会出现很不雅观的斑底，首先鼻子就会因不断的油粉混合而发黑。

020. 夏季化妆的注意事项

❶ 忌化浓妆：化妆品可以堵塞毛孔，妨碍汗腺的分泌，严重影响体温的调节。另外，阳光中的紫外线，会使化妆品产生化学反应，促使皮肤皱纹过早出现。

❷ 粉底勿擦得太厚，令人觉得你好像是戴上了面具，只要使皮肤看起来均匀，便已足够。

❸ 勿选用流质眼线液，恐防一出汗便化开，那时会变成熊猫眼。最好必用铅笔型的眼线笔，当你画好眼线后，再在眼线上涂少许配合衣服颜色的眼影，这样看起来会比较突出和清丽得多。

❹ 使用眼影时，勿用膏状眼影。因为在夏天有汗水分泌，眼盖上易起折痕倒不如使用眼影粉为佳。

❺ 搽睫毛膏时，勿使眼睛四周的皮肤湿润，这样会很容易化开。

❻ 夏天勿使用膏状胭脂，汗水易使它溶

化，若改用胭脂粉，然后扑上一层透明干粉，就可较持久一点。

❼ 胭脂勿搽得太红，若搽得太多，只要用棉花团上下轻扫一下面颊。

❽ 选用唇膏时，只要润泽而不太光亮的颜色，会使整个化妆看起来比较自然，用笔勾唇线时，要与唇膏颜色相衬。

021. 沐浴后不要立即化妆

因为洗澡水的温度、水质和湿度会使正常皮肤的酸碱度发生很大改变。一般情况下正常人的皮肤呈酸性反应，它可以防止细菌的侵入，保护皮肤。洗澡后，皮肤酸碱度大大改变，如果急于化妆，使用化妆品会使皮肤产生不良反应。因此，洗澡后忌马上化妆。正常情况是应在洗澡后1小时，待皮肤酸碱度恢复正常后再化妆。

022. 要根据脸型修饰眉毛

眉毛的形状要根据不同的脸型加以修饰。如圆形脸，眉毛要短，颜色要淡，眉梢往上。长形脸眉毛应该长，眉梢应该稍平。方形脸眉峰的1/2画圆些、短些，眉头可略有曲线。菱形脸可将双眉描成略呈三角形，只有这样才可显出个性美。上窄下宽的脸型适合将眉毛画长一点，眉毛稍粗一点。上宽下窄脸型眉毛忌太长，眉头要细，眉梢要往下画，只有这样才能显出额头宽度减小。总之，眉毛的修饰要适合自己的脸型，才能增加眼睛传神的魅力。

023. 戴隐形眼镜女性的化妆禁忌

戴隐形眼镜者不能再用含有香味及

油脂的眼部化妆品，连洗手用的肥皂最好也不含香味和油脂，尽可能采用膏状化妆品，而不用粉状的，因为粉状化妆品的微粒容易进入眼内；不要用液体眼线，因为它干了以后也会进入眼内，引起眼睛过敏。含有纤维的睫毛液，其中的纤维会粘在镜片上，也容易引起眼睛的不适。

化妆、卸妆和摘、戴镜片的次序很重要。应是先戴眼镜再化妆，卸妆前先摘下镜片，这样才能减少化妆品与镜片的接触。

千万勿用眼线笔去画眼睑内缘，睫毛膏的小刷子千万不可碰到镜片，否则会损污镜片和造成眼睛不适。

关于眼影色调的选择，由于没有眼镜框的遮掩，适宜在你眼睛颜色同系的色彩中选用较浅、较明亮的眼影。

024. 妊娠时切勿浓妆艳抹

妊娠时，浓妆艳抹对胎儿不利。化妆品中含有铅、汞等化学物质，虽然含量极少，但是，孕妇怀孕时，皮肤结构改变、变得敏感，这些物质有可能渗透进入皮肤，从而通过胎盘影响胎儿的身体正常发育。所以，准妈妈们忌浓妆。可以适当用些滋润性的护肤品。此外，下列情况也不宜浓妆艳抹：

❶ 就医时，浓妆艳抹会掩盖病情：当你就医时，医生常把面部的细微改变作为诊断的重要依据。如果你浓妆艳抹就有可能把医生的思路引向歧途，从而会错误地做出诊治，耽误病情。

❷ 哺乳时，浓妆艳抹对婴儿十分不利：新生儿出生后，嗅觉颇为敏锐，尤其对母亲身上的气味更为敏感，他们能把头准确地转向母亲，并唤起愉快的情绪，而使食欲增加。处在授乳期的母亲浓妆艳抹，化妆品的香味驱散身上原来的气味，新生儿便认为这不是自己的妈妈，因而情绪低落，不愿与之靠近，继而哭闹，拒乳和久久不爱入睡。

❸ 睡眠时，浓妆艳抹会使皮肤窒息：假若你白天浓妆艳抹，那么临睡前一定要把脸上的化妆品，油污及汗渍用温水彻底清洗掉，使皮肤在夜里免受化妆品的"包围"，自由地呼吸，充分地休息，这样才能有助于它的健美。

025. 洒用香水应注意的问题

现在许多人越来越注重生活情调和优雅文明的风度，在交际中也开始使用香水来修饰自己。因为香水可以掩盖人体散发出来的气味，使人精神振奋，在人际交往中增加自己的魅力。但是用香水也有禁忌，用得好，能给人增添风采，用得不好，反而对健康不利。用香水一般应注意以下问题：

❶ 忌蘸、滴洒用：香水最好用带喷雾器的瓶，这样喷洒出来的香水均匀，既省时，又省料，香气扩散的效果也好。

❷ 忌直接洒在皮肤上：香水应洒在衣服、耳后窝或手帕上。不宜直接洒在皮肤上，否则，一来影响香气，二来刺激皮肤。

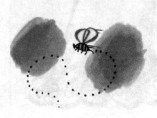

❸ 忌不分季节：香水使用的最佳时间是春夏和夏秋交替季节，此时空气清爽，人体嗅觉敏感，人也活跃，最能突出个性美。在炎热的夏季，滴几滴香水，也能使人心旷神怡。

❹ 忌香水太浓：洒用香水时需注意场合。如在室内，喷洒香水的强度就不宜太浓，以免使得他人感到别扭；如在室外，则可以喷洒得稍微浓一些，因为室外空气流通大，散发面大。

❺ 忌使用的香水不适合自己的风格：使用香水应结合自己的性格和特点，文静的人宜喷洒淡雅的香水，给人以清新舒适的感觉。性格开朗的人，宜选用能够突出自己个性的香水，给人留下深刻印象。

❼ 忌香水和花露水混用：香水虽是花露水的同族，但是千万不能混合使用。因为那样会破坏香气的质量，形成一股怪味。

❽ 忌在香水内加水：香水是挥发性很强的物品，放置时间长了，会出现瓶内干缩的现象。这时，切忌往香水里加水，因为加水后的香水，极易变质，继续使用会对皮肤造成损伤。

❾ 忌使用高浓度香水：香水中的某些化学物质，对有过敏体质的人来说，是一种致敏原，它可使人体产生各种过敏反应，如荨麻疹、过敏性鼻炎、痉挛性咳嗽和哮喘，还可能会出现头晕、头痛、腹泻、腹痛等病症。

026. 头发稀少的女性不适合留长发

头发稀少的人留长发，只会显得头发更少，失去美感。因此，头发稀少的女性不宜留长发。此外，下列几种女性也最好不要留长发：

❶ 额小鼻平的人若头发垂直经两侧披在肩上，则显不出五官来；额头显窄留短发则能显出风采。

❷ 脖子粗短的人应留短发，留长发会使人产生头与肩的压缩感。

❸ 身材矮胖的女性，头发适合烫短，以显得精神些，披肩长发则会给人以更矮的感觉。

❹ 中年以上的女性应有成熟的韵味，留长发会使人感到怪异别扭。

❺ 后脑扁平的人不宜留长发。

027. 辫子扎得太紧易导致早秃

扎辫子扎得太紧会使头发的根部，尤其是辫子外缘的发根受拉力过大，容易脱落。时间长了，头发会变得越来越少。不仅头发容易脱落，而且还会损伤头皮，导致早秃，或引起细菌感染。

028. 头发留太长易造成脑部营养缺乏

每个人的头发每时每刻都在生长，人

体供给头发的各种营养一刻也不能停止，日积月累，被头发消耗掉的营养是非常多的。如果头发留得过长，人体供给头部的营养会过多地被头发吸收，脑部的营养也会相对减少。时间久了，必然会造成脑部的营养缺乏，这不仅会使人出现头昏，而且会影响智力的发展。

029. 切勿忽视乳房内的"小疙瘩"

大家都知道乳房是肿瘤易发部位之一。年龄在16～30岁间乳房内有小疙瘩，大多是良性肿瘤，也称乳腺纤维瘤。因为乳腺纤维瘤的发生与卵巢机能旺盛直接有关，因此很少发生在月经初潮前或绝经后。但是乳腺纤维瘤癌变的可能性非常大，所以应该早期发现，早期治疗，并做病理检查，以明确诊断。

如果婚前对自己乳房上的小疙瘩没有引起重视，婚后由于妊娠，随着体内的孕激素与雌激素的增多，乳房腺泡增生，乳房增大，乳腺中的纤维瘤也必然会随之迅速增大。而这时才要求就医治疗有很多不利因素，如由于妊娠，手术治疗有造成流产的可能；手术麻醉及术后用药对新生儿

的智力发育和健康又会有一定的影响。因此发现乳房长小疙瘩应及早就医治疗。

030. 乳头溢液不可小视

乳头溢液一般为良性，但血性溢液发生乳癌的可能性很大。不能因非血性溢液而放松警惕。

乳头溢液伴有乳房肿块时，更应提高警惕。

031. 切勿忽视乳房上的"湿疹"

乳房湿疹样癌，大多见于中年以上女性，这是一种恶性肿瘤。不过和乳腺癌比起来，恶性程度要低得多。初起时，乳头及乳晕处起红斑，有瘙痒及灼痛感，常当成乳头湿疹治疗，患者也往往不把它当成一回事。病变处因糜烂，常有渗出物而结一层黄褐色的痂皮。如把痂皮揭掉，还会出现糜烂面。乳头及乳晕处的皮肤发硬，但与周围的皮肤界限清楚。病情发展后可出现乳头内陷，乳头中会渗出很少量的淡黄色黏液。可发生淋巴转移，腋窝处可以摸到肿大的淋巴结。所以，中年女性如果发现乳头有湿疹样病变时，绝不可麻痹大意，要及时到医院检查治疗。

032. 不要盲目追求丰胸巨乳

有些女性对乳房的大小有偏见，认为乳房越大越美，盲目追求"巨乳"。其实乳房的大小和个人身材、体型、胖瘦等协调，才称得上是美的。

过大的乳房就如同过大的臀部一样，三围超过理想的标准反而破坏了整体美。并且，在病态情况下，如乳腺发炎、乳腺癌等，乳房也会变大。患巨乳症的，乳房会大于正常乳房数倍。这些都是不正常的，需要去医院治疗。

所以拥有"巨乳"未必是件好事，我们要拥有的是一对健康美丽的乳房。

033. 用丰胸产品需慎重

市场上许多常见的美乳药品，例如美乳霜、丰乳霜、健乳霜之类；都含有雌激素，它通过配方中的一些媒介物质携带穿透皮肤进入乳腺组织内起作用。少女正处在生长发育的旺盛时期，卵巢本身分泌的雌激素量比较多，如果选用这一类雌激素药物，虽然可以促使乳房发育，但同时会潜伏着一些极不利的危险因素。滥用这些药会使女性体内雌激素水平持续过高，引起以下症状：

❶ 容易引起恶心、呕吐、厌食，还会产生月经紊乱、不规则出血、乳头乳晕变黑等。

❷ 会使乳腺、阴道、宫颈、子宫体、卵巢等患癌瘤的可能性增大。

❸ 还可导致子宫出血、子宫肥大和肝、肾功能损害。

❹ 对少数因为雌激素分泌不足而乳房发育不良的青年女性或青春期乳腺发育不良的少女，配合适当乳房按摩会有一定疗效。但对于乳腺组织发育定型的女性，绝对不会有效。

034. 忌危害胸部健康的动作

❶ 忌含胸、驼背：经常含胸、驼背，不仅会增加腰椎的负担，还会阻碍血液循环，从而影响胸肌的发育，时间一久就会影响胸部的健康。所以，为了拥有动人的曲线，请保持昂首挺胸！

❷ 忌抱臂：经常将双手环抱在胸前的姿态，会加剧胸部的负担。经常放松地将双手自然垂放在大腿两侧，或伸伸腰，都有助于改善胸形。

❸ 忌长期侧卧睡觉：女性的睡姿以仰卧为佳，尽量不要长期向一个方向侧卧，这样不仅容易挤压到乳房，也容易引起双侧乳房发育不平衡。

❹ 忌强力挤压：乳房受外力挤压，有两大坏处。一是乳房内部软组织容易受到挫伤，或者会引起内部增生等；二是受到外力挤压后，比较容易改变外部形状，可以使上耸的双乳下垂等。

035. 胸部保健禁忌

❶ 忌乳头、乳晕部位不清洁：女性乳房的清洁十分重要，尤其是乳头内陷者更要注意清洁。因为长时间不洁净会引起很多麻烦，如出现炎症或皮肤病。

❷ 忌用过冷或过热的水刺激乳房：乳房周围微血管密布，过热或过冷的水刺激都会使乳房健康受损。如果选择坐浴或盆浴，更不可以在过热或过冷的水中长期

浸泡，会导致乳房软组织松弛，还会引起皮肤干燥。

⭐ 036. 硅胶丰胸后切勿撞伤

硅胶是一种胶状液体，它是一种填补缺陷和整容的药物。局部注射后，约半小时即凝固成固体。整容后如果不注意而撞伤局部，不但会整容失败，而且会导致毁容。因为受撞伤

后可使凝固的硅胶破碎，从而引起局部发炎、感染、溃烂，并且可能长期不愈。如果不再次手术，将硅胶取出，将难以愈合。即便愈合了，也要形成一个坚硬的瘢痕。

发生月经失调，甚至造成闭经等问题，当然也就是说影响生育了。女运动员的月经不调，都是因运动时脂肪消耗过多所致。因此，女性忌盲目减肥，应保持一定的脂肪。当体重超出标准体重10%以上时，才可考虑适当减肥的问题。

⭐ 037. 女性减肥需谨慎

追求体形美而盲目减肥，对生理发育影响非常大。

月经不但受丘脑下部、脑垂体和卵巢三者的相互协调，同时也受大脑皮质、子宫内膜和体内脂肪贮量的影响。体内脂肪含量至少应占体重的22%以上，才可以保证月经按时来潮。因为脂肪能够调节女性所特有的雌激素在体内的平衡。腹部、乳房、腹腔内和骨髓内的脂肪能将类似雌激素结构的物质转化为雌激素。这是除卵巢以外雌激素的重要来源之一。另外脂肪还能贮存雌激素和影响雌激素的代谢。雌激素减少，不但不能按月排卵，而且还会

⭐ 038. 减肥切勿操之过急

肥胖与多种疾病的发生都有着密切关系，因而许多胖者急于把自己的体重降下而大减食量。但最近据国外的研究表明，大量节食而使体重迅速下降的肥胖者，在5个月内，将有1/3的人患胆结石症。科学家认为，迅速限制饮食、减肥，会导致胆汁中的胆固醇呈高度饱和状态而形成胆固醇结石，也可能是快速减肥引起胆汁淤积及糖蛋白增加，从而促进胆固醇晶体核心的形成所造成的。因此，身体肥胖者，减肥忌操之过急，应该有计划地适当减少饮食量，使体重缓慢地逐渐降到理想的水平。

★ 039. 女性瘦身四大忌

世上哪一个女子不希望自己有一副苗条健美的身材呢?然而许多姑娘却不知道是"汤、糖、躺、烫"破坏了她们美好的幻想。

❶ "汤"：是指人们喜爱的餐桌饮料，含有丰富的脂肪、氨基酸及淀粉类物质。进入胃肠后，半小时左右即可排于小肠。由于汤质均匀，在小肠中分布弥散，吸收面积大，因而很容易被消化吸收。而且在此过程中，食物动力作用远较固体食物为少，因而多喝汤容易发胖。

❷ "糖"：是机体内供能主要物质之一。食糖过多，超过机体所需，糖就会转化成脂肪在体内储存起来，使身体发胖。

❸ "躺"：就是指喜静不喜动，人们都知道活动便要消耗能量，而能量的产生要靠体内的脂肪贮存，若活动过少，脂肪消耗少，那么脂肪就必然会加厚，人就逐渐发胖。

❹ "烫"：主要是指喜欢进食太热的食物。温度较高的食物可使肠壁血管扩张，消化腺分泌活动加强，因而促进了消化吸收过程，吸收进入人体内的糖类脂肪亦相应增多，多食烫食，也会促使身体发胖。

由此可见，喜好"汤、糖、躺、烫"是女性瘦身之大忌。

★ 040. 切勿走进减肥雷区

几乎每个女孩都曾经挣扎在减肥的阴影里，减肥的时候睁大眼睛，一听说哪里有减肥的新招就立即跃跃欲试，恨不得钱一花出去就马上买回一个窈窕的身段。下面都是减肥的雷区，千万不要轻易进入。

❶ 抽脂：抽脂是透过真空吸管，把表皮和真皮间的脂肪细胞即时吸走的快速减肥法。可是抽脂的后遗症也不少，例如皮肤松弛、表皮移位、留疤痕等，无论对肉体还是精神都会带来创伤。

❷ 减肥紧身衣：一些用塑料制造的"减肥衣"，实质上只会增加被包裹之身体部位的流汗程度，而流汗排出的只是水分，并非脂肪。

❸ 不吃早餐：这点小学生也知道，不吃早餐不但阻碍营养吸收、影响精神状态，由于能量吸收减少，还会令身体机能自动调节消耗能量的速度，反而达不到减肥目的。

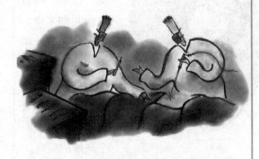

❹ 抠喉：就是在进食后再把食物吐出来的减肥法，长期抠喉会出现腹泻、习惯性呕吐、营养不良，甚至患上可怕的厌食症。

❺ 蒸桑拿：蒸桑拿会大量排出汗水，令体重出现虚幻的下降。可惜减去的只是水分而非脂肪，一旦喝水补充水分，便会回复原来体重。

❻ 泻药：服食泻药或利尿剂减肥会把体内所需的水分排走，一旦水分失去平衡，盐分和养分也会自然流失，影响身体正常运作，甚至还会导致抽筋。

❼ 节食：单纯靠采用节制饮食的手段防治肥胖症，虽然可使体重暂时减轻，但这仅仅是暂时性的，收效并不会持久。另外，由于过分节制饮食不仅使人常受饥饿的折磨，而且在精神上也受到很大的创伤。

041. 不可减肥的四个时期

❶ 刚刚生育后：刚生育不久就做一些减肥运动可能会导致子宫康复放慢并引起出血，而剧烈一点的运动则会使新妈妈的手术断面或外阴切口的康复放慢，如果新妈妈是剖腹产，情况则更加危险。所以新妈妈做瘦身运动应该选好时机才不至于损害到身体，顺产妈妈一般在产后4～6星期就可以开始做产后瘦身操，而剖腹产妈妈一般6～8星期后，经医生诊断伤口复原了，才可做产后瘦身操。

❷ 哺乳期：哺乳期间不适合减肥，因为节食不当可能会影响乳汁的品质，但要提醒各位新妈妈的是，要想减肥，就好好喂奶，因为哺乳可以让你消耗卡路里，即使多摄取汤汤水水，你的体重也不会增加很多。如果是母乳喂养，一般宝宝出生后6个月可考虑断乳进行瘦身运动；如果未进行母乳喂养，可在产后3个月时根据自身的健康状态着手瘦身。

❸ 便秘：产后水分的大量排出和肠胃失调极易引发便秘，所以新妈妈瘦身前应先消除便秘，因为便秘不利于瘦身。有意识地多喝水和多吃富含纤维的蔬菜是预防和治疗便秘的有效方法，红薯、胡萝卜、白萝卜等对治疗便秘相当有效。便秘较严重时可以多喝酸奶和牛奶，早晨一起床就喝一大杯水以加快肠胃蠕动，每天保证喝7～8杯水。

❹ 贫血：新妈妈因为生育会流失大量血，而贫血会造成产后恢复缓慢。如果在没有解决贫血的情况下瘦身势必会加重贫血。含铁丰富的食品如菠菜、红糖、鱼、肉类、动物肝脏等，还包括脂肪含量较低的金枪鱼和牛肉，都应是新妈妈食谱中的常客。

042. 女性减肥的运动误区

❶ 大运动量运动：若运动量加大，人体所需的氧气和营养物质及代谢产物也就相应增加，这就要靠心脏加强收缩力和收缩频率，增加心脏输出血量来运输。做大运动量运动时，心脏输出量不能满足机体对氧的需要，使肌体处于缺氧的无氧代谢状态。无氧代谢运动不是动用脂肪作为主要能量释放，而主要靠分解人体内储存的糖元作为能量释放。因在缺氧环境中，脂肪不仅不能被利用，而且还会产生一些不完全氧化的酸性物质，如酮体，降低人体运动耐力。血糖降低是引起饥饿的重要原因，短时间大强度的运动后，血糖水平降低，人们往往会食欲大增，这对减脂是不利的。

❷ 短时间运动：在进行有氧运动时，首先动用的是人体内储存的糖元来释放能量，在运动30分钟后，便开始由糖元释放能量向脂肪释放能量转化，大约运动1小时后，运动所需的能量以脂肪供能为主。

❸ 快速爆发力运动：人体肌肉是由许多肌纤维组成，主要可分为两大类：白肌纤维和红肌纤维。在运动时，如进行快速爆发力锻炼时，得到锻炼的主要是白肌纤维，白肌纤维横断面较粗，因此肌群容易发达粗壮。用此方法减肥会越练越"粗"。

总之，想要达到全身减肥的

目的，就应做心率每分钟在120～160次的低中强度，长时间（1小时以上）耐力性有氧代谢全身运动。例如，健身操、慢长跑、长距离或长时间的游泳等。

043. 女性经期九忌

❶ 不宜寒冷刺激：如冬季在水中活动、喝过多冷饮、着衣太少等。因为月经期盆腔的血管始终处于扩张状态，寒冷的刺激不仅使血管收缩，影响盆腔血液循环，并且还会使血流不畅，并且发生痛经、闭经等病症。

❷ 不宜游泳：女子在月经来潮时，阴道的酸度就会减弱，因而防御外界感染的能力就大大下降，不干净的水流进阴道内，容易引起妇科病。

❸ 不宜唱歌：经期女性声带的毛细血管也充血，管壁变得较为脆弱。此时长时间或高声唱歌，可能由于声带紧张并高速振动而导致声带毛细血管破裂，声音沙哑、声门不合、损伤声带，甚至可能会长出息肉，对声带造成永久性伤害，如嗓音变低或变粗等。

❹ 不宜盆浴、坐浴：因为坐浴和盆浴洗澡都会使污水进入阴道，引发感染。所以，经期洗澡最好是淋浴。

❺ 洗澡水温不宜过高过低。水温过高可使周身毛细血管扩张，血液循环加快，从而导致月经量增多。而水温过低可使生殖系统和全身受到冷刺激而引起停经。

❻ 不宜做重体力劳动：过重的体力劳动会使盆腔血液流动过快，从而引起月经过多或经期延长。

❼ 不宜捶腰：经期腰部酸胀是盆腔充血引起的，此时捶打腰部会加重盆腔充血，反而加重盆腔酸胀感。另外，经期捶腰还不

利于子宫内膜剥落后创面的修复愈合，导致流血增多，经期延长。

❽ 不宜体检：经期除了不适宜做妇科检查和尿检，同样不适宜做血检和心电图等检查项目。因为此时受激素分泌的影响，难以得到真实的数据。

❾ 不宜拔牙：经期拔牙出血量会增多，拔牙后嘴里也会长时间留有血腥味，影响食欲，导致经期营养不良。

044. 更年期女性不可忽视避孕

女性在更年期中可以出现月经周期紊乱，也可能存在不规则排卵，因而也有受孕的可能。据资料统计，年过40以上的女性要求作人工流产的非常多。有的女性认为自己年纪大了，月经已不准了，快到绝经期，偶然有几次同房不采取避孕措施并不要紧。结果出现怀孕的现象。

更年期女性如果怀孕，常常容易产生胎儿畸形或葡萄胎，即使是终止了妊娠，对身体也有损害。因此，年纪大但未绝经的女性，绝不可麻痹大意，忌掉以轻心，仍要坚持避孕，选用的方法一般以避孕套、外用避孕药膜为宜，不要服用避孕药；放环的女性最好等绝经后再取。

045. 更年期女性切勿忽视口干现象

对一个女性来说，尤其是更年期前后的女性，如果出现持续而严重的口干现象时，很可能得了干燥

综合征。一定不能忽视这一现象。患了这种病的女性白带自行消失，阴道分泌物减少，外阴及阴道黏膜萎缩、干燥、可影响性交。总而言之，身体内一切外分泌腺体都可萎缩，所有的分泌液，包括唾液、汗液、泪水、胃肠道内的消化液、鼻腔分泌物、阴道及大小阴唇内的分泌液都会严重减少。这是一种自身免疫性疾病，是体内抑制性T淋巴细胞存在缺陷所致。因此，凡是有口干感觉的女性一定要密切观察，早期检查，早期治疗，切不可忽视。

046. 男子蓄胡有害健康

男人都有胡子，而且胡子往往比头发长得还快。这是雄性激素分泌的结果。于是有的男人就认为蓄胡能充分显示男子汉的阳刚之美，当起了"美髯公"。其实，这样做从卫生角度上来看，并不科学合理。

胡须带有静电，它的表面附有油脂，能够吸附有害物质。人呼吸时，吸入的空气中含有几十种有毒物质，如酚、甲苯、硫化氢、乙酸等被吸入体内，在呼气时又被呼出，从而这些物质被吸附在胡须表面。另外，大气中的重金属微粒、汽车排出的多环芳烃和铅、香烟中的苯并芘等致癌物质都会附在胡须上，这些都可随人的呼吸进入人体，影响身体健康。另外，胡子长了也显得人不精神，一副疲惫不堪的样子，所以青年人不要蓄胡须。

047. 男子不应轻视皮肤保养

由于生活习惯、工作环境、男性激素等多方面因素，直接影响着男性的皮肤外观。男性的皮肤具有皮脂分泌及代谢旺盛

的生理特点，他们的面部容易发生青春期痤疮和毛囊炎等，从而导致面部疤痕而损害美容。男性的皮肤一般具有较厚的角化层和粗大汗毛孔，再加上男性皮下脂肪少和多从事户外工作，过多接受强光和紫外线的照射及风沙烟灰的刺激，使男性的皮肤粗糙并易产生皱纹。另外，还有许多男性有抽烟喝酒的不良习惯，这就更加促进

了其皮肤老化过程。要保持男子汉的容颜美，除了必须注意皮肤的清洁以外，还应尽可能避免各种理化因素刺激，尽量不抽烟少饮酒，适当增加营养与合理用药外，还应选用男性化妆品在平时经常使用。

048. 男子不要忽视梳头

梳头一般人被认为是女人的事，殊不知梳头还有健身作用，所以男士也应常梳头。众所周知，人的头部素有"诸阳之首"之称。在头部发际附近，有督脉、膀胱经、胆经、胃经，还有百会、哑门等穴位。如果能用梳子对头部穴位和经脉进行按摩与刺激，将会起到疏通经络、醒脑提神等多种作用。由此看来，梳头确实可以

起到一种特殊的按摩保健作用。女人梳头是天经地义的事，男人的头也应常梳。

★049. 男子不应忽视乳房保健

正常男子的乳房发育程度很低，所以常常被遗忘，人们几乎从来不会想到对乳房的保健。其实，乳房作为一个位于体表的器官，男性也应对其重视才是。

在青春发育期，有40%～70%的男孩会出现不同程度的乳房发育，常常表现为乳房内结节伴局部疼痛、压痛。发现乳房的变化后，应及时到医生处就诊，不要觉得难为情。青春期的男子乳房发育，大多数于1～2年内可自行消退，因此，不必形成思想负担，只要积极治疗，精神上放松，定会在不久后恢复"男子汉"的雄风。在治疗过程中，不要经常触摸、刺激乳房，过多的刺激不利于乳腺组织增生的消退。

★050. 男子生殖器保健注意事项

大量的临床资料告诉我们，前列腺炎、前列腺肥大、睾丸炎、附睾炎、鞘膜积液、遗精、早泄、阳痿、不射精、阴茎癌等，是危害男子的健康的常见的病，它们折磨着众多的男性。

细心的读者不难发现上述这些常见的疾病都是男性生殖器官的毛病，我们称之

为男性的特有病种。可见，男子要想健康长寿，首先要保护好自己的"特区"。

❶忌早恋及过早性生活：一般而言，男子到二十四五岁才发育成熟，如果早早地过性生活，性器官还没有发育成熟，耗损其精，易引起不同程度的性功能障碍，成年后易发生早泄，阳痿，腰酸，易衰老等。

❷忌性生活过频过密：适度的性生活可以给人带来愉悦的心境与体验，对身体与养生均有好处，但是，如果恣情纵欲，不知节制，生殖器官长期充血，会引起性功能下降，易引起前列腺炎、前列腺肥大、阳痿、早泄，不能射精等毛病。

❸忌不洁性交：男子的不少性传播疾病，如梅毒、淋病等，与不洁性交有关；不洁性交不但容易使自己染病，还会把病虫害传染给妻子甚至孩子，危害极大，切不可抱侥幸的心理而为之。

❹忌天天穿牛仔裤：医学研究证明，男子的生殖系统要求在低温下最好，经常穿牛仔裤，会使局部温度过高，使精子形成不良。

❺忌不讲性器官卫生：讲究性器官卫生不只是女子的事，男子也应同样重视。尤其是包皮过长者，要经常清除包皮垢，因为包皮垢不但易引起阴茎癌，也易引起妻子患子宫颈癌。

❻ 忌不经常自我检查：医学研究证明，睾丸癌、阴茎癌之类，早期发现的治愈率很高，一旦发展到晚期，则疗效不理想，因此，35岁以上的男性，不妨经常查看一下自己的外生殖器官。

051. 青年人要警惕"生理性早搏"

许多青年经常出现胸闷、心慌，总想大口喘气才感到舒服。这些可以由"生理性早搏"引起。

早搏一般见于心脏病的患者。如冠心病、风湿性心脏病、病毒性心肌炎、高血压性心脏病、胆囊炎、肺部疾病等病症。这种由于疾病引起的早搏叫"病理性早搏"。但早搏也常发生于健康人，特别是青年人，在激烈运动后休息时、情绪紧张、过度疲劳、吸烟酗酒、便秘等情况下，都可诱发早搏，这叫"生理性早搏"。每年高考前后，有些考生不注意劳逸结合，经常"开夜车"，再加上情绪紧张，往往引起早搏。

这就是说早搏并不全都是由心脏有病引起的。心脏没有病变的健康人，他的一生也会偶然发生早搏，即使1分钟有2～3次，也并不影响健康。但是，患流行性感冒的青年，如果感到明显的胸闷，并且心悸伴有频繁早搏时，千万不要忽视，必须要到医院检查，检查是否已患有病毒性心肌炎。

052. 包皮过长不可小视

许多男性青年对包皮过长与包茎似乎毫不在意，并没有认真对待。

有包皮过长或包茎的人，如果再加上个人卫生习惯不好，包皮里面的分泌物和积尿碱便会存起来，形成包皮垢，容易引起炎症，少数患者甚至可以导致阴茎癌。婚后性交时，将会把包皮垢、细菌直接带入女性阴道内，可引起宫颈炎、阴道内膜炎、宫颈糜烂等症。这样的人还会影响性生活的快感，包茎甚至能阻滞射精。因此，有这样生理小缺陷，特别是包茎的人，要尽早去医院手术。另外，还要养成每晚洗下身的良好卫生习惯。洗前用开水将毛巾用盆烫一下，在水温降到和体温差不多时再洗。

053. 男子健康八大忌

❶ 过度节食或素食：所有流行的减肥节食措施如果使用过久，就有损害健康的潜在危险。因为大部分节食和素食，都会减少饮食应该包含的营养物。

❷ 滥用药物：滥用药物是指不当且毫无理由的服用化学物品，它造成的结果便是"自杀"与意外中毒。统计意外中毒事件的原因中，以儿童吞下化学物品为最多。一种不好的趋势，便是许多健康的人依赖药丸来解决他们的各种问题。

❸ 暴食：暴食是引起肥胖的主要原因，是许多疾病的致因，包括高血压、糖尿病及心血管疾病。

❹ 过度或缺少运动：适度的运动为许多医生一致的建议。有些人到了50岁以后，才开始做运动，如不适量将会引起某些毛病。专家建议，最佳的运动就是穿双舒适的鞋

子到户外作半小时步行，那就能加强你的肌肉，使你的心跳加速，以及使你的呼吸顺畅。当然，如果缺乏适当的运动，也易引起许多疾病，如慢性疾病、呼吸短促、肥胖、消化不良、头痛、腰痛、忧虑、肌肉虚弱与萎缩，还会加速衰老。

⑤ 不注意身体的信号：有人常常因为有一点不舒服就去医院检查，但也有的人要等到什么部位的功能出了大毛病才去医院。你应当特别注意大便及小便的变化、无法治愈的喉痛、不寻常的出血或便秘、任何部位的硬块、消化不良或吞咽困难、瘤的显著变化、不停的咳嗽或声音嘶哑。应当牢记：愈是使你不知道怎么办的病痛才愈会伤害你。

⑥ 任意中断治疗：主观的自我诊断将导致两种不良后果即低估病情与加重病情。有人一生中也许从不去看一次病，而有丧命于可以治愈的疾病的危险。忽视各种症状就是对健康的儿戏。任意中止药物治疗常使疾病复发。

⑦ 紧张：对各种职业的4000人所做的一项10年的研究证实，心脏病主要来自情绪紧张。专家们认为："当一个人终日生活在紧张中时，更易染患高血压病。"人们遭遇的紧张主要有两种：环境上的和心理上的。发展良好的人际关系，可以祛除不必

要的忧虑。对付紧张的心理是睿智的思维与生物的反馈。睿智的思维可以减少紧张与许多后遗症，如头痛、失眠、高血压。

⑧ 吸入致癌的物质：人们吸入过多致癌物质，如塑胶制品中的氟化烯，汽车尾气的有害气体和微粒，便会在敏感的肺部组织细胞上引发潜伏的癌。

⭐054. 青年人应注意控制情绪

青年人由于正处在心理发育时期，大脑皮层对抑制和兴奋的平衡缺乏稳定性，一旦遇到刺激就非常容易产生情绪冲动，情绪对健康有明显的影响。当人体精神紧张时，交感神经处于兴奋状态，此时，人体可分泌大量肾上腺素，引起血压升高，另外，还会使血糖升高加速动脉硬化。人体较长期的情绪紧张，会促使心脑血管病的发生和发展，容易发生脑卒中和心肌梗死等危险。另外，甲状腺亢进及月经失调也与情绪有着直接关系。

⭐055. 脑力劳动者应警惕肝、脾曲综合征

肝、脾曲综合征大多数发生在从事脑力劳动的中年人中间。肝曲综合征具体表现为右上腹部胀痛或钝痛不适，伴嗳气、下蹲或弯腰不便现象。脾曲综合征以左上腹胀痛为主，严重时甚至出现阵发性剧痛，常伴有心悸、便秘、呼吸困难现象。肝、脾曲综合征发作时间长短不一，常为半小时到数小时。发作时做X线腹部透视，可见肝曲或脾曲明显胀气，但无液平面。

肝、脾曲综合征腹痛症状明显时，容易误诊为慢性肝炎、慢性胆囊炎、十二指肠溃疡或慢性胰腺炎、脾周围炎、胸膜炎

等疾患。有的甚至还做了手术。所以，当中年人反复出现以上现象时，可做X线腹部透视等检查确诊。肝、脾曲综合征发作时可自行按摩腹部和进行腹部热敷，也可针刺足三里，一般胀气很快消失，疼痛也随之缓解。

为了防止发生肝、脾曲综合征，平时尽可能忌吃不易消化的食物，更忌暴饮暴食，应努力保持心情舒畅，适当进行体育锻炼，并严格注意劳逸结合。

056. 职场女性饮食禁忌

1. 不要过多摄入脂肪：女性要控制总热量的摄入，减少脂肪摄入量，少吃油炸食品，以防超重和肥胖。如果脂肪摄入过多，则容易导致脂质过氧化物增加，使活动耐力降低，影响工作效率。

2. 不要减少维生素摄入：维生素是维持生理功能的重要成分，特别是与脑和神经代谢有关的维生素B_1、维生素B_6等。这类维生素在糙米、全麦、首蓿中含量较丰富。另外，抗氧化营养素如β胡萝卜素、维生素C、维生素E，有利于提高工作效率，各种新鲜蔬菜和水果中其含量尤为丰富。由于现代女性工作繁忙，饮食中的维生素营养常被忽略，故不妨用一些维生素补充剂，来保证维生素的均衡水平。

3. 不可忽视矿物质的供给：女性在月经期，伴随着血红细胞的丢失还会丢失许多铁、钙和锌等矿物质。因此，在月经期和月经后，女性应多摄入一些钙、镁、锌和铁，以提高脑力劳动的效率，可多饮牛奶、豆奶或豆浆等。

4. 不要忽视氨基酸的供给：现代女性不少人是脑力劳动者，营养脑神经的氨基酸供给要充足。脑组织中的游离氨基酸含量以谷氨酸为最高，其次是牛磺酸，再就是天门冬氨酸。豆类、芝麻等富含谷氨酸及天门冬氨酸，应适当多吃。

057. 经期不要吃油腻食物

因为受体内分泌的黄体酮影响，经期女性皮质分泌增多，皮肤油腻，同时毛细血管扩张，皮肤变得敏感。此时进食油腻食品，会增加肌肤负担，容易出现粉刺、痤疮、毛囊炎，还有黑眼圈。另外，由于经期脂肪和水的代谢减慢，此时吃油腻食品，脂肪容易在体内堆积。此外，下列几种食物经期女性也不宜食用：

1. 寒性食物：蔬菜，如莼菜、地耳、竹笋、荸荠、石耳、石花；水果，如梨、香蕉、柿子、西瓜；水产，如螃蟹、田螺、螺蛳肉、蚝肉等；还有冷饮都属寒性。而女子月经期忌吃大凉寒性食物，尤其素有痛经之人，月经期更应忌吃，以免加重病情。

2. 咸食：因为咸食会使体内的盐分和水分贮量增多。在月经来潮之前，多吃咸食易出现水肿、头痛、激动、易怒等现象。

3. 鞣质食物：如茶、咖啡、可可、果汁等，其中的鞣质容易与铁元素结合产生沉淀，影响人体对铁的吸收。而女性在经期时流失大量血液，需要补充铁质。

④ 猕猴桃：

猕猴桃被人们誉为"水果皇后"，是一种保健、抗癌、美容、益寿果品。但猕猴桃有滑泻之性，故先兆性流产、月经过多以及尿频者忌食。

⑤ 兔肉：根据医书记载，兔肉多食损元阳，影响性功能，女子在经期不宜进食，同时，在怀孕期间也不能进食。

⑥ 草鱼：草鱼是水煮鱼常用的食材之一，女性在经期食用水煮鱼会加重水肿症状，容易产生疲倦感。爱吃水产品的女性在经期尤其注意，大多数的水产品都会导致痛经，可适当吃一些海鱼，有利于减轻经期烦躁。

⑦ 巧克力：经期刻意吃甜食，不但无法改善经期不适症状，反而可能因为血糖不稳定，影响体内荷尔蒙的平衡，加重不舒服的感觉。

⑧ 花椒、丁香、胡椒：花椒、丁香、胡椒这类食物都是作料，在平常做菜时，放一些可使菜的味道变得更好。可是，在月经期的女性却不宜食用这些辛辣刺激性食物，否则容易导致痛经、经血过多等症。

058. 经期不宜喝的饮品

❶ 乳制品：牛奶等乳酪类饮品是痛经的祸源，因此经期女性千万不要喝此类饮品。

❷ 茶：浓茶中的咖啡碱含量非常高，它直接刺激神经和心血管，使大脑兴奋，基础代谢加快，容易产生痛经、经期延长和经血过多。

❸ 酒：酒会消耗身体内维生素B与矿物质，过多饮酒会破坏碳水化合物的新陈代谢及产生过多的动情激素，刺激血管扩张，引起月经提前和经量过多。

❹ 汽水：有不少喜欢喝含气饮料的女性，在月经期会出现疲乏无力和精神不振的现象，这是铁质缺乏的表现。因为汽水等饮料大多含有磷酸盐，同体内铁质产生化学反应，使铁质难以吸收。此外，多饮汽水会因汽水中碳酸氢钠和胃液中和，降低胃酸的消化能力和杀菌作用，并且影响食欲。

❺ 含咖啡因的饮料：会使乳房胀痛，引起焦虑、易怒与情绪不稳，同时更消耗体内储存的维生素B，破坏碳水化合物的新陈代谢。

059. 痛经女性避吃酸辣食物

一般酸性食物会有收敛、固涩的特性，食用后易使血管收敛，血液涩滞，不利于经血的畅行和排出，而造成经血瘀

阻，引起痛经。如米醋和以醋为调料的酸辣菜、泡菜以及石榴、青梅、杨梅、杨桃、樱桃、酸枣、芒果、杏子、苹果、李子、柠檬、橘子、橄榄、桑葚等，应忌食。同时，像辣椒、大蒜、生姜、葱、辣腐乳、麻辣豆腐等辛辣食物，食用后会加重盆腔充血，引起痛经，因此，也不宜食。此外，痛经女性也不要食用下面两种食物：

❶ 生冷食物：寒湿型忌食。中医认为，"寒主收引"，"血得寒则凝"。凡是冷饮、生拌凉菜、拌海蜇、拌凉粉等，因其低温，使血管收缩、血液凝滞，从而引起经血瘀阻、排泄不畅而致痛经，故经期及行经前后忌食。

❷ 忌寒性食物：如水果、蟹、田螺等十分寒凉；梨、香蕉、柿子、西瓜、柚、橙子等亦属凉性，经期前后食用会遏阻血液运行，使经行不畅而致腹痛，故应忌食。

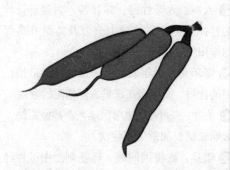

060. 闭经女性不宜食用的四类食物

年龄已过18岁的女性，月经尚未来潮者，称原发性闭经；若月经周期已建立，之后又连续3个月以上不来月经者，称继发性闭经。闭经的女性应忌食如下食物。

❶ 不利营养精血的食物：如大蒜、大头菜、茶叶、白萝卜、咸菜、榨菜、冬瓜等，多

食会造成精血生成受损，使经血乏源而致闭经，故应忌食。

❷ 生冷食物：各种冷饮、拌凉菜、寒性水果、寒性水产品等食物食用后可引起血管收缩，加重血液凝滞，使经血闭而不行，故应忌食。

❸ 肥腻食物：如蛋黄、动物内脏、猪肥肉、鱼类、蟹、奶油、巧克力等。这些食物含有较高蛋白质、胆固醇、脂肪，多食后极易造成体内营养过剩，进一步增加脂肪堆积，加重肥胖，阻塞经脉，使经血不能正常运行，故应尽量少食或忌食。

❹ 胡萝卜：胡萝卜虽然含有较丰富的营养，但其有引起闭经和抑制卵巢排卵的功能，故应忌食。

061. 经前期紧张综合征患者的忌口食物

经前期紧张综合征是指女性在月经来潮前1周左右，出现的一些明显不适症状，经后骤然减轻或自然消失。此时，女性应注意忌食以下食物。

❶ 忌咸物：如咸肉、腌菜、盐汤等，以降低钠的摄入量。

❷ 忌辣物：忌吃辛辣动火食物，以降低神经的兴奋性。

❸ 忌酸物：少吃酸味食物，以免助长肝火。

062. 月经不调者的忌口食物

月经不调是月经的周期、经期、经量、经色、经质的异常。它包括月经先期、月经后期、月经先后无定期、经期延长、月经过多或过少等。

1. 忌辛辣、刺激、破气、动气食物：如辣椒、胡椒、生姜、韭菜、葱、蒜、香菜、牛肉、羊肉、狗肉等，月经超前、量多、血热妄行者忌食。

2. 忌生冷、滑腻、寒凉食物：如鸭、鹅、蟹、鳖、田螺、黄瓜、冬瓜、菠菜、苋菜、萝卜、柿子等，月经过期、量少、虚寒气滞者忌食。

功能性子宫出血者的
063. 忌口食物

1. 忌红糖：红糖具有活血通经作用，食用后会加重子宫出血，故应忌食。

2. 忌酒：酒有活血作用，饮后会扩张血管，加快血行，导致子宫出血量增加。

3. 忌辛辣、刺激性食物：如辣椒、胡椒、蒜、葱、蒜苗、韭菜等，能刺激子宫出血，尤其是血热型崩漏，会在原有基础上愈增其血中之热，从而进一步加重病情。

4. 忌破气食物：白萝卜、大头菜、萝卜干等，食用后会加重气虚，进一步损伤其固

摄经血的作用，加重出血。

5. 忌热性食物：如牛肉、公鸡肉、虾、香菜、荔枝、李子、杏子等，食用后会加重血分之热，有碍身体的康复。

6. 忌桃子：桃子味甘，性温，多食可通行经血，加重出血。

7. 忌生姜：生姜辛散助热，温通血脉，可使火热内盛，迫血妄行。

女性在更年期应少食
064. 辛辣食物

更年期女性阴虚内旺，应少食辛辣刺激性食物，葱、蒜、辣椒、胡椒、桂皮、丁香、茴香等调料均属大辛大热的刺激性食物，极易伤阴动火。食之，会导致便秘、失眠、心悸和神经衰弱等疾病。此外，更年期女性也不宜吃下列几种食物：

1. 动物内脏：其胆固醇含量较高，易导致高血压、高血脂等疾病。

2. 人参：人参性温，味甘苦，为温补强壮的补品，但容易造成上火以及体温升高等副作用。

3. 爆米花：更年期女性阴虚火旺，最怕伤阴的食物。而爆米花正是香燥伤阴的食物。

4. 茶叶：茶叶中的咖啡因能兴奋神经系统，影响睡眠，加重失眠症状。

5. 咖啡：咖啡因同茶一样能刺激中枢神经系统，导致或加重失眠病症。

6. 白酒：白酒中的酒精成分在人的体内影响内源性胆固醇的合成，这就使血浆胆固醇及甘油三酯的浓度升高，造成动脉硬化、冠心病。

恋爱婚姻禁忌

——两情相悦，爱情玫瑰永不凋

065. 青年人不要过早谈恋爱

　　青年时期处于长知识、长身体的重要时期。如果过早地谈起恋爱，对于将来的工作、学习和生活都可能带来不利的影响。中国有句俗话"少壮不努力，老大徒伤悲"。青年时期是人生的黄金时代，思想活跃，是精力充沛容易接收新事物的主要时期。但是青年人也有阅历不足，容易感情冲动，考虑问题不够成熟的一面，如果过早地接触恋爱这个问题，在整个恋爱过程中，每个青年人都必然处于追求别人或被人追求过程中，也都可能拒绝别人或被人拒绝，甚或在这些问题上与家人发生矛盾等。这些问题都会给青年人造成心理上的压力，精神上的损害，从而影响工作、学习以及家庭关系。再从生理发育来说，青年时期正是全面发育的重要时期，过早地谈恋爱，思想负担所带来的心理压力将要影响身体的正常发育，严重者甚至

可导致某种疾病。因此，青年时期一定要严格注意忌过早谈恋爱。

066. 不适合结婚的人群

❶ 近亲男女忌结婚：目前，我国婚姻法规定，直系血亲和三代以内的旁系血亲禁止结婚。这里所说的直系血亲是指父母与子女、祖父母与孙子女，外祖父母与外孙子女。这里所说的旁系血亲是指兄弟姐妹、堂兄弟姐妹、姑、叔伯、姨、舅等。三代以内的旁系血亲，包括同出一父母、同出

一祖父母、同出一外祖父母的亲属。在三代以内的旁系血亲无论同辈还是不同辈，都禁止结婚。从优生学来讲近亲结婚所生子女往往都患有先天性缺陷，遗传病较多。

❷ 忌与姨表姐的子女结婚：姨表姐的子女之间的关系，已是三代以外的旁系血亲。这种关系已不在婚姻法规定禁止婚配的范围之内。但从优生的角度考虑，最好还是避免结婚为好。

❸ 先天性聋哑人之间忌结婚：先天性聋哑人是指出生前耳部发生病变，致使出生后产生听力障碍并伴随语言障碍，这是一种常见的染色体隐性遗传性疾病。如果互相婚配，其子女就很可能是先天性聋哑患者。所以，先天性聋哑患者之间不宜结婚。如已结婚，最好不要生育。但是，先天性聋哑患者与后天性聋哑（指出生后由于某种原因引起的聋哑）患者或者健康人结婚，目前看来对后代基本上不会有太大影响。

❹ 糖尿病患者之间忌结婚：在糖尿病患者中，大约有40%的糖尿病患者有家族史，这表明此病有一定的遗传基础。如果糖尿病患者之间结婚，这种婚配将会使患糖尿病的儿童数量大大增加，发病年龄提前。因此，糖尿病患者之间忌结婚。

❺ 肿瘤患者忌结婚：未经治疗或经治疗的各种转移性肿瘤，是一种死亡率非常高的疾病，现有的治疗方法并不能彻底治愈，不论其经过或未经过治疗，不要勉强结婚。

❻ 精神分裂症患者忌结婚：精神分裂症是一种慢性疾病，非常容易复发，有的患者病情还没有完全好转，精神症状还持续存在或残留，而从外表上看不易被觉察，一旦与异性交往，常表现呆头呆脑，语无伦次，甚至做出不合常理的行动。还有的患者已能正常工作、学习和生活，但常因恋爱结婚，而睡眠不足、体力的消耗、精神压力导致精神病复发。因此，精神分裂症患者，不是经治愈并使病情稳定2年以上者忌结婚。

❼ 传染病隔离期忌结婚：由于传染的基本特征是具有传染性，因此传染病患者必须在隔离条件下进行治疗和康复，凡已诊断为传染病的患者从其潜伏期到恢复期都必须严禁结婚。因为这段时间不仅性生活会影响患者的康复，更严重的是还可威胁对方的健康，使对方染上同样的疾病。另外，某些传染病虽已传向恢复阶段，但还有发生并发症的可能，严重者甚至危及生命。

⭐ 067. 夫妻不宜食用的十种食物

❶ 茭白：阳痿遗精者忌食茭白。

❷ 芝麻：根据前人经验，遗精之人当忌食芝麻。

❸ 虾子：性温，味甘咸，有补肾兴阳的作用，多食会加重阴虚火旺和相火妄动之势。所以，对遗精、早泄和阴茎异常勃起者，切忌多食。

❹ 牡蛎肉：性微寒，味甘咸，遗精或滑精者忌食之。

⑤ 海松子：遗精早泄者不宜多食。

⑥ 兔肉：根据医书记载，兔肉多食损元阳，影响性功能。

⑦ 酒：过度饮酒导致男性精子畸形，性功能衰退、阳痿等；女子则会出现月经不调，停止排卵，性欲减退甚至性冷淡等早衰现象。有生育计划的夫妇，至少半年内应绝对戒酒。

⑧ 可乐：男子饮用可乐型饮料，会直接伤害精子，影响男子的生育能力。若受损伤的精子一旦与卵子结合，可能会导致胎儿畸形或先天不足。

⑨ 肥腻厚味的食物：长期食厚味可使性激素分泌减少，导致性功能减退。

⑩ 过咸、过冷的食物：咸可提味，但过咸可伤津，津伤则耗神，不利助阳；凉食亦损阳。

068. 影响夫妻关系的有害因素

1. 忌依赖父母：否则很难对现在的小家庭建立起责任感和归属感，不利于婚姻幸福和家庭建设。

2. 忌男主外女主内：这样对妻子造成的压力会很大，伤害夫妻感情。应该家务活平分，不应让一个人承担。

3. 忌形影不离：形影难离固然是婚姻幸福的象征，但却决不可互相强求。如果夫妇双方在志趣、业余爱好、追求方面存在某些差异，一味强求配偶与自己一起活动，只能伤害对方的感情。

4. 忌不拘小节：家庭是一个小社会，夫妻之间如果随随便便，粗言粗语，不拘小节，尽管对方没有言表，心里可能相当反感、甚至厌恶。随着时间的推移，夫妻之间的裂缝就会慢慢增大，若没能及时采取措施补救，幸福的婚姻也会是走向死亡的坟墓。

5. 忌双方父母分得太清：夫妻双方都不是一个简单的个体，周围都会有自己的家庭关系。人多必然会出现各种情况。这时应当互相体谅，想对方所想，急对方所急，这样的感情才会越拴越牢。一方家中需要帮助，另一方便去尽力支持，只有这样才对。

6. 忌回家撒气：夫妻双方不要将在外面遇到的不愉快情绪发泄到家中。要明白，发脾气会引起全家不愉快。这并不是说，在外面受到委屈，都要瞒着家人，你可以找一个时间，把心头的郁闷倾吐出来。做丈夫或妻子的这时就应该以温和态度鼓励或劝解对方，帮助他（她）尽快消除苦闷。应该相信事情会随着时间的流逝而过去的。

7. 忌经济问题"独立自主"：如何花钱并不是一件小事，有许多夫妇为金钱而不和。结婚前大家的钱都是各花各的，养成了"独立自主"的习惯，结婚后就要把这习惯改掉，在经济上树立起家庭的观念，共同商量，合理安排。在经济条件不宽裕时，夫妇都应有自制和忍耐，不自作主张乱买东西。

⑧ 忌无故迟归和外宿：目前，不少家庭是上班族。全家往往唯有共进晚餐时方可团聚。本来夫妇在一起交流感情的时间已很少，如果再无故迟归甚至外宿，就更会给双方心理增添焦虑和烦恼。这样夫妇之间的感情就会成为"无源之水"容易干枯。

⑨ 忌情感不信任：因对方猜不透自己的心事，体察不到自己的感情需要，便认为对方不爱自己，这是人们常犯的一个错误。其实，没有明确的交代和相当长时间的探索，夫妻之间也是难解其意的。因此，夫妻双方应该真诚对待，多多交流，达到情感生活的交融。

⑩ 忌动辄离婚：结婚以后，夫妻拌嘴吵架是常有的事。问题是要正确对待这些矛盾，把大事化小、小事化了。发生摩擦时，忌动不动就提离婚，一定注意避免说出将来会使自己后悔的狠毒话，也不要怀恨在心。要认识到，丈夫或妻子有了困难不幸，互相支持依靠，渡过难关之后，关系会更密切。

069. 夫妻交谈禁忌

❶ 忌虚情假意：夫妻之间甜蜜的语言、亲昵的动作虽对调节夫妻关系十分必要，但不注意场合或没有分寸则会收到适得其反的效果。如热恋期花前月下的信誓旦旦，随着婚前婚后的变化而不能如愿，会使一方感到虚伪。过分的殷勤又使人感到是讨好卖乖。

❷ 忌强制命令：夫妻在日常生活中，尤其是对方情绪不佳时。命令式的口气分配某项任务，或毫无商量之意，认为理所当

然，容易成为口角的导火线。

❸ 忌多加指责：日常生活中，夫妻间总有一方使对方不满意的地方。此时应以"恋人心肠"加以宽容，少加指责。

❹ 忌针锋相对：如果夫妻双方在某一件事情上的观点不同，应该好好沟通交流，采取一个折中的办法来解决问题。切忌像辩论会一样，针锋相对，非要对方同意自己的观点，这样火爆的方式一来解决不了问题，二来影响家庭和睦。

070. 夫妻吵架应注意"度"

夫妻吵架应就事论事，切不可为一件事，而将陈年老账都翻出来，更不得摔砸东西。只有平心静气地阐述自己的理由，才是解决问题的正确态度。

❶ 切忌在吵架时互相贬低对方家庭及成员。这样会把矛盾扩大，引起更大的愤怒。

❷ 忌口出恶言。当夫妻双方各自进行情绪发泄时，要理智地掌握用词分寸。不要口出恶言，去刺伤对方的心灵。

❸ 不应在吵架后，回娘家或离家不归。离家不归会使冲突更趋激化，从而产生新的

危机，甚至导致夫妻关系的破裂。

❹ 不论争斗如何厉害，夜间切忌分床而睡。亲近会使双方感到冲突并未使两人的心分开；使双方从反思中获得理解。

❺ 尽量避免外人介入夫妻吵架，更不应到外界去寻找同情、支持与安慰。

❻ 不应在孩子面前争吵，这会使孩子失去安全感。

❼ 吵架时，一方不要以沉默相对，这会使对方更加火冒三丈。

❽ 切忌动手。一定要掌握住"动口不动手"的原则。一旦动手，在对方心里会留下不可磨灭的伤痛，造成婚姻破裂。若一旦失控而动手打斗，事后一定要互相道歉。

❾ 切忌攻击对方弱点，不可一再揭对方疮疤。每个人都有脆弱的一环，甚至有"隐私"，冲突时不揭短，以免挫伤对方的感情。

❿ 切忌不依不饶，非要争个是非清楚，夫妻间的事是一道永远解不完的题，无所谓高低、输赢，不必耿耿于怀，结怨报复。如果冲突的一方善于运用隽永幽默的语言，则是可能使一场激烈的冲突朝着良好的愿望转化。

071. 杜绝外遇的方法

造成外遇的内部原因有三：①单调；②缺乏交流；③孤独。对此，婚姻问题专家提出了防止出现外遇情况的几点意见。

❶ 目标应现实：如果夫妇总幻想追求逝去的新婚时的欢乐，他们的关系便会出现裂隙。这并不是说爱情会永远消逝或性生活不再激动人心，而是说不能用新婚时的标准来衡量多年的夫妻关系。用现实的眼光会使夫妇发现多年的关系反倒更充实。

❷ 树立配偶第一的原则：不管你关心什么，诸如事业、孩子或家庭，都应牢记一条准则：在所有关系中配偶应处于第一优先的地位，换句话说，也就是主要的业余时间和努力应花在夫妇关系上。

❸ 生活应充满变化：夫妻间的关系应当像流水，充满变化，已经冷淡了的关系重新恢复起来需要时间，但值得为之努力。双方应从互相关心、互相注视开始，这样便会促进相互的爱抚，性生活也将成为有意义的示爱的行为。双方也会燃起对爱情新追求的火花。

❹ 尽可能避开有争议的观点：在家政管理上，在经济开支方面，夫妻间可能会出现分歧。当出现分歧时，夫妻间应有意避开在这类观点上的交锋，否则便会陷入"争执、争吵、感情淡化、争吵加剧"这样一种恶性循环中。夫妇间如有一方能认识到导致矛盾爆发的焦点并有意淡化它，情感便得以交融，关系将趋于和谐。

072. 再婚夫妻应警惕的雷区

经历过婚姻打击或婚姻不幸后的再婚，由于有前次婚姻作为对比，在感情依托和精神抚慰上，常常有更高的要求，所以，再婚夫妻在生活中要注意以下几点：

❶ 忌怀旧：或许前次婚姻是不幸的，它既没能令你满足，也没给家庭生活带来什么幸福。但毋庸置疑，一段时间的夫妻生活，毕竟会留下许多美好和令人难忘的记忆。如果前次婚姻是幸福的，只是由于某种意外的打击，造成婚姻解体，在这种基础上再婚的夫妇、如常把新配偶的缺点，与原配偶的优点比较，这样越比越会感到新婚姻的不幸，心理上就会筑起一道妨碍幸福的篱墙。

❷ 忌猜疑：怀疑再婚配偶与前夫、前妻藕断丝连，或与别人有什么瓜葛，也是再婚家庭常出的一个"故障"。

❸ 忌不满足：由于有一次或几次婚姻为前提，再婚夫妇不可避免地会犯"永不满足"的错误，不满足配偶的爱，不满足配偶的关心，不满足配偶的忍让。

❹ 忌漠不关心：没有了初婚的神秘的激情，再婚夫妇对对方的所作所为，所需所求，常容易采取"冷眼旁观"态度。如此种种不良情绪日渐发展，难免会将再婚引向失败。

❺ 忌厚此薄彼：各自婚前的孩子，如果一同走向再婚家庭，在"近亲"心理的左右下，再婚夫妻容易厚此薄彼。这种意识不消失，再婚家庭当然也不可能幸福。

❻ 忌争高争低：夫妻之间无所谓谁胜谁负，关键在于互相谦让，互相尊敬。再婚夫妇更应如此，如果欲一试高低，互不相让，那就大错特错了。

❼ 忌吹毛求疵：再婚夫妇应更加懂得迎合对方的心理，尊重对方的意愿，要学会宽容和谅解，如果一味吹毛求疵，后果不堪设想。

❽ 忌冷热无常：感情温度的持久炽热，才可能给受伤的配偶心理带来慰藉。冷热无常的感情变化，只可能加剧以前的创伤，给再婚配偶留下永远也抚不平的心灵伤痕。

073. 家务劳动巧安排

❶ 忌劳动量过大，持续时间过长：一般一次不要超过2小时。特别是不要平时不做，都积到星期天去做，搞突击，或搞夜战，干到十一二点钟，影响睡眠，不利于身体健康。

❷ 忌家务劳动一个人承担：家务活儿要大家干，各尽其能，不要都推到家庭主妇一人身上。不少好心的妻子心疼丈夫，怕他累着，不让丈夫动手，又心疼孩子，什么活都自己包了。这种做法不仅自己过累，对身体不利，对丈夫和孩子更不利。男性缺乏体力活动更宜患高血压和冠心病，并引起肥胖。小孩更应从小养成爱劳动的好习惯。

❸ 忌不讲科学：做家务活儿，要善于安排。下班后刚到家，身体疲乏，不要马上做以体力劳动为主的活儿。体力劳动及脑力活要交叉进行，不要总干一样。以用手为主或走路为主的活儿，也应交替进行。这样会提高效率，防止过早地疲劳，实际上，干体力活儿对脑力劳动者来说，是种休息方式，而干脑力为主的活儿，对体力劳动者来说，也是一种休息方式，所以说，干家务要讲究科学。

074. 性生活注意事项

❶ 疲劳、远行、运动、严重失眠时不宜同房：因为此时同房会损伤元气，使机体抵抗力下降从而造成疾病。

❷ 心情不快时或没有性欲时不宜同房：否

则一方强制，一方反感，将导致女方性冷淡或男方阳痿。

❸ 环境不佳时不宜同房：夫妻同房应该在幽静、整洁的环境中进行。环境嘈杂容易精神不集中，影响性生活质量；环境污浊，还会造成生殖器细菌感染而致病。

❹ 酒后不宜同房：喝酒会对性功能造成破坏，酒精会对精子、卵子造成损害，酒后受孕将会危及胎儿，造成畸形、智力低下、发育不良等后果。

❺ 生殖器不洁不宜同房：以免将细菌病原体带入对方体内导致细菌感染甚至疾病发生，严重者会导致宫颈癌。所以，性交前男女双方都应洗净生殖器，尤其是丈夫一定要体恤妻子，做好自己的清洁工作。

❻ 饱食或饥饿时不宜同房：饱食使肠道充盈并充血，大脑及其他器官相对地血液供应不足，此时进行性生活会影响肠胃功能；饥肠辘辘，人的体力下降，精力不充沛，达不到性满足，还会使人感觉头晕眼花、耳鸣、乏力等。

❼ 时间不宜拖得太长：有些夫妻为了获得性快感，常常有意延长性交时间。这样做不科学。性交时间太长，男女双方生殖器长时间处于充血状态，很可能影响泌尿系统正常生理功能，诱发如前列腺疾病或者月经紊乱等妇科疾病。

❽ 不宜中途停止：在双方没有达到高潮之前，因为一些原因而中途停止性交，是违背生理健康的。长期如此，男性容易发生前列腺疾病，女性则易头痛、阴冷。

❾ 忌不和谐：性生活的和谐与否对夫妻的健康和情绪起着十分关键的作用。如果婚后的性要求长期得不到满足，就会影响身体健康，往往出现易动肝火，过度疲劳，失眠，对工作和家庭不感兴趣，出现腰痛，对配偶反感等。

❿ 忌性生活过频：性生活次数，新婚初期一般以每周4～5次为宜。婚后数月一般以每周2～3次为宜。性生活要以性生活后的第二天，双方不感到疲劳为度。如果性生活过频，不加节制，就会导致周身疲乏、腰疲无力、头晕思睡、食欲减退等。尤其是患有慢性病或体质较差的人，会由于性交过频而加重病情，或致旧病复发。因此，夫妻性生活忌过频。尤其是蜜月期间更应注意。

✦ 075. 行房后应当心受寒

行房后应静卧休息，不要马上起床参加剧烈的运动和紧张的脑力劳动，并且严禁受风、受寒或冷水浴，以免对身体造成伤害。此外行房后还应注意以下几点：

❶ 忌内裤前后反穿：否则大肠杆菌极可能进入泌尿道，从而引起膀胱和肾脏炎症。

❷ 忌饮冷饮：否则会使胃肠血管急剧收缩而损伤胃肠。

❸ 忌不排尿、不清洗下身：否则将细菌带入阴道和尿道而引起感染。

❹ 忌立即吸烟：此时吸烟，会促使烟中有害物质的吸收，影响健康。

❺ 忌再交：频繁性交，对双方身体有害无益。

⭐076.女性过性生活的禁区

❶ 女性行经、分娩及各种妇产科手术后，如果在创口未愈合前进行房事，就会引起感染、出血，甚至造成慢性妇科病，严重影响身心健康，所以，在妻子的"红灯"禁区丈夫应该予以理解和配合。

❷ 月经期：在月经期，由于子宫颈口开放，子宫内膜脱落充血，身体抵抗力降低，此时性交极易造成感染，可引起头晕眼花、腰酸腿软，甚至导致月经紊乱、恶露不止、渐进性贫血、痛经闭经、附件炎、盆腔炎等多种妇科疾病，严重影响女性身心健康。男性则容易发生尿道炎。故自行经开始，至净经3天应禁房事。

❸ 流产和分娩后：按子宫的恢复过程来说，孕早期（前12周）流产（包括人流）后应禁房事1个月；孕中期（中间16周）流产后应禁房事一个半月；孕晚期（最后12周）分娩后应禁房事2个月。

❹ 孕期和临产：妊娠头3个月和最后3个月忌同房，否则可能发生早产、流产。妊娠期内其余月份也应尽量节制同房。临产前更应该严禁同房，以防发生产后感染。

❺ 诊断性刮宫：用于患不育症、月经失调、怀疑子宫内膜腺癌者。诊刮术前3天及后2周内应禁房事。

❻ 输卵管造影：用于患不育症者。因子宫颈曾被扩张，故造影前3天及后2周内应禁房事。

❼ 子宫颈活组织检查：做子宫颈活组织检查，需在不同部位夹取4块米粒大小的宫颈组织。因手术后子宫颈上留下有创伤，故术后2周内应禁房事。

❽ 子宫颈电烫，激光烧灼或锥形切除术：适用于重度子宫颈炎，术后一月内应禁房事。

❾ 附件手术：因患卵巢囊肿需做附件切除，输卵管妊娠做输卵管切除手术后，盆腔内创面的修复约需3个月，故术后3个月内应禁房事。

❿ 子宫切除手术：因患大型子宫肌瘤或病灶广泛的子宫内膜异位症时，需做子宫切除。子宫切除后，无月经来潮和生育能力，并不影响性功能。但手术后盆腔内留有较大的创伤面，阴道口顶端又有手术的切口，故术后半年禁房事。

⓫ 女性结扎术后2个月内忌同房，男子结扎术后、女子放环或取环以后2周内忌同房，主要是预防感染。

⭐077.不宜服避孕药的女性

❶ 患急慢性肝炎肾炎的人不能服用。因为人工合成的雌、孕激素都是在肝脏解毒进行代谢，再经肾脏排出。如果肝、肾功能不好，就会造成药物在体内的蓄积，加重肝脏的负担。如果曾患过肝、肾疾病，已经治愈，可在医生指导下服用。

❷ 患高血压和心脏病的人不能服用。虽然一般服药后血压没有变化，但少数人血压会增高。因此患高血压、有高血压病史和有明显高血压家族史的人不宜用。服药前血压正常者，服药期间也应每3~6个月测一次。另外，雌激素有使体内水、钠潴留的

倾向，加重心脏负担，所以心脏功能不良的人不宜用。

❸ 有糖尿病的患者、糖尿病家族史和生过巨大胎儿（4000克以上）的女性不要服用。因为用药后有少数人血糖轻度增高，原有隐性糖尿病者，可能成为显性。另外，有巨大胎儿分娩史的，在排除糖尿病以前不要服避孕药。

❹ 以往或现在有血管栓塞疾病者不要服用。避孕药中的雌激素可能增加血液的凝固性，这对健康人来说影响不大，但对有血管栓塞性疾病的人（如脑血栓、心肌梗死、脉管炎等），就有可能加重病情，所以不宜服用。

❺ 哺乳期的女性不宜服用。避孕药可使乳汁分泌减少，并降低乳汁的质量，还能进入乳汁，对哺乳儿产生不良影响，所以哺乳期妇女不宜使用。

❻ 患胆结石、胆囊炎的妇女以及身体过胖、有胆结石家族史的妇女，要慎用口服避孕药。这是由于口服避孕药能升高血浆中的胆固醇及其脂蛋白，对于年龄较大、身体过胖的妇女，有可能诱发胆石症和胆囊炎，或有可能使原有胆石症、胆囊炎的妇女加重病情。

❼ 生殖器官、乳腺、肝脏怀疑有癌症病患者，或有家族乳腺癌病史的女性。

❽ 甲状腺功能亢进的妇女，在没有治愈前，最好不要使用避孕药。

❾ 有不规则的阴道流血，或手术后不满一个月的女性。

❿ 怀疑已怀孕，或以前怀孕时患过黄疸病的女性。

078. 久服避孕药易导致贫血

贫血和长期服用避孕药有一定内在关系。因为人体需要的叶酸大都是从饮食中摄取的，但是饮食中的叶酸是以不易为人体吸收的多聚谷氨酸盐形式存在的，在肠中必须通过去连接酶的作用而成为能被人体吸收的单谷氨酸醋，再合成叶酸。如果长期服用口服避孕药则会影响去连接酶的作用，从而造成叶酸缺乏而出现贫血，临床发现不少久服避孕药的女性患有贫血。因此凡久服避孕药的女性应适当补充维生素B_1、维生素B_{12}和维生素C等。

079. 蜜月期间不宜受孕

蜜月期间不宜受孕：因为此时双方性交次数频繁，精子和卵子质量不是最好。最好在结婚3~6个月时再受孕。此外，以下几个时期也应避免受孕：

❶ 春节不宜受孕：首先，冬春季节是各种病毒性疾病流行的季节。其次，由于天气寒冷，如果居室用煤取暖又不注意通风换气，可以造成室内空气污染。还有不少人在节日期间频繁地熬夜、推杯换盏。而这些都不利于优生。因此，凡是准备在春节结婚的人，应注意采取有效措施避孕和预防各种病毒性传染病，包括提前接种疫苗、戒烟忌酒、注意睡眠、锻炼身体和孕早期少去公共场所等。

❷ 夏天不宜受孕：夏天气温高，人体表面水分的蒸发量非常大，另外还耗损大量无机盐、维生素和氨基酸等营养物质，胃酸浓度减低，食欲减退，消化能力减弱，直接妨碍人体营养的吸收，必将影响胎儿的发育。此外，夏天还是肠道传染疾病多发季节。人易出现头昏脑涨、心悸胸闷、四肢无力、精神疲乏等现象。因此，忌夏天受孕。最好选择在夏末秋初。

❸ 停服避孕药不到半年，这时体内的药物还有残留，会影响胎儿发育。

❹ 正在患病，或病后初愈，身体尚未恢复时，不宜受孕。

❺ 生殖器官手术后（诊断性刮宫术、人工流产术、放、取宫内节育器手术等）恢复时间不足6个月忌受孕。

❻ 产后恢复时间不足6个月忌受孕，以免影响体质的恢复。

❼ 近期内情绪波动或精神受到创伤后（大喜，洞房花烛夜；大悲，丧亲人；意外的工伤事故等）忌受孕。

❽ 疲劳过度时不宜受孕。特别是新婚夫妇在旅行过程中，应该加强避孕措施。

❾ 患慢性病服药期间不宜受孕。

080. 暂时不宜怀孕的人群

❶ 结婚时年龄较小者：女性最佳婚育年龄为23～25岁，男性为24～30岁。

❷ 男方超过55岁或女方超过35岁不宜怀孕：超过以上年龄生育的子女，畸形及低能儿的发生率将显著提高。

❸ 怀孕前3个月没戒烟、酒者。

❹ 长期服用避孕药和怀孕前两个月没停药者。

❺ 长期服其他药物，又没经过数周停药者。

❻ 采用避孕环避孕，取环后月经不正常者。

❼ 有过两次以上习惯性早产、流产，没等一年后而怀孕者。

❽ 打过风疹预防针或患过风疹的女性，在3个月内不宜怀孕。

❾ 多次接受放射检查或治疗（特别是腹腔部位照射过X光）后的女性。

❿ 心肌梗死患者在恢复期时忌性生活。以免因性生活时高度兴奋而引起心电生理紊乱，从而导致病情恶化，严重者甚至死亡。

081. 不适合生育的女性

❶ 严重贫血的女性忌生育：健康女性的血色素应在12%以上。凡低于8%的为严重贫血。严重贫血女性，如果怀孕，对子女和本人都有害处。因为女性怀孕后，血液中的血浆成分会逐渐增多，血色素含量却相对减少，从而形成"生理性贫血"，使贫血加重，从而孕妇出现头昏、气喘、眼花、乏力等症状。贫血还会使胎儿的营养和氧气供应不足，导致胎儿发育不良。另外，还可以引起流产和早产，分娩时宫缩无力而发生难产。

❷ 患肝炎病女性忌怀孕：患肝炎的女性在病期肝功能已经受到严重损伤，肝脏的解毒功能减弱，如果这时怀孕，就会加重肝细胞的损伤，肝炎病毒还可经胎盘直接传染给胎儿，从而影响胎儿的生长发育。同时，容易造成流产、早产、死胎及胎儿畸形，对母子都不利。因此，女性患了肝炎应忌怀孕生育。如已怀孕者应终止妊娠，并坚持避孕。

❸ 患肾脏病女性忌怀孕：女性在怀孕后，胎儿的代谢产物主要是经过母亲的肾脏排出，这就大大加重了肾脏的负担，不仅会

使原来的病情加重，甚至引起肾功能衰竭，发生尿毒症等病症。另外，还可能引起流产和早产。

④癫痫病患者忌怀孕：患癫痫病的孕妇，由于水、钠潴留，电解质紊乱，情绪和激素的改变，使癫痫发作频繁。癫痫的频繁发作，会造成胎儿发育迟缓，甚至出现流产、先天性畸形等。

⑤患精神病的女性忌怀孕：患精神病的女性，生活上往往不能自理，分娩后哺乳、照料孩子都难以胜任。精神病的治疗一般要持续服药3～5年，怀孕后服药，对胎儿有致畸作用。而且，如果.因怀孕而停止服药，则对自己的病不利，有些精神病还可能会遗传给下一代。

⑥自己或者对方有遗传病忌怀孕：从优生学角度来看，遗传病患者体内的病态基因会遗传给后代，对后代的健康不利。因此，双方如果患有遗传性糖尿病、先天性聋哑、尿崩症、先天性视网膜变性、神经纤维瘤、多囊肾、唇裂畸形、精神分裂、畸形等疾病者，忌生育。

⑦吸烟的妇女：香烟中的许多化学物质对卵巢来说是有毒性的，可以导致卵细胞死亡。所以，吸烟女性已怀孕或正在考虑要个孩子，那就要和医生认真讨论，制订一个戒烟计划。

082. 婚后不育不要过度紧张

婚后不孕而又盼子心切的人，往往情绪过度紧张。这种长时间的忧虑，可能导致一些女性生殖系统功能障碍而不易受孕，据医学家和心理学家的发现，心理因素对生殖系统有明显的影响。长时间的内心焦虑，会使人体经常处于一种疲劳状态，又可使输卵管痉挛、排卵受到抑制、

宫颈黏膜分泌异常等而不易受孕。因此，婚后不孕时如果不是由于生理或病理原因，就应使心理尽量保持平衡状态。忌过虑、忌焦急，将有助于提高受孕的机会。

083. 优生优育的注意事项

①忌忽视婚前检查：超过半数的育龄青年认为自己身体健康，没必要进行婚前检查。但事实上，一些看起来身体非常健康的男女青年，父母看起来也很健康，但实际上是致病基因的携带者。这样，后代很容易出现病变。这种情况只有依靠专业医生，通过家族病史调查及系谱分析来断定。因此，建议所有谈婚论嫁的年轻人，为保障后代的身体健康而尽好自己的一份责任，主动进行婚前检查。

②忌不计划怀孕：据调查，半数以上的青年夫妇结婚以后不采取避孕措施，往往在不知不觉中怀孕。由于事先毫无计划和准备，结果有的发生了自然流产，有的感染了流感、风疹等病毒性疾病，有的使用了孕期应当禁用的药物……可见，婚后注意避孕、实行有计划的自主怀孕很有必要。当夫妻双方确定要孩子后，应共同进行一次优生咨询和健康检查，通过综合检测手段来确定最佳受孕时机并同房受孕，使新鲜的、活性最高的卵子和精子相结合。

③忌忽视孕检：孕妇定期做产前检查的规定，是按照胎儿发育和母体生理变化特点制定的，其目的是为了查看胎儿发育和孕

妇健康状况，以便于早期发现问题，及早纠正和治疗，使孕妇和胎儿能顺利地度过妊娠期和分娩。整个妊娠的产前检查一般要求是9～13次。初次检查一般在怀孕4个月，在怀孕4～7个月内每月检查一次，怀孕8～9个月每两周检查一次，最后一个月每周检查1次；如有异常情况，必须按照医师约定复诊的日期去检查。

❹忌胎儿发育过大：近年来，经常可以见到一些通过剖宫产出生的大胖娃娃。这些体重超过4000克的大胖娃娃，在医学上称之为巨大儿。目前无论在城市还是在农村，通过剖宫产术出生的巨大儿越来越多，自然分娩的产妇人数因此而急剧下降，发生子宫破裂、胎儿宫内缺氧、手术损伤甚至产妇死亡者也随之增多。所以，孕妇应在整个孕期按规定认真进行产前检查，主动接受医生的饮食指导。

084. 丈夫保健指南

❶忌忽视尿糖与血糖：妻子应该监督丈夫定期测量尿糖和血糖，特别是丈夫有糖尿病家族史、偏胖或原因不明的体重下降及乏力情况的，更应重视做好这两项的检查，一般至少每半年1次。

❷忌忽视饮食：多数妻子总怕丈夫吃不好或吃得少，想方设法让丈夫吃得多、吃得好，这是不科学的。人到中年，吃什么和吃多少应该根据不同的体质和健康状况而定。

❸忌忽视胸痛或胸闷：妻子应特别注意丈夫是否有原因不明的胸痛或胸闷，观察疼痛部位及程度。

❹忌忽视血压：一个中年人的妻子，如果不了解丈夫的血压情况，则表明她对丈夫的健康状况不够关心。因为男子进入中年以后，容易患高血压，为了早期发现及早

期治疗高血压，中年男子应该定期测量血压。

❺忌忽视血脂：凡有高血压、冠心病、中风等病家族史和血压偏高、肥胖及不参加运动的脑力劳动者，尤其应该注意做好这项检查。

❻忌忽视便血与尿血：大小便常常是人体健康的两面镜子，妻子应该关心丈夫的大小便是否正常。

❼忌忽视心律与心率，妻子应该学会测量脉搏和听心律，一旦发现丈夫心率异常或跳得不规律、不均匀的情况时应到医院进一步检查。

085. 夫妻日常服药需慎重

❶激素性类药物如雄激素甲基睾丸酮、丙酸睾丸酮等，主要用于男子睾丸功能不足，但如果长期大量使用，会引起睾丸萎缩，使精子生成量显著减少，造成不育症。

❷镇静药如安宁、安定与利眠宁，常常用于治疗焦虑性神经官能症，可使中枢神经处于抑制状态，芬那露有明显的肌肉松弛作用，如果服用较大剂量的药，也会引起阳痿。

❸胃肠道解痉药如阿托品、颠茄、山莨菪碱、东莨菪碱、普鲁本辛等，会影响血管平滑肌紧张度，使阴茎不能反射性充血勃起。

❹利尿药氯噻嗪类与速尿、利尿酸等如果长期服用，由于排泄钾过多，致使阴茎勃起无力。

086. 常穿过紧的衣裤易导致男子不育

常穿过紧衣裤是诱发男子不育的根本原因。因为紧身裤会使阴囊与睾丸更紧贴

身体，会增加睾丸局部的温度，这有碍精子的产生，另外紧身裤也会阻碍阴囊部位的血液循环，造成睾丸的疲血，对精子的产生十分不利。此外，下列几种情况也容易导致男子不育：

❶ 饮食缺少营养： 人类精子的产生与饮食的营养水平有密切关系，确切地说与钙、磷、维生素A、维生素E等物质直接有关；一旦饮食中缺少这些物质，精子的产生便会受到影响，产生一些质量很差的精子，或造成男子不育。

❷ 情绪不佳： 一个人如果长时间精神处于压抑、悲观、沮丧、忧愁等状态，大脑皮层的工作便会失调，全身神经、内分泌功能也会失调，睾丸的生精功能及性功能也会受影响，于是不育情况便会发生。

❸ 长途和过度劳累地骑自行车： 这样一方面睾丸局部受到振荡和颠簸，有损生精功能；另一方面，由于骑车的车座正好处在人体会阴部，使后尿道、前列腺、精囊等器官受到压迫，这些器官充血的结果会影响前列腺液与精囊液的分泌，而这些液体正是构成精液的主要成分，分泌异常，精液成分受到影响，因而会诱发不育。

❹ 房事过频： 一次射精之后，需要5~7天才能恢复有生育力的精子数量，所以房事过于频繁，每次射精的精子过少，反而不

育。另外，房事不节制会导致慢性前列腺充血，这会直接影响精液的营养成分、数量等，可诱发不育。

⭐ 087. 人工流产的禁忌

❶ 忌反复流产： 反复流产极其危害身体：可造成身体亏损、习惯性流产、子宫穿孔、继发性不孕、宫腔感染、阴道出血和宫颈或宫腔粘连。

❷ 忌不讲究卫生： 流产时，子宫颈口从开放到闭合需一定时间，因此流产后一定要注意个人卫生，保持外阴部清洁。

❸ 忌不注意营养： 人流后最初几天，可吃一些容易消化的、暖性的食物，如鸡汤、红糖鸡蛋水，肉汤等，随后可增加含蛋白质、维生素和矿物质较多的食品。

❹ 忌不注意休息： 人流后最初几天必须卧床休息，以后可适当增加轻微活动，但忌过早参加较重体力劳动，以防诱发子宫脱垂。

❺ 忌过早同房： 如果过早地行房，很容易将细菌直接带进生殖器官，从而引起子宫内膜炎或输卵管炎，使子宫内膜破坏或输卵管闭塞而导致不孕症，甚至在急性期细菌从创面侵入血流，扩散为败血症而危及生命。因此，流产者必须在恶露完全干净1~2个月后，才能行房。而且还需更注意采取有效的避孕措施。半年内一般应避免再次怀孕。

有下列情况者不宜做人工流产术：

①各种疾病的急性期或严重的全身性疾患，需待治疗好转后住院手术。

②生殖器官急性炎症。

③妊娠剧吐酸中毒未纠正者。

④术前有发热者。

⑤术前3天有同房者。

孕期生活禁忌
——准妈咪，该给幸福上份保险

★088. 孕妇常食桂圆易导致流产

桂圆甘温大热，一切阴虚内热体质及患热性疾病者均不宜食用。孕妇食之不仅不能保胎，反而极易出现漏红、腹痛等先兆流产症状。因此，孕妇不宜吃桂圆。此外，下列几种蔬果孕妇也尽量不要吃：

1. 胡萝卜：胡萝卜虽然含有较丰富的营养，但胡萝卜素有引起闭经和抑制卵巢排卵的功能，故欲生育的女性应忌食。

2. 菠菜：人们一直认为菠菜含有丰富的铁质，具有补血功能，所以被当作孕期预防贫血的佳蔬。其实，菠菜中含有大量草酸，草酸可影响锌、钙的吸收。

3. 土豆：土豆中含有一种叫龙葵素的毒素。孕妇若长期大量食用土豆，毒素蓄积体内会产生致畸效应。孕妇也不能贪吃薯片。虽然薯片接受过高温处理，龙葵素的含量会相应减少，但是它却含有较高的油脂和盐分，多吃会诱发妊娠高血压综合

征，增加妊娠风险，所以孕妇还是不吃或少吃为好。

4. 海带：孕妇缺碘会影响胎儿发育不良，造成智力低下，因此孕妇适当吃些海带，以补充体内的碘。但应注意的是孕妇若过量地服用海带，过多的碘又可引起胎儿甲状腺发育障碍，这对胎儿的正常发育会产生不良影响，婴儿出生后可能会引起甲状腺功能低下。

5. 山楂：山楂可以刺激子宫收缩，有可能引发流产。但是分娩后食用山楂是有益

> **TIPS 贴士**
>
> 孕妇常有恶心、呕吐、喜酸的"早孕反应"，是因为体内胎盘分泌的"绒毛膜促性腺激素"抑制人体胃酸的分泌，降低消化酶的活性，从而使孕妇的消化能力大大降低，出现食欲减退、恶心、呕吐等现象，所以孕妇常常通过吃带有酸味的食物来弥补胃酸的不足。孕妇可以放心选择西红柿、杨梅、樱桃、橘子、葡萄、苹果等酸味浓郁、营养丰富的新鲜果品。

的，可以治疗"滞血痛胀"和"腹中疼痛"，有助于产后子宫收缩和复位。

089. 孕妇吃黄芪炖鸡易导致难产

黄芪具有益气健脾之功，与母鸡炖熟食用，有滋补益气的作用，是气虚的人食用的极佳补品。但快要临产的孕妇应慎食，避免妊娠晚期胎儿的正常下降的生理规律被干扰，而造成难产。此外，下列几种肉类食品孕妇也不宜食用：

❶ 猪肝：在给牲畜迅速催肥的现代饲料中，添加了过多的催肥剂，其中维生素A含量很高，致使它在动物肝脏中大量蓄积。孕妇过食猪肝，吸收大量的维生素A，对胎儿发育危害很大，甚至会致畸形。

❷ 咸鱼：咸鱼含有大量二甲基硝酸盐，进入人体内能被转化为致癌性很高的二甲基硝胺，并可通过胎盘作用于胎儿，是一种危害很大的食物。

❸ 甲鱼：甲鱼性味咸寒，有着较强的通血络、散瘀块作用，因而有一定堕胎之弊；尤其是鳖甲（即甲鱼壳）的堕胎之力比鳖肉更强。

❹ 螃蟹：螃蟹，虽然味道鲜美，但其性寒凉，有活血祛瘀之功，故对孕妇不利，尤其是蟹爪，有明显的堕胎作用。

❺ 蛙肉：青蛙在捕食害虫时，自然地把害虫体内蓄积的杀虫剂累积到它们的体内。人食用时，可能有中毒症状。孕妇食用，对胎儿发育有危害。

090. 孕妇不可多饮茶

茶叶中的咖啡因具有兴奋作用，服用过多会刺激胎动增加，甚至危害胎儿的生长发育。茶叶中含有多量的鞣酸，会影响人体对铁元素的吸收，造成孕妇和胎儿贫血。因此，孕妇不可多饮茶。此外，下列几种饮品孕妇也不宜多喝：

❶ 酒：孕妇饮酒后，酒精可通过胎盘直接进入胎儿体内，使胎儿大脑细胞的分裂受到阻碍，导致中枢神经发育障碍，形成智力低下。另外酒精还可破坏胎儿细胞，不但使胎儿生长缓慢，还可造成某些器官的畸形。

❷ 冷饮：孕妇在怀孕期，胃肠对冷的刺激非常敏感。多吃冷饮能使胃肠血管突然收缩，胃液分泌减少，消化功能降低，从而引起食欲不振、消化不良、腹泻，甚至引起胃部痉挛，出现剧烈腹痛现象。

❸ 咖啡：咖啡因具有不同程度的致癌作用。咖啡因进入胚胎以后，会造成胚胎代谢异常、基因突变或染色体畸变，甚至可能会杀死正增殖的胚胎细胞，从而造成胎儿畸形。

091. 孕妇饮水需当心

孕妇不宜口渴才喝水，应每2小时1次，每日8次，约1600毫升。但是以下几种水孕妇不能喝：

❶ 不要喝久沸或反复煮沸的开水。

❷ 孕妇切忌喝没有烧开的自来水。

③ 孕妇不要喝保温杯沏的茶水。

④ 孕妇更不能喝蒸饭或者蒸肉后的剩水。

092. 孕妇不可只吃精制米面

人体中含有氢、碳、氮、氧、磷、钙等11种宏量元素（占人体总重量的99.95%），还有铁、锰、钴、铜、锌、碘、钒、氟等14种微量元素（只占体重的0.01%）。这些元素虽然在体内的比重极小，但却是人体中必不可少的，一旦供应不足便可产生一系列疾病，甚至出现死亡。

人体必需的微量元素，对孕妇、乳母和胎儿来说更需要，因为他们缺乏微量元素时会引起严重的后果。人们在生活中注意不偏食，尤其是孕妇，尽可能以"完整食物"（指未经细加工过的食物，或经部分精制的食物）作为热量的主要来源。例如少吃精制大米和精制面等。因为"完整食物"中含有人体所必需的各种微量元素（铬、锰、锌等）及维生素B_1、维生素B_6、维生素E等，它们在精制加工过程中常常被损失掉，如果孕妇偏食精米、精面，则易患营养缺乏症。

093. 妊娠早期多吃酸性食物易影响胎儿发育

孕妇在妊娠早期可出现择食、食欲不振、恶心、呕吐等早孕症状，不少人嗜好酸性饮食，甚至有用酸性药物止呕的做法。这些方法是不可取的。妊娠早期，母体摄入的酸性药物或其他酸性物质，可能会影响胚胎细胞的正常分裂增殖与发育生长。妊娠后期，由于胎儿日趋发育成熟，受影响的危害性相应小些。因此，孕妇在妊娠初期，大约2周时间内，不要服用酸性

药物、酸性食物和酸性饮料等。

094. 孕妇不可多食高脂肪食品

医学家指出，脂肪本身虽不会致癌，但长期嗜食高脂肪食物，会使大肠内的胆酸和中性胆固醇浓度增加，这些物质的蓄积能诱发结肠癌。同时，高脂肪食物能增加催乳激素的合成，促使发生乳腺癌，不利母婴健康。大量医学研究资料还证实，乳腺癌、卵巢癌和宫颈癌具有家族遗传倾向，而且与长期高脂肪膳食有关。如果孕妇嗜食高脂肪食物，势必增加女儿罹患生殖系统癌症。

095. 孕妇不可摄取过多蛋白质

蛋白质供应不足，易使孕妇体力衰弱，胎儿生长缓慢，产后恢复健康迟缓，乳汁分泌稀少。故孕妇每日蛋白质的需要量应达90~100克。

但是，孕期高蛋白饮食，则可影响孕妇的食欲，增加胃肠道的负担，并影响其他营养物质摄入，使饮食营养失去平衡。过多

地摄入蛋白质，人体内可产生大量的硫化氢、组织胺等有害物质，容易引起腹胀、食欲减退、头晕、疲倦等现象。同时，蛋白质摄入过量，不仅可造成血中的氮质增高，而且也易导致胆固醇增高，加重肾脏的肾小球过滤的压力。另外，蛋白质过多地积存于人体结缔组织内，可引起组织和器官的变性，较易使人罹患癌症。

每日需钙量约为800毫克，后期可增加到1100毫克，这并不需要特别

补充，只要从日常的鱼、肉、蛋等食物中合理摄取就够了。

096. 孕妇不可摄取过多的糖分

血糖偏高的孕妇生出体重过高胎儿的可能性、胎儿先天畸形的发生率、出现妊娠毒血症的机会或需要剖腹产的次数，分别是血糖偏低孕妇的3倍、7倍和2倍。另一方面，孕妇在妊娠期肾排糖功能可有不同程度的降低，如果血糖过高则会加重孕妇的肾脏负担，不利于孕期保健。大量医学研究表明，摄入过多的糖分会削弱人体的免疫力，使孕妇机体抗病力降低，易受病菌、病毒感染，不利于优生。

> **TIPS 贴士**
> 糖在人体内的代谢会大量消耗钙，孕期钙的缺乏，会影响胎儿牙齿、骨骼的发育。

097. 孕妇补钙要适度

孕妇盲目地摄入高钙饮食，加服钙片、维生素D等，对胎儿有害无益。孕妇补钙过量，胎儿有可能得高血钙症，出世后，患儿会囟门太早关闭、颚骨变宽而突出、鼻梁前倾、主动脉窄缩等，既不利健康地生长发育，又有损后代的颜面，严重者还会导致幼儿发育不良、智力低下。一般说来，孕妇在妊娠前期

098. 孕妇不可常服温热性补品

孕妇由于周身的血液循环系统血流量明显增加，心脏负担加重，子宫颈、阴道壁和输卵管等部位的血管也处于扩张、充血状态，加上孕妇内分泌功能旺盛，分泌的醛固醇增加，容易导致水、钠潴留而产生水肿、高血压等病症。再者，孕妇由于胃酸分泌量减少，胃肠道功能减弱，会出现食欲不振、胃部胀气、便秘等现象。在这种情况下，如果孕妇经常服用温热性的补药、补品，比如人参、鹿茸、鹿胎胶、鹿角胶、桂圆、荔枝、胡桃肉等，势必导致阴虚阳亢、气机失调、气盛阴耗、血热妄行，加剧孕吐、水肿、高血压、便秘等症状，甚至引发流产或死胎等。

099. 孕妇饮食不可过咸或过淡

孕妇饮食不可过咸或过淡。有些孕妇由于饮食习惯嗜好咸食，尤其是北方居民较严重。现代医学研究认为，吃盐量与高血压发病率有一定关系，食盐摄入越多，高血压病的发病率也越高。众所周知，妊娠高血压综合征是女性在孕

期才会发病的一种特殊疾病，其主要症状为浮肿、高血压和蛋白尿，严重者可伴有头痛、眼花、胸闷、晕眩等自觉症状，危及母婴安康。如果孕妇患有某些疾病，如心脏病、肾病等，应从妊娠开始就忌盐或食低钠盐。因此，孕妇过度咸食，容易引发妊娠高血压综合征。

同样，孕妇饮食也不可过淡。孕妇在妊娠的中后期，下肢会出现明显的浮肿现象，其原因是胎儿体积的增大和羊水过多，宫体压迫血管，血液回流不畅。此时，孕妇体内新陈代谢旺盛、肾脏的排泄功能较强，对食盐的需要量在不断增多。如果忌食盐或少食盐，都会引起不同程度的食欲不振，倦怠无力，严重者甚至会影响胎儿发育，并且长时间不能消肿。因此，孕妇食盐应适量，为了孕期保健，建议孕妇每日食盐摄入量应为6克左右。

100. 孕妇长期食素易导致胎儿营养不良

有些孕妇为了追求孕期的体态"健美"，或由于经济条件限制，或是日常饮食习惯，长期素食，这不利于胎儿发育。孕期不注意营养，蛋白质供给不足，可使胎儿脑细胞数目减少，影响日后的智力，还可使胎儿发生畸形或营养不良。如果脂肪摄入不足，容易导致低体重胎儿的出生，婴儿抵抗力低下、存活率较低、脑部发育迟缓。对于孕妇来说，也可能发生贫血、水肿和高血压。

所以，全素食者应注意素食搭配合理，多食用些奶类、蛋类、豆类、植物壳、坚果、海藻、蔬菜、水果等含蛋白质、脂肪、矿物质和维生素丰富的食物，并在医生指导下做到体内缺乏的营养恰当

地从化学合成剂中补充。但如果因妊娠后胃口不好或某种习惯上形成的吃素者，应尽量利用烹调多样化的方式，丰富自己的饮食，以保证妊娠期间母体与胎儿充足的营养供应。同时也可使产后乳汁分泌充足，身体健康，更能使宝宝发育良好，出生后健康成长。

101. 孕妇营养过剩易导致难产

有些孕妇存有一些错误概念，认为只要多吃高营养的食物就能使孩子身体强壮，因此不加节制地摄取高营养、高热量的食物，天天肉蛋奶不断，使胎儿过大，结果在生产时往往造成难产、产伤。其实胎儿过大并不一定健康，很多超重儿生下来就出现低血钙、红细胞增多症，进一步引起新生儿抽风、缺氧。另外，由于营养过剩，母体血糖相对较高，使胎儿胰岛分泌也处于较高水平，如果孩子出生后不能及时哺乳，胰岛强烈的降糖作用可导致新生儿低血糖的发生，低血糖对婴儿大脑会造成不良影响。

102. 孕妇的居住环境不可小视

居住环境不仅仅关系到个人的健康，而且更重要的是与体内胎儿的健康和生长发育、智力发育有关。因此准妈妈必须注意以下几点：

❶ 空气：目前空气污染的问题应引起每位

孕妇的重视。家庭装修气味，严重地影响着孕妇和胎儿的健康。而被动吸入烟雾也会使胎儿畸形。因此，切忌室内空气不流通。

②空间：不要居住在乱糟糟的房间内，这样会影响孕妇的情绪，从而影响到胎儿。

③气温：居室中最好保持一定的温度，即20~22℃。温度太高，使人头昏脑涨，精神不振，昏昏欲睡，或烦躁不安。温度太低，使人身体发冷，易于感冒。夏天可通风降温，也可使用电扇，但电扇不宜直对孕妇，更不能长时间直吹孕妇。冬天可使用暖气升温，也可使用炉子。但用炉取暖一定要开窗通气，以免一氧化碳中毒。

④湿度：居室中最好保持一定的湿度。即50%的空气湿度。湿度太低，使人口干舌燥，鼻干流血；湿度太高，使被褥发潮，人体关节酸痛。所以要保持适宜的温度。室内太干，可在暖气上放水盆，为炉上放水壶或洒水；室内太湿，可以放置去除潮湿之物或开门通气。

⑤安全：居室中的一切物品设施要便于孕妇日常起居，消除不安全的因素。把孕妇的日常用品、衣服、书籍放在孕妇随手可得之处，不需孕妇爬高爬低。家中的设施安置要便于孕妇从事家务劳动，如厨具、熨衣具、晾衣具等等的高度要适当，以孕妇站立操作时不弯腰、不屈膝、不踮脚为宜。消除一切易使孕妇发生危险的因素，家中各样物品的摆放要整齐稳当，以免孕妇碰着磕着，光滑地面要有防滑设备如铺上垫子，以免孕妇摔跤。

⑥声音：居室中要有良好的音像刺激。噪声不利于孕妇的健康和胎儿的发育，它会使孕妇心烦意乱，听力下降，会使胎儿不安、早产，甚至脑功能发育受挫。但是，无声也不利优生。过于寂静使孕妇感到孤独、寂寞，使胎儿失去听觉刺激，所以，二者均不可取。家中可以经常播放一些有益的胎教音乐，经常对胎儿说话。当然争吵和打骂是决不应有的。

⑦色彩：要注意居室中的色彩搭配。色彩对人的心理产生明显的暗示作用。孕妇在不同妊娠期对不同的色彩有不同的感觉，可以选择孕妇所喜爱的颜色，来装饰居室，以使孕妇心情舒畅。淡绿色和淡紫色两种柔和的色调最受怀孕的少妇青睐。这是因为这两种颜色是一切色系中最"温柔"的，它们的光波最弱、最平缓，几乎对人的视觉感官没有多大刺激，所以特别符合处于较强生理变化之中的孕妇的特殊色彩心理需求。

⑧装饰：居室中可以用艺术作品来加以装点，居室小，东西多，使人感到拥挤和紧张。不妨用优美宜人的风景图片、油画来开阔人的视野，帮助孕妇忘记紧张和疲劳，解除忧虑和烦恼。另外，活泼可爱的娃娃有助于联结起孕妇与胎儿之间的感情纽带。还可以在阳台上种植花草、饲养虫鱼，用小生命给居室生活带来生机。

103. 孕妇常照日光灯对胎儿的健康有害

电灯光可对人体产生一种光压，长时间照射可引起神经功能失调，使人烦躁不安。日光灯缺少红光波，且以50次/秒的频率闪烁，当室内门窗紧闭时，可与污浊的空气产

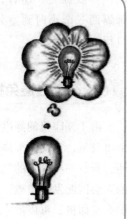

生含有臭氧的光烟雾，对居室内的空气形成污染。另外，室内外空气的污染对早孕的胚胎致畸有显著的相关性。因此，孕妇在睡觉前关灯的同时，还应开窗10～15分钟。白天在灯光下工作的孕妇，要注意去室外晒太阳。

104. 孕妇应尽量避免使用微波炉

微波具有很强的热效应，它产生强电磁波。一项研究结果表明，离微波炉15厘米处磁场强度最低为100兆特，最高达到300兆特。现在我们知道所有家用电器中微波炉的磁场最强。微波炉产生的电磁波会诱发白内障，导致大脑异常。据研究，微波还会降低生殖能力。

105. 孕妇最好不要使用空调

长期在空调环境里工作的人50%以上有头痛和血液循环方面的问题，而且特别容易感冒。这是因为空调使得室内空气流通不畅，负氧离子减少的缘故。担负着两个人的健康责任的准妈妈们，要特别小心。预防的办法很简单：最好不要使用空调；如果无法避免，则要定时开窗通风，排放毒气。还有，怀孕期间，尽量每隔两三个小时到室外待一会儿呼吸几口新鲜空气。

106. 孕妇应避免接触复印机

由于复印机的静电作用，空气中会产生出臭氧，它使人头痛和晕眩，启动时，还会释放一些有毒的气体，有些过敏体质的人会因此发生咳嗽，哮喘。如果办公室里有复印机，可以把它放在一个空气流通

比较好的地方，并要避免日光直接照射。孕妇要减少与复印机打交道，并要适当增加含维生素E的食物。

107. 孕妇使用电脑的注意事项

电脑开启时，显示器散发出的电磁辐射，对细胞分裂有破坏作用，在怀孕早期会损伤胚胎的微细结构。根据最新的研究报告，怀孕早期的妇女，每周上机20小时以上，流产率增加80%，生出畸形胎儿的机会也大大增加。

怀孕前3个月，最好不要使用电脑。必须使用时，要与电脑保持一臂距离。3个月以后，可以正常使用电脑，但时间不宜过长。

有条件时，可以在微机的荧光屏上附加安全防护网或防护屏，以进一步吸收可能泄漏的X线。这可以增加画面的清晰度，保持眼睛的舒适，并且能消除100%的静电和绝大部分的辐射。

房内要有良好的通风，以保持空气的新鲜，这一点对于和复印机共用的机房更

为重要，因为在这种工作条件下会产生一些臭氧等有害气体和粉尘，操作人员长年累月在此环境中工作，也可能会影响健康。

对于像电脑操作这样常年枯坐的工作人员，加强户外活动，注意锻炼身体，提高身体素质，这是保持自身健康的根本。

已经怀孕的电脑操作者，要消除不必要的忧虑和担心，保持乐观的情绪，按时产检，有问题可及时对症治疗。

108. 孕妇使用电话应注意的问题

电话是一项最容易传播疾病的电器。电话听筒上2/3的细菌可以传给下一个拿电话的人，是传播感冒和腹泻的主要途径。如果家里或办公室里有人患感冒，或是如厕后未把双手洗干净，疾病就会蔓延开来，很可能殃及你和你腹中的宝宝。所以你最好拥有一部独立的电话机。如果不得不和其他人共用，你至少应该减少打电话的次数。或者干脆勤快一点，经常用酒精擦拭一个听筒和键盘。

109. 孕妇使用手机的注意事项

妊娠早期是胚胎组织分化、发育的重要时期，也是最容易受内外环境影响的时期。因此为了避免胎儿的畸形，母亲在妊娠

早期应远离或少使用手机。因为手机在接通时，产生的辐射比通话时产生的辐射高20倍。不同型号的手机在使用时会有不同的辐射量，但在开始接通时辐射强度都远远超过通话时辐射强度。如果将消磁器加在天线上，可稍减手机在响铃、接听和通话时的辐射量。当手机在接通阶段，用者应避免将其贴近耳朵，这样将减少80%～90%的辐射量。怀孕初期的女性，更不应将手机挂在胸前。

110. 孕妇不应该穿完全平跟的鞋

许多孕妇认为平底鞋是最佳选择，但是穿平底鞋走路时，一般是脚跟先着地而脚心后着地，穿平底鞋不能维持足弓吸收震荡，又容易引起肌肉和韧带的疲劳及损伤，相对而言选择后跟2厘米高的鞋比较合适。此外，为了胎儿及自身的健康，孕妇穿鞋还须注意以下3点：

❶ 中、晚期的孕妇不宜穿高跟鞋：这一时期孕妇的身体已经很胖，尤其是臀部开始突起，胸部和腰部的位置都向前挺，身体也自然往后仰，这时如果穿着高跟鞋走路，孕妇身体的重心就会向前倾斜而失去平衡，引起摔跤、闪腰等麻烦。还可能造成腹腔前后径距离缩短，使骨盆的倾斜

度加大，人为地诱发头位难产。同时腹部受到的压力会上升，使血管受到更大的压力，从而整个血液循环受到限制，这样容易发生妊娠水肿。

❷ 不宜穿塑料或橡胶拖鞋：人们喜欢日常起居时穿拖鞋，因为它具有方便、柔软、有弹性等优点。孕妇的汗腺分泌旺盛，脚部的汗液多，容易形成汗脚，穿橡胶或塑料拖鞋时有可能引发皮炎，过敏性体质的孕妇尤为明显，因此以薄布拖鞋为宜。

❸ 鞋号不宜和平时一样：到了妊娠后期，脚部有不同程度的浮肿，要穿稍大一些的鞋子。

111. 孕妇千万不要穿露脐装

虽然已经怀孕1个多月，可是有的爱美的准妈妈仍舍不得脱下露脐装，结果会产生腹痛且极易把腹中胎儿冻坏。肚脐位于"神阙穴"，是人体对外界抵抗力最薄弱的部位。孕妇在怀孕早期穿露脐装，长期处于冷刺激的环境中会使宫腔内的血流减少，引起胎儿血液循环下降，容易导致流产。

112. 孕妇最好不要使用电热毯

电热毯在接通电源以后使电能转变成热能的同时，也产生电磁场。孕妇如果长期受到这种磁场的影响，对胎儿的大脑发育会造成不利的后果，会使未来的宝宝发生智力低下的问题。而且会影响胎儿的细胞分裂，导致婴儿出生后，其骨骼会发生缺陷，导致畸形。另外，长期贪图电热毯的温暖，也不利于锻炼自身的抗寒能力。因此孕妇忌使用电热毯。

113. 孕妇尽量不要接触花粉

如果孕妇在孕期最后3个月里接触花粉，婴儿患哮喘的可能性就会增加。瑞典的一项研究表明，花粉等环境因素甚至可能对出生前的胎儿也有同样的影响。由于每年不同月份的花粉水平各不相同，所以研究人员没有具体研究出生月份对患儿患哮喘的概率有何影响，但这可能是影响因素之一。孕妇与花粉接触的程度似乎比婴儿出生的月份更加重要。

114. 孕期不能接触农药

农药是一种毒性很强的化学药品，对胎儿有很强的致畸作用。妊娠期若不断接触农药等刺激性化学药品，可影响胎儿的中枢神经系统发育及性腺的分化，造成胎儿生长发育迟缓及出生后可能发生器官功能障碍，生活能力低下，不易喂养且易患病。

115. 孕妇不可打麻将

我们知道，情绪对胎儿有很大的影响。打麻将时孕妇时刻处于大喜大悲、患得患失、惊恐忧思的不良心境中，精神过于紧张，激素异常分泌，这时对胎儿大脑发育造成的损害，远远超过对母体自身的损害。

连续打麻将，还使有规律的生活节奏

被打破，使起居无序，错过用餐或饮食不定时，忘记时间，昼夜颠倒，冷热失调，人体生物钟被破坏。由于得不到充足的休息和营养，造成植物神经失调，出现失眠、高血压、食欲不振、恶心呕吐等症状。

116.孕妇不要饲养宠物

宠物的嘴、爪子、皮毛会经常沾满各种细菌、病毒、弓形体等致病微生物。猫狗身上潜藏着病毒、弓形体、细菌等感染孕妇后，可经血液循环到达胎盘，破坏胎盘的绒毛膜结构，造成母体与胎儿之间的物质交换障碍，使氧气及营养物质供应缺乏，胎儿的代谢产物不能及时经胎盘排泄，致胚胎死亡而发生流产。慢性缺氧可致胎儿宫内发育迟缓或死胎。除此以外，更为严重的是弓形体可引起先天性心脏病、小头、脑积水、脊柱裂等多种胎儿畸形。因此孕妇应禁止养猫及其他小动物，并避免与其接触，也不要到养动物的人家或动物园去玩。

117.孕妇夏季保健

盛夏气温高，体力消耗大，孕妇容易疲劳乏力。因此生活起居要有规律，保证睡眠充足。午饭后适当午睡，使机体处于最佳状态。孕妇切忌贪凉，晚上不可睡于露天、走廊、窗前、靠近空调等处，更不可迎风而卧，或久吹电风扇，以免外邪侵袭，诱发疾病。劳逸要适度，如过度劳累容易导致中暑昏厥、胎儿不安。

118.孕妇做家务的注意事项

孕妇要避免繁重的体力劳动，这我们大家都知道。但也用不着一点小事就担惊受怕，做一些适度的家务劳动不仅可以活动身体，保持体力，还能增加应对生产时强体力消耗的能力。

❶ 扫除：（1）不要登高打扫卫生，也不要在扫除时搬抬沉重的东西。这些动作既危险，又压迫肚子，必须注意。（2）弯着腰用抹布擦东西的活也要少干或不干，怀孕后期最好不干。（3）冬天在寒冷的地方打扫卫生时，千万不能长时间和冷水打交道。因为身体着凉是会导致流产的。（4）不要长时间蹲着擦地，因为长时间蹲着，骨盆充血，也容易流产。

❷ 洗衣服：（1）晾衣服时，要动脑筋想想办法，不要登高爬下。（2）洗的衣服太多时，应该干一会儿歇一会儿。

❸ 做饭：（1）为避免腿部疲劳、浮肿，能坐在椅子上操作的就坐着做。怀孕晚期应注意不要让锅台压迫已经突出的大肚子。（2）有早孕反应时，烹调的味道会引起过敏，所以要想办法做那种不用加热就可以吃的饭菜。

119. 孕妇不要用塑料梳梳头

大脑是指挥和调节人体各种活动的神经系统中枢。人要保持头脑清醒，思维敏捷，梳头是促进脑部血液循环最理想的办法。梳头不仅可以增强头发根部的血液循环，以供应头发的营养。还可以增强和改善脑部的血液循环，以滋养气血，促进新陈代谢。

头部素有"诸阳之汇"的美誉。因为人体最重要的十二经脉与几十个穴位汇聚于头部。中医认为：以梳子代替银针，对这些穴位和经脉进行按摩和刺激，有利于脑部的血液循环及有易于调节大脑的功能，以消除各种疲劳。所以梳头有清心、明目、醒脑、提神之功效。

孕妇宜用木梳梳头，而不要使用塑料梳。因为塑料梳与头发摩擦可以产生静电而扯断头发。木梳梳头时从头顶的穴位处开始，用力不可过猛。

120. 孕妇床上用品选择禁忌

停经后嗜睡，是早孕反应的表现之一，也是妊娠早期的生理需要。睡眠可使处于负代谢状态而消瘦的母体得到保护，从而少得病，对感冒防治效果更佳。为了给孕妇创造一个良好的休息环境，选择床上用品应该考虑以下几点：

❶ 铺：孕妇不宜睡席梦思，因为妊娠中晚期孕妇脊柱较正常腰部前屈更大，睡松软的席梦思床仰卧时，比睡一般的床更易使腹主动脉和下腔静脉受压而影响孕妇和胎儿健康。适宜睡木板床，铺上较硬的床垫。

❷ 枕：以9厘米（平肩）高为宜。枕头过高迫使颈部前屈而压迫颈动脉。颈动脉是大脑供血的通路，受阻时会使大脑血流量降低而引起脑缺氧。

❸ 被：理想的被褥是全棉布包裹棉絮。不宜使用化纤混纺织物作被套及床单。因为化纤布容易刺激皮肤，引起瘙痒。

❹ 帐：蚊帐的作用不止于避蚊防风，还可吸附空间飘落的尘埃，以过滤空气。使用蚊帐有利于安然入眠，并使睡眠加深。

121. 孕妇的睡姿不当会影响胎儿的正常发育

女性怀孕以后，子宫由孕前的40克左右增大到妊娠后期的1200克左右，再加上羊水、胎儿的重量，可达到6000克，子宫的血流量也相应增加，如果经常仰卧睡，子宫后方的腹主动脉将受到压迫，使子宫的血流量减少，这将严重影响胎儿的营养和正常发育。同时还可能影响肾脏的血液供应，血流减缓，使尿量也随之减少，孕妇身体内的钠盐和新陈代谢产生的有毒物质，不能及时排出，可引起妊娠中毒症，出现血压升高，下肢和外阴浮肿现象，严重时会发生抽筋、昏迷，甚至可能危及生命。孕妇仰卧睡觉，还可能压迫子宫后方的下腔静脉，使回流心脏血液减少，影响大脑的血液和氧气供应不足，孕妇会出现头昏、胸闷、面色苍白、恶心、呕吐等情况。而且孕妇如果常仰卧睡，子宫也可压迫输尿管，使排尿不畅，容易发生肾盂肾炎等病。

孕妇右侧位卧，对胎儿发育也不利。因为怀孕后的子宫往往有不同程度地向右旋转，如果经常取右侧位卧，可使子宫进一步向右旋转，从而使子宫的血管受到牵拉，影响胎儿的血液供应，造成胎儿缺氧，不利生长发育，严重时可引起胎儿窒息，甚至死亡。因此，妊娠6个月以后就应采取左侧卧位睡觉。

如果较长时间的左侧卧位感到不舒服，可暂改为右侧卧位。若仰卧位时发生了晕厥，家属应立即轻轻地将她的身子推向左侧卧，这样她会很快苏醒过来。起床时，先侧身，再用手帮助支起上身。

122. 孕妇不要长时间站立或行走

孕妇做家务劳动或上班工作，应该尽可能地坐着进行。因为女性正常姿势主要靠韧带支持，随着怀孕后妊娠月份的增加，腹部重量也日渐增加，此时仅靠韧带支持是远远不够的，还需要靠肌肉的帮助，而坐下则可以缓解韧带与肌肉所承受的压力，从而避免或减少孕妇的腰背疼痛。

孕妇坐时应选择有靠背的椅子，坐下来后，身体应挺直地靠在椅背上。这种姿势既能避免身体弯曲而增加腹部的压力，又能把身体的重力转移于椅背，从而使孕妇得到充分的休息。

在端坐时，孕妇的两腿应适当地分开，切勿双腿交叠，以免使腹部受压，妨碍气血运行，影响胎儿的发育。

123. 孕妇日常活动应注意的问题

❶ 注意不要提拎重物和长时间蹲着、站着、弯着腰做家务，这些过重的活动会压迫腹部或引起过度劳累，导致胎儿不适，造成流产或早产。

❷ 常骑自行车上下班的孕妇，到妊娠6个月以后，注意不要再骑自行车，以免上下车时出现意外。

❸ 孕妇参加体育运动时，尽量选择散步等轻微的运动，不要跑步、举重、打篮球、踢足球、打羽毛球、打乒乓球等，这些运动不但体力消耗大，而且伸背、弯腰跳高等动作太大，容易引起流产。

❹ 妊娠8个月以后，孕妇肚子明显增大，身体笨重，行动不便，有的孕妇还出现下肢

浮肿以及血压升高等情况，这时应尽量减少体力劳动，不要干重活，可以做一些力所能及的家务劳动。

晚期不要俯身弯腰。6个月后婴儿的体重会给妈妈的脊椎压力很大，并引起孕妇背部疼痛。因此要尽可能地避免俯身弯腰的动作，以免给脊椎造成过大的重负。如果孕妇需要从地面捡拾起什么东西，要先屈膝，身子往前倾，并把全身的重量分配到膝盖上。孕妇要清洗浴室或是铺沙发也要照此动作。

124. 孕妇做乳房按摩可能导致早产

有研究显示，孕妇产前做乳房按摩，有可能成为早产原因之一。因此，孕妇不要做乳房按摩。此外，孕妇在乳房保健方面还须注意以下两点：

1. 不要用力擦洗乳头：否则易使乳头皮肤干燥，容易损裂。

2. 不需使用润肤乳：在28～36周初乳出现后，准妈妈在沐浴之后，可挤出少量乳汁，涂在乳头周围皮肤上。干后就形成薄膜，它的滋润效果比任何护肤品都好。

125. 孕妇洗澡注意事项

1. 孕妇不要用皂碱洗澡。怀孕期间的肤质由于受到荷尔蒙的影响，比较红润，容易保湿。全身血液循环量增加，皮肤呈潮红色。皮肤上的红斑会扩大，青春痘会更严重，会发现脸部的色素沉淀增加。皂碱会将皮肤上的天然油脂洗净，尽可能少用。最好用婴儿皂、甘油皂及沐浴乳。

2. 不宜去公共浴池洗澡。公共浴池人多、空气污浊，含氧量不高，孕妇在这里洗澡

很容易昏倒，胎儿也可因缺氧而发生意外。所以孕妇洗澡最好在家里，没有条件的也应独立洗澡。

3. 水温不可过高。孕妇体温较正常高1.5℃时，胎儿脑细胞可能停止发育；如上升3℃，则有杀死脑细胞的可能，而且因此所形成的脑细胞损害，多为不可逆的永久性损害，以致胎儿出现智力障碍，重的可以出现小眼球、唇裂、外耳畸形等，还可引起癫痫发作。更值得注意的是，水温越高，持续时间越长，则损害越重，所以孕妇洗澡水的温度应调节到39℃以下，应尽可能避免去澡堂洗温水池或盆浴，以免水浸及腹部。

4. 不要坐浴、盆浴，而应淋浴或擦洗。以免皮肤和阴道细菌感染。

5. 不应浸泡太久，这样容易造成皮肤脱水。

6. 沐浴后，应涂抹润肤油以避免硬水的脱脂效果。

芳香精油不仅能使人放松肌肉，还能在皮肤表面形成一层保护膜，防止脱脂及脱脂后造成的伤害。

126. 孕妇出游的注意事项

接触大自然对准妈妈和小宝宝都大有裨益，但毕竟是快当妈妈的特殊保护对象，因此准妈妈必须注意以下几个方面，以免出游中出现意外。

1. 忌忽视自身条件：一般正值怀孕中期（怀孕4～6个月）的准妈妈才能随家人出远门旅游，比较不会有流产或早产的危险；怀孕初期及后期的准妈妈则只能做轻松的一日游。

2. 忌没有计划：在旅行前要做好旅行计划，不要让自己和胎儿太劳累。所以，行程紧凑的旅行团不适合准妈妈参加；定点旅行、半自助式的旅行方式则比较适合准妈妈。此外，在出发前必须查明旅游地区的天气、交通、医疗与社会安全等状况，若认为没有把握，不去为宜。要避免去人多杂乱、道路不平的地方。

3. 忌独自一人出行：最好不要一个人独自出行，与一群陌生人出游也不恰当。最好有丈夫、家人或朋友陪同。这样做的目的是以防不测。虽然孕中期这种状况会较平稳，但不能排除意外事件的发生。

4. 忌打乱孕期检查：如果出门时正赶上做孕期检查，孕妇应及时在当地医院检查，而不应等回来以后再补，这样做便于掌握健康状况。回到住地以后，也要到指定医院再查一次。

5. 忌忽视衣食住行。

衣：衣着以穿脱方便的保暖衣物为主，如帽子、外套、围巾等，以预防感冒；若旅游地区天气已较热，帽子、防晒油、润肤乳液则不可少；平底鞋比高跟鞋方便走路；必要时托腹带与弹性袜可减轻不适；多带一些纸内裤备用。

食：避免吃生冷、不干净或吃不惯的食物，以免造成消化不良、腹泻等身体不适。奶类、海鲜等食物因易腐坏，若不能确定是否新鲜，应不食为宜。多吃水果，可防脱水与便秘；多喝开水，准妈妈也可以在旅行中自备矿泉水或果汁，但千万不要饮用标明"用碘帮助纯化"的水，这种水喝了易造成碘潴留，婴儿出生很可能有先天性甲状腺肿瘤。

住：避免前往岛屿或交通不便的地区；蚊蝇多、卫生差的地区更不可前往；传染病流行的地区更应避免。

行：孕妇不宜乘坐颠簸较大、时间较长的长途公共汽车，如果可能，尽量坐火车或飞机。坐车、搭飞机一定要系好安全带。应携带几个塑料袋防吐。要先了解一下离你最近的洗手间在哪里，因为准妈妈容易尿频，而且憋尿对准妈妈是没有好处的，最好能每小时起身活动10分钟。如果是自驾车出行，最好一两个小时停车一次，下车步行几分钟，活动活动四肢，这样有助于孕妇的血液循环。不要搭坐摩托车或快艇，登山、走路也要注意，不要太费体力，一切量力而行。

6. 忌活动量过大：运动量太大容易造成准妈妈体力不堪负荷，因而容易导致流产、早产及破水。太刺激或危险性大的活动也不可参与，例如：云霄飞车以及海盗船等较刺激的游乐活动、自由落体、高空弹跳等。游泳是不被禁止的，而潜水不超过18米深度也是允许的（潜水若超过18米，胎儿会有"减压病"，十分危险）。那些速度快的冲浪、滑水能免则免，以免撞伤、流产。

❼ 忌忘记带药。每个旅行者在身上要准备些药品，孕妇除了遵守以上的规则以外，还要考虑药物在怀孕期间的安全性，所以出发前，请教你的产检医师是非常重要的环节。另外，准备一些对怀孕安全的抗腹泻药、抗疟疾药及综合维生素药剂，也是非常必要的。

127. 孕妇驾车时不要离方向盘太近

孕妇离方向盘太近，气囊迅速打开时的强大力量对孕妇来说存在着一定的危险性。为了减小这种风险，开车时孕妇身体离方向盘要远一些。此外，孕妇驾车时还须注意以下3点：

❶ 忌前倾身体驾车：许多孕妇驾车时习惯前倾的姿势，这很容易产生腹部压力，使子宫受到压迫，最易导致流产或早产。最好靠在椅背上。

❷ 忌把安全带系在腹部：为了加强保护，

还需系上肩部的安全带。应该紧贴腹部上方从乳房中间绕过，千万不要将安全带从腹部中间绕过。一旦急刹车，它有可能导致胎盘从子宫中脱落。

❸ 忌长时间驾车：如果你爱晕车或有晨吐的现象，最好避免长时间驾车。为了防止晕车，可以将车窗打开，呼吸些新鲜空气。

128. 孕妇尽量不要乘坐新车

对于大多数孕妇特别是怀孕中、后期的准妈妈而言，因为行动不便、家人担心等原因，她们往往选择乘坐家人驾驶的车辆外出，但是仍需要注意新车气味污染、尾气污染等问题。刚刚购买的新车，往往有很多异味，尤其是经济型轿车，出于成本的原因，车内大量使用了塑料和人造皮革装饰件等材料，产生的气味常人都难以忍受，何况是怀着宝宝的孕妇。因此车辆刚买回时，孕妇尽可能不要乘坐。此外，孕妇乘车还须注意以下几点：

❶ 忌尾气污染：汽车的尾气污染更是准妈妈们呼吸的"杀手"，旧车尤为严重。因为汽油燃烧时产生铅，孕妇吸入对胎儿发育影响很大，容易导致畸形。所以如果觉得车内有明显的"呛鼻"尾气，则不要再乘坐这辆车。另外，即便是排放指标较好的车辆，为了避免尾气的积聚，如果长时间坐在车内，一定要熄灭发动机。

❷ 忌车窗大开：应每隔一段时间将车窗打开一些，与车外空气保持对流。不过，如果在排队等候或遇到冒"黑烟"的车辆时，则需要暂时关闭车窗，以免有害气体进入。

❸ 忌车内吸烟：对于吸烟的准爸爸而言，在等待宝宝降临的期间，也只有委屈一下了，最好是干脆把烟戒掉。如果是停车后

到外面过过瘾，还是会把烟草味带进车内的。

❹ 忌温度不适：虽然在自家车内可以躲避外面的风雨，但是体弱的准妈妈们还是要注意温度的变化。无论是开冷气还是开暖气，都要注意保持适当的温度设定，以免上下车后因为内外温差而产生不适。

❺ 忌坐姿不当：为了坐得舒服，座椅椅面可调成前高后低的状态，靠背也要向后略微倾斜，同时准备一些舒适的靠垫放在后背。孕妇上车时可换一双软拖鞋放松一下，也可以铺一块柔软的脚垫脱掉鞋子。再播放一些柔和的音乐，在缓解疲劳的同时，还能充当"胎教"的素材。

❻ 忌时间过长：孕妇乘车的时间不宜过长，避免胎儿处于长期震动状态，也避免准妈妈下肢发生水肿，这些都会影响到将来的分娩。因此，每过一段时间要适当下车活动一下，以保持较好的血液循环。而妊娠晚期的孕妇更应避免长时间乘车，以免发生流产、早产等意外。

不良情绪，保持心情愉快，精力充沛。此外，丈夫应积极支持妻子为胎教而做的种种努力，主动参与胎教过程，陪同妻子一起和胎儿"玩耍"，对胎儿讲故事，描述每天工作和收获，让胎儿熟悉父亲低沉而有力的声音，从而产生信赖感。

⭐130. 孕妇活动的禁区

❶ 公共游泳场所一定不要去，以免引起阴部感染。

❷ 公共卫生差的商店、街道、影剧院等不要去，以免传染疾病，影响体质。

❸ 人声嘈杂（如歌舞厅、迪厅等）或者机声隆隆（如工厂车间、建筑工地等）的地方不要去，防止噪声对神经系统造成刺激和损伤。

❹ 不要到卫生条件差的饭馆、食堂用餐，以防感染疾病。

❺ 避免到阴冷、潮湿（如防空洞、地下室）或有高温的地方去，防止过分受寒、受潮、受热。

❻ 有化学气味、烟味等刺激性气味的地方不要去，以免影响胎儿健康发育。

❼ 保持良好的心理状态，力求生活在一个

⭐129. 胎教中父亲的作用不可小视

　　胎教一般针对母亲而言，而忽视了父亲的作用。从某种意义上说，拥有一个聪明健康的小宝宝在很大程度上取决于父亲。

　　孕妇的情绪对胎儿发育影响很大。妻子怀孕后，在精神、心理、生理、体力和体态上都将发生很大变化。如果孕妇在妊娠期情绪低落、高度不安，孩子出生后即使没有畸形，也会发生喂养困难、智力低下、个性怪癖、容易激动和活动过度等。所以在胎教过程中，丈夫应倍加关爱妻子，让妻子多体会家庭的温暖，避免妻子产生愤怒、惊吓、恐惧、忧伤、焦虑等宁静、卫生、愉悦身心的环境里，同时能保证充足的营养，这样，将有利于孕妇生出一个健康聪明的宝宝。

⭐ 131. 不可忽视胎教问题

为什么过去不讲胎教也能出现不少人才？实际上，只要我们进行追踪调查，都能发现成才儿童都在不同程度上得到过胎教，他们的父母也都在无意中进行过胎教。例如他们虽然生活上比较清苦，但身体健康，爱情热烈，母亲受孕时具有天时，地利，人和三大因素；受孕后父母热爱腹中孩子，对孩子充满希望；丈夫勤快，体贴妻子，家庭气氛温馨；母亲温顺，喜欢在宁静的环境中工作和休息；饮食不高档，但注意卫生，可口；整个怀孕期内母亲心情愉快，时时想着孩子等。这都可以说在进行胎教，也就是无意胎教。

无意胎教虽有一定作用，但其科学性和实际效果都有一定限制，因此需要推广有意胎教。有意胎教就是自觉地、有意识地实施胎教，追求胎教的质量。现在我国不少地方出现一些超常儿童，他们和有意胎教都有一定关系。

⭐ 132. 胎教的注意事项

❶ 动作训练忌幅度过大：动作训练以刺激胎儿的运动积极性和动作灵敏性，可以轻轻拍打或抚摩胎儿，动作轻柔。抚摸应顺着一个方向进行，每次5分钟，一天数次；拍打可在胎儿5个月踢肚时进行，用拍打来回应胎儿，也可改变拍打位置，锻炼胎儿活动能力。不过，次数不要多，当胎儿安静时，不要盲目拍打，以免惊醒胎儿，使

其神经紧张。

❷ 听觉训练忌声响过大：听觉训练，包括音乐及语言的胎教，多在妊娠后期进行。胎教音乐的节奏要求平缓、流畅、悠扬，不要有低音炮、鼓及歌词。可以通过收录机直接播放，孕妇稍坐远一些，分贝不要太大，感觉舒适即可。千万不可将收录机直接放在孕妇的腹壁上，以免影响胎儿听觉器官，导致先天性耳聋。胎儿对低音比较敏感，因此孕妇或准爸爸和胎儿讲话、低唱时要把声音降低，日久天长，胎儿会对父母的声音产生记忆。

❸ 视觉训练忌光线太亮：孕后8个月末，胎儿可对光照刺激产生应答反应，光照5分钟，通过刺激胎儿的视觉信息传递，使胎儿大脑中动脉扩张，对脑细胞的发育有益。可以用手电作为光源进行胎教，用1号电池，放置腹壁，避免用白炽灯的热光源照射。在每天晚上听音乐、抚摩及对话等胎教后，当胎儿觉醒时，再用手电的微光一闪一灭的照射胎儿的头部。每次持续5分钟左右。

⭐ 133. 孕妇情绪不良会影响胎儿发育

孕妇良好而稳定的情绪是保证优生优育的最重要的因素之一。

怀孕期间，女性体内内分泌失调，再加上对生育的紧张、对孩子的期待和担忧，情绪很容易发生波动，而变得脾气暴

躁、爱生气、易哭闹等，这是妊娠的常见现象。但是如果孕妇情绪过于紧张、恐惧、愤怒、烦躁、悲伤、忧郁、压力过大，就可使母体的激素与其他有害化学物质浓度剧增，并通过胎盘影响胎儿发育。特别是怀孕早期经常发怒、紧张情绪持续过长或反复出现，能导致胎儿唇腭裂及其他器官发育畸形，严重者会引起流产、难产或死胎。

总之，为了自己和宝宝，准妈妈们在整个妊娠期应保证充足睡眠、营养丰富、心情舒畅，可看一些育儿保健的书籍，强化生儿育女的信心。或者通过音乐、艺术的欣赏和户外积极的活动来保持愉悦的心情。丈夫和家人更应关注孕妇心理变化，多给她一些关怀，减少孕妇不良情绪。

134. 孕妇长时间晒太阳易产生"蝴蝶斑"

孕妇对钙质的需求量比一般人要多，以保障胎儿骨髓的正常成分。钙在体内吸收与利用离不开维生素D，而维生素D需要在阳光的紫外线参与下由体内进行合成。孕妇常晒太阳有益于钙的吸收和利用。天气晴好时应到室外晒太阳，大风天气时可在室内有阳光的地方接受日光照射，每天至少晒太阳半小时。

但是女性怀孕时特别容易晒黑，甚至会因为黑色素沉淀而产生"蝴蝶斑"或"孕斑"。美容专家们认为，孕妇应该尽量避免长时间日晒，在室外活动时最好能以物理方式防晒。比如使用有防紫外线作用的遮阳伞、戴遮阳帽、着长袖上装等。孕妇不宜使用防晒化妆品，尤其是含有化学防晒剂配方的产品，以免化学成分对皮肤产生刺激。

135. 孕妇切勿尝试电疗美容法

电疗虽能有效地清除体毛，却不是孕妇应采用的方法。女性怀孕期间，毛发会受荷尔蒙影响而暂时加快生长速度和增加数量，所以用电疗的方法清除体毛，效果并不理想，反而令孕妇更加烦躁，对胎儿有不利影响。而且即使电流很小也会流遍全身，可能对胎儿造成影响。因此，孕妇切勿尝试电疗美容法。此外，孕妇美容还须注意以下几点：

❶ 香薰治疗虽然是近年比较流行的美容疗法，但怀孕1～3个月的孕妇却不适合，就算怀孕3个月后要使用香薰油也应小心选择。柠檬、天竺薄荷、柑橘、檀香木等香薰油可于怀孕12个星期后使用，而玫瑰、茉莉、薰衣草则适合怀孕16个星期以上者使用。

❷ 面部护理可令人容光焕发，但孕妇在享受这种美容服务时却要避免采用电流护理的方式，因为电流会流遍全身，可能对胎儿造成伤害。

❸ 按摩能令孕妇松弛，舒缓怀孕的不适。不过，足部反射疗法和压点按摩则不宜。

❹ 桑拿是孕妇完全禁止的美容项目，因为超过53℃的高温会增加孕妇（怀孕达3个月）流产的机会。

❺ 专业的美容漂白可能会使用到影响胎儿发育的内分泌制剂，如考的松、雌激素等，一定要杜绝使用。

136. 孕妇染发烫发会危害胎儿健康

孕妇的皮肤敏感度较高，应禁忌染发烫发，以免使自己和胎儿受害。

一些染发剂接触皮肤后，可刺激皮肤，引起头痛和脸部肿胀，眼睛也会受到伤害，难以睁开，严重时还会引起流产。而且，染发剂对胎儿有致畸作用，甚至会使孕妇致癌，如皮肤癌和乳腺癌。

有的孕妇烫发用冷烫精，也于头发有害。孕中期以后，孕妇的头发往往比较脆弱，并且极易脱落，如用冷烫精来做头发，会加剧头发的脱落。

剪发或梳整发型，只要身体状态良好，什么时候都可以做。如在预产期前10～14天间剪发，即使没有空去美容院，也能心情愉快地进行。

137. 孕妇经常化浓妆易导致胎儿中毒

爱美是人的天性，孕妇偶尔化淡妆倒也无妨，若是常常化浓妆，这是很不适宜的。各种化妆品如口红、指甲油、染发剂、冷烫剂及各种定型剂等对母体和胎儿均有危害，因这些化妆品含有对人体有害的化学物质。通过母体吸收并通过胎盘进入胎儿体内，会致胎儿中毒。

TIPS 贴士

怀孕时期的皮肤仍然需要保护，因此高质量的滋润保湿产品、防晒用品，预防和减轻妊娠纹的身体滋润乳剂还是必需的。

138. 孕妇千万不要用药物对付黄褐斑

女性怀孕后，全身各个系统都会发生变化，皮肤也不例外。可能会在面颊、乳头、乳晕、肚脐周围、下腹部正中线及外阴等处，出现色素沉着。面部常见呈蝶形分布的褐色斑。目前认为这可能与妊娠后体内黑色细胞刺激素增多有关；也可能是因为妊娠后，体内雌激素、孕激素水平升高，刺激了黑色素细胞的结果。另外也与个人的体质有关，并不是每个怀孕女性均出现。

注意减少强烈的阳光照射，保证充分的睡眠，多食富含优质蛋白质、维生素B_1、维生素C的食物，可在一定程度上控制色素加深。

TIPS 贴士

千万不要随便使用祛斑类的药物及化妆品。

139. 孕妇不能擅自减肥

女性怀孕以后，随着妊娠日期的增加而体重也增加是很正常的，一般不属于肥胖，也用不着减肥。孕妇增加重量其个体差异较大。除胎儿、胎盘、羊水、子宫、乳房及母亲血容量等增加外，母亲的脂肪贮存亦有所增加。这是为储备能源做准备，这种脂肪是万万不可减掉的。

胎儿在母亲体里是非常需要营养的，而任何减肥方法都可能使营养丧失，特别是药物减肥。药物减肥，一方面是对大脑的饮食中枢造成一定抑制作用，另一方面是通过一些缓泻剂使多余的水分和脂肪排除体外，从而达到减肥的效果。这些都可能造成营养不足。如果饮食中枢过于抑制，则容易导致厌食的发生，严重影响孕妇对营养的吸收，从而导致胎儿的营养危机。再者，一般减肥药物都不是针对孕妇配制的，也没有考虑对胎儿是否有影响。一旦对胎儿有副作用，其后果难以预测，很有可能导致早产儿、畸形儿或有先天性疾病的胎儿发生。

140. 孕妇化妆的注意事项

不可否认，怀孕的女士们确实有许多不便之处，身型的臃肿让她们无法像往日那样灵动。如果是个讲究的女子，即使怀孕时，她也会做一个最美的准妈妈，仍旧天天打扮得体地出门去。那么，孕妇妆容到底要注意点什么呢？

❶ 每次妆容的清洗一定要彻底，防止色素

沉着。

❷ 妆容不宜过重，特别是口红和粉底。

❸ 使用的化妆品避免含激素和铜、汞、铅等重金属，应选择品质好、有保证、成分单纯，以天然原料为主导的，性质温和的产品。

❹ 所用产品清洁，过期产品和别人的化妆品坚决不用。

❺ 妊娠期不文眼线、眉毛，不绣红唇，不拔眉毛，改用修眉刀。

❻ 妊娠期间不要因为孕斑的产生而使用美白产品。

❼ 尽量不要涂抹口红，如有使用，喝水时进餐前应先抹去，防止有害物质通过口腔进入母体。

141. 孕妇要小心预防病毒感染

冬季气温低，温差变化大，呼吸道抵抗力降低，容易患病毒性传染病，怀孕早期如感染风疹、巨细胞病毒、水痘、流行性腮腺炎和流感病毒，会对胎儿发育产生影响，甚至会导致胎儿畸形。应在医生指导下合理用药，不可擅自用药，避免对胎儿造成危害。

孕妇不可忽视上述病毒感染，应积极预防，尽量不去商店、影剧院等公共场所，避免传染上流感等疾病。一经发现患风疹、病毒性肝炎等，应立即就医，认真治疗，不可大意。

142. 孕妇不要做X线和超声波检查

X线和超声波是医学临床上常用的检查诊断法。一般说来，并没有什么危害，但是孕妇做X线或超声波检查是有危害的。因

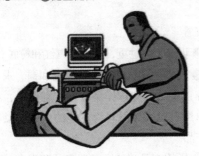

为X线有很强的致畸、致死、致癌、致智力低下等作用。尤其是妊娠前3个月应该绝对禁止照射X线。如因患某些疾病，必须接受X线检查者，应尽量在妊娠4个月以后进行摄片检查，并在腹部放置防X线装置。以降低胎儿受害限度。如在孕早期无意中（不知道已经怀孕）接受大量X线或相当剂量的同位素治疗后，应考虑人工流产终止妊娠为妥。而超声波检查，具有可以抑制胎儿生长发育、损害胎儿染色体的作用，因此医生对孕妇进行超声波检查应持谨慎态度，尽量减少检查。

143. 孕妇切不可忽视尿路感染

尿路感染是由于妊娠期内分泌的改变和增大的子宫引起输尿管功能性和机械性阻塞所造成的。如果不及时治疗，还可能导致流产，早产、胎儿发育不良，甚至畸形等严重后果。本病可发生于整个妊娠期的任何月份，并且很容易被忽视，因为大多数的孕妇患者无症状或症状轻微。所以应特别引起重视，孕妇忌尿路感染。

144. 孕妇感冒后的护理措施

感冒是一种小病，平时患感冒的人也较多，但对孕妇来说，其危害甚大。孕妇的免疫能力较差，容易受到病原体的侵害，因此，相对来说较未怀孕时更容易患感冒。

感冒病毒对孕妇有直接影响，感冒造成的高热和代谢紊乱产生的毒素有间接影响。而且，病毒可透过胎盘进入胎儿体内，有可能造成先天性心脏病以及兔唇、脑积血、无脑和小头畸形等。而高热及毒素又会刺激孕妇子宫收缩，造成流产和早产，新生儿的死亡率也增高。那么，孕妇感冒后怎么办？

1. 轻度感冒，仅有喷嚏、流涕及轻度咳嗽，则不一定用什么药，只用些维生素C和中成药即可，但要注意休息。

2. 出现高热、剧咳等情况时，则应去医院诊治。退热用湿毛巾冷敷，40%酒精擦颈部及两侧腋窝，应注意多饮开水和卧床休息。

3. 高热时间持续长，连续39℃超过3天以上的，病后应去医院做产前诊断，了解胎儿是否受影响。

4. 感冒后病细菌感染，应加用抗生素治疗。最重要的是孕妇应注意生活和卫生，杜绝感冒的发生，保证胎儿健康生长。

145. 孕妇切勿注射风疹疫苗

风疹病毒有明显致畸性，但是孕妇也不可以通过注射风疹疫苗来防止风疹病毒的入侵。因为风疹疫苗属于活疫苗，孕妇也应禁用。而使用免疫球蛋白的预防效果又不肯定。未患过风疹的孕妇，在妊娠早期接触风疹患者时，最好终止妊娠。

孕妇可以注射预防针，但不是所有的预防针孕妇都能注射的。孕妇应该向医生介绍自己怀孕、以往及目前的健康状况和过敏史等，让专科医生决定究竟该不该注射，这才是唯一正确的方法。

此外，水痘、腮腺炎、卡介苗、乙脑

和流脑病毒性减毒活疫苗，口服脊髓灰质炎疫苗和百日咳疫苗，孕妇都应忌用。

146. 孕妇不可光吃不动

一个孕妇如果光吃而不活动，体力消耗便会非常少，因而会造成营养过剩，容易发生妊娠高血压，并使胎儿过大，从而影响分娩，甚至造成难产，而且产后子宫收缩乏力，容易出现产后大出血。产后出现乳腺管堵塞，泌乳发生障碍，容易发生急性乳腺炎。因此孕妇忌光吃不动。应适当注意营养、多活动、劳逸结合。

147. 孕妇用药需慎重

孕期用药历来是孕期保健的敏感问题之一。药物引起胎儿损害或先天畸形，一般都发生在妊娠的前3个月内，特别是前8周内最为突出，用药应谨慎，因为这是胎儿各重要脏器形成的时候。

妊娠女性用药是医生、孕妇及其亲属共同关心的问题。对孕妇用药不当，可能导致流产、胎

TIPS 贴士

慎重用药，不等于不用药。孕期如患病，只要合理用药，对于母体和胎儿都是有利的，不可因噎废食，延误治疗。

儿先天性疾病和胎儿畸形等危害，严重影响优生优育。

在妊娠的整个过程中，有些药物虽对母体无害，但对器官功能尚未完善的胎儿可能产生影响。因此，孕妇用药一定要权衡利弊得失，三思而行。最好是能咨询医生再服用。

148. 孕妇过春节的注意事项

过年时，家家户户乐团圆，生活也打破常规，但奉劝准妈妈们，最好不要尝试这种过分放纵闲散的生活，因为孕妇一时的劳累或饮食不当，就有可能对自身及胎儿宝宝造成危害。

1 饮食： 怀孕期间，胎儿的营养是直接从母体摄取来的。所以准妈妈必须注意饮食的均衡摄取与卫生，即使在春节期间也一样要遵守以下几个应注意的问题：

（1）避免吃太咸及刺激性食物。

（2）饮食遵守少油、低盐、多吃蔬菜水果、重视饮食新鲜卫生、不喝酒。

（3）饮食要定时定量。暴饮暴食、吃饭时间不正常，只是在虐待自己的胃。

2 运动： 孕妇在过年期间仍要维持适度的运动，如户外散步、轻松的家务事，均以不过分疲劳为原则。

3 睡眠与休息： 过年期间访客多、活动多，常使准妈妈疲惫不堪。准爸爸及家人要多体恤孕妇的辛劳，让准妈妈每天睡足8小时，白天最好能午睡片刻。此外要避免长时间站立与步行，休息或睡前可抬高双脚，以促进下肢血液之回流，减少肿胀。

4 排泄： 过年时大鱼大肉吃多了，容易造成便秘，尤其孕妇原本就特别容易便秘，要更注重多喝开水，多吃蔬菜水果，养成每天排便的习惯。

149. 孕期性生活禁忌

一般而言，孕期应禁止性生活。但是，10个月的禁欲，小夫妻又很难严格遵守，所以可以根据自己的身体状况和孕期时间，在不影响胎儿的情况下，适度过性生活。

妊娠早期不宜过性生活，由于早孕反应，胎盘还未完全形成，孕激素分泌处于低潮，正是最容易发生流产的时期。这时做丈夫的应有所克制，尽量避免性生活。3个月后胎盘已经比较牢固，早孕反应也消失，而阴道分泌物也增多了，是性欲高的时期，这时可适度地过性生活。7个月后，孕妇的肚子越来越大，出现腰酸、性情懒惰、性欲减退的现象，这时也应减少或停止性生活，否则，频繁的性生活会使胎儿感染，导致各种疾病。

为了充分照顾到孕妇和腹中胎儿的健康，防止细菌感染，做爱时就要更加注意个人卫生。最好带安全套。而且，注意动作不要激烈，同时要注意对孕妇腹部的保护，不要压迫到腹中胎儿。如果女性感觉疼痛或者腹部受压，而应该马上停止或者转换姿势。另外，怀孕中的女性并不是都可以过正常的夫妻生活，曾经有过人工流产或习惯性流产史的女性、经检查胎盘位置离子宫口过近容易引发出血的女性或有

妊娠合并症的女性应该停止性生活。

当然，每个人还存在很大的个体差异，当你不确定自己的身体状况而无法判断是否可以过性生活时，如发生过出血、腹部肿胀等现象，最好向医生进行咨询。

150. 孕妇锻炼应适度

如果你在怀孕前就经常保持锻炼，那只需对你原来的锻炼强度稍加调整即可。如果你怀孕前一般不怎么锻炼，那么妊娠锻炼时就要遵循循序渐进的原则，刚开始时的量和幅度都不要大，然后随着自己体力的增强适当加量。

❶ 忌运动过量：孕妇把握自己锻炼量的一个关键是注意自己身体所发出的信号。因为随着胎儿的发育，孕妇身体重心发生变化，容易摔倒；而且胎儿长大后会对肺部产生一定的压迫，使孕妇的呼吸能力有所下降。在这个时候，锻炼时一定要注意适量，不要搞得自己气喘吁吁。一般来讲，锻炼的强度不要达到自己呼吸感到急促不能说话的程度。锻炼时心跳每分钟不要超过160下。一旦身体出现一些不适的信号时，如疲劳、目眩、心脏悸动、气短或背痛时，都应该停止锻炼。如果发生严重的腹痛、阴道痛或出血，或是停止运动后子宫仍然持续收缩30分钟以上，胸痛或严重的呼吸困难，请立即停止运动并且就医。

❷ 忌运动时过热：锻炼时，还应注意不要让自己感到过热。从医学上讲，当孕妇体内温度达到39℃时，胎儿的发育会受到影响，特别是在妊娠头3个月。温度过高的环境有可能导致胎儿出现问题。因此在盛夏要减少锻炼的量，同时避免在早上10点到下午3点这段时间里锻炼。有条件的，可以在有空调的地方进行锻炼。如果在室内运

患有妊娠高血压、宫缩提前发生、子宫内出血和羊膜发生早破的孕妇在妊娠期间不宜加强锻炼。

动，请确保通风透气。

3. 忌动作不当：孕妇在运动时要做好安全措施，避免增加跌倒或受伤风险的运动，例如肢体碰撞或激烈的运动。怀孕满3个月后，最好避免仰卧姿势的运动，因为胎儿的重量会影响血液循环。同时，也最好避免长时间站立。

151. 有流产史的孕妇不要游泳

孕期坚持运动好处很多，运动方式以游泳为佳，池水的浮力可减轻子宫对腹壁的压力，消除盆腔瘀血；水波的轻柔"按摩"以及游泳时体位变化有助于纠正胎位，促进顺产。游泳者的顺产率比不游泳者高30%，产程缩短4～5小时。

但要注意凡有流产、早产史或心脏病、高血压、癫痫的孕妇不宜游泳。此外，孕妇游泳还须注意以下几点：

1. 游泳宜在比较稳定的孕中期进行，孕早期及后期3个月不可下水。

2. 游泳时动作要稳健和缓，不可纵身跳水，最好安排在上午10～12点，水温不要过低。

3. 从未进过游泳池的孕妇不要勉强下水，以防不测。

152. 孕妇上班需留意的问题

1. 忌长时间工作：工作一段时间（1～2个小时），花10～15分钟休息一下，并起来活动活动或伸展四肢，也可到室外、阳台或楼顶呼吸新鲜空气。一天工作时间不要超过8小时。应禁止加班、上夜班。

2. 忌忽视午休：午休时间最好休息个半小时。如果是在办公室，可准备一个躺椅，侧躺休息，不要趴在桌上午休，因为这样会压迫到胎儿；若中午时间不在办公室内，找个椅子稍微斜靠休息个十几二十分钟，对恢复精神也有很大的帮助。

3. 忌长时间坐着工作：如为必须，应该垫高双脚，偶尔双脚动一动，以促进下肢循环，避免足部水肿。将办公室的椅子调到舒服的高度，并在腰部、背部或颈后放置舒服的靠垫，以减轻腰酸背痛、颈部酸痛的不适。还要注意坐姿，避免弯腰驼背。

4. 忌长时间站着工作：如为必须，应穿着弹性袜（弹性袜的穿法是早晨起床前先穿好再下床），并尽量每小时找个空档小坐片刻，将双脚抬高；回家后务必抬腿半小时（躺在床上，双腿靠在墙壁上，臀部贴墙），以预防静脉曲张、足部水肿，解除双脚疲劳。

5. 忌穿着和以前一样：应该穿着舒服合适的衣服和鞋子，使活动、走路较为轻松。

6. 忌注重身材而少吃：应注意饮食的规律和营养，并准备一些营养的小点心或水果，肚子饿了就可以吃。

7. 忌喝水少：应该多喝水，可在办公桌上放一个大杯子，一次装满，才不会走动太频繁。

8. 想上厕所时要马上去，千万不要憋尿；

最好能和同事调换一下座位，离厕所近些。

9 尽量减少工作上的压力，工作之余听听音乐、练习生产时的呼吸法，让自己放松；或是找亲人好友倾吐一下怀孕心情，都是解压的好方法。

10 把自己每天工作的内容和进度记录下来，放在办公桌上，以便自己请假时让同事接手工作。

153. 孕妇休产假不可太晚

准妈妈在怀孕期间同样可以做到怀孕工作两不误，但在投入工作的同时，千万别忘了量力而行，适时停止工作。休产假不要太晚，以免发生意外，遗憾终生。

如果你的工作环境相对安静清洁，危险性比较小，或是长期坐在办公室工作，同时你的身体状况良好，那么你可以在预产期的前1周或两周回到家中静静地等待宝宝的诞生。

如果你的工作是与长期使用电脑有关，或经常工作在工厂的操作间中，或是暗室等阴暗嘈杂的环境中，那么建议你应在怀孕期间调动工作或选择暂时离开待在家中。

如果你的工作是饭店服务人员，销售人员，或每天工作至少有4小时以上行走的，建议你在预产期的前两周半就离开工作回到家中待产。

如果你的工作运动性相当大，建议你提前1个月开始休产假，以免发生意外。

154. 保胎注意事项

1 忌卧床：很多孕妇都认为只要怀孕期间多卧床休息就可以保胎，但是，孕妇缺乏

活动和锻炼，会使体力下降，不利于胎儿发育以及分娩。所以，没有阴道出血可下床活动，有出血要及时到医院查找原因。医生将根据情况决定是否需要进一步治疗，以及是否保胎。

2 忌服用活血药物：经过多年临床观察，丹参如使用得当，能起到防止血栓形成、改善胎盘血流的作用，可以有效预防流产、胎死腹中、胎儿宫内发育不良。活血化瘀药一定要在医院使用，以便医生及时监测用药后的病情变化。

3 忌忽视孕前检查：孕前检查各项抗体、激素水平非常重要，但一些孕妇往往忽视。对于孕前检查显示正常的习惯性流产女性，孕期检查格外重要。以免到时发生意外来不及补救。

4 忌盲目保胎：一部分怀孕早期的自然流产属于自然淘汰，避免了畸形儿的出生。如果盲目保胎，有可能保住了染色体异常胎儿和病态畸形胎儿。所以夫妇双方或一方染色体严重异常者，不但不要生育，而且不要保胎。对早期流产，不要盲目地保胎。凡有自然流产史的，都应去医院作染色体检查。如果发现染色体异常，怀孕后必须作宫内诊断。如发现异常，则应终止妊娠，这样有利于优生优育。

155. 进产房前不要过于紧张

有的产妇进产房前就先在精神上把自己吓倒了，以至于给整个产程造成了困

难。产妇的心理负担大致有以下几种。

❶ 怕难产：是顺产还是难产，一般取决于产力、产道和胎儿三个因素。对后两个因素，一般产前都能作出判断，如果有异常，医生肯定会在此前已决定对你进行剖腹产。因此，只要产力正常，自然分娩的希望很大。产妇应调动自身的有利因素，积极参与分娩。即使不能自然分娩，也不要情绪沮丧，还可以采取别的分娩方式。

❷ 怕痛：子宫收缩可能会让你感到有些痛，但这并非不能耐受。如果出现疼痛，医生会让你深呼吸或对你进行按摩减少疼痛，如果实在不行，还可以用安定等药物来镇痛。

❸ 怕生女孩：带着这种沉重的思想负担进入产房会使产妇大脑皮层形成优势兴奋灶，抑制垂体催产素的分泌，使分娩不能正常进行。

156. 切勿强求实行剖腹产

如今有不少人误认剖宫产母子安全，于是不问自己条件如何，一进医院就要求剖宫产，如果医生认为没有必要就会不答应。有些产妇便因此想不通，在待产过程中不肯进食或一有宫缩就喊痛，这种精神紧张可导致神经系统不平衡和子宫肌肉收缩功能的紊乱，引起难产。

确实，剖腹产具有降低产儿死亡率的一面，在一些特殊情况下，不仅应该而且必须做这种手术。但是还应当看到剖腹产毕竟是一种手术，必然存在着种种危险，这些危险主要是两个方面的：一方面对产妇来说，剖腹产的死亡率要比阴道分娩高7～20倍。对剖腹产的并发症与后遗症也不容忽视，剖腹产后发病率高达13%～59%，剖腹产中产后出血率是阴道

分娩的5倍，有的个别患者，还会发生手术后子宫裂开，造成晚期大出血而切除子宫。另外，另一方面剖腹产还会因感染造成腹膜炎甚至败血症，伤口延期愈合及术口粘连等意外情况也可能发生。除此之外对婴儿来说也并不像一些人所想象的那么安全。剖腹产婴儿肺透明膜综合征的发生率还是比较高，起码明显高于阴道分娩的婴儿，另外还有可能剖腹产娩出早产儿或畸形儿。因此，对于产妇及家属来说，平安分娩应是目的，忌强求实行剖产术。

> **TIPS 贴士**
>
> 需要做剖腹产的情况：
> ①胎儿过大，母亲的骨盆无法容纳胎头。
> ②母亲骨盆狭窄或畸形。
> ③分娩过程中，胎儿出现缺氧，短时间内无法通过阴道顺利分娩。
> ④母亲患有严重的妊娠高血压综合征等疾病，无法承受自然分娩。
> ⑤产妇高龄初产。
> ⑥有多次流产史或不良产史的产妇。

产后生活禁忌

——快乐妈咪，对自己更要珍惜

157.产妇不要吃辛辣食物

产妇不要吃辛辣食物。如辣椒等，容易伤津耗气损血，加重气血虚弱，并容易导致便秘，进入乳汁后对婴儿也不利。此外，产妇不宜吃的食物还有下列几种：

❶ 不新鲜的食物：如不新鲜的水果、蔬菜、隔夜的饭菜及汤羹，在容器中静置数天的水等。这些食物中多含有亚硝酸盐，母亲食用后，通过乳汁进入婴幼儿体内，会使婴儿皮肤黏膜出现青紫。所以哺乳的母亲应多吃新鲜的水果、蔬菜。

❷ 寒凉生冷食物：产后身体气血亏虚，应多食用温补食物，以利气血恢复。若产后进食生冷或寒凉食物，会不利气血的充实，容易导致脾胃消化吸收功能障碍，并且不利于恶露的排出和瘀血的去除。

❸ 刺激性食品：如咖啡、酒精，会影响睡眠及肠胃功能，亦对婴儿不利。

❹ 酸涩收敛食品：如乌梅、南瓜等，以免阻滞血行，不利恶露的排出。

❺ 过咸食品：过多的盐分会导致浮肿。

❻ 茶：茶叶中含有咖啡因，喝茶后使人精神振奋，不易入睡，影响产妇的休息和体力的恢复；并能可通过乳汁进入婴儿体内，引起婴儿兴奋、哭闹和肠疼挛。另外浓茶还可抑制乳汁分泌，造成乳汁分泌的减少。

❼ 啤酒：啤酒以大麦芽为主要的原料。大麦芽具有回乳作用。另外，酒精还能通过乳汁对婴儿产生不利作用。因此哺乳期女性忌饮啤酒。如果你想断奶，则是可以适

量多饮。

⑧ 杏：性温热，多食易上火生痰。产妇处于哺乳期，食之对婴儿也不利。

158. 产后切勿立即服用人参

分娩后为迅速恢复体力，有些女性立即服用人参。然而从医学角度看，产后不宜立即服用人参。

❶ 人参中含有能作用于中枢神经系统和心脏、血管的一种成分——人参皂甙，使用后，能产生兴奋作用，往往出现失眠、烦躁、心神不宁等一系列症状，使产妇不能很好地休息，反而影响了产后的恢复。

❷ 中医认为，"气行则血行，气足则血畅"。人参是一种大补元气的药物，服用过多，可加速血液循环，这对于刚刚分娩的女性不利。分娩的过程中，内外生殖器的血管多有损伤，若服用人参，不仅妨碍受损血管的自行愈合，而且还会加重出血。

> **TIPS 贴士**
>
> 通常在产后2～3周，产伤已经愈合，恶露明显减少，这时才可服用人参。一般认为，产后2个月，如有气虚症状，可每天服食人参3～5克，连服1个月即可。

159. 产妇要注意营养均衡

妈妈在哺乳期饮食结构不合理，是造成幼儿视力发育障碍的原因之一。

比如妈妈在哺乳期摄入过多的脂肪类食物，会导致母乳中锌缺乏；如果妈妈不重视对豆制品和胡萝卜素的摄入，会导致母乳中各类营养的不足。这些营养素对小儿的视力发育是很有益处的。因此建议哺乳期的妈妈要做到均衡营养。

160. 产妇不可滋补过量

孕妇在分娩后为了补充营养和有充足的奶水，一般都非常重视产后的饮食滋补。常常是鸡蛋成筐，水果成箱，罐头成行，天天不离鸡，顿顿有肉汤。其实，这样大补特补，既浪费钱财，又有损于健康。首先，滋补过量容易导致肥胖。其次，产妇营养太丰富，必然使奶水中的脂肪含量增多，如果婴儿胃肠能够吸收，也易造成肥胖，易患扁平足一类的疾病；若婴儿消化能力较差，不能充分吸收，就会出现脂肪泻，长期慢性腹泻，还会造成营养不良。

一般来说，分娩后1～3天，应吃容易消化、比较清淡的饭菜，如煮烂的米粥、面条、新鲜瘦肉炒青菜、鲜鱼或蛋类食物，以利身体恢复。过3天后，就可以吃普通的饭菜了。但不要饮酒和吃辛辣食物，还应注意饮食卫生，以防患胃肠传染病。

161. 产妇不能不吃盐

许多人认为产妇不能吃盐。因此在产妇产后的前几天，饭菜内一点盐也不放。事实上，这样做只会适得其反，略吃些盐对产妇是有益处的。由于产后出汗较多，乳腺分泌旺盛，产妇体内容易缺水和盐，因此应适量补充盐。

162. 产妇不可不吃蔬菜和水果

长期以来人们认为水果、蔬菜较生冷，产后进食会对胃肠产生不良影响，不宜食用，其实这是一种错误的看法。因为产妇产后需要大量全面的营养，除了多食肉、蛋、鱼以外，蔬菜水果也是不可缺少的，应多食用含有大量维生素、植物蛋白、碳水化合物、矿物质、钙、铁、碘等蔬菜水果以达到营养均衡。如藕、黄豆芽、海带、黄花菜、白菜、大枣、桂圆等。但如梨等性味属寒的食物，应少食用，以免引起腹泻等症。

163. 产妇久喝红糖水易引起阴道出血

红糖是一种没有经过精炼的蔗糖，其含铁、钙均较白糖高出2倍左右，其他矿物质的含量亦较白糖多。传统中医认为：红糖性温，有益气、活血、化食的作用，因此长期以来一直被当作产后必不可少的补品。但近年来的研究表明：过量的食用红糖反而对身体不利，因为现在的妈妈多为初产妇，产后子宫收缩较好，恶露亦较正常。而红糖有活血作用，如食入较多，易引起阴道出血增加，造成不良后果。所以产后红糖不宜久食，食用10天左右即可。

164. 产妇不能完全以小米为主食

小米具有滋阴养血的功效，可以使产妇虚寒的体质得到调养，帮助她们恢复体力。但是小米蛋白质的氨基酸组成并不理想，赖氨酸过低而亮氨酸又过高，产后如果完全以小米为主食，会缺乏其他营养，应注意合理搭配。

165. 产妇吃母鸡易导致回奶

根据传统的风俗习惯，母鸡尤其是老母鸡，一直被认为营养价值高，能增强体

质，增进食欲，促进乳汁分泌，是产妇必备的营养食品。但科学证明，多吃母鸡不但不能增乳，反而会出现回奶现象。

其原因是产后血液中激素浓度大大降低，这时催乳素就会发挥催乳作用，促进乳汁形成，而母鸡体中含大量的雌激素，因此产后大量食用母鸡会加大产妇体中雌激素的含量，致使催乳素功能减弱甚至消失，导致回奶。而公鸡体内所含的雄激素有对抗雌激素的作用，因此会使乳汁增多，这对婴儿的身体健康起着潜在的促进作用。且公鸡所含脂肪较母鸡少，不易导致发胖，婴儿也不会因为乳汁中脂肪含量多而引起消化不良、腹泻。所以产后食公鸡对母婴均有益处。

166. 产妇不要过早使用束腹带

许多产妇为了保持优美的体形，月子里就带上腹带，穿上紧身的内裤，认为这样就可以把撑开的胯骨收回去。

产妇的这种想法可以理解，但是腹部是人体大血管密集的地方，把腹部束紧后，静脉就会受到压力而引发下肢静脉曲张或痔疮。与此同时，由于动脉不通畅，血管的供血能力有限，会导致心脏的供血不足，脊椎周围肌肉受压，妨碍肌肉的正常活动以及血液的供应。因而长期束腰会引起腰肌劳损等症状。另一方面，如果产妇束腰紧腹时勒得太紧，还会造成腹压增高，生殖器官受到的盆底支持组织和韧带的支撑力下降，从而引起子宫脱垂、子宫后倾后屈、阴道前壁或后壁膨出等症状，

并且容易诱发盆腔静脉瘀血症、盆腔炎、附件炎等妇科病。在影响生殖器官的同时，还会使肠道受到较大的压力，饭后肠蠕动缓慢，出现食欲下降或便秘等。

167. 哺乳前清洁乳头的正确方法

老一辈的人经常会告诉哺乳期的妈妈们在给宝宝喂奶前一定要用香皂等洗涤用品清洗乳房，现在看来是不正确的。因为经常用带有碱性的洗涤用品会损坏皮肤，除去乳头上的油性保护层，使乳头皮肤变得干燥而容易损伤和干裂。

正确的方法是在每次喂奶前，妈妈要将手洗干净，然后再用温开水浸湿毛巾轻轻擦拭乳头和乳房或用清水冲洗。平时，妈妈要经常更换内衣，保持乳房清洁干爽。清洁乳房后，最好先按住乳头揉几下，使奶头的末梢神经受到刺激，传导到中枢神经垂体前叶，产生乳激素，分泌乳汁，这个时候乳房感到发胀，这样就可以开始放心喂奶了。

168. 产妇并非满月后才可洗头

人们错误地认为产妇要在满月后才能洗头、洗澡。而事实并非如此，产妇分娩

时大量出汗，产后也常出汗，加上恶露不断排出和乳汁分泌，身体比一般人更容易脏，更易让病原体侵入，因此产后讲究个人卫生是十分重要的。

分娩后两三天就可洗澡，最好每周用温水擦浴一次，炎夏季节可以每天擦洗一次。但宜采用淋浴，不宜洗盆浴。如用温开水坐浴，最好是在5000毫升水中加入1克高锰酸钾，达到灭菌的作用。外阴部每天用温水洗一次。产后7～10天即可用热水洗头。

169. 产妇不可不刷牙

有人说"产妇刷牙，以后牙齿会酸痛、松动，甚至脱落……"其实，这种说法是没有科学根据的，而且也是产妇卫生的大忌。

产妇分娩时，体力消耗很大，犹如生了一场病，体质下降，抵抗力降低，口腔内的条件致病菌容易侵入机体致病。另外，为了产妇的康复，多在产后坐月子期间，给予富含维生素、高糖、高蛋白的营养食物，尤其是各种糕点和滋补品，都是含糖量很高的食物，如果吃后不刷牙，这些食物残渣长时间地停留在牙缝间和牙齿的点、隙、沟凹内，发酵、产酸后，促使牙釉质脱矿（脱磷、脱钙），牙质软化，口腔内的条件致病菌乘虚而入，导致牙龈炎、牙周炎和多发性龋齿的发生。所以，为了产妇的健康，产妇不但应该刷牙，而且必须加强口腔护理和保健，做到餐后漱口，早、晚用温水刷牙。

170. 剖腹产后的疤痕护理

手术后刀口的痂不要过早地揭，过早硬行揭痂会把尚停留在修复阶段表皮细胞

带走，甚至撕脱真皮组织，并刺激伤口出现刺痒。可涂抹一些外用止痒软膏。

避免阳光照射，防止紫外线刺激形成色素沉着。

改善饮食，多吃水果、鸡蛋、瘦肉、肉皮等富含维生素C、维生素E以及人体必需的氨基酸食物。这些食物能够促进血液循环，改善表皮代谢功能。切忌吃辣椒、葱蒜等刺激性食物。

保持疤痕处的清洁卫生，及时擦去汗液，不要用手搔抓、用衣服摩擦疤痕或用水烫洗的方法止痒，以免加剧局部刺激，促使结缔组织炎性反应，引起进一步刺痒。

171. 正确对待产后抑郁

产后抑郁症是指女性在产后3~4天内，出现流泪、不安、伤感、心情抑郁、注意力低、健忘等症状。一般具有暂时性，大多会在1~2天内恢复。

产后抑郁症在初产、高龄、患妊娠并发症的女性中较为常见。另外，在分娩时有异常、缺少丈夫的支持，或有精神压力的孕妇中也较为常见。

作为预防措施，首先不要过于神经

质，如有烦恼、不安，需与丈夫或家人商量，寻求他们的帮助。把从妊娠到分娩看成一次宝贵的体验，时刻保持愉快、平和的心情。

女性在产后往往体力消耗过大，尤其需要丈夫、家人的照料、体贴，而且育儿也需丈夫协助。夫妻应和和睦睦，共同分享育儿的乐趣。偶尔散散步、与朋友聊聊天，对转换心情也很有好处。

172. 产后防止乳房下垂的方法

❶ 哺乳时不要让孩子过度牵拉乳头，每次哺乳后，用手轻轻托起乳房按摩10分钟。

❷ 每天至少用温水洗浴乳房两次，这样不仅利于乳房的清洁，而且能增强悬韧带的弹性，从而防止乳房下垂。

❸ 哺乳期不要过长，孩子满10个月即应断奶。

❹ 坚持做俯卧撑等扩胸运动，使胸部肌肉发达有力，增强对乳房的支撑作用。

173. 产妇的房间切不可密不透风

许多产妇在"坐月子"时紧闭门窗，严防风袭，并且把房间弄得密不透风，怕得"产后风"（指产褥热）。其实，微风轻轻拂过，只带来新鲜空气，怎么会是产褥热的元凶呢？产褥热是藏在产妇生殖器官里的致病菌在作怪，可能是产前检查时消毒不严格，或是产妇不注意产褥卫生等原因引起的。如果室内卫生环境差、空气混浊，很容易使产妇、婴儿患上呼吸道感染，夏日里还会引起中暑。因此产妇的房间因该保持空气流通、清洁、新鲜，这样有益于母子健康。

第五篇
老年生活

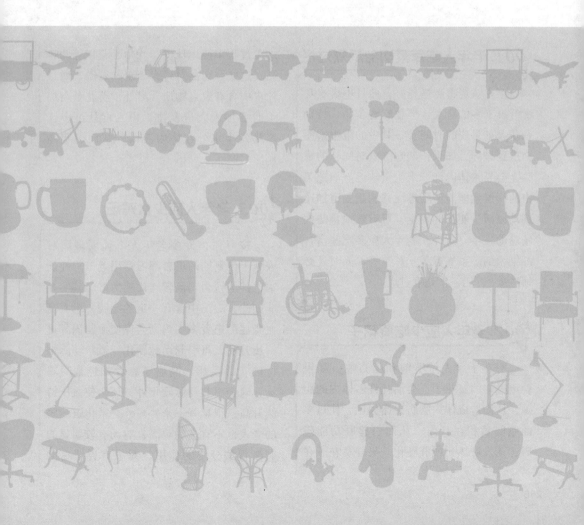

饮食起居禁忌

——人到老年，正是夕阳最美时

⭐ 001. 老年人吃蔬菜切勿烧煮过烂

菜喜欢烧得越烂越好，而且不喜欢吃含纤维素多的蔬菜。但是有些食品，特别是蔬菜如果烧的时间长，其中的维生素便会遭到破坏，如果长期吃烧煮时间长的蔬菜，会导致体内部分维生素缺乏。而蔬菜中的纤维素能清洁肠道，并刺激肠道加速蠕动以减少便秘的发生，可有效地预防大肠癌的发生。所以，老年人应多吃些富含纤维素的蔬菜如青菜、芹菜等，同时还必须注意，千万不能烧煮过烂。

⭐ 002. 老年人应少吃葵花子

葵花子含大量不饱和脂肪酸。如果食用过多的葵花子，会消耗许多体内的胆碱，从而造成体内脂肪代谢失调，使过多的脂肪蓄积在肝内，从而引起肝功能障碍，诱发肝坏死或肝硬化。另外葵花子在

加工过程中使用桂皮、八角、花椒等调味品。这些调味品对胃有一定的刺激，而且桂皮中含有致癌物质。另外，葵花子在加工时要加入大量食盐，摄入食盐过多，容易发生水分在体内滞留，从而引起高血压。

⭐ 003. 老年人应少食鸡汤

按习惯，许多老年人、体弱多病者或处于恢复期的患者都习惯用老母鸡炖汤喝，甚至认为鸡汤营养比鸡肉好。其实并非如此，鸡汤中含有一定的脂肪，患有高血脂症的患者多喝鸡汤会促使血胆固醇进一步升高，可引起动脉硬化、冠状动脉粥样硬化等疾病。高血压患者如经常喝鸡汤，除会引起动脉硬化外，还会使血压持续升高，很难降下来。另外，消化道溃疡的老人也不宜多喝鸡汤，鸡汤有较明显的刺激胃酸分泌的作用，对患有胃溃疡的

人，会加重病情。肾脏功能较差的患者也不宜多喝鸡汤，鸡汤会增加肾脏负担。因此，老人喝鸡汤时，一次最好不要超过200毫升，1周不要超过2次。

004. 老年人不要多喝牛奶

老年人过多地饮用牛奶补钙得不偿失，因为牛奶能促使老年性白内障的发生。其原因是牛奶含有5%的乳糖，通过乳酸酶的作用，分解成半乳糖，极易沉积在老年人眼睛的晶状体并影响其正常代谢，而且蛋白质易发生变性，导致晶状体透明度降低，而诱发老年性白内障的发生，或者加剧其病情。因此，老年人防止缺钙，不要把牛奶作为补充钙的唯一来源。既可以选用乳酸钙、葡萄糖酸钙、维生素D等药物，也可以选用虾皮、海米、鱼类、贝类、蛋类、肉骨头、海带及田螺、芹菜、豆制品、芝麻、红枣、黑木耳等含钙高的食物来补钙，以天然食物为最佳。

005. 老年人不要多吃鱼肝油

人到老年，体内的钙、磷无机盐相对增加许多，因而骨骼硬而脆，容易发生骨折，鱼肝油具有促使更多的钙质在骨骼内沉积，促使骨含钙量再度增加的作用，这样对老年人健康显然没有什么好处，因此老年人应少吃鱼肝油。

006. 老年人应少吃含糖量高的食品

人到老年，活动量就相对减少，能量消耗也相应减少。如果经常吃含糖量高的食品就容易发胖，因而诱发各种疾病。据资料，胖人患糖尿病、高血压和心血管病的人比正常人多1倍。由于老年人胰岛素分泌减少，血糖调节作用减弱，高糖饮食诱发糖尿病的可能性非常大。因此，老年人忌吃水果之类的罐头。

007. 患病老年人不宜吃的水果

❶ 经常腹泻的老年人应少吃香蕉，可吃苹果，因为苹果有收敛的作用。

❷ 经常胃酸的老年人不宜吃李子、山楂、柠檬等较酸的水果。

❸ 经常大便干燥的老年人应该少吃柿子，以免加重便秘，但可以多吃一些桃子、香蕉、橘子等。

❹ 患有心脏病及水肿的老年人不能吃含水

分较多的水果如西瓜、椰子等，以免增加心脏的负担，加重水肿。

❺ 患有糖尿病的老年人不但要少吃糖，同时少吃含糖量较高的梨、苹果、香蕉等。

❻ 患有肝炎的老年人可多吃橘子和枣等含维生素C较多的水果，这有利于肝炎的治疗和恢复。

❼ 患有肾炎和高血压的老年人不可食用香蕉，香蕉性寒而且含钾量高。而且不能在饭前吃水果，以免影响正常进食和消化。

008. 老年人不要在晚饭时吃水饺

老年人最好不要在晚饭时吃饺子。老

年人晚上外出活动少，入睡早，胃肠道蠕动慢，而饺子的面皮是用"死"面做的，不利于消化，易引起老年人腹胀并影响睡眠。此外，老年人吃水饺还应注意以下几点：

❶ 不宜吃粗纤维馅饺子。像野菜、芹菜、韭菜馅饺子等，因含粗纤维多而消化时间长，如有心脏病和胃病的老年人不宜多吃，因为消化不良会引起心脏病发作。老年人最好是吃萝卜、白菜、鸡蛋馅的饺子，这些馅容易消化。

❷ 不宜吃煎饺子。因煎饺子的面皮又干又硬，油煎后更不易消化，最好是把剩下的饺子蒸着吃。

❸ 不宜吃夹生馅的饺子。有的老年人煮饺子时欠火候，捞出来时馅夹生，吃后很容易引起消化不良、腹胀、胃肠道不适。

009. 老年人不可吃生猛海鲜

生吃鱼、虾和半生不熟的各种肉类、蛋类现已成为时尚。对此，老年人应"敬"而远之。

人体每天摄入的蛋白，在肠道中经消化分解可产生一定量的氨类。氨系有毒物质，但经肝脏尿素合成酶作用后合成尿素而解除毒性。此过程所需尿素合成酶中含有生物素成分，如体内生物素不足，酶活

性下降，氨便不能顺利代谢，则可引起高氨血症。但这种解毒的生物素一旦与抗生物素蛋白结合即可失去作用。这种抗生物素蛋白主要存在于动物蛋白之中，经加热后即可被破坏。如生食或摄取半生不熟的肉蛋类，则抗生物素蛋白直接进入人体内与肠道中生物素结合而导致生物素不足。生物素明显短缺，可出现四肢皮炎、皮肤和黏膜苍白、精神抑郁、肌肉酸痛、感觉过敏和食欲不振等症状。老年人肝脏功能和酶的活性都有不同程度下降，因此要尽可能减少有毒物质对肝脏的损害。

010. 老年人饭后不可"百步走"

人在饱餐后，为保证食物的消化吸收，腹部血管扩张充血，使脑部的血液供应相对减少，所以饱餐后常常会感到头晕。老年人因心功能减退，血管硬化，血压调节功能障碍，所以在饭后就容易发生血压降低，如果饭后立即活动，容易发生低血压性昏厥或跌倒。因此，老年人饭后忌"百步走"，应休息一段时间后再走动，以防发生意外。

011. 老年人睡醒后不宜马上起床

近年来，国外医学家对老年人发生中风的时间进行调查，结果发现：上午8～9点是发生中风的最高峰，中午时会降低，而午后3～4点又是一个较小的高峰，凌晨1～4点为低谷，发生率仅为早晨的1/12。

这是因为老年人机体逐渐衰退，血管壁硬化，弹性减弱。当早晨或午睡醒来后，身体从睡眠时的卧位变为起床时的站位，由静态到动态，就使血液的动力产生了突变，而其生理功能又不能很好地加以

调节，造成血压急剧起伏，很容易导致老化的脑血管破裂，血液外溢。此外，早晨起床后，血液中血小板比睡觉时增加，使得血液凝固作用亢进，也会增加脑血栓发生的可能。

所以，老年人睡觉醒来后，不宜马上下床行走，应在床上躺卧片刻，再慢慢地起床，以免因血压骤变而发生不测。

012. 老年人不要常饮浓茶

因为茶叶中含有大量的咖啡碱，饮后令人兴奋，难以入寐。茶叶中含有大量的鞣酸，可与食物中的蛋白质结合，形成块状的鞣酸蛋白，不易消化，甚至可产生便秘。长期服浓茶还会造成维生素B1的缺乏及铁的吸收不足。另外饮茶要适量，如饭前多饮，会冲淡胃酸，影响消化。最好在饭后20分钟左右饮茶，有助于消化，可解油腻，清理肠胃。因此，老人最好饮淡茶。

013. 老年人常饮咖啡易造成骨质疏松

咖啡会使人体需要的钙质量减少。人到老年，钙的需要量逐渐增多。尤其是女性，如果嗜饮咖啡，咖啡中含有一种生物碱，能和人体内的钙元素结合，将钙迅速排出体外，加剧体内缺钙，从而造成骨质疏松，骨硬度下降，活动时易发生骨折。

014. 老年人摄取蛋白质不可过多或过少

老年人摄取蛋白质应适量，不可过多或过少。一般说来，蛋白质对人体健康有益。但如果大量食用对老年人来说有损健

康。这主要是因为蛋白质饮食可以增加人体内钙的排泄量，尤其是钙摄入不足的老年人，因钙排泄量增加，非常容易引起骨质疏松症。骨质疏松症患者只要是轻微活动就会感到腰背痛。另外，老年人肾功能在逐渐减退，当蛋白质摄入过多时，肾脏负荷过重，会导致肾功能不全。

同样，蛋白质摄取过少，也会危害老年人的身体健康。因为蛋白质不足是引起消化道肿瘤的一个危险因素。调查还发现，中风患者的蛋白质摄入量要比正常人低。这说明老年人适当摄取蛋白质是很有必要的。

老年人每天摄入蛋白质的量应保持在每千克体重1.0～1.5克的水平，即占热量的12%～18%。增加的蛋白质以植物性蛋白质为好，因为动物性蛋白质常伴有高脂肪和高胆固醇。植物性蛋白质中，以大豆蛋白质最佳，它的必需氨基酸比较齐全。如果把大豆与小米、鱼肉等食物搭配着吃，则蛋白质的营养价值更高。豆奶，是补充蛋白质的良好营养饮料，老人尽可食用。牛奶和鸡蛋是含丰富蛋白质的佳品。近来有人报道，牛奶中含3-羟-3甲戊二酸和乳清，酸能抑制胆固醇的合成，有利于脂肪代谢。因此老人一天喝一瓶牛奶可不必介意。

015. 老年人应适量吃一些含胆固醇的食物

胆固醇有利也有弊。不食含胆固醇食物，人体便会通过自我调节，动用营养物质自行合成胆固醇。如果一个人长期缺乏

胆固醇食物会给人的健康带来极大不利。胆固醇是构成人体细胞膜的必要成分，是合成类固醇激素的原料，是人体内胆汁盐酸、肾上腺皮质激素，胆汁酸的转化物质，胆固醇的衍生物在阳光紫外线的强烈照射下，又能转化为维生素D，维生素D具有防止老年性骨质疏松的作用。因此，中老年人忌不食含胆固醇食物。

016. 老年人饮食过饱易诱发心肌梗死

老年人胃肠消化功能不断减退，如果吃得过饱可导致上腹饱胀，使横膈上升，影响心肺正常活动，再加上消化食物时需要大量血液集中到胃肠道，从而导致心脑供血相对减少，容易诱发心肌梗死或中风。

吃得太多，摄入的热量超过人体的需要，就易肥胖。老年人过于肥胖容易得病。因为食物在胃中停留的时间太长，会引起不舒服感觉，给肠胃加重负担，造成消化不良。同时，还会使横膈的活动受阻，引起呼吸困难，增加心脏负担，可能出现心绞痛之类的症状。还会加重肝脏和胰脏的负担，影响健康长寿，因此老年人一定要节制饮食。

017. 老年人健康饮食指南

人到老年，各种组织功能日益减退，消化代谢也如此，因此营养上需要特殊补充，不要随意饮食。首先要控制碳水化合物的摄入量，米、面要比一般成人少食些；其次脂肪对心脏、肝脏不利，所以也要少食。一般老年人每天摄入100克瘦猪肉，20克植物油，就可以满足人体需

要了。另外要补充蛋白质和维生素，摄入一定量的大豆类、乳类、鱼类、蛋类等食物。要多吃含铁丰富的油菜、西红柿、桃、杏和含维生素、纤维素多的绿叶蔬菜。并且要尽量多喝水。喝水太少会使血液黏稠度增加，容易形成血栓，诱发心脑血管病变，影响肾的排泄功能。所以老年人每天至少喝入总量1600毫升水。

018. 老年人不可忽视营养过剩

人们都知道，营养不良会造成人体抵抗力低下，从而导致各种疾病的发生。而医学研究表明：营养过剩同样会降低人体的抵抗力，引起周身各种疾病。特别是中老年人，摄取营养过剩，饮食热量过高，会使人体肥胖，更容易患高血压、糖尿病、心脏病。另外，使人体过早衰老，缩短人的寿命。因此，老年人在膳食中应注意粗细、荤素搭配，每餐忌过饱。另外，要适当参加体育锻炼，增强体质，提高免疫能力。

019. 老年人不要吃过咸的食物

长期高盐饮食能导致高血压，而人对食盐的敏感程度是随着人的年龄增大而增

高的，也就是说年龄越大，食盐对他们的血压影响也就越大。随着人的年龄增大，肾功能便逐渐减弱，机体不能把食盐里面导致血压上升的成分——钠离子顺利从人体中排泄掉，可导致钠潴留，血管收缩，血压升高和心脏负荷加重等病症，其结果使降压效果不好，甚至可能诱发心力衰竭。这便是年龄越大，食盐对血压影响越大的主要原因。因此，老年人每天的总食盐量应控制在3克以内为宜。

020. 长期禁荤吃素对老年人的健康有害

许多老年人由于热量消耗减少、食欲减退，或者出于减肥和防治高血压的目的而禁荤吃素，实际上这是不正确的，而且对身心健康是有害的。因为人体衰老、头发变白、牙齿脱落及心血管疾病的发生都与锰元素的摄入不足直接有关。缺锰不但影响骨骼发育，而且会引起周身骨痛、驼背、乏力、骨折等疾病发生。缺锰还会出现智力迟钝、感应不灵。植物性食物中所含的锰元素，人体很难吸收。相反，肉类食物中虽然含锰元素较少，但容易被人体利用。所以吃肉是摄取锰元素的重要途径。因此，老年人忌禁荤吃素。

021. 老年人切勿边笑边吃

老人由于大脑及中枢神经系统的功能减退，使感觉和运动神经反应迟钝，动作不能协调，同时还因口腔、咽部的黏膜萎缩或肥厚，以及牙齿脱落、装有假牙等，如果边吃边谈笑，便很容易发呛，发生食道异物，比如假牙卡在食道口，枣核、鱼刺、鸡骨、猪骨卡在食道内等。

022. 老年人不要在睡前吃补品

补品并不是随时都可服用的。人至中老年，血液黏度增加，因此中老年人并不适宜服含大量葡萄糖之类的补品，更不可在入睡前服用，睡眠本身已经使人的心率减慢，而有些补品中的糖浆类物质会使血液的黏度进一步增加，导致局部血液动力异常，引发脑血栓。尤其是患有高血压、高脂血症、心脑血管疾病的人，睡前少服和不服糖浆类补品为好。

023. 老年人居室装修的禁忌

老年人由于生理机能退化，对环境的适应性减弱，因此，关注老年人居室装修很有必要。装修时应当有相应的、特殊的方式来调适，以利于老人的健康，尤其对独处、病、残老人的居室更应如此。

❶ 地板忌滑：最好不用釉面砖，以优质无釉砖、防滑砖、木地板、强化地板等最佳。忌用华丽或几何形图案的地砖，以免老人产生眼花缭乱和高低不平的视觉偏差，防止滑倒、跌跤。可以铺设地毯，既舒适，又隔音、防滑、防摔。

❷ 光线忌暗：由于老人视力衰退，室内采光、照明应充足，尤其是厨房、卫生间应更加明亮，最好有强弱两套照明设施，客

厅、饭厅、书房、寝室也应有充足的光线和方便的灯具。

③ 色彩忌冷：老人居室应从舒适、优雅、方便等方面着眼，四周色彩不能太暗，应多用暖色系列，看上去十分舒爽、洁净。沙发、床罩、窗帘等宜鲜艳，以增加喜庆热闹氛围，减少老人的寂寞和孤独。或者可以将自然界的花草引入室内，增加老人居室内的生机，以陶冶性情，净化心境。

④ 阳台忌封：老人的户外活动时间较少，阳台成为与自然界联系的纽带之一，他们可在阳台上享受日照、观景、休息、养花、养鸟，因此阳台不宜封闭。

⑤ 浴室忌滑：浴室地板应特别注意使用防滑地砖，如果使用蹲便器，应在墙上置一扶手，以帮助老人蹲下和站立。另外，慎用普通浴缸，尤其浴缸不宜过高、过深，以防不小心滑倒。有条件的可以安装一个紧急呼救设备。

⑥ 门忌有坎：老人居室的门应易开易关，便于使用轮椅及其他器械的老人通过。不应设门槛，有高坎时用坡道过渡，门拉手选用转臂较长的，避免采用球形拉手，拉手高度要适宜。

024. 老年人的家具不宜过高或过低

居室设计中，标准的设计高度常常给老年人带来麻烦，不便于他们独立生活，许多部件不是太高就是太低。所以，无论是居室设计还是老年人的日用品，一定要有一个科学的高度。比如卫生间的淋浴器安得太高了，老人洗澡想调一下水流方向，踮起脚尖才能够到，容易滑倒。而插座安得太低，老人使用电器站起身就容易头晕。这些问题在居室装修前就应该充分考虑，否则装修完毕，再想改动就困难

了。所以，老年人居室的家具高低应该考虑到老年人的身体条件。写字台、桌子、椅子不宜过高，要以坐着舒服、用着方便、起来不费力为好；床的高低也应适合老年人上床下床；电源插座不要过低，要让老人不弯腰就能够得着。

025. 老年人的家具的选购与摆放

① 老年人的家具在选用时应尽量避开冷色调，采用咖啡或橙黄等暖色，可使室内富于欢乐和温暖之感，消除老人的孤独心理。

② 不宜使用钢质、玻璃等硬性家具，应以木质、皮质、藤质为主，以环保型无毒无害的绿色、天然材质为佳。目前许多老人喜欢传统的藤椅，其高矮、质地均十分适合老人的生理特点。

③ 要少用或不用折叠家具，虽然这类家具可以缓解住房面积紧张，但是老年人年迈体弱，常常是求静求稳，使用折叠家具将会带来额外负担和无休止的繁琐。

④ 床、沙发、躺椅等老人长时间睡卧休息的家具不宜选用太软的，对于患有腰肌劳

损、骨质增生的老人尤其不利，这常常会使他们的症状加剧。床应以硬床垫或硬床板加厚褥子为好。床上用品要选购保暖性好的，床单、被罩应选购全棉等天然材料制作的。沙发也应稍硬一些，方便老人起身。

❺ 摆放不要杂乱或空旷：老年家庭室内布置要符合老年人的特点和活动规律，尽量简单实用。家具都靠墙角，不要经常变换位置；室内通道部位避免布置棱角较多的家具，并尽量减少无规律的凸出布置；室内设施的摆放要有利于通风和采光，并注意与室内空间的协调。若布置得太多，会造成房间内杂乱，给老人活动带来诸多不便，同时产生压抑感；但是过于空旷，也会使老人感到孤独与寂寞。

026. 老年人不要长期生活在极度安静的环境中

老年人的生活环境，确实是应当避免噪声，但如果长期生活在极度安静的庭院或房间里，与世隔绝，不与人聊天、说话以及交往对身心健康是不利的。这主要是因为在极度安静的环境中生活，久而久之，会变得性情孤僻，精神萎靡不振，食欲减退，对周围事物漠不关心，从而使健康状况日趋低下，寿命缩短。那些美好的

声响，如鸟语等大自然的音响都可以陶冶人的情操，对神经系统是个良好的刺激，可充分改善神经系统对机体的调节功能。

027. 老年人看电视的禁忌

❶ 不要看悲剧：老年人看过悲剧之后，总爱老泪纵横，情绪低落。如果反复刺激，会出现食欲不振、夜不安寝、体重减轻、动作迟缓等抑郁表现。尤其是一方丧偶的高龄老人，由于过度悲哀，甚至会有轻生厌世的念头。因此，老年人在看电视时，尽量不要去看悲剧。

❷ 忌看惊险节目：心理上突然受到激惹，情绪上的骤然波动，对患有心脑血管疾病的老年人，可以诱发心律失常，冠心病发作，甚至心肌梗死和脑血管意外。

❸ 忌连续长时间看电视：据调查，长时间坐着收看电视会引起下肢麻木，轻度酸痛及浮肿，有人称"电视腿病"。为了避免此情景发生，在放广告片时，可起来活动一下，对健康会有裨益。

❹ 忌晚饭后立即看电视：进餐之后消化管和消化腺供血增多，去完成对食物的消化。这个时候若收看电视，大脑也需增加血液供应，向消化器官的供血必然减少，长期如此，将导致消化不良。

028. 老年人需特别注意的生活细节

老年人由于体质虚弱，腿脚也往往不灵便，所以在日常生活中要特别注意不要做一些有危险性的动作，以免发生意外。

❶ 忌下床过急：老年人早晨起床，或夜间起床小解，均不宜过急。醒后应活动一下四肢，清醒一下头脑，再缓缓下床。否则，醒后立刻翻身下床，因迷迷糊糊或体

位性低血压等原因，极易引起摔倒；另外，因夜间血流速度缓慢，血液变得黏稠，醒后突然跃身而起，则易诱发脑血栓形成，引起中风。

❷ 忌说话过快：老年人说话声音宜低而缓。高声大嗓、频率过快，不但耗津伤气，还易使血压升高，加重心脏的负担。

❸ 忌站着穿裤：老人起床、洗澡时，都应坐着穿（脱）裤子。老人单腿站着穿（脱）裤子，则十分危险。因为老年人不但腿脚不灵便，还往往患有骨质疏松症，一旦站立不稳而摔倒，则最易引发（下肢、骨盆）骨折等严重不良后果。

❹ 忌登高取物：老年人手脚笨拙，加之常患有骨质疏松等，稍有不慎，就可能导致摔伤。所以，高龄老人切不可一个人时登高取物，以免发生危险。

❺ 忌突然回头：老人在日常生活中，遇到有人呼叫，或听到异常响声时，不要猛然回头。因为老年人多患有颈部骨质增生症，颈部突然扭转最容易造成压迫血管，导致头部供血不足，轻则造成眼黑摔倒，严重时还会诱发缺血性中风。

❻ 忌裤带过紧：老人的裤带最好用松紧带。不然裤带束得过紧，可致下身血流不畅。

总之，老年人在日常生活中，一切行动，都应贯彻一个"慢"字。吃饭要慢，饮水要慢，说话要慢，走路要慢，起床要慢，二便后站立时要慢。这对身心保健、避免发生意外有重要意义。

029. 老年人应多参加有益的社会活动

人类智力的某些重要领域并非是因年老而衰退。但是老年人如果不参加社会活动，不参与生活，就不可能保持精神状态

的机敏和活跃敏捷的思维能力，就会窒息本来应该充满生机的智慧生命，从而变得"越老越糊涂"。

030. 老年人不要坐硬板凳

老人如果长期坐硬板凳，容易患坐骨结节性滑囊炎，屁股一接触板凳就会疼痛，且难以治愈。坐骨是构成骨盆的重要部分。当人坐下时，坐骨结节恰好和凳面接触，坐骨结节的顶端长着滑囊，滑囊能分泌液体，以减少组织间的摩擦。但是老年人体内激素水平逐渐下降，滑囊也发生了退行性变化，液体分泌减少。加上有的老人较瘦，就使坐骨结节与板凳"硬碰硬"。这种不合理的摩擦、负重、挤压、创伤，久之会导致坐骨结节性滑囊炎的发生。

031. 老年人排便应注意的问题

❶ 忌蹲着排便：老年人蹲位时腹股沟和腘窝处的动脉管折曲度小于40°，下肢血管

严重弯曲，血液流通障碍，这时再加之屏气排便，腹压增高，致使血压急剧升高，从而造成脑部血管破裂出血，发生脑血管意外。

❷ 排便忌用力：老年人常易便秘，在用力排便时，可使腹压增加、血压升高、心跳加快，以致诱发心肌梗死，甚至脑出血。因此，老年人应积极防治便秘，当出现便秘时，可使用开塞露和其他通便药物，必要时可请医生帮忙。

❸ 站起忌过猛：蹲坐着排便时，由于下肢弯曲会影响下肢静脉的回流，使回心血量减少，故在突然站起时，易引起大脑的短暂性供血不足，而出现眼前发黑，甚至晕倒。因此老年人排便结束后，应缓慢站起。

032. 老年人切勿坐着打盹

许多老年人喜欢坐着打盹，一旦醒来后会感到全身疲劳、腿软、头晕、视觉模糊、耳鸣；如果马上站立行走，则极易跌倒，甚至发生意外事故。这种现象主要是脑供血不足引起的。因为坐着打盹时，流入脑部的血会减少，上部身躯容易失去平衡，甚至还会引起腰肌劳损症，造成腰部疼痛。而且坐着打盹，体温会比醒时低，极容易引起感冒。可见老年人坐着打盹是非常有损健康的。

033. 老年人忌睡眠时间过少

人随着年龄的增长，睡眠时间就会相对减少，一般老年人是最不贪睡的。但如果睡眠过少，也是有损健康的。睡眠时人体处于休息、恢复和重新积累能量的状态。老年人生理机能正在减退，疲劳恢复是非常慢的，因此睡眠时间忌过少。

60～70岁老人每日睡眠8小时为宜；70～90岁老人每日睡眠9小时为宜；90岁以上老人每日睡12小时为宜。晚间睡眠不足，就应在第二天午睡补上。

034. 老年人应注意睡眠姿势

睡眠的姿势，不外乎仰卧位、右侧卧位、左侧卧位和俯卧位4种体位。

仰卧位时，肢体与床铺的接触面积最大，因而不容易疲劳，且有利于肢体和大脑的血液循环。但有些老年人，特别是比较肥胖的老年人，在仰卧位时易出现打鼾，而重度打鼾（是指出现大声的鼾声和鼻息声）不仅会影响别人休息，而且可影响肺内气体的交换而出现低氧血症；右侧卧位时，由于胃的出口在下方，故有助于胃的内容物的排出，但右侧卧位可使右侧肢体受到压迫，影响血液回流而出现酸痛麻木等不适；左侧卧位，不仅会使睡眠时左侧肢体受到压迫，胃排空减慢，而且使心脏在胸腔内所受的压力最大，不利于心脏的输血；而俯卧位可影响呼吸，并影响脸部皮肤血液循环，使面部皮肤容易老化。

因此，老年人不宜睡左侧卧位和俯卧位，最好睡仰卧位和右侧卧位。而易打鼾的老年人和有胃炎、消化不良、胃下垂的老年人最好选择右侧卧位。

035. 老年人摸黑行动易出意外

许多老年人，有的是出于勤俭节约，有的是出于省事和怕影响别人睡眠，当晚上需要起床活动时，往往不开电灯，摸黑行动，这是很不安全的。老年人反应迟钝，骨质松脆，大多老年人又或轻或重地患有某些慢性病。因此，老年人摸黑行动，极易碰撞、摔倒，轻则受惊，重则骨折，诱发慢性病，甚至危及生命。

036. 老年夫妇不要分室而居

不少老年夫妇由于上了年纪而喜欢安静，为减少夫妇间睡眠时相互影响，长期分室而居。其实，这对老人并无益处，因为一方面老年夫妇同样需要性爱，另一方面从防病治病这个角度讲，老年夫妇也应同居一室，以便相互照顾。许多致命性的危重急症都发生在剧烈活动或情绪明显波动的时候，但在夜间休息状态下发病者也为数不少。有些急危重症如脑血栓形成、不稳定性心绞痛、某些心律失常恰恰多在夜间入睡安静状态下发病。急性心肌梗死在老年人中，经常是无痛发病，而且大多发生在静息状态下和睡眠时。再加上老年人反应能力较差，主观感觉明显时往往病情已很严重，因此，早期发现极为重要。因此，老年夫妇忌分室而居。

037. 老年人打扮禁忌

适当的化妆和修饰，会使老年人对自己充满信心，这对于延缓衰老，大有裨益，但是应注意以下几点：

❶ 忌不用护肤品：应当经常使用适合自己的化妆品，保养皮肤。可大胆使用粉底霜，以改变自己的肤色，使自己看起来容光焕发。

❷ 忌忽视头发护理：随着年龄的增长，头发也难免失去往日的光泽。这时就需要选用适宜自己发质的洗发护发品，护理好自己的头发，使自己显得年轻而大方。自己做不好发型，到专业的美发店做做发型，肯定会使自己的面貌焕然一新。

❸ 忌留长发：老年人的形象设计应以简洁、轻快为主。在发型上应以短发为主。由于许多老年人的头发变少，应该先把头发烫一下，再进行修剪，修剪出的发型在洗后只要稍加梳理就可以了。

❹ 忌不化妆：老年人也应稍施淡妆。化妆时，眉毛应选用棕色的眉笔轻轻勾勒，眼线要紧贴着睫毛内侧画。同时适当抹一点睫毛膏，可以使眼睛显得精神，增添几分

魅力。老年人在用腮红时，位置与年轻人不同。在两侧太阳穴处也略刷一些，看上去像喝了一点酒稍稍泛起的红晕，这样会有一种精神焕发的感觉。

❺忌老气横秋：老年人不要因为年龄大了，便要老气横秋，要冲破传统的观念，适应潮流的发展，把自己打扮得亮丽一点。可以根据自己的气质、体型和爱好，选购适合自己的衣服，经常给自己一个全新的感觉。其实，生活原本就是一种自我感觉。

⭐ 038. 老年人不该穿平跟鞋

有许多老年人喜欢穿平底鞋，认为穿平底鞋轻便、舒适、安全，实际上这种观点是不科学的。老年人的鞋后跟高度以1.0～2.5厘米为宜，过高过低都不利于老年人的健康。鞋跟过低会增加后足跟负重，导致足底韧带和骨组织的退化，从而引起足跟痛、头晕和头痛等不适症状。因此老年人的鞋跟不宜低于1厘米。

⭐ 039. 老年人不适合穿保暖内衣

目前市场上出售的保暖内衣多采用复合夹层材料制成，比如有些是在两层普通棉织物中夹一层蓬松化学纤维或超薄薄膜，通过阻挡皮肤与外界进行热量交换，起到保暖效果。但这种内衣透气性差，出汗后汗液中的尿素、盐类等会附着在体表，不及时清除会引起皮肤瘙痒，造成接触性皮炎、湿疹等疾病。而且内衣夹层中的化学纤维还容易产生静电，使皮肤的水分减少、皮屑增多，进而诱发或加剧皮肤瘙痒。尤其是老年人，皮肤功能开始衰退，长期穿保暖内衣，会加重冬季频发的

皮肤瘙痒症状。此外，爱出汗的人、干性皮肤、对化纤制品过敏的人，以及湿疹、皮炎、银屑病患者，都应该慎穿保暖内衣。内热重、易上火的人或有高烧症状的患者，最好也不要穿，以免加重病情。

时下流行的一些保暖元素，缺乏针对人体所做的具体研究，而传统的纯棉内衣虽然保暖性相对较弱，但对老人、儿童、某些过敏性体质的人群来说，可能更安全。

时下流行的一些保暖元素，缺乏针对人体所做的具体研究，而传统的纯棉内衣虽然保暖性相对较弱，但对老人、儿童、某些过敏性体质的人群来说，可能更安全。

老年人保健禁忌

——养生有道，健康长寿并不难

或引起瘙痒症。

④ 忌时间过长：如果浸泡时间过长，容易造成毛细血管扩张而引起大脑缺血，发生头晕或晕倒。

⑤ 忌洗澡时锁门：洗澡时最好家里有人，不要锁住浴室的门，一旦出现问题能及时请求帮助。老年人自己洗澡时动作要舒缓些。洗澡完毕，要慢慢站起来，洗澡后应休息30分钟左右。

⭐ 040. 老年人洗澡应注意的问题

洗澡对健康是非常有益的卫生习惯，但对老年人来说，由于体质的关系洗澡要注意以下几点，否则对健康反而不利，甚至会带来不良后果。

① 忌饭后马上洗澡：不要在饭后1小时内洗澡。洗热水澡前，喝一杯温开水。

② 忌水温太热：浴水的温度一般以37℃最为适宜。有些老年人唯恐着凉，将水温调得过高，使全身皮肤血管扩张，全身大量的血液集中到皮肤表面，导致心血管急剧缺血，引起心血管痉挛。如果持续痉挛15分钟，即可发生急性心肌梗死；如果是大面积心肌梗死，就有猝死的危险。高血压病患者还会因全身皮肤血管扩张而使血压骤然下降。

③ 忌洗澡过勤：因为老年人体力较弱，皮肤皮脂腺逐渐萎缩，如果洗澡过勤，皮肤就会变得干燥，容易脱屑，甚至发生裂纹

⭐ 041. 老年人不可忽视口腔卫生

① 要坚持每天早晚刷牙，饭后漱口。有条件的每月换一把牙刷。刷牙及漱口时，可常用手指轻轻按摩牙龈。平时可嚼口香糖。

② 不宜用硬牙刷。老年人生理因牙龈比较脆弱，使用硬毛牙刷常会因硬质毛束的碰撞而造成创伤性牙龈破损，从而引起牙周

炎等疾病。

③ 对于经多次治疗而无法保存的残疾牙、病灶牙应及早拔除。对部分缺牙或全口无牙者，应及时装镶假牙。

④ 入睡前应将活动假牙取下，使口腔黏膜及牙龈得到休息。取下的假牙应用牙膏、牙粉或去污粉洗刷清洁，泡于清水之中。摘下假牙后，还要特别注意多刷挂钩的真牙，不让食物残渣遗留，否则此处易发龋蚀。

⑤ 老年人的口腔保健检查，每年最少一次。做到有病早治，无病早防。

⭐ 042. 老年人应警惕肥胖

老年人由于体力活动少了，吃的东西可能又比较多，脂肪就会增加，代谢从而出现困难，这就为血管壁硬化、心肌出现缺血缺氧、心绞痛、心肌梗死等疾病的出现创造了条件。因此老年人应警惕肥胖，努力维持体重的正常标准。

⭐ 043. 老年人健身的注意事项

① 忌单独锻炼：老年人特别是患有心脏病的老人，最好不要独自锻炼以确保安全。

② 忌仅从事一项锻炼：如长年参加某项锻炼，兴致往往可能大减，不妨多选择几项自己感兴趣的项目，既增添锻炼兴趣，且对身体更有好处。

③ 忌不做准备活动：老人锻炼之前，务必做好准备活动，如弯腰屈膝，宽松肌肉，做深呼吸等。

④ 忌盲从：运动项目同健身效果有关，不要盲从他人锻炼，要根据自己的兴趣爱好、健康状况和周围环境与条件，选择适于自身的运动项目。如要改善心肺功能，

可选练步行、慢跑、打太极拳、游泳或骑自行车运动等。

⑤ 忌激烈竞赛：老年人不论参加哪种运动，重在参与、健身，不能争强好胜，与别人争高低，否则激烈竞赛不仅体力承受不了，而且还会因易碰撞、摔倒、激动，极易发生意外。或者因神经兴奋，引起心跳、血压骤增而发生严重后果。特别是患有高血压、心脏病的老人，更应绝对禁止各种形式的比赛活动。

⑥ 忌运动时憋气：运动时憋气害处有二：一是使血液循环不畅，血液回心受阻，易使大脑缺氧，甚至产生头晕、昏厥；二是会使血压升高，易诱发中风等脑血管意外。老年人运动时不要轻易做有憋气动作的力量练习，像拔河、硬气功、引体向上，以适当增加呼吸深度为好。

⑦ 忌负重运动：由于老年人运动器官的肌肉开始萎缩，力量变小，韧带弹性非常弱，骨质松脆，关节活动范围减小，进行重负荷的锻炼，往往容易造成老人的骨骼变形，甚至骨折或使关节、肌肉和韧带遭受损伤。

⑧ 忌运动过度：老年人生理功能衰退，运动量承受力有限，若运动过度，会导致多种疾病。衡量运动是否过度，可用翌日清晨心律是否恢复、睡眠质量、食欲好坏及

有无厌恶运动心理存在等加以确定。增加运动难度、运动强度和运动时间，一定要循序渐进，宁慢勿快，不宜操之过急。

⑨忌头部位置过分变换：老年人不宜做低头、弯腰、仰头后侧、左右侧弯，更不要做头向下的倒置动作，原因是这些动作会使血液流向头部，而老年人血管壁变硬，弹性差，易发生血管破裂，引起脑溢血。当恢复正常体位时，血液快速流向躯干和下肢，脑部发生贫血，出现两眼发黑，站立不稳，甚至摔倒。

⑩忌晃摆旋转：老年人协调性差，平衡能力弱，腿力发软，步履缓慢，肢体移动迟钝，像溜冰、荡秋千及各种旋转动作应禁忌，否则易发生危险。

044. 老年人晨练不可贪早

老年人晨练不能贪早。因为越早、天越黑，气温也越低，不仅易发生跌跤，而且易受凉，诱发感冒、慢性支气管炎急性发作、心绞痛、心肌梗死和脑卒中（中风）等疾病，尤其是冬天和初春时分。因此，老年人应在太阳初升后外出锻炼，并注意保暖。此外，老年人晨练还应注意以下3点：

❶晨练不宜空腹：老年人新陈代谢率较低，脂肪分解速度较慢、空腹锻炼时易发生低血糖反应。因而老年人晨练前应先喝些糖水、牛奶、豆浆或麦片等，但进食量不宜过多。

❷晨练要避雾：雾是空气中水汽的凝结物，其中含有较多的酸、碱、胺、酚、二氧化硫、硫化氢、尘埃和病原微生物等有害物质。锻炼时吸入过多的雾气，可损害呼吸道和肺泡，引起咽炎、支气管炎和肺炎等疾病。

❸晨练的运动量不宜太大：老年人早上锻炼的时间宜在半小时左右，可选择散步、慢跑和打太极拳等强度不大的运动项目。如老年人做5分钟整理活动，再打一套太极拳，就可达到健身效果。

045. 老年人乘车不宜靠窗

春秋季节，许多老年朋友要乘车旅游。应注意在行车时千万别将肩或臂倚靠在车窗玻璃上，以免受寒。

车子在郊外公路疾驶，若将肩、臂贴在窗玻璃上，会觉得特别凉，呆不了两分钟就受不了。有的公交车玻璃窗是推拉式的，有的密封不严，行车时还会因震动出现缝隙。坐在靠玻璃一侧，有种凉风吹过的感觉。所以，若是长时间将肩、臂部靠在玻璃上，会因此而受风着凉。尤其是患有颈椎病或类似疾病的老年朋友更需注意。

在乍暖还寒的季节，坐车时一定要注意尽量别靠窗子。若只有临窗的座位，也要与窗子保持一定距离，并保护好肩、臂部，以防风寒。

046. 老年人下棋也应有"度"

下棋、打牌是老年人都非常喜爱的一种娱乐活动。但如果长时间下棋、打牌对身心健康是非常有害的。因为老年人的情绪往往随输赢而波动，大脑处于高度兴奋状态，时间长了大脑活动和反射能力就会下降，植物神经功能就会出现紊乱，甚至会产生疾病。另外，久坐不动，胃肠蠕动缓慢，消化能力也会下降，大便在结肠内停留时间过久，容易导致便秘和痔疮。

047. 老年人不应禁欲

在人们的观念中，似乎性享乐只是年轻人和中年人的权利，老年人已经完成了他的生殖使命，该退出性舞台了。但不论男女，生殖期的结束不意味着性反应能力的消失。尽管老年人的生理功能减退，性欲强度下降，但老年人仍是有性欲要求的，只不过由于传统意识的影响及较强的自我克制能力，而不愿过多地表达出来。老年人的性生活，性感体验相对较弱，性生活的目的在于增进感情，达到心理满足，而不单纯追求性感满足。性生活服从于身体健康安全的需要，在不危害健康的前提下过适度的性生活，对健康长寿也有增进作用。

048. 老年人最好不要染头发

当前，有一些老年人把白发染成黑色，这样做也确实保持了暂时的"青春"。但是长期使用染发剂，对身体是非常有危害的。染发剂含有氧化染料，是一种对位苯二胺。这种物质可以和头发中的蛋白质形成完全抗原，因此常常发生过敏皮炎，轻者头皮刺痒、红肿，重者全部脖子、头皮、脸部都会发生肿胀，起水泡、流黄水甚至化脓感染。有的染发剂含有一种潜在的致癌物质氨基苯甲醚，容易存在染发者身体的各部位，使体内细胞增生，突变性强。经常染发的人可患皮肤癌、肾脏癌、膀胱癌、乳腺癌、子宫颈癌等。

049. 老年人不可忽视鼻出血

老年人反复出现鼻出血，如鼻涕中带血丝或从口中咳出陈旧血块，要想到这可能是鼻腔及其周围器官发生恶性肿瘤的一种信号。

当鼻腔少量出血时，立即用冷水打湿毛巾敷前颈、额、鼻部，使鼻周围血管收缩，减少出血；有条件可用棉球喷洒副肾素、麻黄素类血管收缩剂塞鼻，以帮助止血。但如果是经常少量出血则应去医院检查，以排除恶性肿瘤的可能。血压升高引起的大量鼻出血，不要惊慌，要沉着镇静，可用干净的棉球塞入出血的鼻孔，进行压迫止血，同时在额部做冷敷，送医院抢救治疗。

050. 老年人听觉保健的注意事项

❶ 保护外耳道和鼓膜：老年人首先应注意避开巨大的音响，比如遇打雷闪电，应用双手捂住外耳道并张开口以保护鼓膜。另外在洗澡、洗头以后要擦干耳内的脏水，不可乱掏耳道，以免伤耳道的鼓膜。

❷ 慎用药物：对听觉有损害的药物应尽可能避免使用，以免留下后遗症，如庆大霉素、卡那霉素、链霉素等抗生类药物对听觉神经都有一定的副作用。

❸ 少或不嗜烟酒：烟中的尼古丁和酒中的乙醇、甲醇等化学物质对听神经都有毒害作用。

❹ 按摩耳郭：经常按摩耳郭能改善听力。每天搓耳80～100次，将耳搓红搓热，可改善血液循环，营养神经，增强听力。

发现耳部疾患，要及早去医院检查治疗。对于有老年性耳聋影响日常生活的人，可考虑配用助听器。

051. 老年人频繁打呵欠可能是中风的先兆

人们在疲劳困倦时，往往习惯于打呵欠，这是一种正常的生理现象。如果出现频繁打呵欠，这便是一种病态反应，应引起人们的重视。特别是中老年人，出现这种现象往往是中风的先兆。

中风发生前出现频繁打呵欠现象的原因主要是：人们在疲劳困倦时，往往习惯于打呵欠，这是一种正常的生理现象。如果出现频繁打呵欠，这便是一种病态反应，应引起人们的重视。特别是中老年人，出现这种现象往往是中风的先兆。

中风发生前出现频繁打呵欠现象的原因主要是：中老年人动脉管壁逐渐硬化，管腔变窄，大脑的血流逐渐不足，使脑组织经常处于缺氧状态。这种状况日趋严重，通过大脑的反馈机制，刺激呼吸中枢，调节呼吸速度和呼吸深度。而打呵欠时，通过张口深吸气，使胸内压下降，静

脉血将大量回流入心脏，以此增加心脏的输出量，改善脑部血液循环。所以中老年人如果出现频繁打呵欠的现象，千万忌麻痹大意，应到医院检查治疗。

052. 老年人缺牙应及时补好

很多老年人部分或全口牙齿缺失，成为无牙口腔，这不仅影响发音和美观，同时可因食物不能充分咀嚼而影响消化吸收，加重胃的负担。牙齿缺失后，颌关节功能紊乱，残留的牙槽骨不断萎缩吸收，面部下1/3变短，肌肉因此而失去正常张力，褶皱增加，口角下垂人显得苍老。另外还会影响下颌关节位置异常和功能紊乱，缺牙时间长了，髁骨突向后上移，可出现耳鸣头晕、耳咽管阻塞，以及听觉受影响等症状。

053. 老年人口水增多可能是疾病的征兆

老年人随着年龄增长，腺体渐渐萎缩，唾液分泌会逐渐减少。但是老年人也会发生唾液增多的现象，这往往是疾病的征兆。

老年人口水增多主要有4个原因：①异物反应，比如装假牙，会刺激腺体分泌唾液；②口腔溃疡，溃疡面会造成黏膜疼痛，刺激唾液分泌增多；③口腔肿瘤，如颌癌较常见，起病时一般表现为溃疡，发展较慢，早期不容易引起警觉，当溃疡向深层逐渐浸润，感觉疼痛时，就会刺激腮腺导管，导致口水增多；④精神、心理反应等，也会刺激唾液分泌。

唾液是口腔内天然的杀菌剂。但是如果老年人有口水增多的现象，很可能是疾

病的征兆，应及时到医院查明原因，以排除口腔肿瘤的可能。

⭐054. 老年人过春节的保健要则

孩子过年添岁，老人迎春添寿，因此，老年人更应该在春节善待自己。如何让老年人在适度的娱乐中过一个和和美美、平平安安的健康年呢？

❶ 不宜过度劳累：老人心中都留有年节的旧痕旧俗，往往为孩子穿戴、饮食采购、清扫房间、来往接待弄得筋疲力尽，年还没过，往往就病倒了。因此随着生活方式的改进，老人过年也应该"与时俱进"。让年轻人操持年节，或者雇钟点工打扫卫生，自己不妨在一旁"顾问"一下，既省心又省力。

❷ 喝酒莫贪杯：亲友相聚，年三十不免要饮酒守岁。但是过量的饮酒对患有各种老年疾病的老人来说危害很大，可能会诱发脑血管意外、心动过速、胃出血等，也可造成肝脏的损害，影响小肠对某些营养物质的吸收。因此春节几天老年人要严格控制饮酒。可以适当饮点葡萄酒、啤酒、米酒或者低度白酒。

❸ 生物钟不能乱：平时，不少老年人都喜欢晨练，有的喜欢唱唱歌、跳跳舞。过年这几天，一下子忙了起来，不少老人便耽搁了锻炼，日常作息改变，生物钟被打乱，这样对老年人身体是一大忌。打乱了生物钟，就很难恢复正常，而且会导致大脑节律的紊乱、肠胃功能的失调、内分泌的改变，出现头晕、乏力、食欲不振等症状。因此提醒老年朋友在享受节日喜庆的同时尽量别扰乱正常作息。

❹ 有病不要拖：每到春节正是乍暖还寒时，也是感冒、流感、肺炎的多发季节，如果不小心感冒了，一定要在家休息，病情重了，要上医院。在年节时患病，有的老人不愿跑医院，觉得过年就医不是好事，总想过了年再说，这是一种迷信思想。老年人患病应早诊早治。

⭐055. 警惕老年人猝死事故

老人猝死多发生在剧烈运动、暴怒、过度疲劳、晕厥跌倒、沐浴、便秘用力、情绪压抑等情况之后。为了预防猝死的发生，应注意防护。比如已患慢性疾病，特别是高血压、冠心病，应注意身心修养，避免精神紧张，情绪波动。要主动安排好日常生活，善于自我排除烦恼，减少诱发因素。另外，老人参加劳动和体育锻炼必须要量力而行。遇有呼吸困难、胸闷时应停止运动，立即休息。

056. 老年人切勿暴怒

老人如果生气，特别是暴怒后，大脑皮层呈现高度兴奋，体内支配血管等进行收缩的交感神经因此会处于兴奋状态，这就使全身小血管发生收缩，心率加快，血压增高，心肌耗氧量增加，心脏负荷增加。因此，在原来有病的基础上，就会使病情突然加重，甚至诱发脑出血、急性心肌梗死、心脏破裂、严重心律失常等病症，甚至会导致猝死。

057. 老年人不可生活在回忆中

老年人终日生活在忆念之中，叹息伤感，将势必增加寂寞、孤独感和忧郁情绪。这种消极的心理状态是不健康的，只会增加大脑的负担，容易引起心理疲劳，出现不舒服的感觉，还可导致大脑功能或神经系统机能紊乱，出现焦虑、忧郁、自卑，以至丧失对生活的勇气与信心。此时各种疾病便乘虚而入，比如高血压、冠心病、哮喘病、糖尿病、动脉硬化、癌症，甚至诱发老年痴呆。

058. 老年人要正视"老"

老年人的身体各组织器官随着年龄的不断增长而逐渐衰老，其功能也在不断下

降，这是客观自然规律。许多老年人却常常忽视这一规律。认为自己年轻时身强力壮，很少得病，因而怀有过强的自信心，不重视体检，得了病也不认真医治，而且还坚持要和年轻人一样地工作与劳动，这样做的结果往往延误疾病的治疗，造成恶果。

059. 老年人不可凭感觉自我判断病情

许多老年人常常由于感觉迟钝和神经反射功能减弱，不能以自我感觉的好坏来判定自己疾病的轻重。老年人的疾病大多数是慢性病，不经过系统和长期的治疗，是很难控制的。当医生确诊后，就应该遵医嘱，一定不能以自己感觉好坏断断续续服药和治疗，以导致疾病发展到难以控制的地步。

060. 老年人用药十忌

人过60岁，医学上称为进入老年期。老年人由于组织、器官功能衰退，新陈代谢减低，血液供应不足，反应相对缓慢，对疾病的症状表现不典型，再者肝脏解毒功能及肾脏排泄功能衰退，对药物耐受性减弱，治疗量和中毒量之间差额变小而不易掌握，因此。老年人的用药大有讲究。

❶忌先用药后就医：如腹痛、发热时。先服镇痛药及退热药，往往掩盖了胆囊炎、阑尾炎、重症肺炎、痢疾等症状，延误诊断和及时救治。因此老年人生病应先就医后再用药。当然心绞痛者应及时地服用硝酸甘油类药物，同时送医院。

❷忌任意滥用：患慢性病的老人应尽量少用药，尤其切忌不明病因就随意滥用药

物，以免发生不良反应或延误疾病治疗。

❸ 忌长期用药，宜短时间用药治疗：老年人由于肝肾功能衰退，对药物的清除排泄能力减弱，易出现体内药物蓄积中毒、成瘾。因此应有针对性地适时用药，用药时间应根据病情以及医嘱及时停药或减量。

❹ 忌用药种类多：老年人用药不宜多而杂，因为药多，相互间易发生协同而呈现强烈的治疗反应；相互间易发生抵抗，药效减低，影响治疗效果，或相互作用而产生毒性反应，导致中毒。此外老年人记忆欠佳，大堆药物易造成多服、误服或忘服，最好一次不超过3~4种。

❺ 忌长期用一种药：一种药物长期应用，不仅容易产生抗药性，使药性降低，而且还会产生对药物的依赖性甚至形成药瘾。

❻ 忌药量大：临床用药量并非随着年龄的增加而一直增加。实际上，老年人用药应相对减少，因为老年人新陈代谢率低，排泄药物能力差，药量大易中毒，宜用最小而最有效量的治疗。一般为成人剂量的1/2～3/4即可。

❼ 忌朝秦暮楚：有的老年人治病用药"跟着感觉走"，品种不定，多药杂用，不但治不好病，反而容易引出毒副作用。

❽ 忌生搬硬套：有的老年人看别人用某种药治好某种病便效仿，忽视了自己的体质及病症差异。

❾ 忌乱用秘方、偏方、验方：老年人患病多缠绵不愈，易出现"乱投医"现象，凭运气治病，常会延误病情甚至酿成中毒。

❿ 忌单纯药补，宜食补：老年人药补，有时掌握不好，易发生药物反应，如服用人参水过浓可致头晕皮肤热感等，如果食补就比较缓和而持久，又减少药物的不良反应，不致出现偏激现象。

061. 老年人应慎用活血药

老年人凝血能力减弱，活血化瘀药有可能诱发出血，应特别慎用破血逐瘀药。此外，老年人用中药时还须注意以下几点：

❶ 滋补勿滞腻：老年人阴血亏虚，临床多用滋补肾阴及填精充血之品，这类药物不易消化吸收，而老年人胃肠活动减弱，吸收能力低，因此滋补之品勿偏滞腻。

❷ 药量勿偏大，服药次数不宜过频：老年人五脏功能减退，肾功能也普遍降低，排毒能力差，容易发生药物蓄积中毒，因此用药绝不可过量。

❸ 少用镇静安神药：老年人脑血流量减少，神经系统功能与耐受力降低，常感头晕眼花，睡眠不好。他们精神多有抑郁，服用镇静安神药量不要偏大，以免加重精神症状，而应全面辨证、标本兼顾。

总之，老年人服用中药应充分考虑自身的生理、心理、病理特点，全面仔细辨证，应遵循"宁少毋滥"的原则，药味宜精当，药量应准确，方可达到理想的疗效，避免毒副作用的发生。

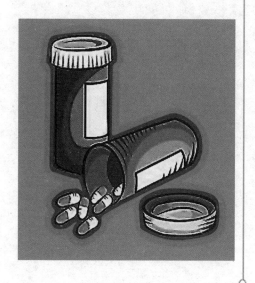